JN436438

원자력발전소 계통
Nuclear Power Plant System

원자력발전소 계통
Nuclear Power Plant System

발행일 2013년 7월 25일 초판 1쇄
2020년 2월 22일 초판 3쇄

지은이 김재근
펴낸이 서길수
펴낸곳 영남대학교출판부

출판등록 1975년 9월 5일 경산 제16-1호
주소 경북 경산시 대학로 280
전화 053) 810-1801~3 **FAX** 053) 810-4722
홈페이지 book.yu.ac.kr

ISBN 978-89-7581-470-9 93550

값은 표지 뒷면에 있습니다. / 잘못 만들어진 책은 바꾸어 드립니다.

이 도서의 국립중앙도서관출판시도서목록(CIP)은 서지정보유통지원시스템 홈페이지(http://seoji.nl.go.kr)와 국가자료공동목록시스템(http://www.nl.go.kr/kolisnet)에서 이용하실 수 있습니다.
(CIP제어번호: CIP2013012513)

원자력발전소 계통

Nuclear Power Plant System

김 재 근 지음

영남대학교출판부

머리말

공학의 결과물은 인간을 위한 것이지만 항상 양면성을 지닌다. 원자력발전소의 경우 이 양면성은 더욱 뚜렷하다. 최근 원자력발전에 대한 논쟁이 뜨겁다. 원전은 사고가 나서 방사성 물질이 제한치 이상으로 환경으로 누출된다면 피해는 클 수 있지만, 그 확률은 희박하다. 원전을 반대하는 사람들은 체르노빌 및 후쿠시마 원전사고를 이야기한다. 체르노빌과 같은 사고에 취약한 원전은 더 이상 운영되지 않는다. 후쿠시마 원전은 아무도 예상하지 못한 거대한 지진과 해일의 결과이지만, 그 확률은 매우 낮으나 이에 대한 대비를 현재 원전의 설계에 반영하고 있다.

원전은 많은 장점을 가지고 있다. 경제성 측면에서 원전의 발전단가는 태양광 발전의 약 1/15이다. 환경영향 측면에서는 온실가스인 CO_2의 배출량은 석탄 발전의 약 1/100이다. 또한 에너지의 비축성이 매우 우수하다. 화력발전소에 가보면 10만 톤급 선박에 실려 하역되는 산더미 같은 석탄을 볼 수 있다. 10만 톤급 선박 22척 분의 석탄을 원자력연료로 환산하면 10톤 트럭 3대에 불과하다.

국제원자력기구(IAEA)는 2030년까지 세계적인 에너지의 수요 증가로 300여기의 추가적인 원전 건설을 전망하고 있다. 우리나라는 1978년 고리 원전1호기의 상업운전을 시작한 이래로 지금까지 30여 년 이상 꾸준하게 신규원전의 건설 및 연구개발을 통한 풍부한 경험을 토대로 2009년 UAE의 원전 및 요르단으로의 연구용 원자로를 수출함으로써 설계 및 엔지니어링은 물론이고 제작, 건설 및 운영 등 원전산업의 전 분야에 걸쳐 세계적인 원전 기술의 선진국으로 도약하였다.

얼마 전 정부 관련 부처에서 발표한 '원자력 전문인력 양성계획' 에 의하면 2020년까지 2만여 명이 넘는 원자력 전문인력의 신규 수요가 예상된다. 국내 대학에서는 관련 교과과정을 수료한 후 바로 원자력산업 현장에서 활용될 수 있는 자질을 가진 엔지니어를 양성하는 역할을 담당하여야 한다. 그동안 국내 대학에서 수행한 이론 위주의 교육과 산업현장에서 필요로 하는 현장 위주의 엔지니어링 개념을 융합한 새로운 산학연계 교육체계의 구축이 필요하다.

원자력발전소는 두 가지의 설계 특성을 가진다. 하나는 안전성이며 또 하나는 플랜트로서의 효율성이다. 이 두 가지의 목적을 이루기 위해서 원자력발전소 계통의 구성은 매우 복잡하다. 원자력발전소의 설계 개념에는 모든 공학 분야의 요소기술이 농축되어 있다. 원자력발전소의 계통은 전공자들이 학교에서 제한된 시간 동안 배우기에는 매우 어려운 분야이나, 원자력발전소의 업무를 하기 위해서는 모든 전공자들이 꼭 배워야 하는 분야이다. 한국전력기술(주)에서 30년간의 실무 경험, 한양대학교 공학대학원 및 영남대학교에서 강의 경험을 토대로 원자력발전소의 계통을 보다 쉽고 체계적으로 이해할 수 있도록 구성하였다. 이 책은 한국형 표준원전인 OPR-1000을 기준으로 작성되었다. 원자력발전소를 포함한 플랜트의 설계특성은 항상 변화한다. 이 책에 기재된 설계변수의 수치는 현재 설계되고 있는 원자력발전소를 이해하기 위한 것이며, 어떤 절대적인 값이 아님을 밝혀 둔다.

이 책의 특징은 아래와 같다.

첫째, 원자력발전소의 계통에 대해 대학생 및 전공자를 위한 종합적인 도서이며 원자력발전소의 구성 및 설계개념에 대한 내용들을 다루었다.

둘째, 원자력발전소의 1차 및 2차 계통을 포함하는 전 계통을 대상으로 하고 있다.

셋째, 이 책의 그림 및 표의 설명을 가급적 한글로 표시하였고, 본문의 용어와 일치시켜 독자들이 스스로 이해가 가능하도록 했다.

넷째, '공학의 기초' 및 '설계 및 엔지니어링' 개념을 접목시키려고 노력하여, 공학과 원자력 실무의 연관성을 배우도록 하였다.

마지막으로 현재 원자력기관이나 업체에서 원자력발전소에 대한 정책, 기획, 설계, 제작, 건설 및 운영 등 실무를 하고 있는 분들에게도 원자력발전소의 구성 및 설계개념을 짧은 시간 안에 이해하는데 도움이 되도록 하였다.

원자력발전소 설계 및 엔지니어링 기술의 자립은 되었다. 특히 상세설계 분야는 완전한 기술자립을 달성했다. 왜냐하면 상세설계의 방법은 일종의 '절차의 표준화' 이기 때문이다. 상세설계 중에 엔지니어의 판단은 그리 많지 않다. 절차에 의해 수행을 하면 되는 것이다. 그러나 기본설계 분야는 보다 기술의 성숙화 및 고도화가 필요하다. 기본설계의 방법은 '많은 입력변수들의 최적화(Optimization)' 이기 때문이다. 최적화 과정 중에 엔지니어의 판단이 많이 들어가야 한다. 따라서 엔지니어의 자질이 공학 결과물의 품질에 미치는 영향이 매우 크기 때문에 원자력발전소를 다루는 엔지니어들은 더욱 노력을 해야 한다는 것이 필자의 생각이다. 기본설계를 안전성 및 효율성 관점에서 보다 완벽하게 하기 위해서는 우선 원자력발전소의 계통을 보다 정확하고 상세하게 알아야 한다. 현재 원자력 관련 기관이나 업체에서 실무를 하고 있는 엔지니어들도 이런 측면에서는 더욱 공부가 필요하며, 그런 점에서 이 책은 도움이 될 것이다.

최근 국내 원자력발전소 부품의 시험성적서 품질 문제로 가동 중인 원전이 정지되었으며 이로 인하여 예상되는 피해액이 클 것이라고 한다. 관련 기관과 업계들은 개선책 찾기에 분주하다. 참 안타까운 생각이 든다. 원자력품질보증에 대한 정확한 이해가 필요하다. 원자력발전소는 안전성을 더욱 중요시해야 하기에 이전의 검사 지향적 품질관리 및 통계적 품질관리 측면에서는 한계가 있어 '예방적 품질관리' 측면에서 '품질보증(Quality Assurance)' 이라는 새로운 개념이 등장했다. '품질보증' 의 모태는 1959년에 미국에서 제정된 MIL-Q-9858 A의 품질프로그램의 요구사항(Quality Program Requirements)이다. 이 규격을 기본으로 1970년 미국연방규제법 10 CFR 50 부록 B에 18개의 원자력품질보증기준이 규정되었고 원자력분야에 강제적으로 적용되기 시작했다. '품질보증' 은 원전의 구조물, 계통 및 기기들이 가동 중에 만족스러운 기능을 수행할 것이라 확신을 국민에게 주는 것이다. 다시 발하면 원자력발전소가 충분히 안전하고 효율성이 있다는 사실을 국민들로 부터 인정을 받는 것이다. 원자력 품질활동의 요체는 貞直(정직), 精誠(정성) 및 文化(문화)로 생각된다. 원자력 관련 기관(기업)은 최고경영자의 책임 아래 각 기관(기업) 별 품질보증계획서를 수립하고 수립된 품질보증계획서 아래 업무를 해야 한다. 다시 말하면 최고경영자는 물론이고 종사자들은 설계, 제작, 검사, 시험, 건설 및 운영 등 모든 측면에서 확고한 기준과 절차에 의해 엄격하면서도 정직하며 정성스러운 마음으로 업무를 해야 하며, 이러한 업무 자세가 생활화되고 문화의 차원으로 승화되어야 할 것이다. 이렇게 되기 위해서는 원자력발전소를 보다 정확하고 상세하게 아는 것이 중요하며 이 책이 참고가 될 것이다.

처음 이 책의 집필을 시작할 때는 보다 많은 그림을 포함시키려고 생각했으나 여러 가지 현실적인 제약으로 그렇게 하지 못했음이 아쉽다. 우리나라의 원자력발전소 기술은 단기간 외국의 것을 도입하여 우리의 것으로 만들었기에 이 책에 사용된 단위도 여러 가지가 혼용되었음을 이해 바란다. 이 도서가 원자력 관련 전공자 및 현재 실무를 하고 있는 분들에게 도움이 되기를 진심으로 바란다.

끝으로 이 책의 발간을 위해 도와주신 산업통상자원부(한국에너지기술평가원) 및 경상북도의 원자력 정책 관계자들에게 감사를 드린다. 또한 계측제어 및 전기분야의 원고를 검토, 수정해주신 한국전력기술(주)의 윤재희 처장님 및 정우성 상무님에게 감사를 드린다. 그리고 항상 조언과 도움을 주시는 영남대학교의 기계공학부 채영석 교수님, 홍승열 교수님 및 출판을 맡아주신 영남대학교 출판부 관계자들에게도 심심한 감사를 드린다.

2013년 7월

영남대학교 원자력트랙
연구교수 김재근

추천하는 말

최근 원자력은 많은 사람들의 관심의 대상이 되고 있다. 국내에서는 원전을 UAE에 수출하는 쾌거를 달성한 내용이 보도되고 해외에서는 일본의 후쿠시마원전사고라는 엄청난 사고가 발생한 사실이 연일 언론에 보도된 탓도 있지만, 다른 한편으론 일반 국민들의 의식과 지식수준이 그 만큼 높아진 때문이기도 하다. 최근에는 한미 원자력협정개정과 관련된 내용이 관심사항이 되고 있으며 원자력과 관련된 사항은 사소한 내용이라도 세간의 이목을 끌기에 충분하다. 이와 같이 원자력이 일반국민들의 관심의 대상이 되는 것은 그만큼 우리의 생활에 원자력이 많은 영향을 미치기 때문일 것이다.

원자력은 모두가 알고 있듯이 장점과 단점의 양면성을 지니고 있다. 원자력에너지를 잘 활용만 한다면 우리 인간에게 많은 혜택을 주지만 잘못하여 사고가 난다면 엄청난 재난을 가져다 줄 수도 있다. 우리나라의 경우는 에너지 자원이 거의 없고 대부분을 수입하여 쓰고 있기 때문에 에너지에 관한 획기적인 해결 방안이 나오기 전에는 좋든 싫든 원자력에 많이 의존할 수밖에 없는 실정이다. 우리나라가 원자력에 많이 의존할 수밖에 없는 실정이라면 후쿠시마사고에서 보듯이 원자력은 위험성을 내포하고 있기 때문에 이를 안전하게 활용해야한다는 것이 지상의 명제이다. 원자력에너지를 안전하게 활용하기 위해서는 무엇보다도 원자력에너지를 발생하는 장치 즉 원자력발전소에 대한 정확한 이해와 지식이 필요하다. 원자력발전소는 외부에서 보면 거대한 시멘트 돔으로 보이지만 그 돔 안에는 매우 복잡한 기계장치들로 구성되어있다. 또한 이 장치들은 서로서로 유기적인 관계를 갖도록 구성되어있다. 따라서 원자력발전소에서 안전하게 에너지를 얻기 위해서는 이 복잡한 장치와 장치들의 유기적인 관계에 대해 충분히 이해를 하여야 한다.

이 책을 집필하신 김재근 교수님은 원자력발전소 설계 및 엔지니어링 전문회사인 한국전력기술(주)에 1978년부터 2010년까지 30여년 이상을 근무하신 원전계통설계의 전문가이시다. 또한 한양대학교의 겸임교수로서 현재는 영남대학교의 연구교수로서 원자력발전소계통 과목을 가르치시고 있다. 전공자들이 쉽고 체계적으로 이해할 수 있는 원자력 계통 책을 항상 생각하시다가 이번에 발간하게 되었다. 다년간의 실무 및 강의 경험을 바탕으로 집필하였기 때문에 원자력발전소에 대해 많이 이해하고 나아가 우리나라 원자력에너지를 안전하게 사용하는데 큰 도움이 되기를 바란다.

영남대학교 기계공학부
교수 홍승열

차례

제4부 •
공학적안전설비

제5부 •
발전소보호계통

제6부 •
발전소감시계통

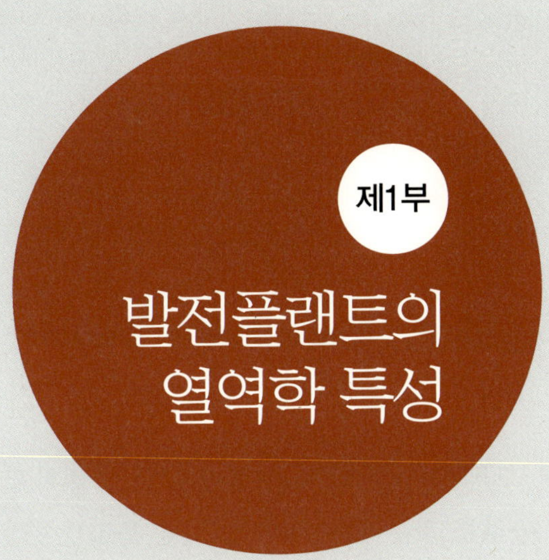

제1부
발전플랜트의 열역학 특성

제1장 • 열기관

제2장 • 열기관에 사용되는 열역학사이클

제3장 • 증기동력플랜트의 랜킨사이클 열효율

제4장 • 원자력발전소의 증기사이클

제1장

열기관

일은 에너지의 다른 형태로 쉽게 변환될 수 있으나 다른 형태의 에너지를 일로 변환하는 것은 쉽지 않다는 것을 우리는 경험적으로 알 수 있다. 〈그림 1-1〉에서 회전축에 의한 기계적인 일은 물의 내부에너지로 쉽게 변환되고 이 내부에너지는 다른 곳으로 쉽게 전달될 수 있다. 그러나 이러한 과정을 되돌리는 것은 쉽지 않으며 특별한 장치를 이용해야 한다. 이와 같이 물질의 열에너지를 기계적인 일로 변환시키는 장치를 열기관(Heat Engine)이라고 한다. 여러 형태의 열기관은 존재할 수 있으나 모두 아래와 같은 특징을 가진다. 〈그림 1-2〉는 열기관의 특징을 나타낸다.

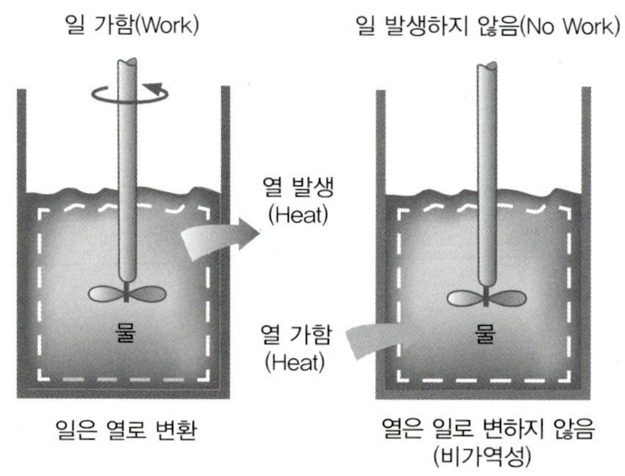

그림 1-1 • 에너지 변환의 비가역성

- 높은 열원(화석연료 연소에 의한 열, 핵분열 반응에 의한 열 등)으로부터 열을 받는다.
- 받은 열의 일부를 일(보통 축의 회전력, 왕복동 일 등)로 변환시킨다.
- 남은 열을 대기 또는 바닷물과 같은 저온의 열원으로 방출한다.
- 위의 프로세스가 사이클로 계속 작동된다.

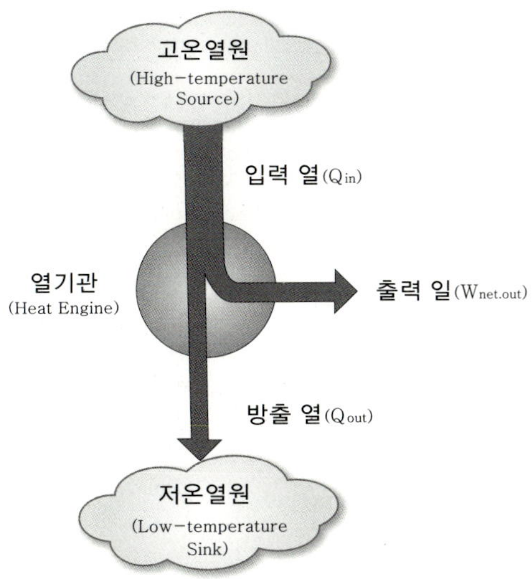

그림 1-2 • 열기관의 특징

이러한 사이클에서 열을 흡수하고 방출하는 유체를 작동유체(Working Fluid)라고 한다. 열기관은 열역학적인 사이클로 작동하지 않으면서도 일을 만들어 내는 장치를 의미하기도 한다. 내연기관 즉 자동차 엔진이나 가스터빈이 여기에 해당한다. 작

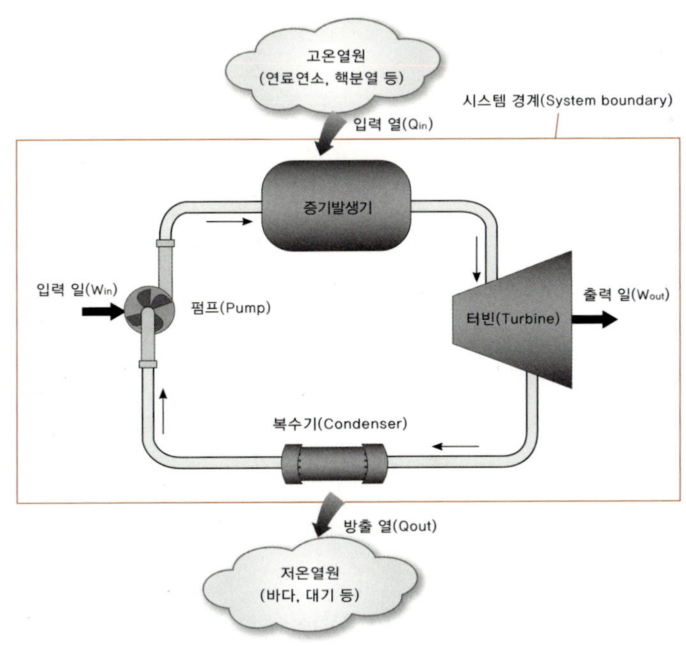

그림 1-3 • 증기원동소의 개략도

동유체는 초기상태로 냉각되지 않고 배출가스로 버려지며 사이클이 종료되면 그 다음 초기상태에는 새로운 공기와 연료의 혼합기체가 된다. 위에서 열거한 열기관의 특징에 가장 잘 일치하는 것이 외연기관인 증기원동소(Steam Power Plant)이다. 즉 연소가 기관의 밖에서 일어나며, 이 연소과정에서 발생하는 열에너지가 작동유체인 물에 전달된다. 증기원동소의 개략도는 〈그림 1-3〉과 같다.

Q_{in} : 고온의 열원으로부터 물에 공급된 열량(총 입력열)
Q_{out} : 저온의 열원으로 응축기를 통하여 방출된 열량
W_{out} : 터빈에서 증기가 팽창하며 외부로 전달된 일량(총 출력일)
W_{in} : 복수를 고온 열원의 압력까지 가압시키는데 필요한 일량(총 입력일)

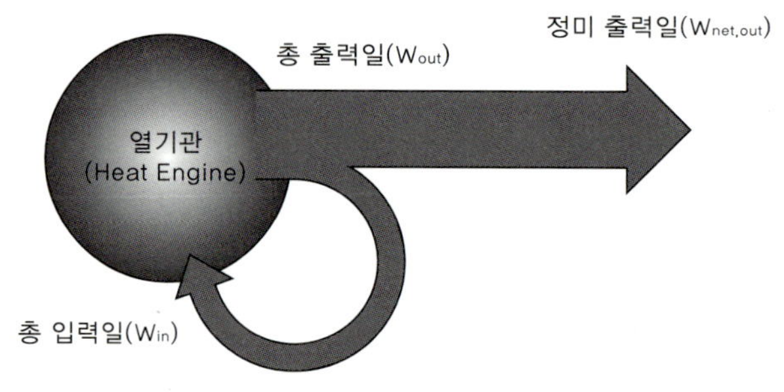

그림 1-4 • 증기원동소의 정미 출력일

이 증기원동소에서 얻을 수 있는 정미 출력일(Net Work Output)은 원동소의 총 출력일에서 총 입력일의 차이로 나타낼 수 있다. 〈그림 1-4〉는 정미 출력일을 나타내고 있으며 증기원동소 사이클의 열효율은 아래와 같이 나타낼 수 있다.

$$열효율 = \frac{정미출력일}{총입력열}$$

즉 열기관은 열역학적인 사이클로 작동하면서 고온물체로부터 저온물체로 열이 전달되는 과정 동안 외부에 순 일을 하는 장치를 말한다. 증기원동소는 열기관의 대표적인 예이다. 물을 작업유체로 고온에서 열을 받아 저온으로 열을 전달하는 과정에서 우리가 원하는 일을 얻는 것이다. 고온 열원으로는 화석연료의 연소로부터 발생하는 열에너지 또는 원자력 핵분열 반응에서 나오는 열에너지를 사용한다. 저온 열원으로는 바닷물 또는 대기이며, 복수기를 사용하여 열을 버린다.

제2장

열기관에 사용되는 열역학사이클

1. 카르노사이클

열기관은 사이클을 이루며, 열기관의 작동유체는 각 사이클의 끝에서 초기상태로 돌아간다. 사이클의 한 부분에서 작동유체에 의해 일이 발생하며, 사이클의 다른 부분에서는 작동유체에 일이 가해진다. 이 일의 차이가 열기관에 의해 전달된 정미 일이다. 열기관의 효율은 사이클을 이루는 각 과정이 어떻게 수행되는가에 따라 크게 관계된다. 가장 적은 일을 필요로 하면서 최대의 일을 하는 과정들, 즉 가역과정들에 의한 정미 일은 최대가 될 수 있다. 현실적으로 사이클의 각 과정은 비가역과정이므로 가역사이클은 존재하지 않는다. 그렇지만 가역사이클을 통하여 실제 사이클의 성능에 대한 평가를 할 수 있다. 가장 잘 알려진 가역사이클로는 1824년 열역학 제2법칙의 기초를 세운 프랑스의 공학자 니콜라 레오나르 사디 카르노가 고안한 카르노사이클(Carnot Cycle)이며, 가장 효율이 좋은 가역사이클이다.

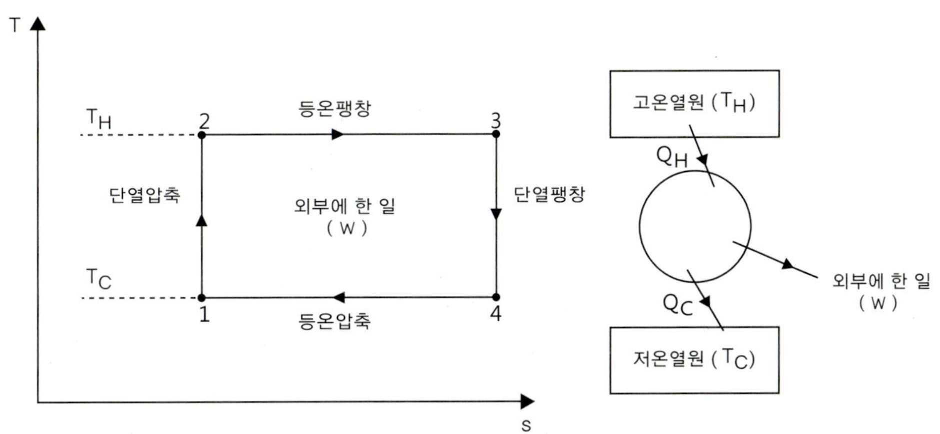

그림 1-5 • 카르노사이클

카로노사이클은 두 개의 등온과정과 두 개의 단열과정인 네 개의 가역과정으로 이루어져 있다. 카르노사이클은 〈그림 1-5〉의 T-S 선도에서와 같이 단열압축(1->2), 등온팽창(2->3), 단열팽창(3->4), 등온압축(4->1)의 4개 가역과정으로 구성된다. 등온팽창(2->3) 과정에서 고온에서 열을 흡수하고 등온압축(4->1) 과정에서는 저온에서 열을 버림으로써 열낙차가 발생하여 우리가 원하는 일을 얻는다. 동작유체는 단열팽창(3-4)하면서 한 일이 단열압축(1->2)하면서 받는 일보다 많다. 따라서 사이클이 한 번 순환할 때마다 동작유체의 온도가 고온에서 저온으로 떨어지며, 전체적으로 일을 한 것이 된다. 카르노사이클이 외부에 한 순수한 일은 사이클이 만드는 면적으로 표시된다.

실제 열기관에서는 마찰이나 열손실 때문에 완전하게 단열변화나 등온변화를 실현시킬 수 없으므로 이 사이클은 현실적으로 이룰 수가 없으나, 고열원의 온도를 높이거나 저열원의 온도를 낮추면 사이클의 효율이 커진다는 기본원리는 모든 실제의 열기관사이클에 적용된다. 따라서 카르노사이클은 실제기관을 이상적인 사이클과 비교하여 어느 정도의 열효율을 갖는지, 어느 정도 개선점이 있는지 등을 평가하는데 중요한 의미를 갖는다.

2. 랜킨사이클

랜킨사이클은 1859년 스코틀랜드의 공학자 윌리엄 J. M. 랜킨이 발표하였다. 이 사이클은 증기를 작동유체로 하는 증기동력사이클의 가장 기본적인 사이클로서 카르노사이클의 등온변화 부분을 등압변화로 바꾼 것이다. 증기동력사이클은 물의 증발과정에서 열을 흡수하고, 응축과정에서 열을 방출하며 그 사이에서 일을 하는 열기관 사이클인데 〈그림 1-6〉의 좌측에 이상적인 카르노 증기동력사이클의 T-S 선도가 있다. 만일 이런 증기동력시이클을 실현할 수 있다면 열효율이 가장 높은 열기관을 만들 수 있을 것이다. 그러나 단열압축(1->2) 과정의 가압과정은 물과 증기의 2상 유체를 가압하여야 하는데 이는 현실적으로 어렵다. 이와 같이 카르노사이클의 현실적인 어려운 요소를 개선한 사이클이 랜킨사이클이다.

〈그림 1-6〉의 우측 랜킨사이클은 가역단열압축(1->2), 등압팽창(2->3), 가역단열

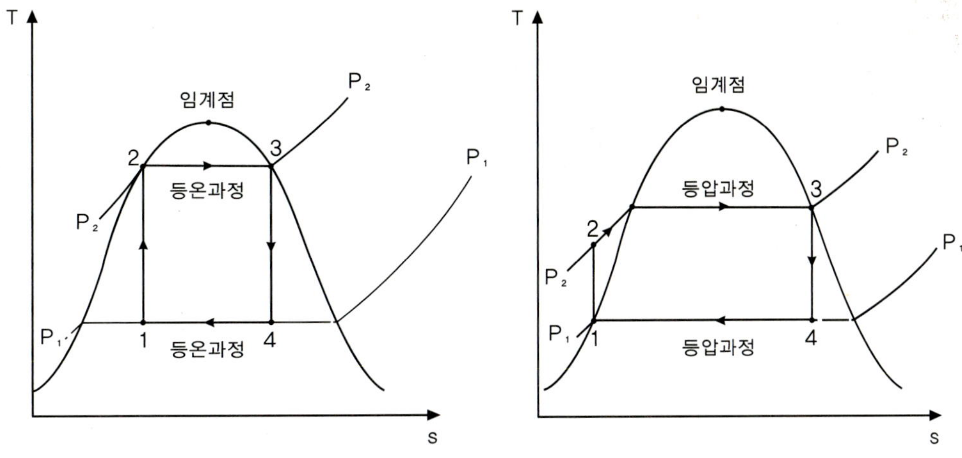

그림 1-6 • 카르노사이클 및 랜킨사이클

팽창(3->4), 등압압축(4->1)의 4개 과정으로 되어 있는데, 가역단열압축(1->2) 과정은 펌프에 해당하며 등엔트로피과정이다. 가역단열팽창(3->4) 과정은 터빈에 해당하며 역시 등엔트로피과정이다. 그러나 실제의 증기동력사이클에서는 펌프의 압축과정이나 터빈에서의 팽창과정은 등엔트로피과정이 아니며 열역학 제2법칙에 의해 엔트로피는 증가한다. 이러한 비가역과정이 펌프에서의 소모되는 일의 양을 증가시키며 터빈에서 생산되는 일의 양을 감소시킨다.

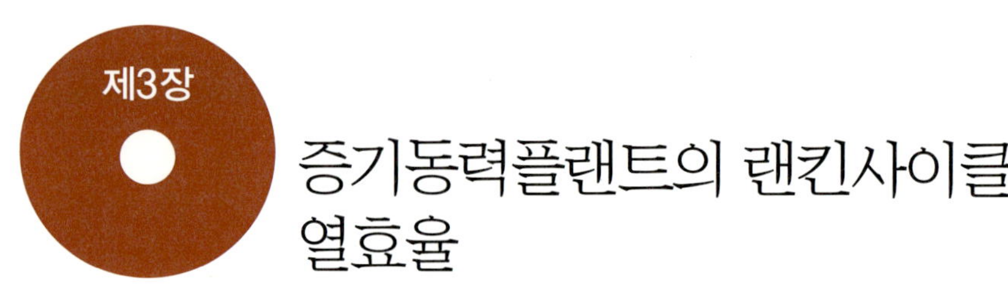

제3장 증기동력플랜트의 랜킨사이클 열효율

1. 랜킨사이클

랜킨사이클의 열효율은 아래와 같다.

$$\text{열효율} = \frac{\text{터빈 생산 일량 - 펌프일량}}{\text{총입력열량(등압팽창 과정의 입력열)}}$$

랜킨사이클의 열효율을 증가시키기 위해서는 펌프의 일량을 감소시키는 것이 필요한데 이는 상대적으로 매우 적기 때문에 펌프의 일량을 감소시키는 것은 열효율을 높이는데 별 도움이 되지 못한다. 따라서 열효율을 증대시키기 위해서는 터빈에서 생산되는 일량을 증가시키거나 아니면 총 입력되는 열량을 줄이는 것이 필요하다.

터빈의 생산 일량을 늘이는 방법에는 아래와 같은 것들이 있다.

- 터빈의 배출 증기 압력을 낮추는 것(복수기 압력을 낮추는 것)
- 터빈의 입구 증기를 과열증기로 만드는 것(증기발생기 증기 온도를 높이는 것)
- 터빈의 입구 증기 압력을 높이는 것(증기발생기 증기 압력을 높이는 것)
- 증기를 터빈에서 팽창 도중에 추기하여 다시 가열하여 터빈에 보내는 것(재열사이클)
- 증기를 터빈에서 팽창 도중에 추기하여 증기발생기 공급 급수를 가열하여 공급하는 것(재생사이클)

2. 랜킨사이클 열효율 증가방법

증기원동소는 전력생산을 위해 널리 사용되고 있다. 따라서 열효율의 작은 증가는 연료소비량을 크게 절약할 수 있게 한다. 그래서 증기원동소의 열효율을 증가시키기 위한 아래와 같은 여러 가지 노력들이 시도되고 있다.

가. 복수기 압력 낮추기

수증기는 복수기 내부의 압력에 대응하는 포화온도를 유지하려고 한다. 따라서 복수기 내부의 작동 압력을 낮추면 자동적으로 수증기의 온도가 낮아져 방출되는 온도는 낮아진다. 랜킨사이클의 효율 측면에서 복수기 압력의 저하로 인한 열효율의 증가 효과는 〈그림 1-7〉에 설명되어 있다.

비교를 위해 터빈 입구의 증기상태는 동일하게 유지한다. 그림에서 회색 면적은 복수기 압력이 4점에서 4′ 점까지 낮아짐으로써 발생한 정미 출력일의 증가를 나타낸다. 곡선 2-2′ 아래의 면적인 입력열 역시 증가한다. 그러나 이 증가는 매우 적다. 따라서 복수기의 압력 저하로 인한 전체 효과는 사이클의 열효율의 증가로 나타난다. 낮은 압력에서 증가된 열효율의 이점을 최대로 활용하려면 증기원동소의 복수

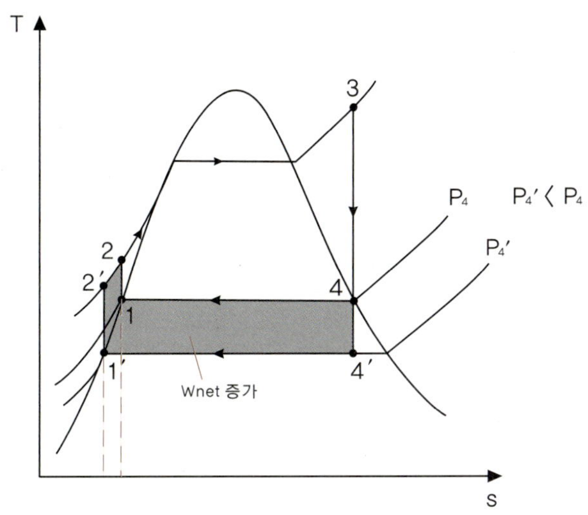

그림 1-7 • 랜킨사이클에서 복수기 압력 영향

기는 대기압보다 훨씬 낮은 압력에서 작동하여야 한다. 증기원동소는 밀폐된 사이클이기에 대기압보다 낮은 압력에서 작동하더라도 특별한 문제는 없다. 그러나 복수기의 압력을 낮추다보면 따라오는 문제점들이 있다. 그 중 하나가 복수기로의 공기의 흡입 문제이다. 그리고 다른 문제점은 〈그림 1-7〉에서 볼 수 있는 것 같이 저압터빈의 최종 단계에서 증기의 수분 함유량이 증가하는 것이며, 이는 저압터빈 날개의 부식 및 침식의 원인이 될 수 있다는 것이다.

나. 증기를 고온으로 과열시키기

증기원동소에서 증기의 압력을 증가시키지 않고도 증기를 고온으로 과열시킴으로써 열이 증기에 가해지는 평균온도를 상승시킬 수 있다. 증기 과열에 의한 효과는 〈그림 1-8〉과 같다. 그림에서 회색 부분은 증기 과열로 인한 정미 일의 증가를 나타낸다. 곡선 3-3′ 아래에 있는 전체 면적은 입력열의 증가를 나타낸다.

따라서 증기가 과열되면 정미 출력일과 입력열 모두가 증가한다. 그러나 증기 과열로 증가한 입력열과 증가한 정미 출력일을 비교하면 사이클의 전체 열효율은 증가로 나타난다. 증기의 온도를 과열시키는 것은 열효율 측면에서 매우 바람직하며, 터빈 출구에서의 증기의 수분 함유량이 감소하여 저압터빈 최종 단계 날개의 부식 예방 측면에서도 유리하다. 그러나 증기를 과열할 수 있는 온도는 금속재료 측면에

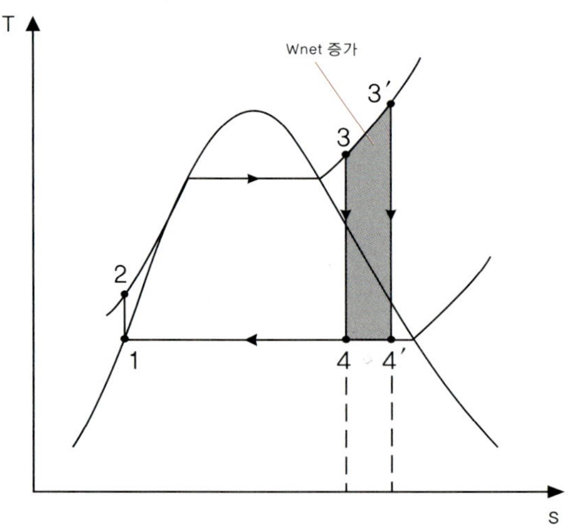

그림 1-8 • 랜킨사이클에서 과열증기 온도 영향

서 제한된다. 현재 터빈 입구에서 허용될 수 있는 가장 높은 증기 온도는 약 620℃이다. 증기 과열 온도를 증가시킬 수 있는 한계는 새로운 재료 개발이나 현재 사용되는 재료의 개선에 달려 있다. 이런 측면에서 세라믹 재료는 미래에 매우 유망한 재료가 될 수 있다.

다. 증기 압력을 증가시키기

증기의 가열과정 동안 평균온도를 증가시키는 또 하나의 방법은 증기의 작동 압력을 증가시키는 것이다. 증기의 작동 압력이 상승하면 물이 비등하는 온도가 올라가 증발하는 수증기의 평균 온도를 올리게 된다. 따라서 사이클의 열효율은 증가한다. 〈그림 1-9〉는 터빈에 들어가는 증기 온도를 일정하다고 했을 때 증기 압력을 증가시키면 외부에 하는 일량은 증가하는 부분이 있고, 감소하는 부분이 있지만 전체적으로 열효율은 증가한다. 그러나 저압터빈 출구에서의 증기의 수분이 증가하여 날개의 부식 측면에서는 오히려 불리하다. 이는 증기를 재열함으로써 개선될 수 있다. 현재 증기의 압력은 30MPa 이상까지 증가시킬 수 있으며, 물의 임계압력인 22.06MPa 이상에서 운영되는 초임계(Super Critical) 증기가 화력발전소에 널리 사용되고 있다.

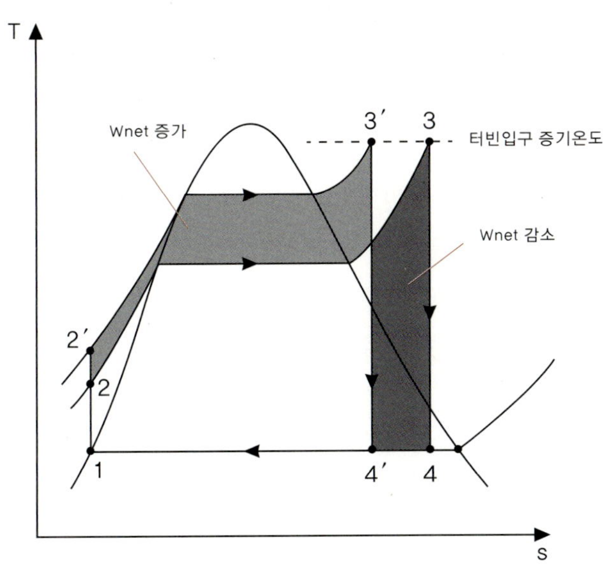

그림 1-9 • 랜킨사이클에서 터빈입구 초기증기 압력 영향

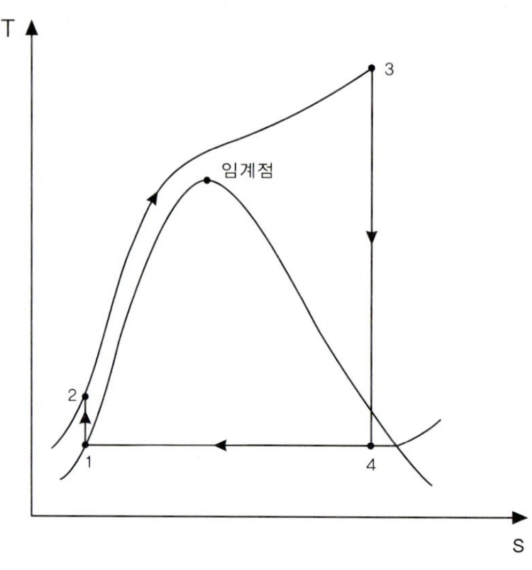

그림 1-10 • 초임계 랜킨사이클

초임계 랜킨사이클의 T-s 선도는 〈그림 1-10〉과 같다. 가압경수로형 원자력발전소는 화력발전소와 달리 증기발생기에서 원자로냉각재계통(RCS)의 냉각재와 열 교환을 통해 2차 측의 급수가 열을 받아 초임계 증기를 발생시키지 못하므로 화력에 비하면 증기의 압력이 높지 않다.

라. 재열사이클

앞에서 증기의 압력을 증가시키면 랜킨사이클의 열효율은 증가하지만, 이것은 저압터빈 출구 증기의 수분 함유량을 증가시킨다는 것을 보았다. 이는 터빈의 마지막 단(Stage)에서의 과도한 증기 수분으로 날개의 부식 및 침식의 원인이 될 수 있다. 이를 개선하기 위해서는 2가지 방법이 있을 수 있다.

첫째는 터빈으로 들어가는 증기를 매우 높은 온도로 과열시키는 것이다. 이 방법은 증기의 평균 온도를 상승시키고 터빈 마지막 단의 날개 부식도 감소시킬 수 있지만 이는 금속 재료 측면에서 너무 높은 온도의 증기를 사용할 수가 없기에 사용에는 한계가 있다.

둘째는 터빈에서의 증기의 팽창을 두 단으로 하고, 두 단 사이에 증기를 재열

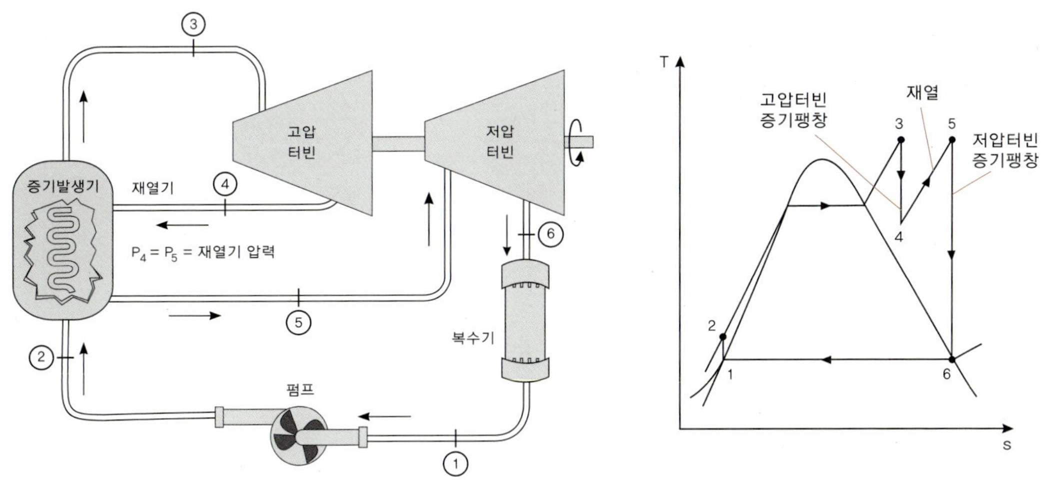

그림 1-11 • 랜킨사이클에서 재열 효과

(Reheat)하는 것이다. 즉 랜킨사이클에 재열과정을 추가하는 것이다. 재열은 터빈에서의 과도한 수분 문제에 대한 현실적인 해결책이 되어 오늘날 널리 사용되고 있다. 재열랜킨사이클의 개략도는 〈그림 1-11〉과 같다. 이는 고압터빈에서 증기는 등엔트로피로 중간 압력까지 팽창하고, 이어 압력을 일정하게 유지시키면서 증기를 다시 재열시켜 저압터빈으로 보내져 복수기의 압력까지 등엔트로피로 팽창시킨다. 그러면 사이클의 열효율은 증기원동소에 따라 달라지지만 대략 4~5% 증가한다. 재열의 단수를 증가시키면 〈그림 1-12〉와 같이 증기의 최고 온도가 카르노사이클과 같이 등온과정으로 접근한다. 그래서 재열과정이 많아지면 열효율은 증가하지만 현실적

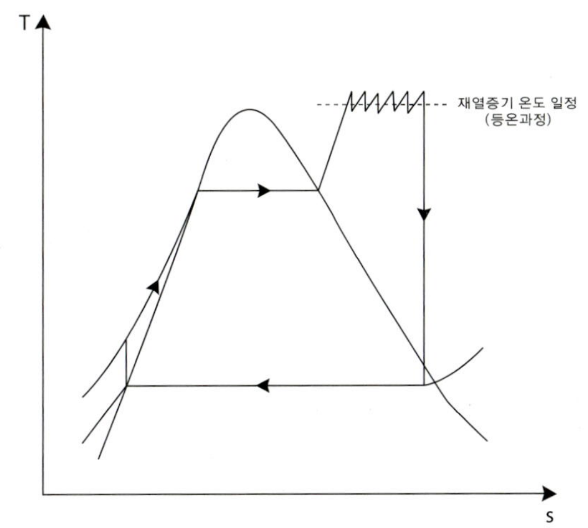

그림 1-12 • 랜킨사이클에서 재열 단수 증가 효과

으로 세 개 이상의 재열은 재열설비의 증가에 비해 얻을 수 있는 이득이 점차적으로 감소하므로 그리 바람직하지 못하다.

마. 재생사이클

〈그림 1-13〉의 랜킨사이클을 보면 과정 2-2′는 상대적으로 낮은 온도에서 열이 작동유체에게 가해진다는 것을 알 수 있다. 이러한 현상은 작동유체의 평균 가열 온도를 낮추어서 열효율을 낮게 한다. 이러한 랜킨사이클의 단점을 보완하기 위해 급수가 증기발생기에 들어가기 전에 급수의 온도를 올릴 수 있는 방법이 필요하다. 터빈에서 증기가 팽창할 때 중간의 여러 지점에서 증기의 일부를 추기(또는 추출)하여 급수를 가열시킬 수가 있다. 이를 재생(Regeneration)이라 한다. 추기된 증기는 터빈 내에서 계속 더 팽창하여 일을 만들어 내는 것보다 중간에 나와 급수를 가열하는 것이 열효율 측면에서 더욱 유리하다. 이때 급수를 가열하는 장치를 급수가열기(Feedwater Heater)라고 한다. 재생은 사이클의 열효율을 개선시킬 뿐만 아니라 증기발생기의 부식을 막기 위해서 급수에서의 용해 산소 또는 흡입된 공기 등의 탈기를 쉽게 해주기도 한다. 또한 터빈 중간에서 증기를 추기함으로써 저압터빈의 마지막 단에서의 팽창된 증기의 부피를 감소시켜 터빈의 크기를 작게 할 수 있는 효과도 있어, 오늘날 증기원동소에 널리 사용된다.

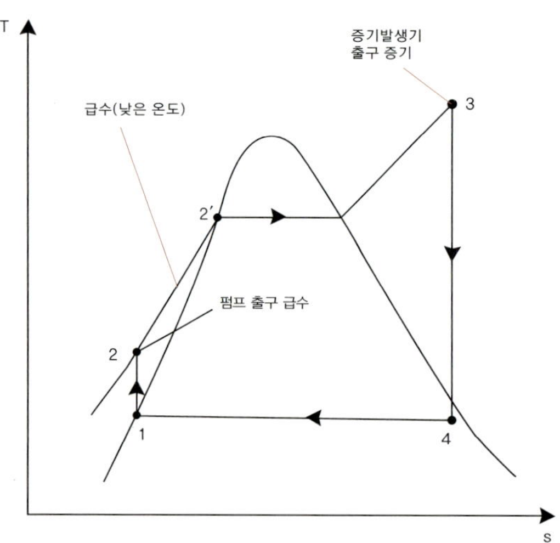

그림 1-13 • 랜킨사이클에서 추기를 이용한 급수의 재생 필요성

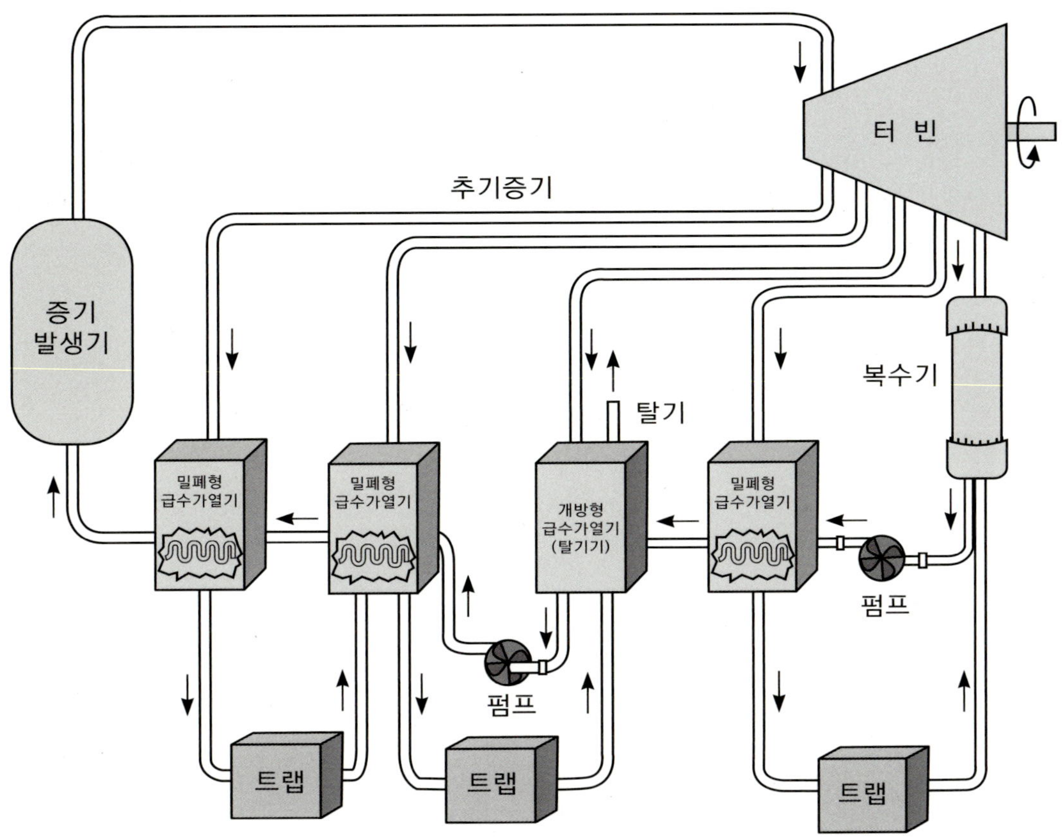

그림 1-14 • 재생랜킨사이클 증기원동소(예)

일반적으로 급수가열기의 수가 증가하면 열효율은 증가하지만 설비비가 증가하므로 보통 급수가열기 6~7개를 사용한다. 급수가열기는 일종의 열교환기이다. 열교환을 하는 두 개의 유체가 혼합되는 개방형 급수가열기가 있고, 혼합되지 않으면서 열만 교환하는 밀폐형 급수가열기가 있다. 원자력발전소 경우 급수가열기의 일종인 탈기기는 개방형 급수가열기이고, 일반적으로 급수가열기로 불리는 것은 모두 밀폐형 급수가열기이다. 예로써 하나의 개방형 급수가열기 및 3개의 밀폐형 급수가열기를 가진 증기원동소는 〈그림 1-14〉와 같다.

3. 실제 증기원동소 기타손실

실제의 증기원동소에서는 이상적인 사이클과 다르게 연소 손실, 열전달 손실, 배관 손실, 터빈 손실, 펌프 손실 및 복수기 손실 등과 같은 여러 가지 손실이 일어나 열효율을 더욱 낮게 한다.

제4장

원자력발전소의 증기사이클

한국형 표준원전 OPR-1000 2차측의 증기사이클은 〈그림 1-15〉와 같다. OPR-1000 2차측 증기사이클은 재열사이클 및 재생사이클이다. 재열사이클은 고압터빈(HP Turbine)에서 팽창한 증기를 습분분리재열기로 보내어 증기를 가열하여 다시 저압터빈(LP Turbine)으로 보낸다. 재생사이클은 1개의 개방형 급수가열기 및 6개의 밀폐형 급수가열기로 구성되어 있으며, 개방형 급수가열기는 급수 중에 포함된 산소

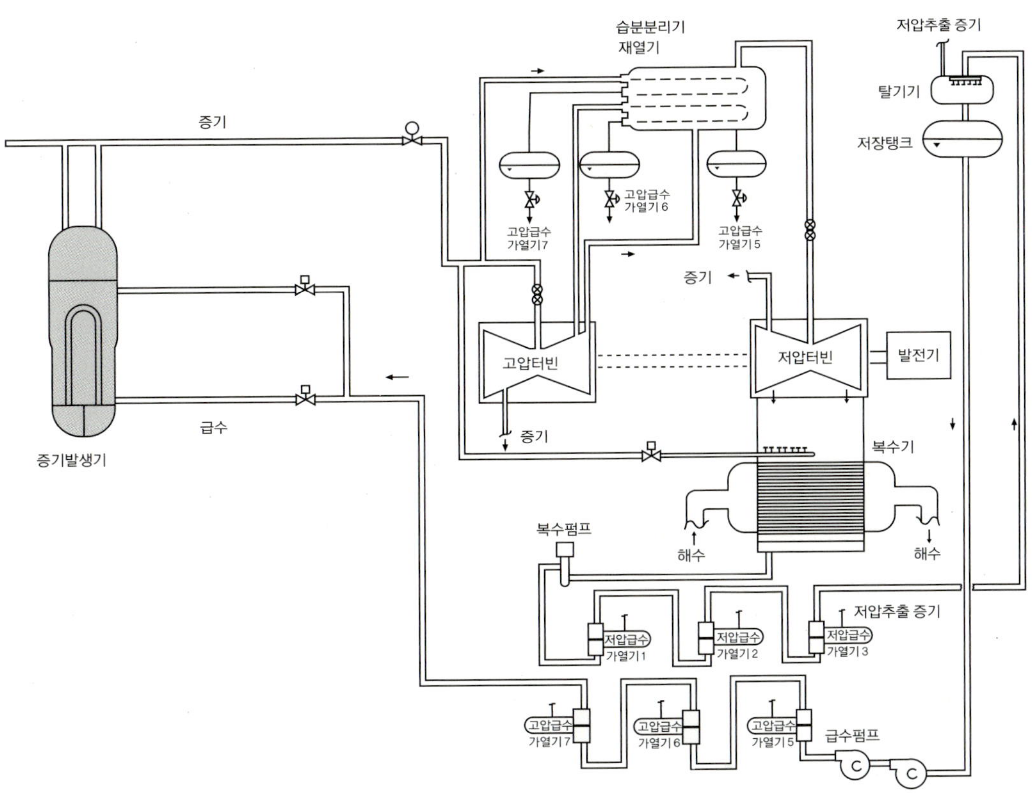

그림 1-15 • 한국형 표준원전 OPR-1000 증기원동소 개략도

를 제거하기 위한 탈기 기능도 함께 한다. 화석연료발전소에서는 연료비가 발전단가에 미치는 영향이 매우 크기에 전체 사이클 효율을 증가시키는 것이 매우 중요하다. 그러나 원자력발전소는 화석연료발전소와 달리 연료비가 발전단가에 미치는 영향이 상대적으로 작기 때문에 전체 사이클 효율 향상이 원자력발전소 설계의 가장 중요한 기준은 아니다. 하지만 원자력발전소의 열효율을 좋게 설계하면 원자력발전소 노심의 설계수명을 연장할 수 있으며 또한 원자로 및 증기발생기의 크기를 작게 할 수 있으므로 전체 사이클의 효율을 최대화할 필요가 있다.

제2부
원자로계통

제1장 원자로 냉각재계통

1. 원자로냉각재계통 개요

원자로냉각재계통(RCS : Reactor Coolant System)은 원자로의 노심과 내부구조물로부터 열을 제거시켜 2차계통인 주증기계통으로 전달하기 위하여 냉각재가 순환하는 폐쇄회로이다. 증기발생기는 1차계통인 원자로냉각재계통과 2차계통인 주증기계통 사이의 압력경계를 형성하고 있다. 증기발생기는 U자형 전열관을 갖는 수직형 열교환기로서 내부에 일체형 이코노마이저(Internal Economizer)를 가지고 있으며,

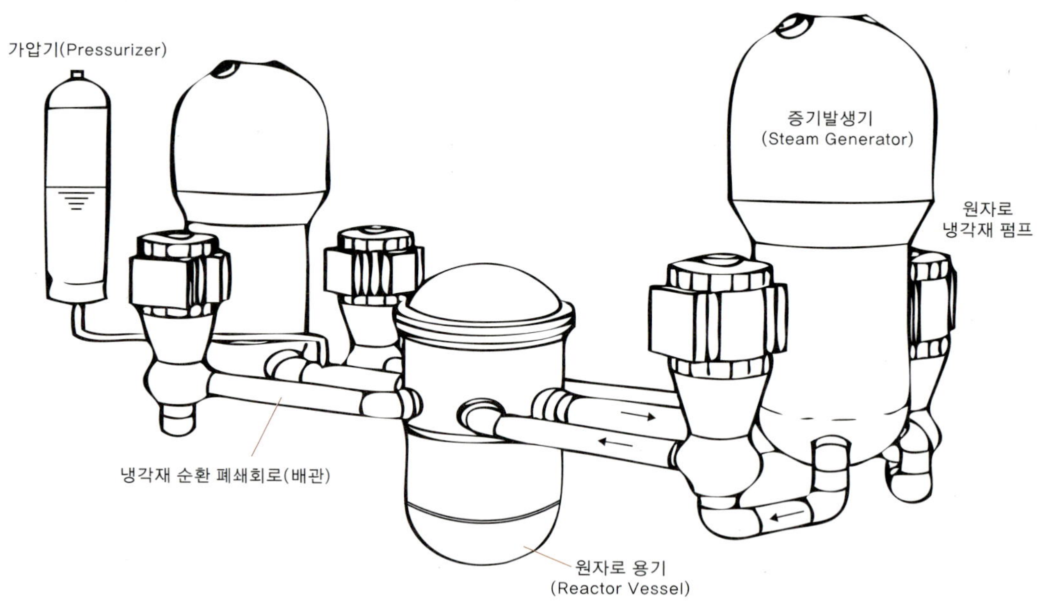

〈한국원자력산업회의, 원자력발전소시스템(계통과 설계), p14〉

그림 2-1 • 원자로냉각재계통 입체도

원자로냉각재의 열을 주증기계통으로 전달한다. 증기발생기의 전열관과 증기발생기의 튜브시트는 원자로냉각재와 2차측 증기의 혼합을 방지함으로써 노심으로부터 방사성 물질이 2차계통과 원자로건물로 누출되는 것을 막는 방호벽 역할을 한다.

〈그림 2-1〉은 원자로냉각재계통을 나타낸다. 원자로냉각재계통을 구성하는 주요 기기는 아래와 같다.

- 원자로용기
- 증기발생기(1차측)
- 냉각재 순환 폐쇄회로(배관)
- 원자로냉각재펌프
- 원자로용기 출구 배관에 연결된 가압기 등

RCS의 압력은 증기와 물이 공존하는 가압기에서 제어된다. RCS의 압력을 올리기 위해서는 가압기의 내부에 있는 침수형 가열기를 가열하여 가압기의 물을 증기로 증발시켜야 하고, RCS의 압력을 낮추기 위해서는 가압기 천장에서의 살수에 의해 가압기의 증기를 응축시켜야 한다. RCS의 모든 기기는 원자로건물의 내부에 위치한다. 원자로냉각재의 평균온도는 원자로의 출력에 비례하여 변하고 이에 따라 원자로의 냉각재가 팽창 또는 수축하며 그 결과로 가압기의 수위가 변화된다. 변화하는 가압기의 수위를 유지시키기 위해 화학 및 체적제어계통(CVCS)의 충전펌프와 유출유량격리밸브를 이용한다. 원자로의 냉각재 화학성분은 핵연료봉의 누설이나 핵연료의 연소도에 따라 변할 수 있으며 이를 정화시키기 위해 냉각재를 CVCS로 연속으로 유출시켜 필터 또는 이온교환기 등을 활용하여 냉각재의 화학성분을 규정된 한계치 이내로 유지시킨다.

모든 증기발생기에 공급되는 주급수 및 보조급수가 완전히 상실되는 사고를 '완전급수상실사고' 라고 하며, 이 사고의 발생가능성은 원전의 설계기준이 되는 사고의 발생률보다 낮다. 이러한 '완전급수상실사고' 가 발생한다면, 안전감압계통을 이용하여 RCS의 압력을 신속하게 낮추어야 한다.

RCS의 압력이 규정치 이상으로 상승하는 경우 가압기의 상부에 연결된 3개의 안전등급(Safety Class)의 스프링 장착 안전밸브가 자동으로 열리어 RCS의 압력이 낮아진다. 이 밸브를 통해 방출된 RCS 가압기의 증기는 연결된 원자로배수탱크의 물속으로 배출되어 응축 및 냉각된다. 만약 증기의 방출량이 원자로배수탱크의 용량보다 많으면, 증기는 탱크에 설치된 파열판을 통해 원자로건물 내부의 대기로 방출된다. 그리고 증기발생기 2차 증기 측에 대한 과압 보호는 증기관에 연결되어 있는 안전등급의 주증기 안전밸브에 의해 이루어진다.

안전등급이란 원자력발전소를 구성하는 구조물, 계통 및 기기를 안전성의 중요도 및 안전기능에 따른 합당한 등급을 부여하고 등급에 적용되는 규격을 정하여 구조물, 계통 및 기기가 주어진 등급 및 규격에 합당한 품질을 유지하기 위한 것이다. 안전등급 1등급은 원자로냉각재의 압력경계를 구성하는 설비의 내압부분과 그 지지물에 대하여 부여하는 것으로 고장이 발생할 경우에는 원자로냉각재의 상실을 초래할 수 있는 부분이다. 안전등급 2등급은 안전등급 1등급에 속하지 아니하며 핵분열생성물의 유출을 방지하는 역할을 하거나 방사성물질을 원자로건물의 내부에 억류 또는 격리하는 기능 등을 가진 설비에 부여한다. 안전등급 3등급은 안전등급 1등급 및 2등급에 속하지 아니하며 원자로를 미임계상태로 만들거나 유지하기 위하여 부반응도를 증가시키는 기능 등을 가진 설비에 부여한다. 비안전등급은 안전등급에 해당되지 않는 모든 설비에 적용된다.

RCS의 기기와 배관은 열손실을 줄이고 고온으로부터 운전 및 보수 요원들을 보호할 수 있는 물질로 단열된다. RCS의 주요 기기에 대해서는 ALARA 개념을 기본으로 방사선 차폐를 하여 필요시 운전 및 보수 요원들의 방사선 피폭을 줄여 작업을 제한적으로 가능하게 한다. 원자로용기는 1차 차폐벽 안에 설치되어 전 출력 운전 중 원자로건물 1차 차폐벽 외부의 선량률을 허용수준 이하로 감소시킨다.

ALARA는 'As Low As is Reasonably Achievable'의 약자로 현재의 기술수준, 원자력과 인허가물질의 사용, 관련 설비의 개선으로 인한 공중의 건강과 안전 증진에 대한 이득 및 이로 인해 발생하는 비용 등을 고려한 모든 경제적, 사회적 인자를 고려하여 방사선 피폭이 인허가 기준보다 훨씬 낮게 유지되도록 합리적인 모든 노력을 경주함을 의미한다.

RCS의 냉각재는 원자로냉각재펌프(RCP)에 의해 강제 순환되는데 RCP의 기능 상실이 발생할 경우 자연순환대류에 의해 노심의 냉각이 가능하도록 증기발생기를 원자로용기의 노심 위치보다 위에 놓이게 해야한다. 가압기의 보수시 배수를 위한 별도의 배수관을 설치할 필요가 없게 하기 위해 가압기 및 가압기밀림관의 위치를 원자로냉각재의 배관보다 높게 설치한다. 〈그림 2-1〉이 이를 보여준다.

〈그림 2-2〉는 원자로냉각재계통에 연결된 계통에 관한 그림이다. 원자로냉각재계통은 아래와 같은 계통과 연결되어 있다.

- 화학 및 체적제어계통(CVCS)
- 안전주입계통(SIS)

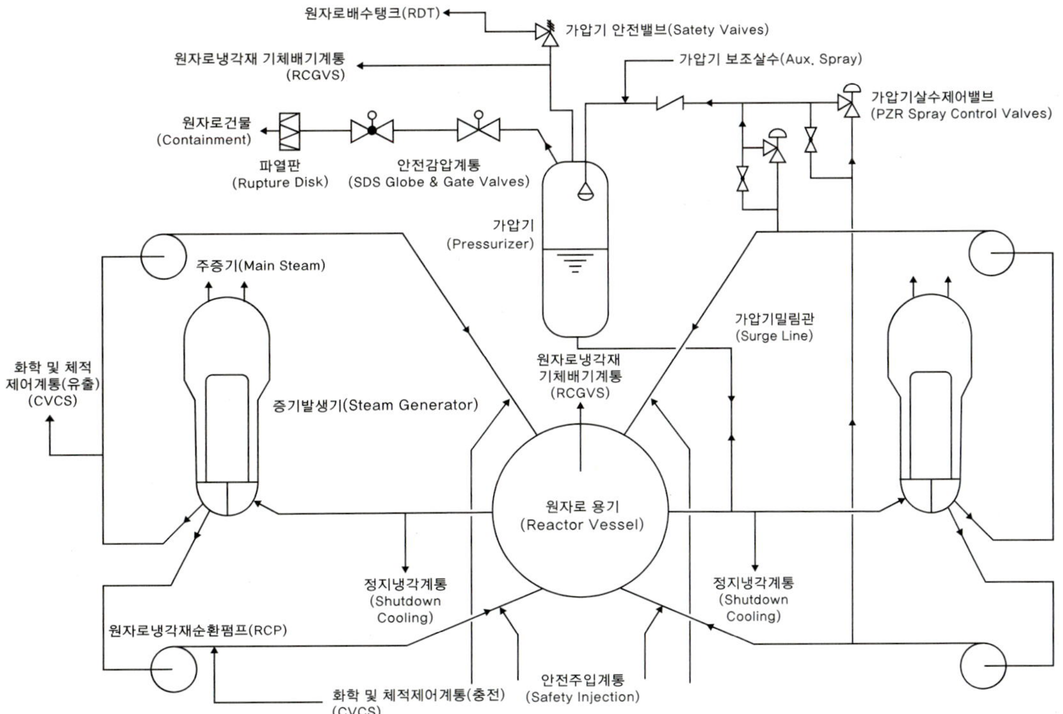

그림 2-2 • 원자로냉각재계통 연결 계통 개략도

- 정지냉각계통(SCS)
- 원자로냉각재기체배기계통(RCGVS)
- 원자로냉각재 안전감압계통(SDS) 등

2. 원자로냉각재계통 기능

원자로냉각재계통의 주요 기능은 아래와 같다.

1) 원자로의 노심으로부터 발생한 열에너지를 증기발생기로 전달하여 증기발생기의 2차측에 증기를 발생시키고, 이 증기가 터빈발전기로 가서 전력을 생산한다.

2) 원자로의 노심으로부터 생성된 핵분열성 물질이 RCS의 폐쇄회로 안에 머물게 하여 대기로 방출되는 것을 방지하는 물리적 방벽을 제공한다.

3) 발전소의 모든 정상 운전 동안은 물론이고 예상되는 과도상태 시에도 핵연료가 손상되지 않도록 충분한 냉각재를 공급한다.

4) 원자로냉각재의 요구되는 화학 및 붕산농도 제어를 위해 냉각재를 유출 및 충전 시키는 기능을 한다.

5) 설계기준을 초과하는 사고 발생시 원자로냉각재의 충수 및 방출 운전을 가능하게 하여 원자로냉각재계통의 압력을 낮추는 기능을 한다.

3. 원자로냉각재계통 압력제어

가. 원자로냉각재 유로

RCS의 냉각재는 원자로용기, 증기발생기, 원자로냉각재펌프를 거쳐 순환된다. RCS의 냉각재는 원자로용기를 통과하면서 원자로 노심의 핵분열에너지를 전달 받으며 증기발생기로 보내져 2차측 급수와 열 교환을 한 후 원자로냉각재펌프에 의해 원자로용기로 보내진다.

나. 압력제어

RCS 냉각재의 압력제어는 가압기에 의해 수행되는데 가압기의 체적은 전 출력 운전 중에는 상부에 포화증기, 하부에 포화수로 2상 상태로 유지된다. RCS의 압력을 올리기 위해서는 가압기 내부의 침수형 전열기에 의해 증기를 발생시키고, RCS의 압력을 내리기 위해서는 가압기 천장에서의 살수에 의해 가압기의 증기를 응축시킨다. 이를 통해 원자로냉각재의 압력을 규정치 이내로 유지시킨다.

다. 과압방지

RCS에 과압이 발생하면 가압기에 설치된 안전등급의 스프링 동작형 안전밸브가 자동으로 열려 가압기의 유체를 방출하며 이 유체는 화학 및 체적제어계통의 일부인 원자로냉각재 배수탱크(RDT) 안에 있는 수중으로 들어가 응축된다. 유체 방출이 RDT의 용량을 초과할 때는 탱크에 설치된 파열판이 파열되면서 원자로건물의 내부로 배출된다. 증기발생기의 2차측 증기에 대한 과압방지는 안전등급 스프링동작형 안전밸브에 의해 대기로 방출된다. (그림 2-2 참조)

4. 원자로냉각재계통 주요기기

가. 원자로용기

원자로용기는 탄소강 합금 재질로 만들어지며 내부 표면의 부식 방지를 위해 스테인레스강으로 피복되어 방사선 영향과 고온 및 고압의 상태에서도 견딜 수 있도록 설계되어 있다. 핵분열에 의한 열에너지 생성을 위해 핵연료봉집합체, 제어봉집합체, 내부구조물 등을 포함하고 있다. 원자로용기는 크게 상부헤드, 하부헤드 및 몸통 3부분으로 이루어져 있다. 〈그림 2-3〉은 원자로용기 및 내부구조물을 나타내고, 〈그림 2-4〉는 원자로용기 내부에 있는 노심지지통집합체를 보여준다. 그리고 〈그림 2-5〉는 원자로용기 내부에 있는 상부안내구조물집합체이다.

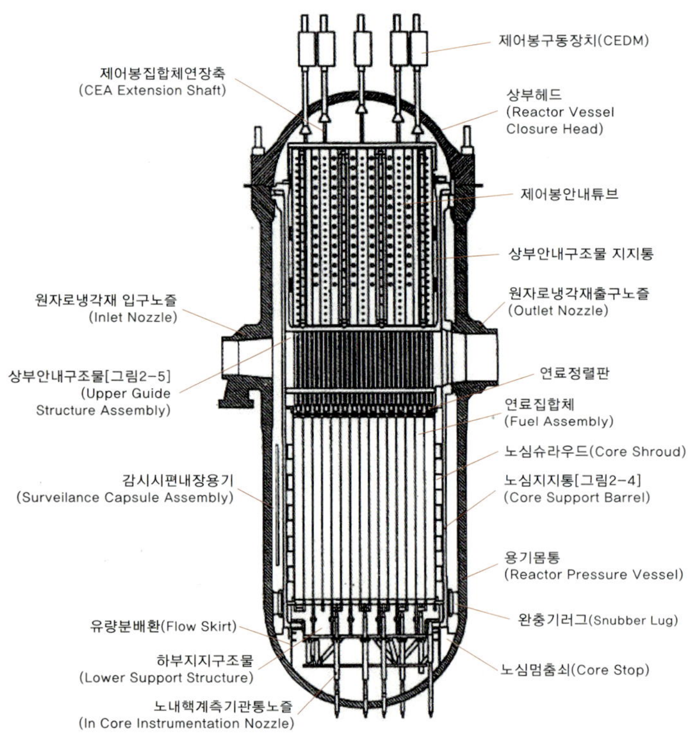

〈한국원자력산업회의, 원자력발전소시스템(계통과 설계), p15〉

그림 2-3 • 원자로용기 및 내부구조물

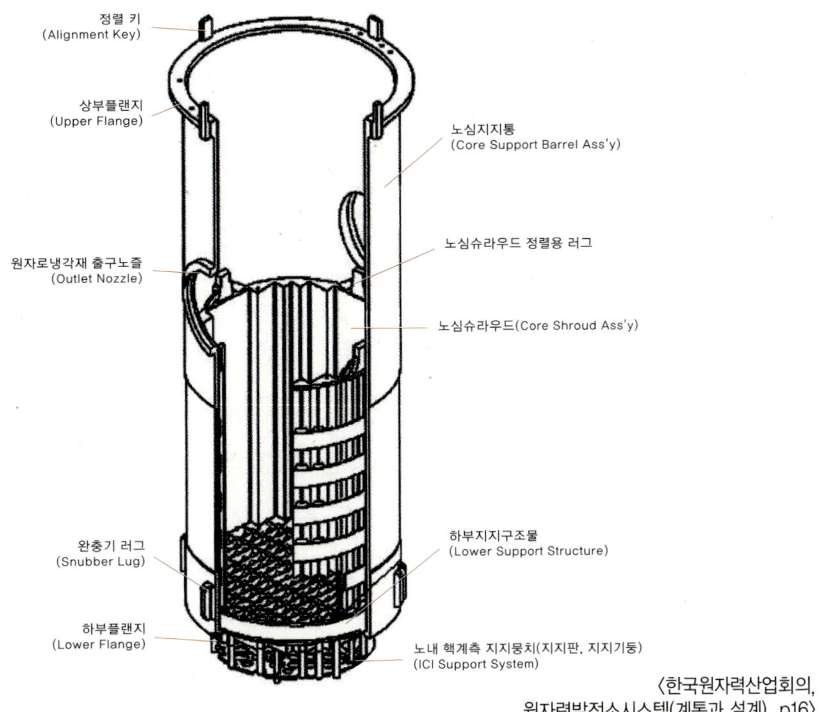

〈한국원자력산업회의,
원자력발전소시스템(계통과 설계), p16〉

그림 2-4 • 노심지지통집합체

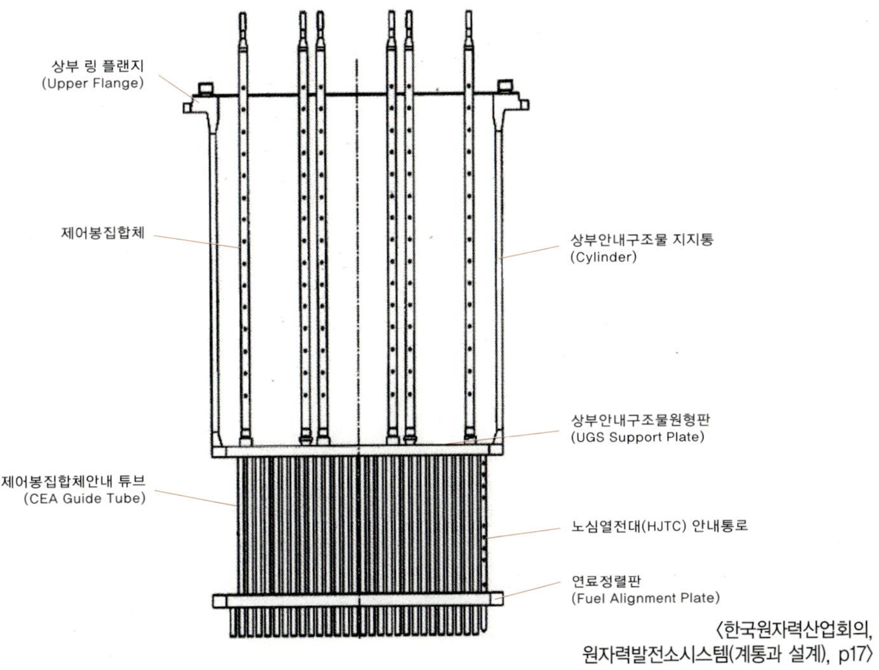

〈한국원자력산업회의,
원자력발전소시스템(계통과 설계), p17〉

그림 2-5 • 상부안내구조물집합체

나. 증기발생기

1) 증기발생기 기능

증기발생기는 수직 U-튜브형 열교환기로서 관의 내측에는 냉각재, 동체 측에는 급수가 흐르면서 열의 교환이 이루어지며, 원자로의 노심에서 발생된 열을 1차측의 냉각재를 통해 2차측의 급수를 증발시켜 증기를 발생하게 하여 터빈으로 유입시켜 전기를 생산한다. 1차측에서 2차측으로 약 1,400MWt의 열전달이 이루어지면 2차측의 급수온도를 450°F로 공급시 1,070psia 압력의 약 6×10^6lb/h 의 포화증기를 얻을 수 있다. 증기발생기는 발전소의 전 출력 운전 중 증기발생기 몸통에 설치된 습분분리기 및 습분건조기에 의해 증기의 습분 함유량을 0.25w% 이하로 제한시킨다. 〈그림 2-6〉은 증기발생기 및 내부구조물을 나타낸다.

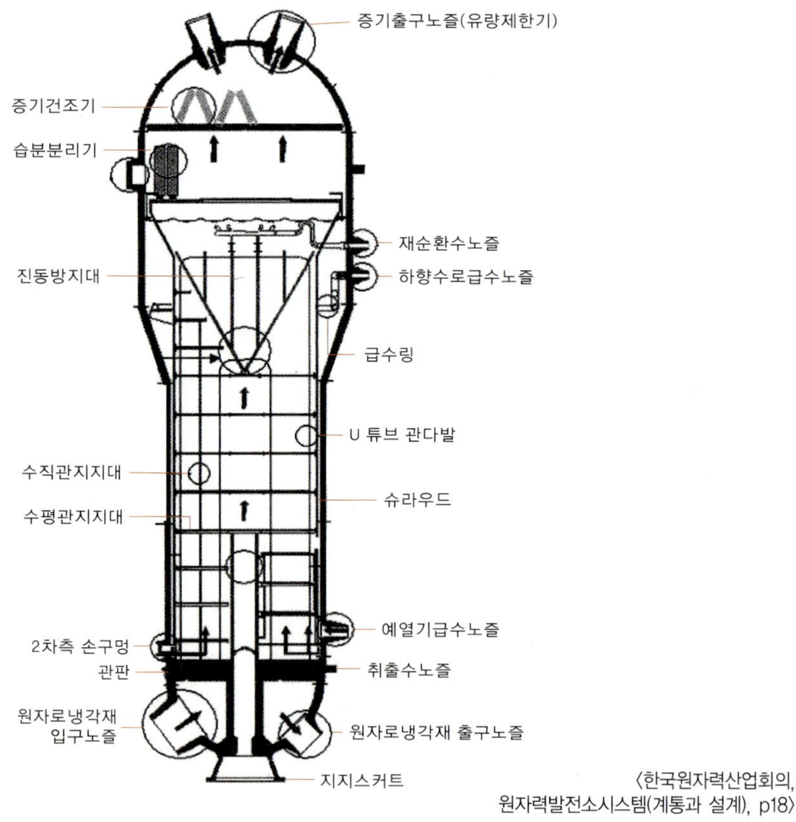

〈한국원자력산업회의, 원자력발전소시스템(계통과 설계), p18〉

그림 2-6 • 증기발생기 및 내부구조물

2) 증기발생기 구조

증기발생기는 예열기(Economizer)를 포함하고 있는 수직 재순환 U-튜브 구조물로서 예열 영역과 증발영역으로 구분된다. U-튜브의 재질은 인코넬-600이며, 약 8,200개의 튜브가 관판에 확관 조립 용접되어 있으며, 튜브는 일정한 간격으로 설치된 수평 관지지대에 의해 지지되고, 튜브의 상부는 진동방지대가 있어 냉각수 흐름에 의한 진동을 억제한다. 증기발생기 하부의 헤드는 수직분리판으로 분리되어 증기발생기 U-튜브로 들어가기 전 원자로냉각재와 U-튜브에서 열전달을 끝낸 원자로냉각재를 구분하고 있다. 2차측의 급수는 증기발생기 상부로 공급되는 하향수로 급수와 하부로 유입되는 예열급수로 구분된다. 하향수로의 급수는 U-튜브 외측을 흘러 예열영역에서 예열급수와 혼합되어 과냉상태로 비등하면서 습분을 포함하고 있다가 증기발생기의 상부에 있는 습분분리기 및 증기건조기를 통과하면서 99.75w% 이상의 건포화증기로 변환되어 터빈으로 공급된다.

3) 증기발생기 구성 주요기기 및 기능

가) 1차측 구성 주요기기

• 관판

관판(Tube Sheet)은 약 550mm 두께의 저탄소강 합금으로 1차측의 냉각재와 접촉하는 부위는 약 5mm 두께의 니켈 크롬 합금으로 용접피복되어 증기발생기 하부의 헤드와 쉘에 용접 조립된다.

• 관다발

U-튜브형 관다발(Tube Bundle)의 재질은 인코넬-600이며 약 8,200개의 튜브로 균일한 격자 모양으로 배열되어 있다.

• 1차측 입구 출구 수실

증기발생기 하부 수실의 재질은 인코넬-600으로 피복된 탄소강으로 주조된 반구형 형태이다.

나) 2차측 주요 기기

- 관지지대 및 슈라우드

  관지지대는 물 및 증기 흐름에 의한 진동으로부터 관다발을 지지하는데 수평 방향은 에그크레이트(Eggcrate) 형태의 지지대에 의해, 수직 방향은 타이로드(Tie Rod) 형태의 지지대에 의해 지지되며 튜브의 외측에는 슈라우드가 설치되어 튜브 다발을 통한 급수의 상향 이동, 슈라우드와 외측 동체 사이의 재순환 경로 및 하향 수로를 만든다.

- 진동방지대

  관다발의 상부측 곡관부에서 발생하는 유체 흐름에 의한 진동을 방지하기 위해 4개의 진동방지대(Antivibration Bar)가 설치된다.

다) 급수예열기

급수예열기(Economizer)는 증기발생기의 열전달 효율을 향상시키기 위해 설치되어 있다. 증기발생기에는 급수가 두 군데로 유입되는데 하나는 기존의 증기발생기와 동일하게 상부의 급수링을 통하여 하향 수로로 유입되고, 다른 하나는 급수예열기의 하단부로 공급된다. 하단부로 들어온 급수는 유량분배판을 거쳐 급수예열기 부분을 통과하면서 예열되어 상향 유로를 형성하면서 증발기 영역으로 유입된다.

라) 습분분리장치

증기발생기 관다발에서 생성된 증기는 2단계의 습분분리장치를 통과하면서 거의 완전한 건증기가 된다.

- 1단계 습분분리장치

  1단계 습분분리장치는 원통형 습분분리기로서 관다발의 상부에 여러 개가 설치되어 있으며, 각각은 12개 소용돌이 날개(Spinner Blades)를 가지고 있다. 분리기의 상단에는 물방울 유출을 저지시키기 위해 메시 와이어(Mesh Wire)가 설치되어 있다. 분리된 습분은 증기발생기 외측으로 유입되어 재순환수로서 열전달 영역으로 보내어 진다.

- 2단계 습분분리장치(증기건조기)

2단계 습분분리장치는 고용량 날개(High Capacity Vane)로 구성되어 있고 1단계 습분분리기의 상부에 설치되어 아직도 증기에 포함되어 있는 습분을 제거한다. 2단계 습분건조기를 통과한 증기는 건도 99.75% 이상의 건증기가 되며 2단계 습분건조기에서 제거된 물은 배수관을 통해 아래로 흘러 급수와 혼합된다.

마) 유량제한기

증기발생기의 출구 노즐에는 벤투리 노즐 모양인 유량제한기가 설치되어 주증기관의 파열 사고시 증기 유로 면적을 70% 정도로 감소시켜 배출되는 증기량을 제한한다. 이로써 사고시 원자로건물의 내부로 배출되는 증기의 양을 감소시키고 원자로건물 내부의 최고 압력 및 온도는 규정치 이하로 제한되게 된다.

바) 취출수 계통

증기발생기에서 발생되는 용해성, 비용해성 불순물 및 부식생성물을 연속적으로 제거하는 기능을 한다. 발전소의 전 출력 운전시 취출수의 유량은 전체 증기 유량의 0.2%에 해당하며, 최대 연속 취출수의 유량은 증기 유량의 1%로 제한된다.

다. 원자로냉각재펌프

1) 원자로냉각재펌프

원자로냉각재펌프(RCP : Reactor Coolant Pump)는 RCS에 강제적으로 냉각재를 순환시켜 발전소의 운전 중에 생성된 열을 적절히 제거해 준다. RCP의 유량 부족으로 핵연료가 운전 중에 손상이 되지 않도록 최소 유량 이상을 항상 공급할 수 있어야 한다. 발전소의 기동 시에는 RCP 운전에 따른 발생열을 이용하여 원자로냉각재를 가열시킨다. RCP에 설치된 관성바퀴(Fly-Wheel)는 전동기의 전원이 상실될 때 RCP의 감속 정지 시간을 지연시켜 RCP에 의한 노심 냉각 역할을 수행한다. RCP의 설계 과속은 정상 속도의 125%이다. 펌프의 형식은 수직, 단단, 하부 흡입, 측면 배출, 전동기구동형 원심펌프이다. RCP는 그림〈2-7〉과 같다.

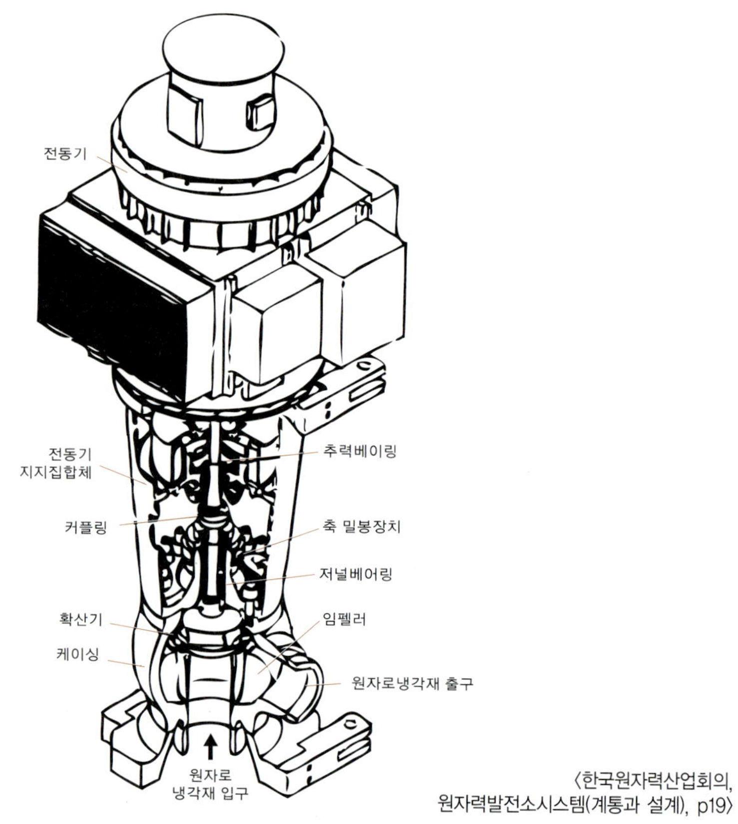

〈한국원자력산업회의, 원자력발전소시스템(계통과 설계), p19〉

그림 2-7 • 원자로냉각재펌프

2) 원자로냉각재펌프 구성

가) 펌프 케이싱

펌프의 케이싱은 원자로냉각재계통의 압력이 걸리는 부분으로 재질은 탄소강이며, 내부 표면은 스테인레스강으로 피복되어 있다. 압력이 걸리는 부분은 안전등급 1등급 기준에 의해 설계 및 제작된다.

나) 펌프 임펠러

펌프의 임펠러는 6개의 날개를 가지며 유로는 반경 방향이다. 임펠러의 외부에 확산기가 있으며, 임펠러 및 확산기의 날개 수는 펌프의 토출압력이 최대가 되도록 구성되어 있다. 확산기는 임펠러를 나온 유체의 속도를 감소시키고 유체의 압력을 증가시켜 펌프의 토출압력을 증가시키는 장치이다.

다) 펌프 베어링

펌프의 베어링은 물로 윤활되는 저널베어링, 오일로 윤활되는 조합형 저널 및 추력베어링이 있으며 펌프의 축뭉치를 지지한다. 추력베어링은 RCS의 정상 운전 중에는 상부로 향하는 추력을 지지하고, RCS가 저압인 경우에는 하부로 향하는 추력을 지지한다.

3) 원자로냉각재펌프 회전축 밀봉장치

원자로냉각재펌프의 회전축을 밀봉하기 위해 3개의 밀봉장치를 사용한다. 밀봉장치에는 밀봉수가 공급되는데 밀봉수는 화학적으로 항상 정화되어야 한다. 밀봉장치는 3단으로 구성되어 있다. 밀봉수는 화학 및 체적제어계통의 충전펌프에 의해 공급되며 밀봉장치를 통해 압력이 감소하여 일부는 펌프의 내부로 들어가고, 일부는 화학 및 체적제어계통의 체적제어탱크로 보내어 진다.

라. 가압기

1) 가압기 개요

가압기는 수직 원통형 압력용기이며 원자로냉각재계통의 압력을 유지하고 발전소의 운전상태가 바뀌는 경우 원자로냉각재계통 냉각재의 체적변화를 보상해 준다. 가압기의 하부에 있는 밀림관 및 상부에 있는 살수관은 원자로냉각재계통과 연결되어 있다. 가압기의 상부에는 안전밸브 3개가 설치되어 원자로냉각재계통의 압력이 과잉으로 올라갈 때 방출하며, 바닥에는 여러 개의 침수형 전열기가 수직으로 설치되어 가압기의 압력을 올리거나 유지시킨다. 상부에는 살수관이 있어 가압기의 압력을 낮출 때 사용한다. 〈그림 2-8〉은 가압기 및 내부구조물을 보여준다.

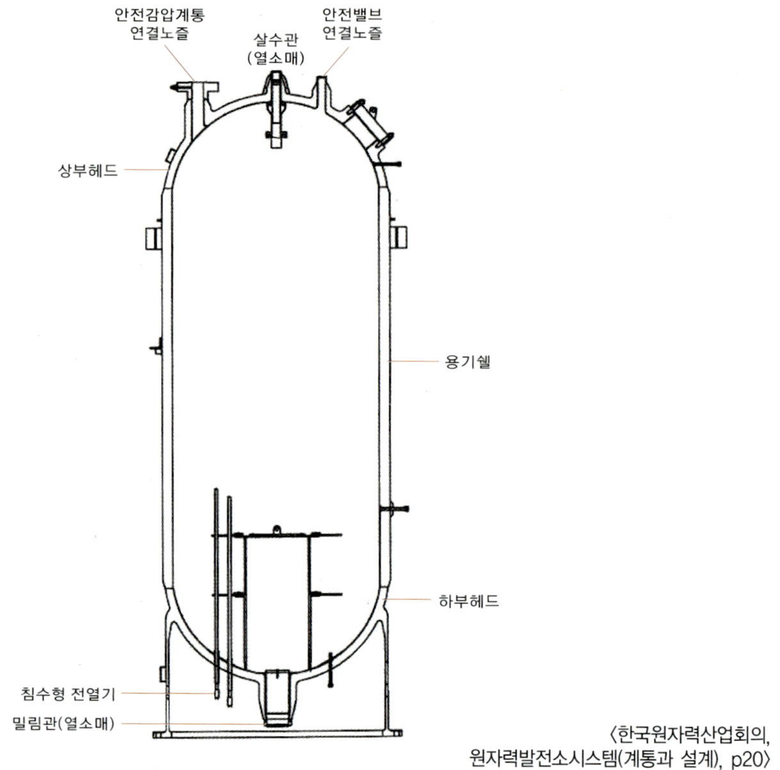

〈한국원자력산업회의, 원자력발전소시스템(계통과 설계), p20〉

그림 2-8 • 가압기 및 내부구조물

가압기의 살수 및 밀림관 노즐은 수명기간 중 발전소의 과도현상에 견딜 수 있도록 열소매(Thermal Sleeve)가 부착되어 있다. 가압기의 내부표면은 스테인레스강으로 피복되어 있고, 가압기의 수위는 냉각재 평균온도의 함수로 프로그램 되어 있다.

가압기는 화학 및 체적제어계통과 연결되어 원자로냉각재의 운전압력을 유지시키고, 발전소의 부하 변화 및 가열 또는 냉각시 냉각재의 체적변화를 보상해 준다. 발전소의 전 출력 운전 중에 가압기의 내부는 포화증기가 약 50% 차지하고 있다.

2) 가압기 체적 결정 기준

- 원자로냉각재계통의 압력을 설정치 이내로 유지하기 위해 가압기의 체적은 충분하여야 한다.
- 발전소의 부하 변동에 의해 가압기의 수위가 변동될 때 냉각재의 충전 및 유출

유량을 최소화할 수 있도록 가압기의 체적은 충분하여야 한다.

- 발전소의 가상사고 시에 가압기로부터 원자로건물로의 냉각재 유출 질량 및 이로 인한 에너지 방출을 제한할 수 있도록 가압기의 체적은 적절하여야 한다.
- 가압기 위의 증기체적은 발전소의 어떠한 부하변화에서도 압력에 대응하기에 충분하여야 하고 가압기의 수위가 가압기 상부에 있는 안전밸브에 도달하지 않도록 충분하여야 한다.
- 원자로 정지시 가압기의 배수를 방지하기 위해 가압기의 냉각재 체적은 충분하여야 한다.
- 발전소가 10% 단계별 부하감소나 출력 100%에서 15%까지 분당 5%의 일정한 비율로 부하가 감소할 때 이로 인한 수위감소로 하부에 있는 수직형 전열기가 노출되는 것을 방지하기 위해 가압기 냉각재의 체적은 충분하여야 한다.

5. 관련 계통

가. 화학 및 체적제어계통

화학 및 체적제어계통(CVCS)은 원자로냉각재계통으로부터 유출(Let-Down)되는 냉각재의 압력을 낮추기 위해 오리피스 또는 제어밸브 등을 통과시키고, 냉각재의 온도를 낮추기 위해 열교환기를 통과시키며, 냉각재를 정화하기 위해 탈염기를 거쳐 체적제어탱크(VCT)로 보내진다. VCT의 냉각재는 충전펌프를 이용하여 다시 원자로냉각재계통으로 주입된다. (그림 2-2 참조)

화학 및 체적제어계통의 기능은 아래와 같다.

- 원자로냉각재의 순도 유지
- 원자로냉각재계통의 반응도 보상

- 가압기의 수위 제어
- 원자로냉각재의 산소농도 제어, pH 제어
- 원자로냉각재의 총방사능준위 측정 등

나. 안전주입계통

안전주입계통(SIS)은 원자로냉각재의 상실사고 및 과냉각사고 등의 설계기준사고의 발생시 원자로냉각재계통에 고농도의 붕산수(약 4,000ppm)를 주입하여 원자로의 노심냉각 및 정지여유도를 확보하는 기능을 수행한다. 고압안전주입계통(HPSI), 저압안전주입계통(LPSI) 및 안전주입탱크(SIT) 등으로 구성되어 있다.

설계기준사고 중 화재로 인한 노심손상확률이 가장 높으므로 화재방호분석을 해야 하고 이를 설계에 반영해야 한다. 주요내용은 아래와 같다.

- 안전에 중요한 구조물, 계통 및 기기는 화재 및 폭발 가능성을 최소화하도록 설계 및 배치
- 가능한 한 불연성 및 내화성 재료 사용
- 화재가 안전에 중요한 구조물, 계통 및 기기에 미치는 영향을 최소화하기 위한 화재탐지 및 소화설비의 배치
- 소화설비는 배관 파단 또는 오동작시 안전에 중요한 구조물, 계통 및 기기의 안전기능에 심각한 영향을 초래하지 않도록 설계

원자력발전소를 안전하게 정지시키기 위해서는 안전성관련 계통에는 침수사고분석을 해야 한다. 침수사고의 원인은 두 가지로 분류된다. 첫째는 지진 및 기상조건과 같은 외부사건에 의한 침수사고로 일본 후쿠시마원전사고가 대표적인 사고이다. 이에 대한 대비를 위해 국내 원전의 경우 설계를 보강하기 시작했다. 둘째는 기기파손 등과 같은 내부요인에 의한 침수사고이다. 이는 발전소 내부의 배관 및 탱크 등의 파손과 같은 기기의 손상 및 화재방호계통의 작동 등으로 인해 비정상적으로 과도한

양의 유체가 유출되어 구조물, 계통 및 기기를 침수시키는 설계기준사고를 의미한다. 이러한 침수사고에 대비하여 도어밀폐 및 비상배수설비의 설치 등으로 계통 및 기기를 적절히 보호하고 기기 및 구조물에 미치는 하중을 감소시키는 것이다.

다. 정지냉각계통

정지냉각계통(SCS)은 원자로냉각재의 냉각 및 가열 기능을 수행하고 또한 핵연료의 재장전시 재장전수조에 붕산수를 공급한다. 그리고 원자로냉각재계통과 연결되어 있을 때는 화학 및 체적제어계통을 보조하여 원자로냉각재의 정화 기능을 수행한다. 정지냉각펌프, 정지냉각열교환기 및 밸브 등으로 구성되어 있다.

라. 안전감압계통

안전감압계통(SDS)은 가압기의 상부에 연결되어 증기발생기의 2차측 급수의 완전상실과 같은 설계기준사고의 발생시 가압기에 냉각재의 공급 및 방출(Feed & Bleed)을 실시하여 신속하게 원자로냉각재계통의 압력을 하강 안정시킨다.

마. 원자로냉각재기체배기계통

원자로냉각재기체배기계통은 원자로냉각재계통의 운전을 원활하게 하거나 사고시 필요할 때 원자로용기의 상부헤드 및 가압기의 상부 증기영역에 모인 기포 및 불응축성 기체를 제거한다.

바. 시료채취계통

시료채취계통은 원자로냉각재계통의 운전에 필요한 붕산농도, 방사능 준위 및 수질상태 감시용 시료를 채취하기 위해 원자로냉각재계통에 연결된다.

6. 원자로냉각재계통의 보조기기

가. 가압기 방출탱크

가압기의 압력이 높아 원자로냉각재가 방출될 때 유체를 담는 탱크로 원자로배수탱크(Reactor Drain Tank)가 가압기의 방출탱크(Pressurizer Relief Tank) 기능을 담당한다.(그림 2-2 참조)

나. 밸브

원자로냉각재계통의 밸브는 발전소의 정상운전 또는 사고시 관련 안전기능을 수행해야 하며, 내압성 및 기밀성을 유지하기 위해 안전등급 1등급 요구조건에 의해 설계된다. 원자로냉각재의 압력경계에 설치되는 밸브에는 스템의 누설 예방 및 파악을 위해 2중 패킹 및 누설집수장치가 사용된다. 냉각재와 접촉되는 부분은 부식을 방지하기 위해 스테인레스강으로 제작된다.

다. 가압기 안전밸브

가압기의 안전밸브(PZR Safety Valves)는 직접 동작형(Direct Acting) 또는 스프링 부하식(Spring Loaded)으로 스테인레스강으로 되어 있다. 이 밸브는 가압기의 압력이 설계압력의 110%가 초과되지 않도록 해주며 만약 밸브가 열렸을 때는 유체의 흐름이 최대로 일어나도록 해야 한다. 밸브가 열려 유체가 방출되어 가압기의 압력이 낮아지면 밸브의 디스크는 다시 닫힌 상태로 안정되며 설정치가 어느 정도 값 이하로 압력이 낮아지면 밸브는 완전히 닫힌다. 3개의 안전밸브가 가압기의 상부에 설치되어 있다. 밸브를 통하여 나오는 증기나 유체는 원자로건물 내부의 냉각재배수탱크(RDT)로 모이며, 밸브가 연결되어 있는 공통헤더 상부에서 각 밸브의 누설여부가 계속 감시된다.

라. 주증기배관 안전밸브

주증기배관의 안전밸브는 스프링 부하식으로 발전소의 어떠한 과도상태에서도 증기발생기의 2차측의 증기압력이 설계압력 이하로 유지되도록 한다.

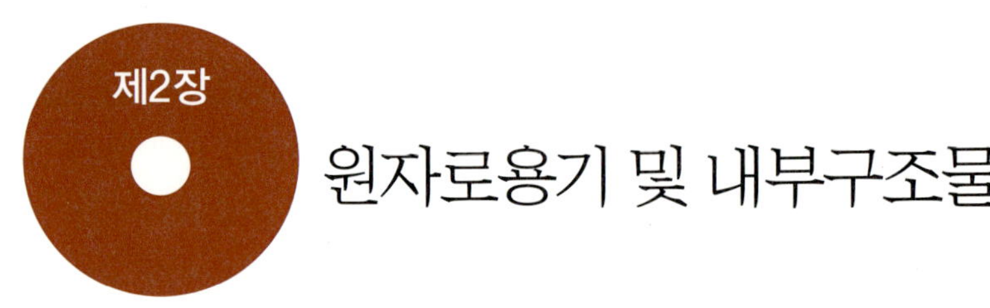

제2장 원자로용기 및 내부구조물

1. 원자로용기 개요

원자로는 원자로용기, 내장설비 및 내부구조물로 되어 있고, 연료가 장전되어 핵분열에 의해 열에너지가 생산되는 영역이며 원자로 연료의 다중보호벽 중 제3방벽의 역할을 한다.

원자로용기 및 내장설비는 아래와 같이 구성된다.

- 반구형의 하부헤드, 원통형 용기 및 분리가 가능한 반구형의 상부헤드
- 연료집합체
- 제어봉집합체
- 노내핵계측기집합체 등

원자로의 내부구조물은 원자로의 내장설비들을 지지하고 원자로용기의 내부를 통과하는 냉각재의 안내 역할을 하며 아래와 같이 구성된다. (그림 2-3, 2-4, 2-5 참조)

- 노심지지통
- 하부지지구조물
- 노심보호벽(노심 슈라우드)
- 상부안내구조물 등

2. 원자로용기 및 내장설비

원자로용기는 연료집합체, 제어봉집합체, 노내핵계측기집합체 및 이들을 지지하는 내부구조물로 되어 있고 중성자와 감마선을 견디고 높은 강도를 유지할 수 있는 탄소강 재질로 제작되며 내면은 부식방지를 위해 오스테나이트 스테인레스강 재질로 피복된다. 원자로용기는 반구형인 상부헤드(Upper Head) 및 하부헤드(Lower Head), 용기몸통(Reactor Vessel Body)으로 되어 있다. (그림 2-3 참조)

가. 상부헤드

원자로용기의 상부헤드는 아래와 같이 총 84개의 관통구가 있으며, 54개의 스터드 볼트에 의해 원자로용기 몸통의 플랜지에 고정된다.

- 73개의 제어봉구동장치(CEDM) 관통구
- 1개의 원자로 상부헤드 배기구 관통구
- 2개의 노심 열전대(HJTC) 관통구
- 8개의 예비용 관통구 등

나. 하부헤드

원자로용기의 하부헤드는 원자로용기의 몸통에 용접되어 있으며 하부헤드에는 45개의 노내핵계측기 관통노즐이 설치되어 있다. 원자로의 용기몸통 내부 하부에는 6개의 완충기(Snubber)가 있으며, 이는 노심지지통의 반경방향 움직임을 제한한다. 그 아래에 4개의 노심멈춤쇠(Core Stop)가 있어 노심지지통의 하향 낙하시 그 변위를 제한한다. 하부헤드에는 노심 안으로 유입되는 냉각재의 유량을 균일하게 분배하여 하부 공동(Lower Plenum)에 큰 와류형성을 방지해 주는 유량분배환(Flow Skirt)이 둘러져 있으며 그 안으로 노내핵계측기 인입용 노즐들이 용접되어 있다. 원자로용기몸통의 노심부분에는 감시시편 내장용기호울더(Surveillance Capsule Holder)가 위치하며, 냉각재의 입출구 배관노즐이 있다. (그림 2-3 참조)

다. 원자로 용기몸통

원자로의 용기몸통(Reactor Vessel Body) 플랜지는 안쪽 표면에 걸림쇠(Ledge)가 있어 노심지지통을 지지하고 노심지지통은 노심과 내장설비를 지지한다. 플랜지에는 원자로용기 상부헤드를 체결하는 54개의 스터드 볼트가 들어가는 구멍이 있으며 나사산이 가공되어 있다. 원자로의 용기몸통에는 두껍고 구배가 형성되어 있는 6개의 입출구 노즐이 있으며, 이 중 4개의 입구관 내경은 30인치, 2개의 출구관 내경은 42인치이다. 각 출구관 주변의 원자로용기 내부로 돌출된 환형턱(Boss)은 노심지지통과 맞닿아서 냉각재의 고온과 저온지역을 분리시켜 주며 약간의 틈을 둠으로써 냉각재의 온도 변화에 의한 열팽창이 허용되고 냉각재의 고온지역에서 저온지역으로의 노심 우회유량이 최소화되도록 한다. (그림 2-3 참조)

원자로용기의 상부헤드에는 은도금(Coating)된 인코넬 재질의 속이 빈 2개의 "O"링이 설치되어 노심측 내면의 공간을 통한 냉각재 압력이 증가함에 따라 더욱 밀착

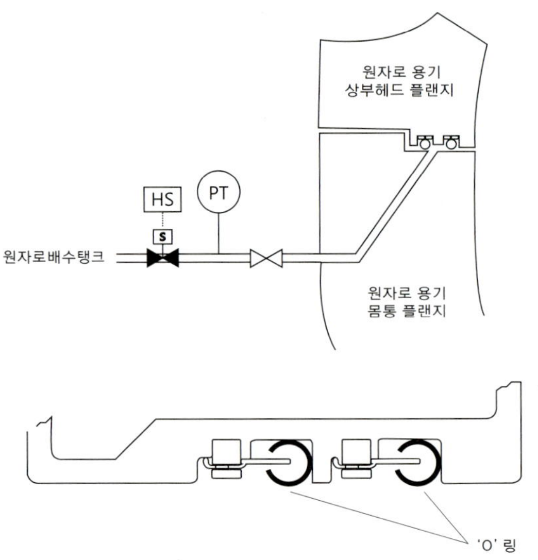

그림 2-9 • 원자로용기 플랜지 밀봉용 'O' 링

되는 원리(Self - Energized)에 의해 밀봉이 더욱 확실하게 된다. 두 'O' 링 중 어느 하나라도 100% 냉각재 누설을 방지할 수 있으나, 보통 원자로 내측 링이 밀봉을 주로 담당하고, 외측 링은 보조역할을 하며 두 'O' 링 사이의 공간에는 누설 탐지관이 설치되어 있어 누설 여부를 알아낸다. 속이 빈 'O' 링은 불균일한 표면에 따라 변형되도록 함으로서 확실한 밀봉이 이루어지도록 한다. 〈그림 2-9〉는 원자로용기의 플랜지 밀봉용 'O' 링을 나타낸다.

원자로용기의 입구노즐 아래에는 4개의 수직기둥이 설치되어 원자로용기를 지지하고 있으며, 이들은 수평 열팽창에 대한 유연성을 가지고 있어 원자로의 온도변화가 일어나더라도 열팽창에 의한 응력을 받지 않도록 한다.

라. 원자로 노심

원자로의 노심은 177개의 연료집합체와 73개의 제어봉집합체가 약 4m 길이에 걸쳐서 배치되어 있으며, 연료집합체는 16×16 배치로서 236개의 연료봉과 5개의 안내관으로 이루어져 있다. 각 안내관은 연료봉 4개의 공간과 같은 크기를 차지하며

변　수	단　위	설 계 치
설계 열출력(원자로냉각재펌프 첨가열 및 계통손실 포함)	MWth	2,825
설계압력	psia(kg/cm²)	2,500(175.8)
설계온도(가압기 제외)	℉(℃)	650(343.3)
가압기 설계온도	℉(℃)	700(371)
총 유량률(4대 RCP 운전시)	Lb/hr(m³/hr)	121.5X10⁶(55.1X10³)
저온관 온도/내경	℉(℃)/inch	564.5(295.8)/30
고온관 온도/내경	℉(℃)/inch	621.2(327.3)/42
평균온도	℉(℃)	592.9(311.6)
정상운전압력	psia(kg/cm²)	2,250(158.2)
냉각재 체적(가압기 제외)	ft³(m³)	10,008(283.4)
가압기 물 체적(전 출력)	ft³(m³)	905(25.6)
가압기 증기 체적(전 출력)	ft³(m³)	910(25.8)

표 2-1 • OPR-1000 원자로냉각재계통 주요 설계인자

전체 길이에 걸쳐서 제어봉집합체의 안내 통로 역할을 한다. 노내핵계측설비는 45개의 핵연료집합체의 중앙 안내관에 설치되며 이들은 원자로용기의 하부를 통과하여 외부로 나간다. 원자로의 노심지지통은 핵연료집합체, 제어봉집합체 및 노내핵계측기집합체들을 지지하고 원자로용기를 지나가는 냉각재를 안내함과 동시에 용기 내부의 정적 및 동적부하를 흡수하여 원자로용기의 플랜지에 전달한다. 원자로용기와 관련된 한국형 표준원전 OPR-1000의 주요 설계인자는 〈표 2-1〉과 같다.

3. 원자로 내부구조물

원자로의 내부구조물은 크게 노심지지통집합체 및 상부안내구조물집합체로 구성되어 있으며, 유량분배환은 냉각재 유로의 일부분이지만 원자로용기의 하부헤드에 부착되어 있다. (그림 2-4 및 그림 2-5 참조)

가. 노심지지통집합체

노심지지통집합체는 오스테나이트 스테인레스강 재질이며 노심지지통, 하부지지구조물, 노심보호벽(노심 슈라우드), 노내핵계측기노즐뭉치 등으로 구성되고 상부에 플랜지(Upper Flange)가 있으며, 이 상부플랜지가 원자로용기 턱(Ledge)에 걸쳐져 노심지지통의 하중을 지탱한다. (그림 2-3 참조)

상부플랜지에는 4개의 키홈이 가공되고 원자로용기 턱에는 4개의 정렬키(Alignment Key)가 설치되어 서로 끼워져 정렬이 이루어진다. 노심지지통의 하부플랜지는 하부지지구조물(Lower Support Structure)을 지지, 보호, 정위치시키고 하부지지구조물 아래에는 지지빔(Support Beam)이 있고, 지지 빔에 설치된 위치핀(Locating Pin)은 핵연료집합체의 하부를 정위치 시켜준다. 노심지지통 안쪽의 노심슈라우드(Core Shroud)는 냉각재의 유로 형성 및 냉각재의 노심 우회유량을 제한하고 하부지지구조물에 의해 지지 정렬된다. 노심지지통의 하단 외측에는 균등한 간격으로 6개의 완충기러그(Snubber Lug)가 설치되어 있어 원자로용기 내부의 상대러그들과 요철 조합을 이루게 됨으로써 노심지지통의 원주방향 및 뒤틀림 변형을 제한한다. (그림 2-4 참조)

1) 노심지지통(Core Support Barrel)

노심지지통은 원통형으로 상부에는 외부 돌출형 플랜지, 하부에는 내부 돌출형 플랜지가 있다. 상부플랜지가 원자로용기 턱에 얹혀서 핵연료집합체가 설치되는 하부지지구조물을 포함한 노심지지통 전체를 지지한다. 노심지지통의 상부플랜지에는 4개의 정렬키가 90도 간격으로 설치되어 있어, 원자로용기 및 상부안내구조물집합체 등과 이 정렬키에 대응하여 삽입됨으로써 상호 정렬된다. 노심지지통의 상부에는 두 개의 출구노즐이 있는데 원자로용기의 노즐부위와 잘 접촉되어 있어 입구노즐에서 출구노즐로의 냉각재의 누설유량을 최소화시킨다. 노심지지통의 전체 하중은 상부플랜지에서 지지되므로 냉각재의 흐름에 의한 구조물 내부의 진동이 증가할 수 있다. 따라서 진폭을 제한하기 위한 장치로 완충기가 노심지지통 외부의 하단에 설치된다. 원자로용기에 있는 완충기 러그들은 마모를 줄이기 위해 스텔라이트(Stellite)로 된 경화표면(Hard Face)으로 되어 있다.

2) 하부지지구조물(Lower Support Structure)

하부지지구조물은 연료 다발, 노심슈라우드 및 노내핵계측기노즐의 위치를 지정해주고 이를 지지한다. 이 구조물은 지지원통(Cylinder), 지지빔(Support Beam) 및 바닥판(Bottom Plates)으로 구성되어 있다. 지지원통은 계란판형(Eggcrate Fashion)으로 배열된 격자 빔(Grid Beams) 조합체를 감싸고 있으며 빔의 아래에는 바닥판이 용접되어 있다. 바닥판에는 적절한 유량분배가 이루어지도록 구멍들이 가공되어 있다. 또한 지지원통은 고온의 냉각재 유체흐름을 안내하고 노심슈라우드의 외부 방향으로의 우회유량을 0.22%로 제한한다.

3) 노내핵계측기노즐뭉치(ICI Nozzle Assembly)

노내핵계측기노즐뭉치는 노내핵계측기노즐, 노내핵계측기노즐지지판(ICI

Nozzle Support Plate) 및 지지기둥(Support Column) 등으로 구성되어 있으며, 이것들이 하부지지구조물의 바닥판에 의해 지지된다. 노내핵계측기노즐지지판은 노즐의 측면 방향지지 역할을 하며 구멍을 통해 적절한 냉각재의 유량 분배가 이루어지도록 유도 한다.

4) 노심보호벽(노심슈라우드)

노심슈라우드는 노심의 측면을 둘러싸서 냉각재의 우회유량을 제한하며, 노심을 통과하는 냉각재의 유로방향을 정해주는 수직형 판구조물(Vertical Assembly)로 되어 있다. 측면 지지를 위해 주변 지지링과 하부 및 상부플래이트가 설치되어 있다. 5개의 주변지지링은 슈라우드 전체 길이에 걸쳐 부착되어 있다. 노심슈라우드 바깥부분과 노심지지통 사이에는 작은 환형공간이 있고, 이 공간을 따라 냉각재가 위로 흐르게 함으로써 노심슈라우드에 가해지는 열응력을 최소화시킨다. 노심슈라우드의 상단에는 경화 처리된 4개의 정렬용 러그(Alignment Lugs)가 90도 간격으로 있어 상부안내구조물집합체, 노심슈라우드 및 하부지지구조물 사이의 정렬에 이용된다.

나. 상부안내구조물집합체

상부안내구조물집합체(Upper Guide Structure)는 연료집합체의 상단을 측면에서 지지하고 이를 정렬시키며, 제어봉의 이동 공간을 이룬다. 또한 정상 운전 중에 핵연료집합체를 눌러주어 가상적인 사고 시에 핵연료집합체가 위로 올라가지 않도록 하며, 또한 상부의 공동(Upper Plenum)에서 냉각재의 방향 변경(Cross Flow)에 의한 제어봉의 손상을 보호한다. 상부안내구조물집합체는 상부안내구조물지지통(Upper Guide Structure Support Barrel), 제어봉안내튜브(CEA Guide Tube) 및 연료정렬판(Fuel Alignment Plate) 등으로 구성되어 있다. 상부안내구조물지지통은 상부 끝에서 링플랜지(Ring Flange)에 용접되고, 하부 끝은 원형판에 용접된 수직 원통으로 이루어져 있다. (그림 2-5 참조)

다. 노내핵계측기 안내 통로 및 지지장치

노내중성자속감시설비는 자체전원공급(Self-Powered) 노내계측장치, 안내관 및 안내관지지물, 감지신호증폭기 등으로 구성된다. 안내관 및 안내관지지물은 원자로용기의 외부로부터 시작되어 용기의 바닥을 관통한 후 핵연료다발의 상부 끝까지 이어진다. 각 계측기의 압력경계는 원자로의 외부에 있는 밀봉하우징(Seal Housing)이며, 여기에서 외부의 전기적 장치와 연결된다. 감지기 및 열전대는 보호관(Sheath Tube)으로 피복되는데, 보호관은 감지기와 열전대가 냉각재와 직접 접촉되는 것을 방지해 주는 방벽역할을 하며 압력경계가 된다. 밀봉하우징의 테이블에는 밀봉마개(Seal Plug)가 설치되어 노내핵계측기 설비의 건전성을 유지시켜 주며 신호케이블이 이것을 통과하도록 되어 있다. 〈그림 2-10〉은 노내핵계측기의 안내통로를 나타낸다.

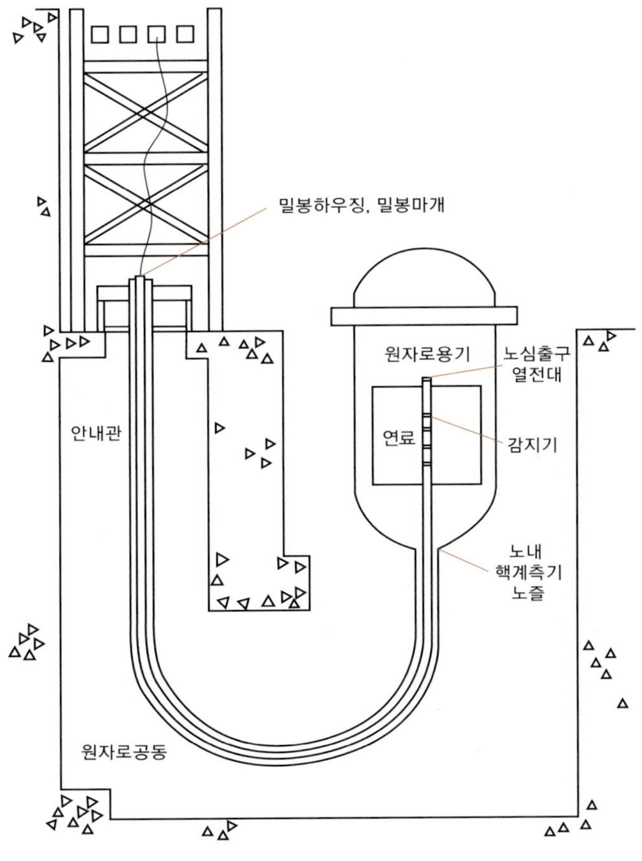

그림 2-10 • 노내핵계측기 안내통로

라. 노심열전대(HJTC) 안내 통로

사고 발생시 노심의 수위를 측정하기 위한 열전대(HJTC)의 안내 통로가 있다.(그림 2-5 참조)

4. 원자로용기 재질 감시설비

원자로용기 재질의 중성자 조사로 인한 무연성천이온도(RT_{NDT})의 변화와 기계적 성질 변화 여부가 평가된다. 원자로용기 재질의 충격(Impact) 및 기계적 성질의 변화는 조사 전과 후의 시험결과가 비교 평가된다. 원자로용기 재질의 특성 변화를 유발시키는 중성자를 감시하기 위해 사용되는 감시용 시편의 내장용기(Capsule)는 실제 원자로용기의 조사 조건과 매우 유사한 조건에서 조사되도록 설치되어 있다. (그림 2-3 참조)

가. 시험 재료의 선택

감시시편은 원자로용기의 중간부위 제작에 실제 이용된 재질이 사용된다. 모재금속(Base Metal), 용접금속(Weld Metal) 및 열 영향을 받는(HAZ: Heated Affected Zone) 금속으로 구성된다. 이 감시시편은 원자로용기의 안쪽 중간 높이에 설치된다.

나. 시험 근거

감시시편에 대한 시험은 낙중시험(Drop Weight Test), 샤르피충격시험(Charpy Impact Test), 인장시험(Tensile Test) 등이 있다. 이러한 시험은 관련 ASTM 표준에 의해 수행된다. 무연성천이온도(RT_{NDT}) 결정을 위한 낙중시험(Drop Weight Test) 및 샤르피충격시험(Charpy Impact Test) 상호 관계는 관련 코드를 따른다.

다. 감시시편 내장용기

냉각재로부터 감시시편을 보호하기 위해 부식에 강한 용기가 사용된다. 원자로용기 내측의 선정된 장소에 6개의 감시시편 내장용기(Surveillance Capsule)가 설치된다.

라. 중성자 조사 및 온도감시

원자로용기 재질의 무연성천이온도(RT_{NDT}) 변화는 중성자의 에너지와 조사 온도에 관계된다. 감시시편에 가해지는 속중성자 및 열중성자의 에너지는 6개의 감시시편 내장용기에 들어있는 감지기로 측정된다.

마. 감시시편 인출 시기

최초의 감시시편 인출은 시편의 경험적 예상 무연성천이온도(RT_{NDT})가 50°F전이되고 발전소 예상수명의 1/4이 경과하지 않은 때에 실시한다. 두 번째의 인출은 무연성천이온도(RT_{NDT})가 100°F전이되고 발전소 예상수명의 1/2이 경과하지 않은 때에 실시되고 세 번째 인출은 예상수명의 3/4에 이르렀을 때에 실시된다.

제3장 원전연료집합체

1. 원전연료집합체 기능

원자력발전소의 어떠한 운전 조건 아래에서도 노심에서 발생되는 열을 제거할 수 있도록 원전연료집합체 핵연료봉의 기하학적 형상은 유지되어야 하고, 제어봉을 핵연료집합체의 사이에 삽입 및 인출할 때 과도한 접촉 마모가 발생하지 않아야 하며, 노심 내부의 중성자속을 감시하는 설비 및 중성자 발생원이 설치될 수 있어야 한다.

2. 원전연료집합체 구성

가. 연료봉

1) 펠렛(Pellet)

가) 펠렛 소결(Sintering)

탄화수소 화학물질을 첨가하여 흡착력을 높인 산화우라늄(UO_2) 가루를 원통형의 상하 표면 가운데를 접시 모양으로 파고(Dishing) 상하 표면의 모서리를 모따기(Chamfered)하여 압축된 상태에서 1,500°F 온도로 12시간 정도 가열하면 고밀화된 은회색의 펠렛 세라믹이 만들어 진다. 이렇게 하면 핵분열시 발생하는 고온에서도 핵연료봉의 내부에서 펠렛은 팽창(Swelling) 및 수축이 최소화되어 기하학적 형상을 오래 동안 유지할 수 있다. 펠렛은 약 1.42% 또는 3.42% 등의 U-235 농축우라늄을 포함하고 있으며, 평균밀도는 이론밀도인 10.96g/㎤의 95%이고, 직경은 0.325인치이다. 평균밀도를 이론밀도의 95%로 한 이유는 펠렛의 내부에 기공이 존재토록 하여 핵분열 과정에서 발생하는 기체를 펠렛의 내부에 가두어 두기 위한 것이다. 발전소의 정상 운전 중 핵분열성 기체의 75%는 펠렛의 내부 기공에 존재하고, 25%는 펠렛과 연료봉 사이에 존재한다. 펠렛을 건조한 후 무게는 약 5g이며, 연료봉 하나의 무게는 약 2.6kg이다.

나) 스페이서 펠렛

핵연료봉에 펠렛을 넣는데, 제일 위와 아래에는 열전달율이 낮은 산화알루미늄 재질의 스페이서 펠렛을 넣는다. 상부의 스페이서 펠렛은 압축스프링과 펠렛이 직접 접촉하는 것을 방지하여 펠렛 조각의 이탈이나 균열을 예방하고 연료봉의 내부에 조각이 발생하더라도 상부 공동부(Upper Plenum Region)로의 유입을 방지해준다. 하부의 스페이서 펠렛은 하부 엔드캡(Lower End Cap)으로의 열전달을 감소시켜 앤드캡 용접 부위의 열응력을 줄인다. 〈그림 2-11〉은 연료봉의 구조를 나타낸다.

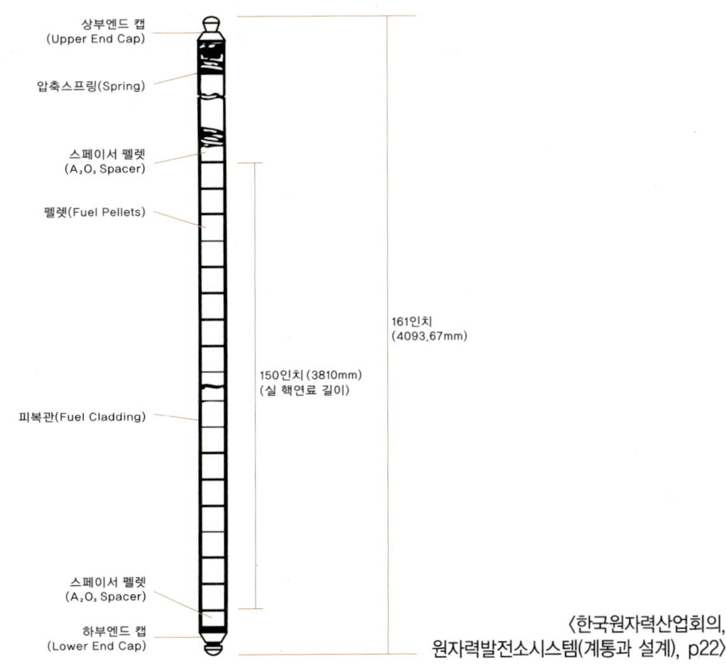

그림 2-11 • 연료봉 구조

2) 연료봉(Fuel Rod)

연료봉은 지르칼로이-4 재질로 된 관 모양의 피복재 내부에 원통형의 세라믹 펠렛, 스테인레스강의 압축스프링 및 연료봉 상하단의 산화알루미늄 스페이서를 삽입한 후 헬륨 기체로 약 380psig 가압하여 제작한다. 초기에 헬륨 기체로 가압하는 것은 노심의 핵연료 수명 말기에 설계 첨두국부출력밀도로 운전할 때 연료봉의 내부에 걸리는 압력의 최고치가 연료봉의 외측으로 피복재의 고온 크리프(Creep)를 유발하지 않도록 하기 위함이다. 연료봉의 크기는 외경/내경 약 0.382/0.332인치이며 길이 약 161인치이다. (그림 2-11 참조)

2,200°F 이상에서는 지르코늄과 물이 반응하여 피복재의 지르칼로이-4 성능이 나빠지므로 피복재의 온도가 규정치 이상으로 상승되지 않도록 해야 한다. 연료봉의 제원은 〈표 2-2〉와 같다.

나. 독물질봉

노심수명의 초기에는 핵연료의 U-235 농축도가 높기에 핵연료의 정반응도가 매우

항 목		연 료	가연성 독물질
연료 및 가연성 독물질 펠렛	재질	UO_2	Gd_2O_3-UO_2
	직경(cm)	0.819	0.819
	길이(cm)	0.983	0.983
	밀도(이론밀도의 %)	95.25	95.25
	이론밀도(gr/cm^3)	10.96	10.96/7.41(UO_2/Gd_2O_3)
	무게(gr)	약 5.2	-
연료 및 가연성 독물질 봉	재질	지르칼로이/M5	지르칼로이/M5
	외경(cm)	0.95	0.95
	내경(cm)	0.836	0.836
	두께(cm)	0.05715	0.05715
	직경 갭(cm)	0.01651	0.01651
	전체길이(cm)	409.45	409.45
	유효길이(cm)	301.01	342.9
	플레넘 길이(cm)	20.95	25.4
	무게(kg)	약 2.6	-

표 2-2 • 연료봉 및 가연성 독물질봉 제원

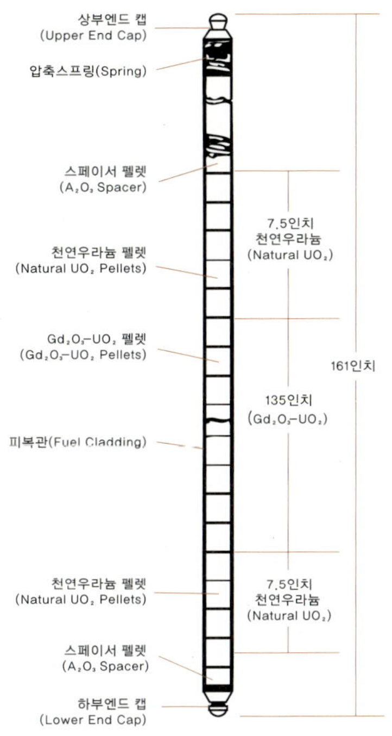

〈한국원자력산업회의, 원자력발전소시스템(계통과 설계), p22〉

그림 2-12 • 가연성 독물질봉 구조

높다. 또한 원전연료집합체에서 제어봉을 인출할 때 그 공간으로 냉각재가 유입되어 이로 인한 국부적 출력증가가 일어난다. 이를 워터홀피킹(Water Hole Peaking) 현상이라고 한다. 이러한 현상들을 감소시키기 위해 가연성 중성자흡수봉들이 일부 연료집합체에 내장되며, 이들의 모양은 연료봉과 흡사하여 연료봉과 대체되어 설치된다. 독물질봉은 4w% 농축 Gd_2O_3와 천연우라늄(UO_2)의 혼합물로 봉의 유효길이는 약 135인치이다. 〈그림 2-12〉는 가연성 독물질봉의 구조를 나타내며, 가연성 독물질봉의 제원은 〈표 2-2〉와 같다.

다. 연료집합체

연료집합체(Fuel Assembly)는 236개의 연료봉 및 독물질봉이 16×16 배열로 위치하며, 11개의 지르칼로이-4 스페이서그리드, 최하단의 인코넬-625 스페이서그리드, 5개의 지르칼로이-4 안내관 및 계측관, 2개의 스테인레스강 상하부 엔드피팅 및

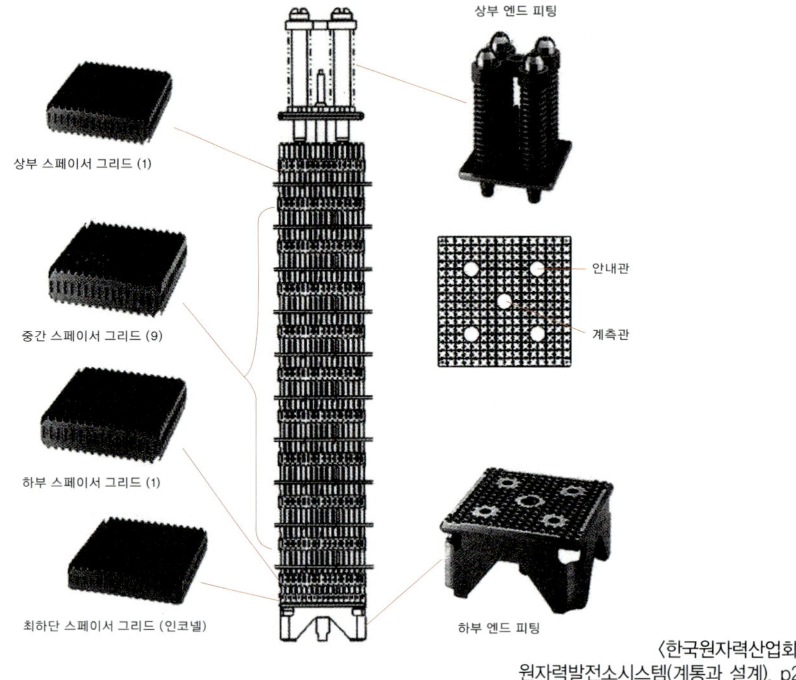

〈한국원자력산업회의,
원자력발전소시스템(계통과 설계), p24〉

그림 2-13 • 핵연료집합체 구조

4개의 인코넬 코일스프링으로 이루어졌다. 〈그림 2-13〉은 핵연료집합체의 구조를 나타낸다.

1) 상부엔드피팅(Upper End Fitting)

상부엔드피팅은 2장의 주강 스레인레스강 판, 4개의 봉(Post), 4개의 인코넬 코일 스프링으로 구성되어 안내관에 부착되어 있다. 하부주강판은 안내관의 상단에 위치하여 연료봉의 과다한 상하이동을 방지하고 상부주강판은 코일 압축스프링과 함께 누름장치(Hold Down Device)를 구성하여 스프링에 의해 아래쪽으로 힘이 가해진다. 스프링이 상부에 위치하므로 스프링의 힘은 노심통(Core Barrel)과 냉각재 유량에 의한 상향력 및 연료집합체 중량에 의한 하향력을 적절하게 균형을 시켜야 한다.

2) 하부엔드피팅(Lower End Fitting)

하부엔드피팅은 연료봉 및 독물질봉을 수평지지하고, 수직방향력에 의한 굽힘을 감소시키기 위해 스페이서그리드가 사용된다. 인코넬-625는 1,000°F 이하에서 연성과 강도가 좋고 부식저항이 높으며 방사선의 조사에 안정하고 또한 스테인레스강에 용접이 가능하기 때문에 최하단의 스페이서그리드 재질로 사용된다. 초기노심의 핵연료집합체 사양은 〈표 2-3〉과 같다.

라. 노심

원자로의 노심에는 핵연료집합체가 123인치의 등가직경과 150인치의 실제연료길이를 갖는 정원형에 가까운 실린더 형식으로 배열되며, 핵연료집합체의 수량은 177개이다. 초기노심은 저누설장전모형으로 핵연료집합체의 내부에서의 첨두 출력을 감소시키고 핵연료집합체사이의 출력분포 차이를 축소시킨다. 다양한 농축영역과 독물질봉의 이용으로 초기노심에서 핵연료집합체는 6가지의 상이한 농축 연료봉이 사용된다. (표 2-3 참조)

연료집합체형태	수량		U-235 농축도(w/o)	연료집합체당 연료봉수	연료집합체당 독물질봉수	Gd_2O_3 농축도(w/o)
A	61		1.42	236	-	-
B	24	60	2.92/2.42	184/52	-	-
B1	20		2.92/2.42	176/52	8	4
B2	16		2.92/2.42	128/100	8	4
C	16	56	3.42/2.92	184/52	-	-
C1	40		3.42/2.92	124/100	12	4
-	177		-	-	-	-

표 2-3 • 핵연료집합체 사양(초기노심)

제어봉집합체

1. 제어봉집합체 기능

제어봉집합체(CEA : Control Element Assembly)는 핵연료집합체 안내관의 삽입 공간으로 제어봉을 적절히 위치시킴으로써 필요시 원자로를 확실하게 정지시킬 수 있어야 한다. 또한 원자로를 운전할 때 제어봉집합체는 핵분열의 단기 반응도제어를 담당하므로 방사능의 조사로 인해 반응도를 제어하는 기능에 손상이 가서는 안된다.

2. 제어봉집합체 설계기준

제어봉집합체는 중성자흡수체의 연소, 인코넬 625 재질의 허용응력, 제어봉과 안내관과의 간격 등을 고려하여 10년 수명을 갖도록 설계된다. B-10 물질은 중성자와 반응하여 헬륨을 발생시키며, 발생된 헬륨가스의 일부가 제어봉의 공간(Plenum)으로 이탈되어 나온다. 따라서 제어봉집합체의 수명은 제어봉 충전가스의 압력 및 온도, 방출되는 헬륨가스량 및 기공을 포함한 중성자흡수체 체적 등이 주요 변수이다.

3. 제어봉집합체 구성

제어봉집합체는 12개봉(12 Fingers) 구조의 제어봉집합체가 32개및4개봉(4

Fingers) 구조의 제어봉집합체가 41개 등 총 73개가 있다. 12개봉 제어봉집합체는 32개 모두가 전강도용(Full Strength) 제어봉집합체이며 이 중 28개가 정지그룹에 속하

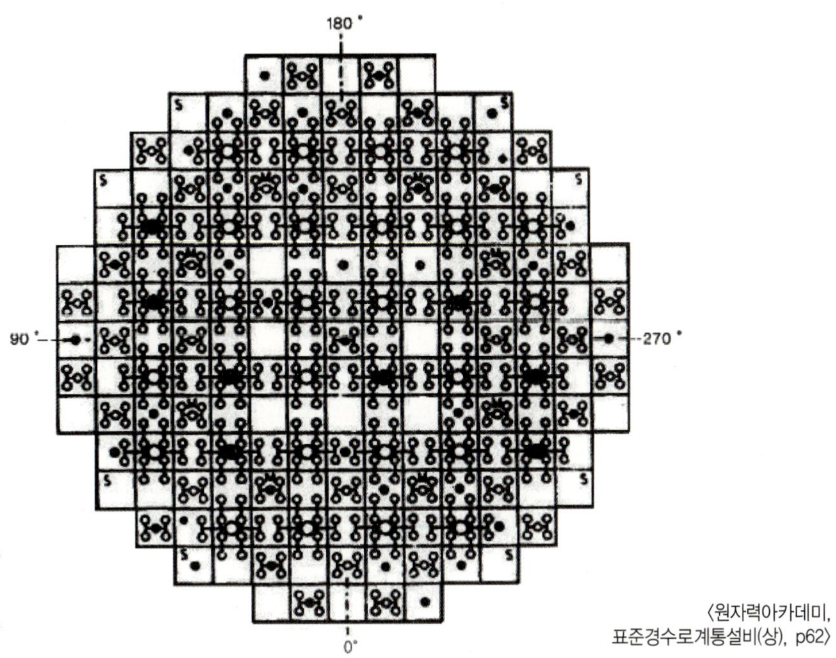

〈원자력아카데미, 표준경수로계통설비(상), p62〉

그림 2-14 • 제어봉집합체 위치

<table>
<tr><th rowspan="2">그 룹</th><th rowspan="2">부그룹</th><th colspan="6">제어봉집합체 종류</th><th rowspan="2">계</th><th rowspan="2">비 고</th></tr>
<tr><th colspan="3">12개봉</th><th colspan="3">4개봉</th></tr>
<tr><td rowspan="2">전강도
정지 A, B</td><td rowspan="2">7개</td><td>A</td><td>12개</td><td rowspan="2">28개</td><td rowspan="2" colspan="3">–</td><td rowspan="2">28개</td><td rowspan="2">–</td></tr>
<tr><td>B</td><td>16개</td></tr>
<tr><td rowspan="5">전강도
제어 1~5</td><td rowspan="5">9개</td><td>1</td><td>4개</td><td rowspan="5">4개</td><td>1</td><td>8개</td><td rowspan="5">33개</td><td rowspan="5">37개</td><td rowspan="5">–</td></tr>
<tr><td>2</td><td>–</td><td>2</td><td>8개</td></tr>
<tr><td>3</td><td>–</td><td>3</td><td>8개</td></tr>
<tr><td>4</td><td>–</td><td>4</td><td>5개</td></tr>
<tr><td>5</td><td>–</td><td>5</td><td>4개</td></tr>
<tr><td rowspan="2">부분강도
제어 P1, P2</td><td rowspan="2">2개</td><td rowspan="2" colspan="3">–</td><td>P1</td><td>4개</td><td rowspan="2">8개</td><td rowspan="2">8개</td><td rowspan="2">축방향중성자속
분포조절</td></tr>
<tr><td>P2</td><td>4개</td></tr>
<tr><td>계</td><td>18개</td><td colspan="3">32개</td><td colspan="3">41개</td><td>73개</td><td>–</td></tr>
</table>

표 2-4 • 제어봉집합체 구성

고 나머지 4개는 제어그룹에 속한다. 4개봉 제어봉집합체 41개 중 33개가 전강도용 제어봉집합체로 제어그룹에 속하며, 나머지 8개는 부분강도용(Part Strength) 제어봉 집합체로서 이는 모두 제어그룹에 속한다. 기존 73개의 제어봉집합체 사이에 8개의 제어봉집합체가 추가로 설치될 수 있다. 제어봉집합체의 구성은 〈표 2-4〉와 같다. 제어봉집합체의 위치는 〈그림 2-14〉와 같다.

가. 제어봉

제어봉은 슬리브 및 잠금너트에 의해 상부의 거미발(Spider)에 연결되어 있고, 이 거미발은 그리퍼커플링(Gripper Coupling)에 의해 제어봉집합체의 연장축(Extension Shaft)에 부착되어 제어봉구동장치(CEDM)의 자력식인양장치(Magnetic Jacking Device)에 의해 상하 이동이 가능하다.

나. 전강도제어봉집합체

전강도제어봉집합체(Full Strength Rod Assembly)에 사용되는 독물질은 B_4C 펠렛이며 펠렛은 모따기로 처리되어 열팽창 및 방사선 조사시 부풂(Swelling)으로 인한 펠렛 사이의 결집(Binding)을 방지하도록 한다. 독물질 부분의 하부에는 펠트메탈 슬리브 내부에 직경이 축소된 펠렛을 넣어 배치하는데, 이는 펠렛 직경을 적게하여 부풂을 감소시키고, 펠렛과 피복재간의 열팽창 차이와 펠렛의 부풂을 흡수하여 피복재에 미치는 응력을 감소시키기 위함이다. 제어봉의 하단에는 스테인레스강의 스페이서(Spacer)가 위치하여 용접 부위에 대한 응력을 최소화시키고, 독물질봉 상부에는 공간을 두어 B_4C로부터 방출되는 헬륨가스에 대한 팽창체적을 제공하고, 이 공간에 스테인레스강의 누름스프링(Holddown)을 설치하여 독물질과 피복재 사이의 열팽창 차이를 수용한다. 전강도 제어봉의 상부는 인코넬 625 재질의 연결부위에 용접 밀봉되어 엔드피팅(End Fitting)을 형성하고 하부는 인코넬 노우즈캡(Nose Cap)이 연결되어 있다. 〈그림 2-15〉는 12개 제어봉 전강도제어봉집합체이고, 〈그림 2-16〉은 4개 제어봉 전강도제어봉집합체를 나타낸다.

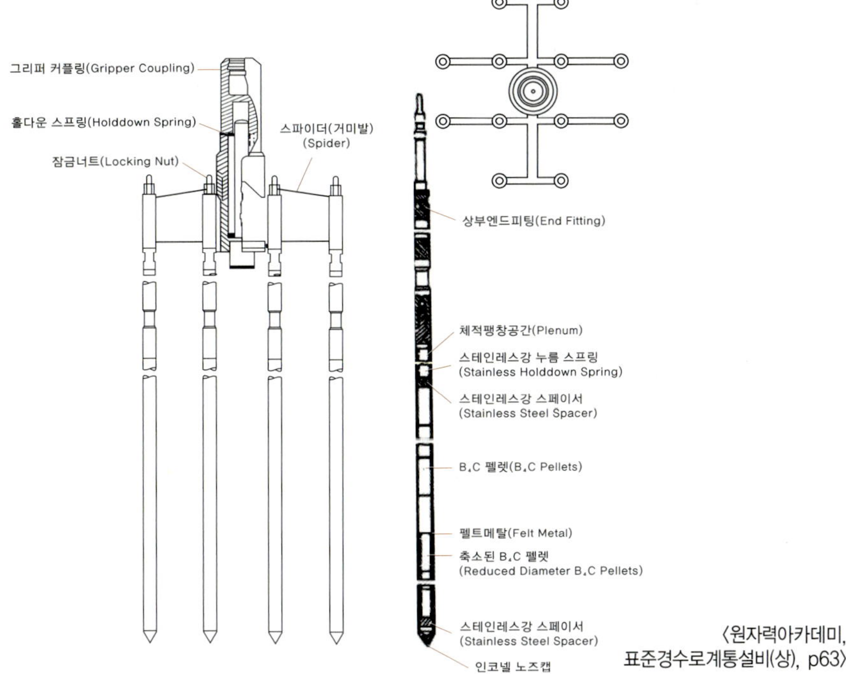

〈원자력아카데미,
표준경수로계통설비(상), p63〉

그림 2-15 • 전강도 제어봉집합체(12개 제어봉)

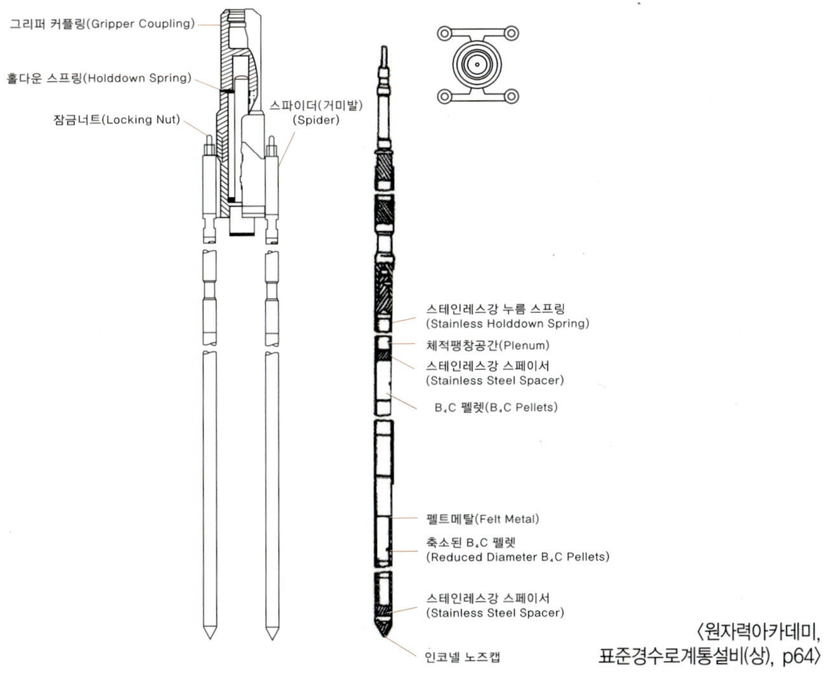

〈원자력아카데미,
표준경수로계통설비(상), p64〉

그림 2-16 • 전강도 제어봉집합체(4개 제어봉)

다. 부분강도제어봉집합체

부분강도제어봉집합체(Part Strength Rod Assembly) 모양은 전강도제어봉과 유사

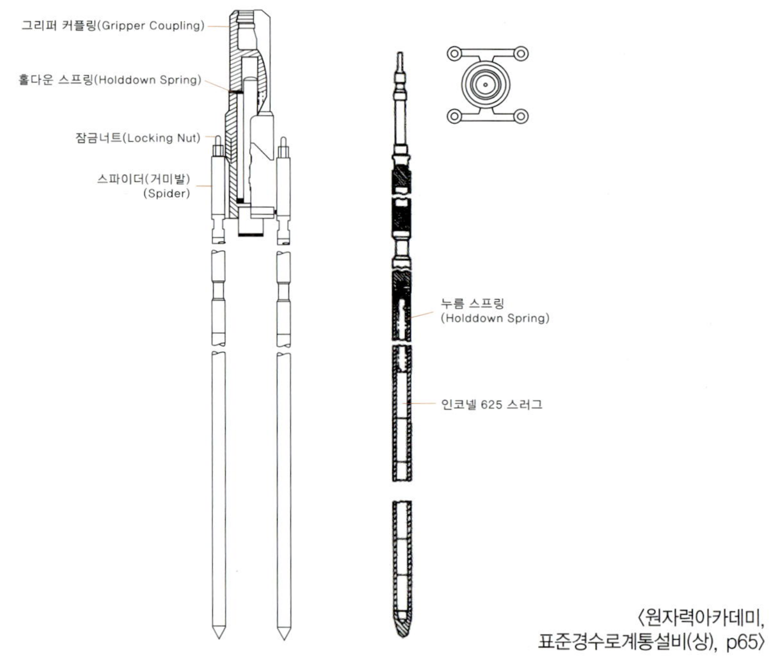

〈원자력아카데미, 표준경수로계통설비(상), p65〉

그림 2-17 • 부분강도 제어봉집합체(4개 제어봉)

항목		전강도	부분강도
제어봉집합체 수(개)		65	8
제어봉집합체 제어봉 수(개)		12 및 4	4
제어봉 펠릿	형태	원통형 봉	원통형 봉
	독물질	B_4C	인코넬-625 슬러그
	독물질 길이(cm)	344.17 + 31.75	378.46
B_4C 펠릿	직경(cm)	1.872/1.687	-
	이론밀도(gr/cm^3)	2.52	-
	밀도(이론밀도의 %)	73	-
	붕소(w/o)	77.5	-
인코넬-625 슬러그 펠릿	직경(cm)	-	1.872
	밀도(gr/cm^3)	-	8.442

표 2-5 • 제어봉집합체 제원

하나, 독물질은 중성자의 약 흡수체인 인코넬 625 스러그를 사용하며 제어봉의 중앙에는 구멍이 있어 냉각재가 통과할 수 있도록 하여 강흡수체 기능을 하도록 하고 있다. 부분강도제어봉집합체는 〈그림 2-17〉과 같고, 제어봉집합체의 제원은 〈표 2-5〉와 같다.

라. 중성자선원집합체

중성자선원집합체는 노심에서 핵반응을 처음 시작할 때에 필요한 중성자의 선원으로 사용된다.

4. 제어봉구동장치

제어봉구동장치(CEDM)는 자력식인양구조(Magnetic Jack)로 되어 있으며, 제어봉집합체를 노심의 내부에서 수직으로 이동시키고 원하는 일정 위치에 멈추도록 한다. 구동장치는 유효 노심 길이(150인치) 범위 내에서 제어봉집합체의 인출, 삽입, 유지, 낙하 기능을수행한다. 제어봉구동장치는 원자로용기의 상부헤드 위의 노즐에 설치되며, 압력하우징, 코일뭉치, 위치지시스위치(Reed Switch)뭉치, 연장축뭉치 등으로 구성된다.구동력은 제어봉구동장치 압력하우징을 둘러싼 코일뭉치에 의해 발생된다. 2개의위치지시스위치는 상부 압력하우징슈라우드에 의해 지지되어 제어봉의 노심 삽입위치를 나타낸다. 압력하우징은 원자로냉각재계통의 압력경계의 일부로서 원자로용기와 같은 내압요건을 가진다.

제5장 안전감압계통

1. 안전감압계통 개요

원자로냉각재계통의 증기발생기 2차측에 공급되는 주급수 및 보조급수가 완전히 상실되면 원자로에서 발생되는 열에너지가 외부로 방출이 되지 않으므로 원자로냉각재계통 내부의 압력은 올라간다. 이러한 경우 안전감압계통(SDS)을 이용하여 원자로냉각재계통의 압력을 수동으로 감압시켜야 안전주입계통을 활용하여 노심에 냉각수의 주입이 가능하여 원자로의 노심에 발생되는 열을 제거할 수 있다. 안전감압계통에는 원자로를 안전하게 정지시키거나 설계기준사고를 완화시키는 기능은 없다.

2. 안전감압계통 설명

안전감압계통은 원자로냉각재계통의 배출 유로를 형성하는 두 개의 4인치 배관 라인으로 이루어진다. 각 유로는 가압기에 있는 4인치 노즐에 연결되어 있으며 두 개의 전동기구동형 게이트밸브 및 글로브밸브가 연속으로 배치되어 있다. 안전감압계통의 각 배관의 끝에는 파열판(Rupture Disk)이 설치되어 정상운전시 밸브의 누설로 인해 원자로건물로의 유체가 방출되지 않도록 하고 있다. 안전감압계통은 원자로냉각재계통의 가압기의 상부 증기부분에 연결되어 있다. 이 계통은 정상운전시 사용되지 않으므로 모든 밸브들이 닫힌 상태로 유지된다. 게이트밸브의 전단 배관에 있을 수 있는 비응축성 기체는 원자로냉각재기체배기계통을 이용하여 제거한다.

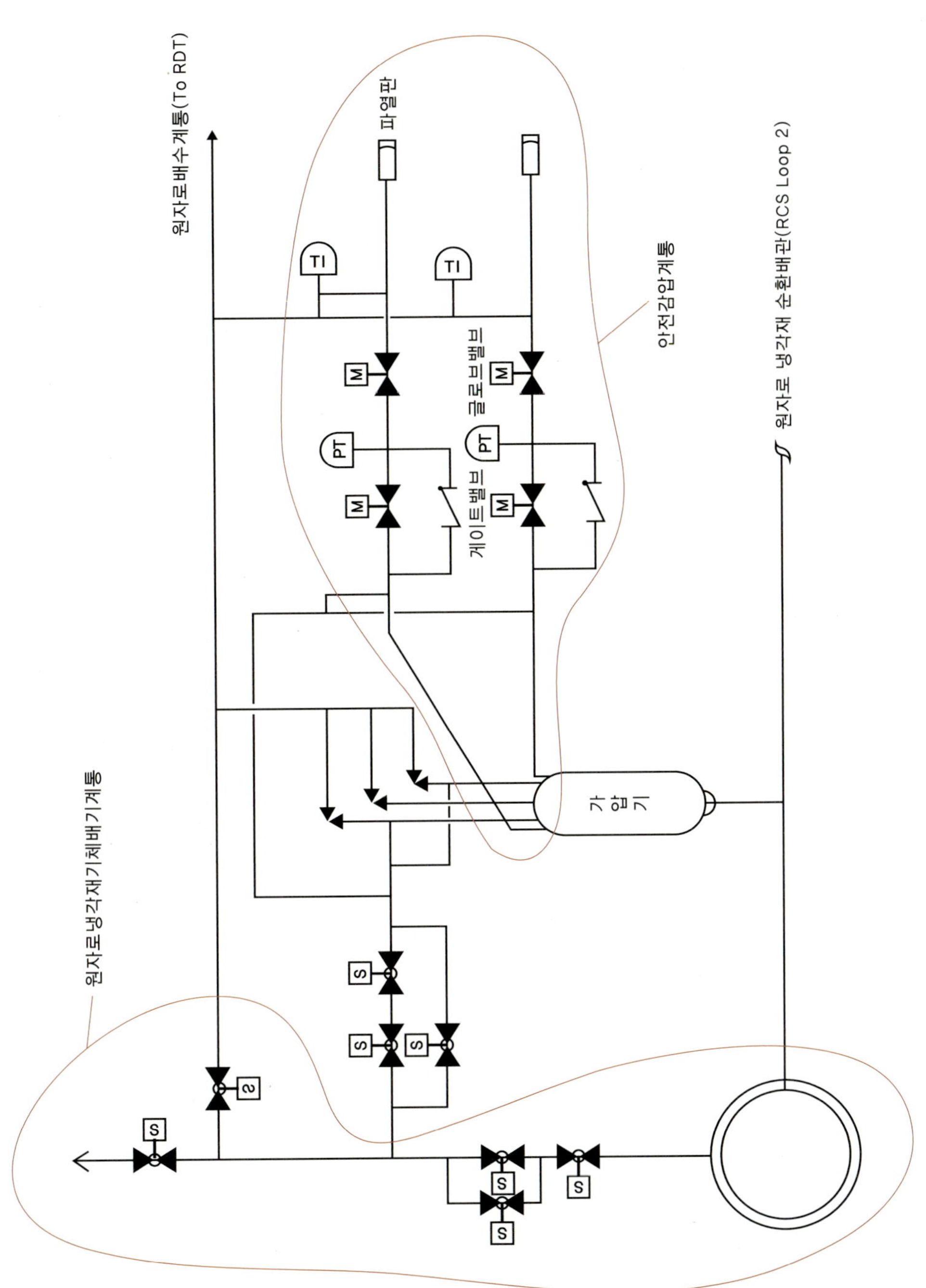

그림 2-18 • 안전감압계통 및 원자로냉각재기체배기계통

게이트밸브 및 글로브밸브 사이 배관에 과압력이 걸리는 것을 방지하기 위해 게이트밸브와 글로브밸브 사이의 배관과 게이트밸브 전단 배관을 연결하는 우회배관을 두고 체크밸브를 설치한다. 설계기준 초과사고인 완전급수상실사고에 의해 원자로냉각재계통이 고압으로 유지될 때 운전원은 안전감압계통의 밸브를 개방하여 원자로냉각재계통을 제어된 상태에서 신속히 감압시킨다. 원자로냉각재계통의 압력이 낮아져서 고압안전주입펌프가 작동되기 시작하여 냉각수가 원자로냉각재계통에 주입이 되면 원자로냉각재계통의 냉각재 재고량은 복구된다. 안전감압계통 및 원자로냉각재기체배기계통의 개략도는 〈그림 2-18〉과 같다.

3. 안전감압계통 주요기기

안전감압계통의 게이트밸브와 글로브밸브는 모두 전동기에 의해 구동되고 고장시 밸브의 고장 상태의 위치를 그대로 유지되도록 설계된다. 게이트밸브에는 인버터(Inverter)을 통해 직류축전지로부터 비상전력을 공급 받는다. 글로브밸브는 비상디젤발전기와 연결되어 비상전력을 공급 받는다. 게이트밸브의 전후단을 연결하는 우회배관에는 체크밸브가 설치되어 게이트밸브 및 글로브밸브 사이 배관에 과압이 걸리지 않도록 한다. 파열판의 파열 압력은 안전감압계통의 작동 시에만 파열될 수 있도록 약 1,400psig로 설정된다.

4. 안전감압계통 신뢰도

안전감압계통의 밸브는 고장시 고장 상태의 위치를 유지하며 원자로냉각재 압력경계의 건전성을 유지하기 위해 항상 닫힌 상태를 유지한다. 안전감압계통의 오작동에 의한 원자로냉각재계통의 압력강하를 방지하기 위해 안전감압계통의 모든 밸브에 열쇠잠금장치가 제공되며 원자로의 정상운전 중 밸브로 공급되는 전원이 차단된다. 안전감압계통의 각 유로의 밸브들은 한 밸브가 오작동에 의해 개방되더라도 원자로냉각재계통의 압력경계가 유지되도록 배열되어 있다.

5. 안전감압계통 계측설비

안전감압계통은 주제어실에서 원격 조정된다. 모든 전동기구동형 밸브와 밸브의 위치지시는 안전급 전원으로부터 전력을 공급받으며, 위치지시 정보가 주제어실에 제공된다. 위치신호는 격리된 안전급 신호이다. 발전소의 정상 운전시 게이브밸브와 글로브밸브 사이의 누설을 감시하기 위해 압력계측기가 설치되며 측정된 압력이 주제어실에 표시된다. 글로브밸브 후단의 누설을 감지하기 위해 온도계측기가 제공되며 측정된 온도가 주제어실에 표시된다. 압력 및 온도계측기는 어떠한 안전관련 기능을 수행하지는 않는다.

제6장 원자로냉각재기체배기계통

원자로냉각재기체배기계통(RCGVS : Reactor Coolant Gas Vent System)은 쉽게 응축되지 않는 기체가 원자로냉각재계통(RCS)에 축적될 때 원자로용기의 상부헤드와 가압기의 증기 공간을 통하여 배기시키는 역할을 한다. 또한 RCGVS는 가압기에 살수를 할 수 없을 때나 화학 및 체적제어계통(CVCS)이 RCS로부터 유출기능을 할 수 없을 때에 RCS의 압력을 제어할 목적으로 가압기의 증기 공간으로부터 증기를 배출시키는 역할을 하기도 한다.

RCGVS는 사고 발생 후 과도상태 동안 원자로용기에 있을 수 있는 비응축성 기체를 제거함으로써 자연순환방식에 의해 노심이 원활하게 냉각되도록 하기 위한 것이다. RCGVS로부터 배기되는 비응축성 기체 및 증기는 원자로배수탱크(RDT : Reactor Drain Tank)로 배기되어서 원자로건물의 대기로는 방출되지 않는다. 그러나 배기되는 비응축성 기체 및 증기의 양이 많을 때는 RDT의 파열판을 통해 원자로건물의 대기로 방출되며 배기된 기체 중 수소는 원자로건물의 수소 재결합기에 의해 제어된다. 발전소가 유지 보수를 위해 정지한 경우에도 RCS의 배기절차에 의해 RCGVS는 사용될 수 있다. 발전소가 정상적인 상태에서의 유지보수를 위한 배기라도 우발적인 방사능 누출을 막기 위해 직접 RDT로 보내지나 경우에 따라서는 RDT 파열판의 손상을 방지하기 위해 원자로건물의 대기로 직접 배기될 수도 있다.

RCGVS은 발전소의 정상 출력 운전 중에는 운전되지 않으나, 발전소가 기동 중에는 RCS에 냉각재를 채우는 과정에서 RCGVS를 이용하여 정적배기(Static Vent)를 수행하여 RCS 내부의 비응축 기체를 1차 배기하며 원자로냉각재펌프(RCP)가 기동할 수 있는 조건이 되면 RCP를 간헐적으로 가동시켜 동적배기(Dynamic Vent)를 수행한다. 이 때 증기발생기의 튜브의 상단에 있을 수 있는 비응축성 기체가 배기된다. 안전감압계통 및 원자로냉각재기체배기계통의 개략도는 〈그림 2-18〉과 같다.

제3부 원자로보조계통

제1장 • 화학 및 체적제어계통

제2장 • 화학 및 체적제어보조계통

제3장 • 기기냉각수계통

제4장 • 기기냉각수해수계통

제5장 • 원전연료취급 및 저장계통

제1장

화학 및 체적제어계통

1. 화학 및 체적제어계통 개요

발전소의 출력운전 중 원자로냉각재계통(RCS)의 냉각재는 화학성분 및 체적의 제어가 필요하다. 이를 위해서는 고온 및 고압의 냉각재를 상온 및 상압의 상태로 전환해야 한다. 화학 및 체적제어계통(CVCS : Chemical & Volume Control System)은 RCS에서 냉각재를 유출(Let-Down)하여 냉각재의 압력을 낮추기 위해 오리피스 또는 제어밸브를 통과시키고, 냉각재의 온도를 낮추기 위해 열교환기를 통과시키며, 냉각재를 정화하기 위해 탈염기를 거쳐 체적제어탱크(VCT)로 보낸다. VCT의 냉각재는 충전펌프를 이용하여 다시 RCS로 주입한다. CVCS의 기능은 원자로냉각재 순도의 유지, 반응도의 보상, 산소농도의 제어, pH의 제어 및 가압기의 수위 제어 등이며, RCS에 연결되어 다음과 같은 기능을 수행한다. 〈그림 3-1〉은 화학 및 체적제어계통을 나타낸다.

가. RCS 냉각재 재고량 유지

RCS로부터 유출유량 및 RCS로의 충전유량을 조절하여 RCS 가압기의 수위를 제어함으로써 RCS의 적절한 냉각재의 양을 유지한다. 발전소를 기동할 때나 출력을 증가시킬 때는 RCS의 냉각재가 팽창하므로 남는 냉각재는 CVCS로 유출된다. 발전소를 정지시킬 때나 출력을 감발시킬 때는 RCS의 냉각재가 수축하므로 부족한 냉각재를 CVCS가 충전한다. 발전소를 정상출력으로 운전을 할 경우에는 RCS의 가압기 수위가 조절되도록 RCS로부터의 유출 및 CVCS의 충전되는 냉각재량이 자동으로 조절된다.

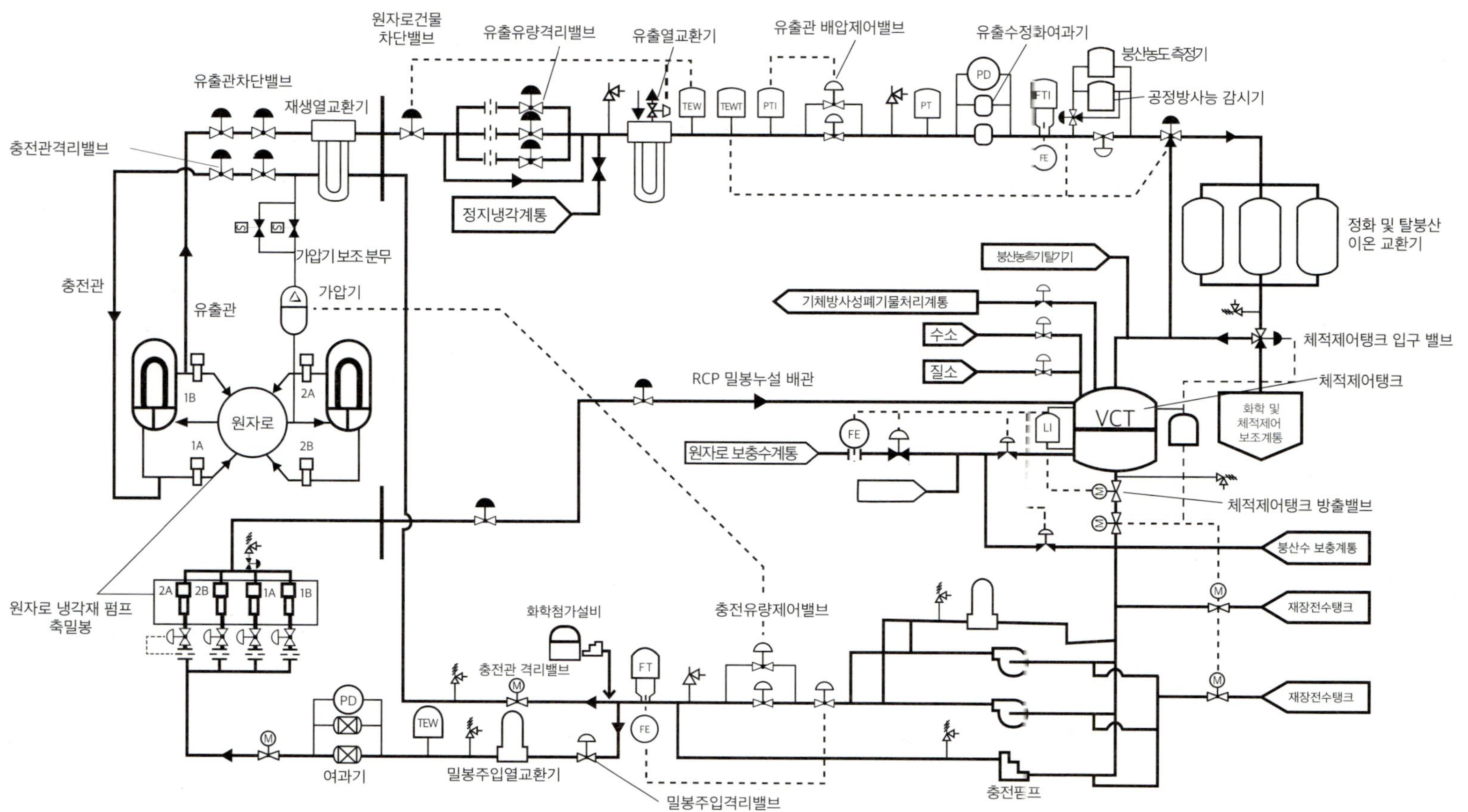

그림 3-1 • 화학 및 체적제어계통

나. RCS 화학성분 조절 및 순도유지

발전소의 운전 과정에서 RCS 냉각재의 화학성분은 계속 변화한다. 냉각재의 순도를 규정치 이내로 유지하기 위한 아래와 같은 기능은 CVCS가 담당한다.

- 하이드라진(N_2H_4) 또는 수소를 사용하여 RCS 냉각재의 용존 산소 제거
- 냉각재의 pH 조절을 위해 이온교환기 및 화학첨가설비를 사용하여 Li 농도를 조정
- 여과기 및 이온교환기를 사용하여 RCS 냉각재의 수질 정화
- 이온교환기를 사용하여 RCS 냉각재의 용해성 핵종 및 비용해성 입자 제거
- 여과기를 사용하여 RCS 냉각재의 현탁 부식 생성물 제거

다. RCS 냉각재 붕산농도 제어

RCS 냉각재의 붕산농도는 RCS 냉각재의 온도 변화, 핵연료연소도 변화 및 제논의 과도현상에 따른 반응도 변화를 보상하고, 원자로노심의 제어봉 위치를 최적화하며, 핵연료를 재장전할 때 정지여유도를 만족시키기 위해 제어된다.

라. RCS 가압기 압력제어 보조 기능

RCS 가압기의 압력을 제어하기 위해서 원자로냉각재펌프(RCP : Reactor Coolant Pump)의 토출 측에서 일정유량을 이용하여 가압기의 상부에 분무하여 가압기의 압력을 조절한다. RCP가 정지되는 경우 CVCS 충전펌프의 충전유량의 일부를 가압기의 보조분무관으로 보내어 가압기의 압력을 제어한다.

마. RCP 밀봉수 공급

발전소 운전 중 RCP 회전축의 밀봉부에는 항상 밀봉수가 필요하다. CVCS 충전펌

프의 충전유량의 일부를 RCP의 밀봉수로 공급하며, RCP 밀봉부로부터 유출되는 일부 밀봉수는 CVCS의 체적제어탱크(VCT : Volume Control Tank)로 회수한다. 밀봉부의 열충격을 방지하고 밀봉부의 미세한 간격이 막히지 않도록 RCP의 밀봉수는 냉각 및 방사성 침전물의 최소화가 필요하다.

바. RCS 붕산농도 측정

RCS의 붕산농도는 핵연료 반응도와 직접 관련이 있기에 발전소의 운전 중에 RCS 냉각재의 붕산 농도를 계속적으로 측정하여야 한다. 이를 위해 CVCS에 붕산농도측정기(Boronometer)를 설치하여 냉각재의 붕산농도를 연속적으로 감시하고 측정 결과가 표시되도록 한다.

사. 원자로 핵연료 건전성 확인

원자로에 설치되어 있는 핵연료의 피복재 건전성을 확인하기 위해 RCS로부터 CVCS로 유출되는 관에 공정방사능감시기(Process Radiation Monitor)를 설치하여 RCS 냉각재의 총 방사능 준위를 계속 감시한다. 이를 통해 핵연료 피복재의 손상 정도를 알 수 있다.

아. RCS 누설시험

RCS 압력경계의 건전성을 확인하기 위해 누설시험이 필요하다. CVCS 충전펌프를 사용하여 RCS의 설계압력까지 가압하면서 동시에 가압기, 원자로배수탱크, 원자로건물의 집수조(Sump), VCT 수위를 감시함으로써 RCS 냉각재의 누설여부를 파악할 수 있다.

자. RCS 냉각재 보충

발전소의 운전 조건에 따라 필요할 때 RCS의 냉각재를 보충하고 냉각재의 붕산 농도를 제어하기 위해 재장전수탱크(RWT : Refueling Water Tank)로부터 나온 농도가 높은 붕산수와 원자로보충수탱크(RMWT : Reactor Make-up Water Tank)로부터 나온 순수를 혼합하여 발전소의 운전 조건에 맞는 붕산수를 만들어 RCS에 공급한다.

차. 원자로 정지냉각 중 냉각재 수질 정화

원자로가 정지냉각상태일 때도 원자로에서 발생되는 잔열 및 붕괴열은 계속 제거되어야 한다. 이때 원자로를 냉각시키기 위한 냉각재의 순환유량 중 일부를 CVCS로 유출시켜 CVCS의 여과기와 이온교환기를 활용하여 냉각재의 수질을 정화하고, 정지냉각계통(SCS : Shut-down Cooling System)이나 CVCS의 충전펌프를 이용하여 다시 RCS로 보낸다.

카. 안전주입계통 역지밸브 작동가능성 시험

안전주입계통(SIS : Safety Injection System)은 RCS의 냉각재상실사고와 같은 설계기준사고가 발생하면 원자로의 노심에 차가운 붕산수를 긴급으로 주입하여 노심의 반응도를 낮추고 냉각시키는 역할을 한다. 발전소가 정상적으로 운전을 할 때는 SIS는 역지밸브(Check Valve)로 RCS와 격리되어 있다. 따라서 SIS의 역지밸브는 발전소의 운전 중에 주기적으로 작동여부를 점검하여야 한다. 이를 위해 CVCS 충전펌프의 유량을 SIS 안전주입을 위한 배관을 통해 RCS로 보냄으로써 SIS 역지밸브의 기능 여부를 확인할 수 있다.

타. 사용후핵연료 저장조 붕산수 공급

원자로의 노심에서 사용된 사용후핵연료는 핵연료건물의 붕산수로 채워진 저장조에 저장된다. 사용후핵연료의 잔열 및 붕괴열은 계속적으로 제거되어야 한다. 사용후핵연료를 냉각시키기 위해서는 붕산수가 필요하다. 이를 위해 붕산수보충펌프(BAMP : Boric Acid Make-up Pump)를 사용하여 재장전수탱크(RWT)로부터 사용후핵연료저장조(SFP : Spent Fuel Pool)로 붕산수를 공급한다.

파. RCS 불활성 기체 제거

원자로의 노심에서 핵연료의 핵분열 반응을 하는 동안 RCS에는 불활성 기체가 발생한다. 이를 CVCS로 유출시키고 체적제어탱크(VCT) 상부에서 외부로 배출시킨다.

2. 원자로냉각재계통과 화학 및 체적제어계통 유량 평형

원자로냉각재계통(RCS)에서 화학 및 체적제어계통(CVCS)으로 유출 및 CVCS에서 RCS로의 충전을 위한 유량 평형은 〈그림 3-2〉와 같다.

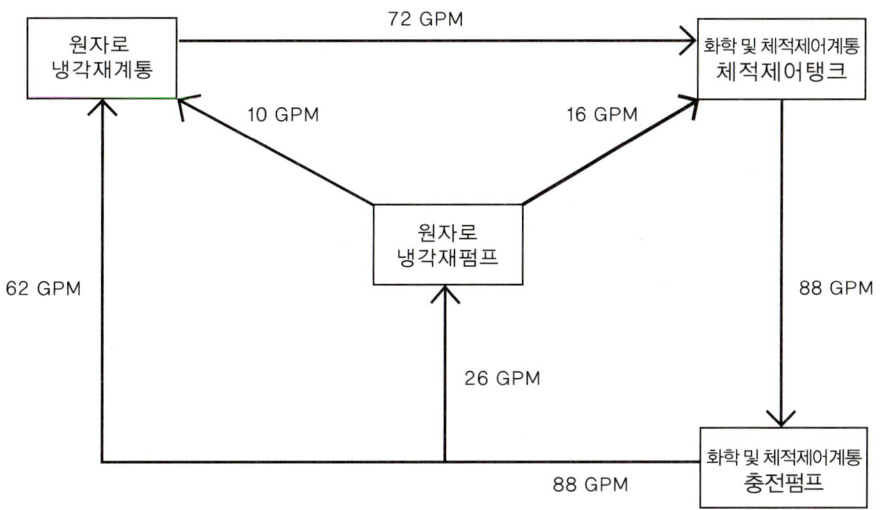

그림 3-2 • 원자로냉각재계통 및 화학 및 체적제어계통 유량 평형

3. 화학 및 체적제어계통 주요기기

가. 유출관차단밸브

RCS에서 유출된 냉각재는 재생열교환기(Regenerative Heat Exchanger) 이전에 A, B 두 개의 유출관의 차단밸브에 의해 차단될 수 있으며, 이들은 주제어반 또는 원격정지패널(Remote Shutdown Panel)로부터 제어된다. A는 안전주입작동신호(SIAS : Safety Injection Actuation Signal)와 재생열교환기 후단의 고온신호에 의해 자동적으로 차단된다. B는 원자로건물격리신호(CIAS : Containment Isolation Actuation Signal)에 의해 자동적으로 차단된다.

나. 재생열교환기

재생열교환기는 원자로건물의 내부에 위치하며 RCS의 유출수와 RCS로의 충전수의 열교환을 통해 충전수의 온도를 올리는 역할을 한다. 이렇게 함으로써 RCS의 열에너지 절약 효과는 물론이고, RCS 유입노즐의 열충격을 최소화할 뿐만 아니라 RCS의 냉각재(감속재) 온도감소에 따른 정반응도의 상승을 방지할 수 있다. 재생열교환기는 정상운전상태에서 RCS 유출수의 온도를 232℃ 이하로 유지하도록 한다. 재생열교환기는 동체 및 튜브(Shell & Tube) 타입의 수직형이고 재질은 오스테나이트 스테인레스강으로 제작된다.

다. 원자로건물차단밸브

RCS의 유출관에는 두 개의 원자로건물차단밸브가 설치되며, A는 원자로건물 내부의 재생열교환기 전단에 있고, B는 원자로건물 외부의 보조건물에 위치한다. A는 두 개의 유출관차단밸브 중의 하나이다. 두 개의 원자로건물차단밸브는 유사하며 B

는 제어반에서만 동작이 가능하며 유출열교환기로의 기기냉각수 유량이 적거나 CIAS 발생 시에 자동으로 차단된다.

라. 유출유량격리밸브

유출유량격리밸브가 원자로건물차단밸브 하나의 후단과 유출열교환기(Let-down Heat Exchanger) 전단 사이에 병렬로 설치된다. 전기-공기압 위치조절기(Positioner)는 가압기 수위제어계통(PLCS : Pressurizer Level Control System)의 제어모듈로부터 신호를 받아 유출유량격리밸브를 작동시키는 신호를 발생시키고, 이 신호는 밸브를 개폐하기 위한 피스톤의 공기압력을 조절한다. 각 밸브는 최대 유출유량인 약 165gpm을 통과시킬 수 있는 용량을 가지며 자동이나 수동제어로 보통 하나가 사용된다. 자동일 경우에 각 밸브는 약 30~150gpm으로 운전된다. RCS를 가열할 때 가압기에 기포가 발생하여 많은 유량을 유출시킬 때는 밸브를 모두 수동으로 사용한다. 발전소의 운전 중에 유출유량이 22분 이상 차단되면 RCS의 냉각재가 유출이 시작되기 30분 전에 우회배관의 밸브를 개방하여 재생열교환기 및 후단의 기기들이 예열되도록 하고 이 예열유량으로 RCS에 다시 충전할 때 충전노즐의 열충격을 감소시킬 수 있다.

마. 유출열교환기

유출열교환기는 재생열교환기의 출구로부터 흘러온 RCS의 유출수(최대 약 232℃)를 정화하기 위해 필요한 이온교환수지의 운전 온도인 약 49℃까지 RCS의 유출수를 냉각시킨다. 열교환기는 동체 및 튜브 타입의 수평형이며 기기냉각수로 유출수를 냉각시킨다. 재질은 오스테나이트 스테인레스강이다.

바. 유출관배압제어밸브

유출관의 배압제어밸브가 유출열교환기의 후단에 설치되어 밸브의 전단압력을

460psig(32kg/㎠g)로 유지시킴으로써 유출열교환기의 설계를 위한 최대입구온도(450°F, 232℃)에 대한 포화압력인 422psig(30kg/㎠g) 이상으로 압력을 유지시킨다. 배압제어는 유출열교환기로 공급되는 기기냉각수가 상실되는 경우에도 유출유량격리밸브 및 유출열교환기 내부에서의 냉각재의 비등을 방지하는 기능을 한다. 유출관배압제어밸브의 후단 압력은 40~95psig로 유지되며 이 밸브는 격막(Diaphragm)이 있어 공기압으로 개방되고 스프링의 힘으로 차단된다.

사. 유출수정화여과기

유출수의 정화여과기(Let-down Purification Filter)는 유출유량 중의 부유물질을 제거하는 카트리지형으로 배압제어밸브의 후단에 설치되어 있다. 2마이크론 이상의 입자에 대해서 98% 제거 효과를 가지고 있으며 카트리지는 에폭시섬유로 되어 있다. 보통은 하나의 여과기가 사용되고, 나머지 하나는 예비로 있다가 사용이 끝난 여과기를 교체할 때 사용된다. 냉각재가 여과기를 통과할 때 압력이 낮아지는데 이 수치가 설정치에 도달하면 경보가 발생되어 여과기의 교체 필요성을 알려준다.

아. 공정방사능감시기 및 붕산농도측정기

유출관의 배압제어밸브를 통과한 RCS의 냉각재 중 약 2gpm의 냉각재가 유출수의 정화여과기의 하단에 있는 공정방사능감시기(PRM : Process Radiation Monitor)를 통과하며, 약 8gpm이 붕산농도측정기(Boronometer)를 지나간다. 공정방사능감시기는 주제어반에 냉각재의 총감마방사능을 연속적으로 기록하는데 이는 핵연료피복재의 건전성 여부를 판단하는데 사용된다. 측정의 민감도는 약 1% 이하의 피복재 손상 상태를 알 수 있어야 한다. RCS의 방사능 정도는 CVCS에서 현장 및 원격 시료채취 수단에 의해 결정한다. 붕산농도측정기는 냉각재의 유출수 중의 B-10 동위원소의 상대적 농도를 결정하기 위해 중성자 흡수 측정기술을 이용한다. 지시범위는 1~5000ppm이다.

자. 정화 및 탈붕산이온교환기, 전환밸브

정화 및 탈붕산이온교환기의 전단에 3유로 밸브가 설치된다. 이 밸브는 공기에 의해 작동하며 스프링에 의해 복원된다. 이 밸브의 정상위치에서는 냉각재를 정화이온교환기로 보내고, 공기나 전원 상실 시에는 냉각재를 체적제어탱크(VCT)로 우회시킨다. 유출열교환기의 출구에서의 냉각재의 온도가 140°F(60℃) 이상에서는 수지(Resin)의 손상을 방지하기 위해 냉각재를 VCT로 우회시킨다. 정화이온교환기는 2개인데 하나는 냉각재로부터의 불순물과 방사성 핵종을 연속적으로 제거하고, 다른 하나는 리튬 농도를 제한치 이내로 제어하기 위해 간헐적으로 사용된다. 이 때 사용되는 수지는 붕산으로 포화시켜 붕산을 제거하지 않도록 한다. 탈붕산이온교환기는 노심수명의 말기에 붕산을 제거하기 위해 사용되며 붕산농도가 30ppm에 도달할 때 운전된다. 이렇게 붕산농도를 감소시키는 것은 노심말기에 붕산농도를 희석시키는데 소요되는 물의 양을 줄이기 위해서이다.

차. 체적제어탱크입구밸브

정화 및 탈붕산이온교환기를 통과한 RCS의 냉각재 유출수는 체적제어탱크(VCT)의 입구밸브를 통과한다. 이 밸브는 3유로 공기작동형 밸브로 정상위치 및 공기(또는 전원) 상실 시에 유출수가 VCT로 흐르게 한다. VCT가 60% 고수위에서는 화학 및 체적제어보조계통으로 유출수를 보낸다.

카. 체적제어탱크

체적제어탱크(VCT)는 RCS로부터의 유출되는 냉각재량과 RCS로 공급되는 냉각재량을 완충시키는 역할 즉 냉각재의 체적을 제어한다. 탱크의 용량은 정상운전 범위(33-44%)에서 유체의 보충 없이 전 출력 범위를 감당할 수 있어야 한다. 이 탱크는 냉각재가 새로운 붕산농도로 혼합될 수 있는 공간을 제공하며, 충전펌프의 흡입수두를 유지시키기 위한 저수조의 역할을 한다. 그리고 탱크의 상부에 수소를 충전하여 냉각재의 수소농도를 증가시켜 출력운전 중 계통을 부식시키는 용존산소의 양을 감소시킨다. 원자로의 정지 중에 공기의 유입을 방지하기 위해 질소가 주입되고, 탱크에는 기체방사성폐기물처리계통(GWMS : Gases Wastes Management System)으로의 배기관이 연결되어 수소, 질소, 헬륨 및 핵분열기체 등을 배기시킬 수 있다.

타. 체적제어탱크방출밸브

체적제어탱크(VCT)의 방출밸브는 전동기구동형 게이트밸브로 VCT의 수위가 저수위(5%)가 되면 경보에 따라 폐쇄되고, 15% 수위에서 재개방되어 충전펌프의 흡입수두 상실을 방지한다.

파. 충전펌프

충전펌프는 체적제어탱크(VCT) 내부에 저장된 정화된 붕산수를 RCS로 충전하는 역할을 하며, 원심펌프 또는 왕복동형 펌프로 약 44gpm의 용량을 갖는다. 4대의 펌프 중 3대는 정상운전 중에 RCS로 충전수를 이송하는데 보통 2대가 운전되고, 1대는 RCS의 가압기 수위가 설정치 이하로 감소 시에 자동으로 작동되며 가압기의 수위가 정상으로 복원되면 자동으로 정지된다. 나머지 한 대는 전원이 차단된 예비 상태이다.

하. 충전펌프맥동완충기

왕복동형 펌프의 단점은 피스톤의 왕복 운동에 따른 펌프 입출구 배관에서 맥동에 의한 압력파동이 생긴다는 것이다. 맥동완충기는 왕복동형 펌프의 압력파동으로 인한 배관의 충격과 진동을 최소화하기 위해 설치되는데, 왕복동형 충전펌프의 전단 및 후단에 각각 설치되어 파동이 발생하면 유체가 질소가 들어있는 공간으로 들어가고 나오도록 되어있다. 질소 공간은 유체의 동적에너지를 흡수하여 대부분의 유입 및 유출 맥동을 완화시켜 왕복동형 충전펌프의 전단 및 후단 압력파동을 설정치 이하로 제한한다.

거. 충전관격리밸브

충전펌프의 토출측의 충전수 유량은 원자로건물로 들어가기 전에 하나의 충전관격리밸브를 통과하며 이는 전동기구동형 글로브밸브로 정상운전 시에 개방된다. 그리고 재생열교환기를 지난 충전수의 유량은 다른 하나의 충전관격리밸브를 지나 RCS로 들어간다. 이 배관에는 열소매가 부착되어 낮은 온도의 충전수가 높은 온도의 RCS로 들어갈 때 발생할 수 있는 열응력을 최소화 시킨다.

너. 원자로냉각재펌프 밀봉주입

원자로냉각재펌프(RCP)는 1대당 6.6gpm의 밀봉수가 소요되며, RCP가 4대이므로 총 26gpm이 필요하다. 밀봉수는 충전펌프의 출구배관에서 분기된 배관을 통하여 공급된다. 밀봉주입열교환기로 들어가기 전에 밀봉주입격리밸브가 있어 밀봉수의 온도가 150°F 이상 및 70°F 이하가 되면 밀봉수를 자동으로 차단시킨다. 밀봉주입열교환기는 밀봉수를 보조증기를 이용하여 가열하여 온도를 125°F(약 49℃)로 유지시킨다. 밀봉주입열교환기를 지난 유체는 여과기를 거치며 불용성 입자가 제거된 후에 RCP의 밀봉부로 주입된다.

더. 원자로냉각재펌프 밀봉누설(Bleed-off)

원자로냉각재펌프로 들어간 밀봉수는 밀봉부를 지나면서 일부는 원자로냉각재펌프의 내부로 들어가고, 나머지 일부는 밀봉부에서 누설되어 외부로 다시 나온다. 이 유체는 정상적으로는 체적제어탱크(VCT)로 되돌아 가며, 경우에 따라서는 원자로배수탱크로 배수되기도 한다.

러. 화학첨가제 설비

RCS 냉각재의 pH 제어를 위해서는 수산화리튬(LiOH)을 사용하고, 냉각재의 온도가 약 250°F(약 121℃) 이하이고, 감마선이 존재하지 않을 경우에 산소를 제어하기 위해 하이드라진(N_2H_4)을 사용한다. 수산화리튬과 하이드라진을 충전수에 첨가하기 위해 화학첨가탱크(CAT : Chemical Addition Tank), 왕복동형 펌프, Y형 스트레이나 등으로 구성된 화학첨가제 설비가 사용된다.

머. 원자로보충수계통

원자로보충수계통은 발전소의 여러 계통에서 필요로 하는 순수를 공급하며, 원자로보충수탱크(RMWT) 및 원자로보충수펌프(RMWP)로 되어 있다. 발전소의 순수계통 및 붕산회수계통 등에서 순수를 공급 받는다. RMWT의 용량은 노심주기의 핵연료 연소보상 및 핵연료재장전 후 원자로를 다시 기동할 때 필요한 순수량을 기준하여 결정되는데 약 465,000갤런(1,700, 000L)이다. RMWP는 충전펌프의 유량보다 큰 용량을 가지며 약 165gpm이다. 필요시 2대가 자동으로 기동하며 1대는 예비이다.

버. 붕산수보충계통

붕산수보충계통은 발전소의 여러 계통에 필요로 하는 붕산수를 공급하며, 재장전수탱크(RWT) 및 붕산수보충펌프(BAMP)로 되어 있다. RWT는 노심말기(90%)에 5% 미임계로의 저온정지 및 재기동을 가능하게 하고, 안전주입에 필요한 용량 등을 고려하여 결정되는데, 약 698,000갤런(약 2,642,000L)이다. BAMP는 원심펌프로 체적제어탱크(VCT)가 저수위가 될 경우 자동으로 기동된다.

서. 붕산교반계통

붕산교반계통은 12w% 붕산을 희석시켜 재장전수탱크(RWT)에 필요한 붕산수를 공급하는 계통이다. 붕산교반탱크(Boric Acid Batch Tank)에서 12w% 붕산수를 교반하여 추출기(Eductor)로 보내어 순수와 혼합시켜 4,000ppm 정도의 붕산수를 만들어 RWT로 보낸다.

어. 계통 과압보호

CVCS 계통에는 과압으로부터 계통을 보호하기 위한 압력방출밸브가 여러 개 설치되어 있다. 주요한 과압보호 및 압력방출 밸브의 설정치는 아래와 같다.

- 충전펌프의 출구측 방출밸브 3,025psig
- 충전펌프의 입구측 방출밸브 200psig
- 체적제어탱크의 방출밸브 70psig
- 체적제어탱크의 기체공급 방출밸브 70psig
- 밀봉주입열교환기의 방출밸브 3,025psig 등

4. 화학 및 체적제어계통 운전

가. 정상상태 운전

1) RCS 냉각재 정상 유출

RCS의 냉각재량은 가압기의 수위제어계통과 화학 및 체적제어계통(CVCS)에 의해 유지된다. CVCS의 유출유량격리밸브 열림 정도와 충전펌프의 토출량으로 가압기의 수위를 제어한다. RCS로부터 고온 고압의 액체를 유출하여 체적제어탱크(VCT)의 저온저압의 액체로 변화시키기 위해서는 기기 및 배관계통 내부에서 액체의 증발을 방지하기 위해 온도하강, 압력하강, 온도하강 및 압력하강의 순서로 진행되어야 한다. 따라서 RCS로부터 유출유량은 냉각을 위해 먼저 재생열교환기의 관측을 통과시켜 온도를 낮추고, 그 다음 유출열교환기의 운전압력인 460psig(약 32kg/㎠g)까지 오리피스 및 유출유량격리밸브로 감압시킨다. 그리고 유출열교환기를 통과시켜 유출수의 정화여과기의 운전 온도인 120°F(약 49℃)까지 감소시키고, 그 다음 유출관의 배압제어밸브를 이용하여 60psig(약 4.2kg/㎠g)까지 압력을 낮춘다. 이후에는 유출수의 정화여과기, 정화이온교환기 등을 통해 VCT로 살수되어 들어간다. 유출수의 일부는 공정방사능감시기 및 붕산농도측정기를 통과한다.

2) RCS 냉각재 정상 충전

충전펌프는 VCT로부터 충전수를 흡입하여 RCS 및 RCP 밀봉부로 방출하며 보통 2대가 운전된다. 충전유량 중 62gpm은 열회수를 위해 재생열교환기의 동체 측을 흐르고 나머지 26gpm은 RCP의 밀봉부에 보내어진다. 밀봉주입을 위한 유체는 가열기를 통해 125°F로 일정하게 유지되며 여과 후에 각 RCP로 공급된다.

3) 붕산 및 순수 보충계통

충전수의 붕산농도는 붕산수보충계통 및 원자로보충수계통에 의해 조절된다. 충전수의 붕산농도는 보충제어기를 통해 붕산수 및 순수를 적절하게 혼합하여 VCT 또는 충전펌프의 흡입배관으로 보낸다.

나. 과도상태 운전

1) 발전소 기동

발전소의 기동운전은 발전소의 '저온정지상태'로부터 '고온대기상태'로의 운전을 의미한다. CVCS는 격리되어 유출 및 충전 기능은 정지되고, CVCS의 정화부분만 정지냉각계통에 의해 운전된다. RCS의 냉각재 충수 및 배기 절차를 완료한 후 가압기의 전열기를 이용하여 가압기에 기포를 발생시킨다. 가압기에 기포가 생성되면서 가압기의 수위를 정상위치로 낮추기 위해 유출관의 배압제어밸브로써 유출유량을 점차로 증가시킨다. 유출유량을 체적제어탱크로 감당하기가 어려우면 붕산회수계통으로 과잉유출유량을 보낸다. 가압기의 수위가 42%에 도달하기 전에 냉각재의 정화를 위한 정지냉각계통을 CVCS와 격리시킨다. 그러면 CVCS를 이용한 정상적인 유출 및 충전 기능이 시작된다. 가압기의 전열기로 RCS 압력을 일정하게 유지하고 기기냉각수를 유출열교환기에 공급한다. 발전소의 '저온정지상태'는 발전소의 RCS 냉각재의 압력은 상압이고 온도는 상온이다. 발전소의 '고온대기상태'는 RCS의 냉각재의 압력은 약 158kg/㎠g이고 고온관 및 저온관 온도는 약 296℃이다.

2) 발전소 정지 및 냉각

발전소의 정지운전은 발전소의 정상 압력 및 영출력 온도의 '고온대기상태'로부터 보수나 핵연료의 재장전을 위한 '저온정지상태'로의 운전을 의미한다. VCT의 상부에 있는 핵분열성 가스 및 수소 등 기체의 농도를 배기관을 통해 감소시키며, 부식을 최소화하기 위해 질소 공급밸브를 열어 수소 및 산소 농도가 1% 이하가 될 때까지 질소를 충전한다. 발전소의 정지를 위한 냉각 중에는 가압기의 수위를 조절하기 위해 충전펌프, 유출유량격리밸브 및 유출관배압제어밸브가 사용되고 냉각 중 소요되는 많은 충전유량은 VCT의 수위를 낮추어 붕산 및 순수 보충계통을 이용하여 붕산수를 자동 보충시킨다. 따라서 RCS는 '저온정지상태' 붕산농도까지 붕산수로 채워진다.

유출유량격리밸브를 이용하여 가압기의 수위를 조절한다. RCS의 압력이 540psig(약 38kg/㎠g)까지 감소하면, 유출유량격리밸브는 완전 개방되고 가압기의 수위는 유출유량격리밸브를 대신하여 유출관의 배압제어밸브로서 수동 제어된다.

RCP가 가압기 분무 기능을 하지 못하면 충전펌프를 이용하여 가압기 분무를 수행하며 가압기를 감압시킨다. RCP가 정지되고 RCS가 200°F(약 93℃) 이하 일 때에는 RCP의 밀봉주입이 중지된다. RCS의 압력이 200psig(약 14kg/㎠g)가 되면 정지냉각계통이 CVCS의 정화기능을 이용하여 냉각재 중에 포함된 핵분열 및 부식 생성물을 정화시킨다. 정지냉각계통의 정지냉각열교환기 유량 중 일부는 유출열교환기로 전환되고 유출유량은 차단된다. 유출관의 배압제어밸브가 유출열교환기, 정화여과기 및 이온교환기를 통과하는 유량을 제어한다. RCS의 압력이 200psig 초과 시에는 정화된 냉각재는 충전펌프를 통해 RCS로 회송되고, RCS의 압력이 200psig 이하이면서 RCP가 정지 상태일 때 냉각재는 정지냉각펌프를 통해 RCS로 회송된다.

화학 및 체적제어보조계통

1. 화학 및 체적제어보조계통 개요

화학 및 체적제어보조계통(붕산회수계통)은 원자로냉각재계통(RCS)의 기동, 정지, 붕산희석 운전 동안에 RCS에 연결되어 있는 화학 및 체적제어계통(CVCS)의 체적제어탱크(VCT)가 수용할 수 없어 유출시키는 붕산수와 원자로건물의 내부에 설치되어 있는 기기로부터 냉각재의 누설, 밸브스템의 누설, 배수 및 방출밸브의 배출수 등이 모이는 원자로배수탱크(RDT : Reactor Drain Tank)의 내용물과 보조건물의 내부에 설치되어 있는 기기로부터 누설, 배출 및 배수된 액체가 모이는 기기배수탱크(EDT : Equipment Drain Tank)의 내용물을 여과, 이온교환, 기체제거 및 농축처리를 하여 붕산을 회수하고 재사용할 수 있도록 해주는 계통이다.

2. 화학 및 체적제어보조계통 주요기기

가. 원자로배수탱크

원자로배수탱크(RDT)는 원자로건물의 내부에 위치하며 RCS 가압기의 안전밸브, 안전감압계통 및 안전주입계통의 압력방출밸브, 원자로냉각재기체배기계통의 방출수 및 RCS의 중력 배수, 안전감압계통의 밸브 누수, 원자로건물 내부에 설치되어 있는 기기의 중력 배수 및 누수되는 붕산수를 수집하는 역할을 한다. 원통수평형으로 오스테나이트 스테인레스강으로 제작되며 용량은 2,850갤런(10,790L)이다.

나. 기기배수탱크

기기배수탱크(EDT)는 보조건물 내부의 최하부에 위치하며 보조건물에 있는 각종 기기, 밸브 및 배관으로부터의 누설수 및 배수를 수집한다. 또한 각종 압력방출밸브의 방출유량을 수용할 수 있다. 원통수평형으로 오스테나이트 스테인레스강으로 제작되며 용량은 10,500갤런(93,740L)이다.

다. 원자로배수펌프

원자로배수펌프(RDP)는 보조건물의 내부에 위치하며 RDT 및 EDT의 내용물을 처리하기 위해 저장전이온교환기(PHIX) 및 탈기기(Gas Stripper)로 보낸다. 이 펌프의 운전은 RDT 및 EDT 수위와 연동되며, CVCS의 유출기능과도 연계되어 있다. 원심펌프형이며 정격유량 및 수두는 50gpm(189L/min) 및 145ft(44m)이다.

라. 원자로배수여과기

원자로배수여과기(Reactor Drain Filter)는 원자로배수펌프의 방출부에 설치되어 원자로 및 기기 배수탱크 내용물의 불순물을 제거하여 저장전이온교환기 수지의 이온교환 성능저하를 방지한다. 원자로배수여과기는 교체가 가능한 카트리지형으로 2마이크로미터 이상의 입자를 98w% 이상 제거하여야 한다.

마. 저장전이온교환기

저장전이온교환기(PHIX : Pre-Holdup Ion Exchanger)는 원자로배수여과기의 후단에 설치되어, RDT 및 EDT 내용물 중의 양이온 특히 pH 조절을 위해 냉각재에 첨가되는 리튬을 제거하고 부유하는 크러드(Crud)와 핵분열생성물을 최소화한다. 유입수가 이온교환수지의 허용온도인 140°F를 초과할 때는 유입수가 이온교환기를 우회하도록 하고 있다. 수지는 음이온 및 양이온의 혼상수지를 사용한다.

바. 탈기기

탈기기(Gas Stripper)는 저장전이온교환기의 후단에 설치되어, RDT 및 EDT 내용물 중에 함유된 핵분열 기체 및 비응축성 기체를 제거하여 붕산수저장탱크 저장 중에 대기로 방사성 기체의 확산을 최소화한다. CVCS 유출수의 연속적인 탈기가 가능하여 계통의 정상운전 및 냉각운전 시에 냉각재로부터 기체농도를 신속하게 감소시키며 최대 처리용량은 140gpm이다. 탈기방법은 유출수를 보조증기를 이용하여 가열한 후 탈기탑을 통과하면서 용해된 기체를 방출시키고 탈기된 뜨거운 유체는 탈기를 위해 유입되는 유체와 열교환을 하고 기기냉각수로 최종 120°F로 냉각시킨 후에 체적제어탱크 또는 붕산수저장탱크로 방출한다. 탈기기에서 방출된 기체는 기체방사성폐기물처리계통으로 보내진다.

사. 탈기기출구방사능감지기

탈기기 출구의 방사능감지기는 탈기기에서 방출된 액체가 저장탱크로 들어가기 전에 유체의 감마선을 연속적으로 감시하여 전단의 원자로배수여과기, 저장전이온교환기 및 탈기기 등 정화계통의 기능 이상 유무를 판단한다.

아. 붕산수저장탱크 및 붕산수방출펌프

붕산수저장탱크(Holdup Tank) 및 붕산수방출펌프(Holdup Pump)는 보조건물의 외부에 설치되어 RCS로부터 방출되는 붕산수를 일시에 저장하기 위한 것이다. 복수

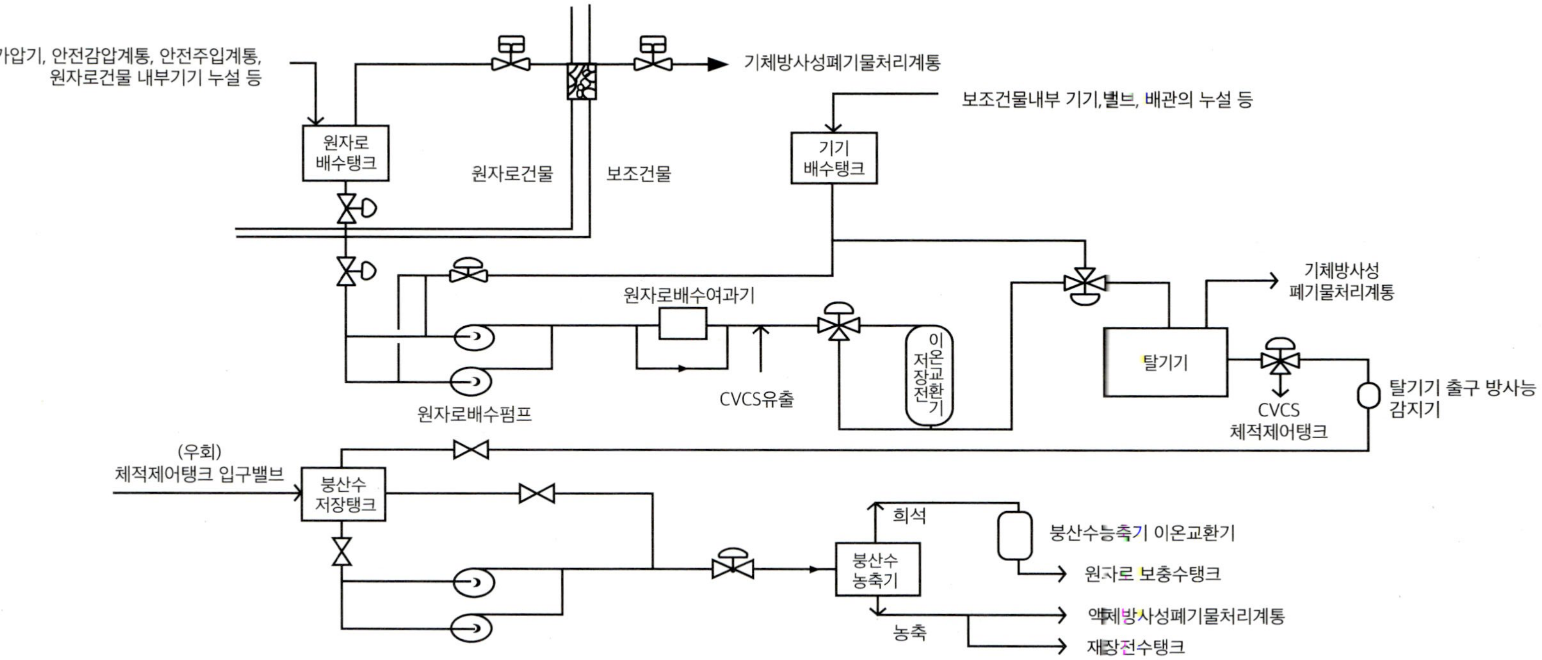

그림 3-3 • 화학 및 체적제어보조계통(붕산회수계통)

저장탱크의 용량은 노심수명의 90%가 경과될 때 저온정지로부터 기동시 발생되는 회수 가능한 붕산수량에 2,000갤런을 여유로 추가한 용량으로 475,000갤런(1,798,000L)이다. 그리고 저장된 유체를 방출하는 펌프는 원심형으로 정격유량 및 수두는 50gpm(183L/min) 및 145ft(44m)이다.

자. 붕산수농축기

붕산수농축기(Boric Acid Concentrator)는 붕산수저장탱크에 저장되어 있는 저농도의 붕산수를 4,000 또는 21,000ppm의 붕산수와 10ppm 이하의 순수로 분리하는 역할을 한다. 방출펌프를 이용하여 붕산수저장탱크의 저농도 붕산수를 붕산수농축기로 보낸다. 붕산수농축기에서는 저농도 붕산수를 보조증기를 이용하여 증발시켜 농축시킨다. 증발한 붕산수는 응축 및 냉각 후 붕산수농축기의 이온교환기를 통해 정화한 후에 원자로보충수탱크로 이송되고 남은 농축된 붕산수는 냉각 후에 재장전수탱크로 보내어진다. 붕산수농축기의 출구에는 붕산수의 농도계측기가 설치되어 원하는 붕산 농도에 도달하기까지 계속 붕산농도를 증가시킬 수 있다. 만약 시료채취에 의한 방사능검사 결과 농축된 붕산수의 오염이 심할 경우에는 농도를 12w%로 올려 액체방사성폐기물처리계통으로 보낸다. 〈그림 3-3〉은 화학 및 체적제어보조계통(붕산회수계통)을 나타낸다.

차. 붕산수농축기이온교환기

붕산수농축기에서 증발 및 응축시킨 붕산수는 최대 10ppm의 붕산을 포함하는데, 이를 붕산수농축기의 이온교환기(Boric Acid Condensate Ion Exchanger)의 음이온수지를 이용해 순수로 만든다.

3. 화학 및 체적제어보조계통 운전

RDT 및 EDT로부터 방출된 유체는 원자로배수여과기를 통해 여과된 후 저장전이온교환기를 거치면서 세슘, 리튬 및 기타 이온성 핵종들이 제거된다. 이후에는 탈기기에서 수소와 핵분열성 기체가 효율적으로 제거됨으로써 붕산수저장탱크 내부의 폭발성 기체혼합물의 증가를 방지하고 기체나 액체방사성폐기물처리계통을 통한 방사능물질의 방출을 최소화시킨다. 탈기기에서 처리된 유체는 자동적으로 붕산수저장탱크에 이송되고, 붕산수저장탱크에 충분한 양이 수집되면 붕산수농축기로 보내져서 처리된다. RCS 냉각재의 연속 탈기가 필요할 때는 냉각재 유출수는 저장신이온교환기를 우회하여 VCT로부터 바로 탈기기로 전환되며, 처리된 유출수는 정상분무노즐을 통해 VCT로 회수된다. 탈기과정 중에 제거되는 수소는 VCT의 상부에 공급되어 RCS 냉각재에 함유한 산소의 증가를 방지한다. 저장탱크의 방출펌프는 저장탱크로부터 붕산농축기로 붕산수를 이송시키고, 붕산농축기는 보조증기를 사용하여 가열하여 일부를 증발 및 농축 시킨다. 증발된 붕산수는 응축 및 냉각된 후 붕산농축기의 이온교환기를 거쳐 원자로보충수탱크(RMWT)로 이송된다. 붕산수가 증발함에 따라 남은 유체의 붕산농도는 계속 증가되며, 일정 설정치에 도달하면 냉각후 자동적으로 재장전수탱크(RWT)로 이송되고, 만약 농도가 감소하는 경우에는 재장전수탱크로의 이송은 자동적으로 정지된다. 액체방사성폐기물처리계통으로 보내지는 오염된 붕산수는 붕산수농축기에서 최고 12w%(21,000ppm)까지 농축이 가능하다.

기기냉각수계통

1. 기기냉각수계통 개요

발전소에는 정상운전 및 사고 시 열을 제거해야할 필요가 있는 많은 계통들이 있다. 이러한 계통 중에는 RCS로부터 어떤 경로를 통해 방사능 오염 가능성이 있는 계통들이 있다. 오염 가능성이 있는 계통으로부터 열을 제거하는 과정 중에 열교환기 튜브의 누설로 방사성 물질이 환경으로 누설될 수 있으므로 바닷물을 직접 냉각수로 사용할 수가 없다. 따라서 방사성 물질로 오염될 가능성이 있는 계통과 바닷물을 냉각수로 사용하는 기기냉각수해수계통 사이에서 중간의 방호벽 역할을 하는 밀폐형 순환냉각계통이 필요하다. 이를 기기냉각수계통(CCWS : Component Cooling Water System)이라 한다.

2. 기기냉각수계통 설명

기기냉각수계통의 개략도는 〈그림 3-4〉와 같다. CCWS는 각각 독립적이면서 비정상상태 일 때 다른 계열을 지원할 수 있도록 공통 연결관이 설치된 다중 계열로 구성된다. RCS의 냉각재상실사고 시에는 일부 안전성 관련기기를 포함하여 공학적안전설비에 냉각수를 보내며, 정상운전 시에는 특정 비안전성 및 안전성 관련 기기에 냉각수를 공급한다. 본 계통의 주요기기는 기기냉각수열교환기, 기기냉각수펌프, 기기냉각수보충펌프, 완충탱크, 화학약품 주입탱크, 그리고 관련 배관, 밸브 및 계측제어기기 등으로 구성된다. 기기냉각수계통은 아래와 같은 기기로부터 안전성 및 비안전성 관련 열부하를 제거하기 위해 냉각수를 공급한다.

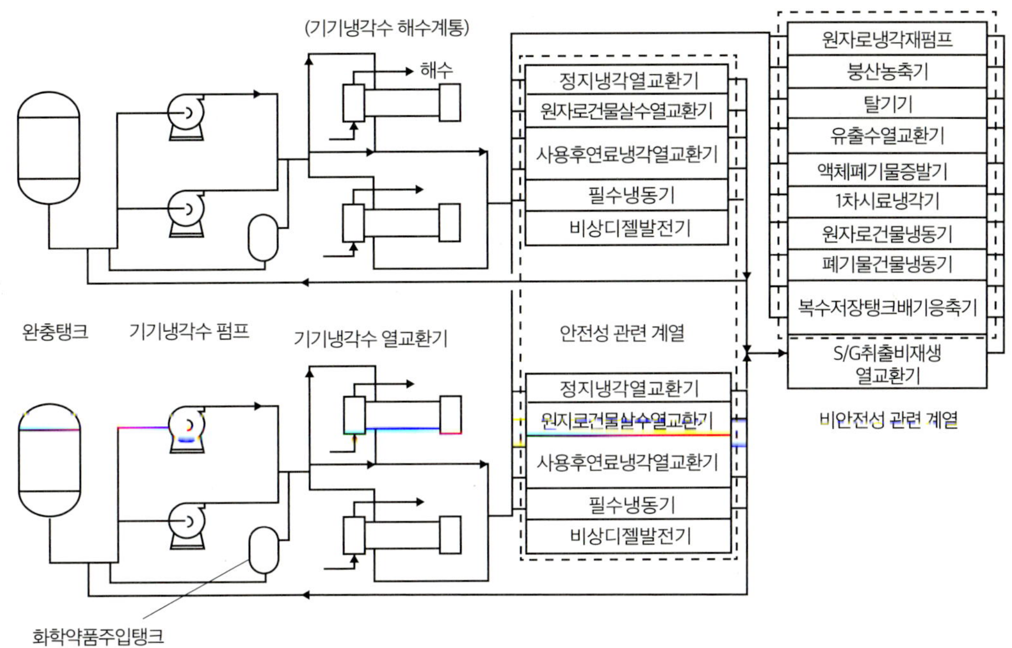

그림 3-4 • 기기냉각수계통

- 안전성 관련 기기
  - 정지냉각열교환기
  - 원자로건물살수열교환기
  - 사용후연료저장조냉각열교환기
  - 필수냉동기
  - 비상디젤발전기냉각기 등
- 비안전성 관련 기기
  - 원자로냉각재펌프의 밀봉수냉각기
  - 화학 및 체적제어보조계통의 붕산수농축기
  - 화학 및 체적제어보조계통의 탈기기
  - 화학 및 체적제어계통의 유출수열교환기
  - 액체방사성폐기물처리계통의 증발기
  - 1차계통의 시료냉각기

- 원자로건물의 냉동기
- 방사성폐기물건물의 냉동기
- 복수저장탱크의 배기응축기
- 증기발생기취출수 비재생열교환기 등

기기냉각수계통에는 제거해야 할 열부하가 적거나, 기기냉각수계통에서 기기냉각수해수계통을 통하여 열을 버리는 바닷물의 온도가 설계온도보다 낮은 경우에는 기기냉각수열교환기를 우회하는 배관을 두어야 하고 수동형 차단밸브 및 유량조절밸브를 설치하여 기기냉각수의 온도를 65°F(18℃)이상으로 유지할 수 있어야 한다.

3. 기기냉각수계통 주요기기

가. 기기냉각수펌프

4대의 기기냉각수펌프는 각각 사고 시 필요한 유량의 100% 용량을 갖는다. 펌프는 원심형으로 펌프의 흡입구는 완충탱크에 의해 항상 물이 채워져 긴급시 즉시 가동이 가능하도록 되어있다. 각 계열에는 용량 100%인 2대의 펌프가 병렬로 배열되어 각각 안전성 관련 기기냉각수 계열과 비안전성 관련 기기냉각수 계열에 연결되어 있다. 이들 펌프는 동일한 전기 모선에 의해 전원을 공급 받는다. 비안전성 관련 기기냉각수 계열은 안전주입작동신호(SIAS) 또는 완충탱크의 저저 수위신호에 의해 격리된다. 원자로냉각재펌프와 관련되는 비안전성 관련 기기냉각수 계열은 원자로건물살수신호(CSAS) 또는 완충탱크의 저저 수위신호에 의해 격리된다. 발전소의 정상운전 시 각 계열에서 1대의 펌프가 운전되고 사고 시에도 각 계열에서 1대의 펌프가 작동되도록 안전주입작동신호(SIAS)를 받는다. 각 계열에서 작동되고 있는 펌프에 고장이 생기면 대기펌프가 자동으로 기동하게 된다. 기기냉각수펌프의 장기보수 시 기술운영지침서에서 요구하는 발전소 운전정지를 피하기 위해 한 계열 당 용량 100% 펌프가 2대씩 있다. 반일 한 계열의 펌프 2대 모두가 작동불능인 비정상 상태에서는 이용 가능한 다른 계열의 펌프를 이용하여 공통배관을 통해 작동불능인 계열의 안전관련 열부하 및 비안전 관련 열부하의 냉각을 수행한다. 기기냉각수펌프의 유량 및 수두는 16,000gpm(3,634㎥/hr) 및 193ft(59m)이다.

나. 기기냉각수열교환기

기기냉각수열교환기는 셸튜브 수직형이다. 튜브 측은 기기냉각수해수계통으로부터 해수가 공급되고 셸측은 기기냉각수펌프의 토출구로부터 기기냉각수가 공급된다. 열교환기의 열전달 면적은 모든 운전모드에서 충분한 열제거 능력을 가질 수 있어야 한다.

다. 기기냉각수완충탱크

발전소의 과도현상이나 누출로 인하여 계통의 유체가 체적의 변화가 있더라도 이를 수용하기 위해 각 계열에는 1대의 기기냉각수완충탱크가 있다. 기기냉각수의 완충탱크에 대한 보충수는 원자로보충수계통으로부터 공급되며, 이 계통이 이용 불능일 경우에는 복수저장 및 이송계통으로부터 보충수를 공급 받는다. 완충탱크로 보충수의 공급은 탱크의 저수위신호에 의해 시작되나, 만일 완충탱크의 수위가 계속해서 낮아져 저저 수위신호가 발생하면 비안전성 관련 부분은 자동으로 격리된다. 완충탱크는 기기냉각수계통의 비안전성 관련 기기 부분에서 최악의 가상적인 배관파단사고로 인해 계통의 유체가 손실되더라도 보충수 없이 7일간 기기냉각수의 정상누수를 보상할 수 있도록 충분한 용량을 가져야 한다. 기기냉각수의 완충탱크는 기기냉각수펌프의 유효흡입수두를 유지해주기 위해서도 필요하다. 탱크의 용량은 8,500갤런(32㎥)이다.

라. 화학약품주입탱크

계통의 부식을 억제하기 위해 질산나트륨이나 붕산나트륨의 첨가를 위해 각 계열에는 1대의 화학약품주입탱크가 있다. 이 탱크는 기기냉각수펌프의 흡입구에 연결되는데 이는 펌프의 가동으로 화학약품이 유체와 잘 혼합되도록 하기 위함이다. 탱크의 용량은 75갤런(0.3m³)이다.

마. 기기냉각수보충펌프

완충탱크에 보충수가 필요하면, 각 계열 당 1대의 원심형 기기냉각수보충펌프를 이용하여 원자로보충수계통 또는 복수저장 및 이송계통으로부터 보충수를 공급 받는다. 이 펌프는 완충탱크의 저수위에서 가동되고 고-고 수위에서 정지된다. 기기냉각수보충펌프의 유량 및 수두는 280gpm(64m³/hr) 및 140ft(43m)이다.

4. 기기냉각수계통 운전

가. 출력운전

정상운전 중 기기냉각수계통은 각 계열 당 1대의 펌프와 1대의 열교환기가 작동하여 각 계열의 안전성 및 비안전성 관련 기기에 냉각수를 공급한다. 작동 중인 펌프가 정지하면 같은 계열의 대기펌프가 자동으로 기동한다. 정상운전시 발전소의 기기에 공급되는 기기냉각수의 최대 온도는 95°F(35℃)이다. 이 온도는 기기냉각수열교환기의 튜브 측에 공급되는 기기냉각해수의 온도가 78°F(26℃)를 근거로 계산된 값이다. 사용후핵연료저장조의 냉각 열교환기에 공급하는 냉각수는 사용후핵연료가 저장조 내부에 저장되어 있는 기간 동안만 필요하다. 계통의 누설과 시료채취로 인한 계통수의 손실을 보충해 주기 위해 완충탱크에 대한 주기적인 계통수의 보충이 필요하다. 계통의 부식을 억제하기 위해 화학약품주입탱크를 이용하여 부식방지제를 첨가한다.

나. 발전소 냉각 및 정지

원자로정지 3.5시간 후 기기냉각수계통은 그 다음 24시간 동안 원자로냉각재계통(RCS)을 125°F(52℃)까지 냉각시키도록 되어있다. 이러한 24시간 동안, 두 계열 모두 계열 당 2대의 기기냉각수펌프 및 1대의 기기냉각수열교환기로 동일 계열의 정지냉각열교환기에 냉각수를 공급한다. 만약 한 계열의 정지냉각계통만이 작동되는 경우에는 관련되는 기기냉각수계통의 하나의 계열이 좀 더 장시간 운전을 함으로써 발전소는 안전하게 상온정지상태에 도달할 수 있다. 발전소의 냉각단계에서 기기냉각수의 온도는 냉각의 초기에는 110°F(43℃), 냉각의 말기에는 95°F(35℃)를 넘지 않는다.

다. 비정상 및 비상운전

기기고장이나 보수로 인해 한 계열의 운전이 불가능할 경우 기술운영지침서에서 허용하는 범위 내에서 기기냉각수를 공급한다. 비정상 중 안전주입작동신호(SIAS)가 발생하면 공통연결관에 설치된 격리밸브는 자동으로 차단된다. SIAS가 발생하면 정지냉각열교환기 및 원자로건물살수열교환기를 제외한 모든 안전성 관련 열부하기기에 냉각수가 공급되고, 원자로냉각재펌프(RCP)의 밀봉수냉각기를 제외한 모든 비안전성 관련 기기에 흐르던 냉각수는 자동으로 차단된다. 원자로건물살수신호(CSAS)가 발생하면 RCP에 공급되던 기기냉각수의 공급도 차단된다. 안전주입의 재순환작동신호(RAS)가 발생하면 원자로건물살수열교환기에 냉각수의 공급이 시작된다. 이 시점에서 기기냉각수의 공급온도는 110°F(43℃)를 넘지 않고 유량은 16,000gpm(61m³/min)으로 유지된다. 소외전원이 상실되는 경우에는 모든 기기냉각수펌프가 정지한 후에 안전급 비상디젤발전기 부하의 연결순서에 따라 각 계열에서 1대의 펌프가 작동을 시작한다.

제4장

기기냉각수해수계통

1. 기기냉각수해수계통 개요

발전소에는 정상운전 및 사고 시에 열을 제거해야할 필요가 있는 많은 계통들이 있다. 이러한 계통 중에는 원자로냉각재계통(RCS)으로부터 어떤 경로를 통해 방사성물질로 오염 가능성이 있는 계통들이 있다. 오염 가능성이 있는 계통으로부터 열을 제거하기 위해서는 바닷물을 직접 냉각수로 사용할 수가 없다. 따라서 방사성물질 오염 가능성이 있는 계통과 바닷물을 냉각수로 사용하는 기기냉각수해수계통 사이에서 중간 방호벽 역할을 하는 밀폐형 순환냉각계통이 필요하다. 이를 기기냉각수계통이라 한다. 기기냉각수해수계통(CCSWS : Component Cooling Sea Water System)은 기기냉각수계통으로부터 열을 받아 최종적으로 바다에 버리는 역할을 한다. 기기냉각수해수계통은 발전소의 모든 운전 단계에서 기기냉각수열교환기를 냉각하기 위해 해수를 공급한다. 이 계통은 안전성 관련 계통으로 2개의 독립적인 계열로 구성된다.

2. 기기냉각수해수계통 설명

기기냉각수해수계통의 개략도는 〈그림 3-5〉와 같다. 기기냉각수해수계통은 기기냉각수열교환기에 냉각해수를 공급하는 2개의 100% 다중 계열로 구성되어 있다. 각 계열에는 2대의 100% 용량 펌프가 있으며, 이 펌프는 내진범주 1급의 기기냉각해수취수구조물을 통해 냉각을 위한 해수를 받아서 기기냉각수열교환기에 공급한다. 설

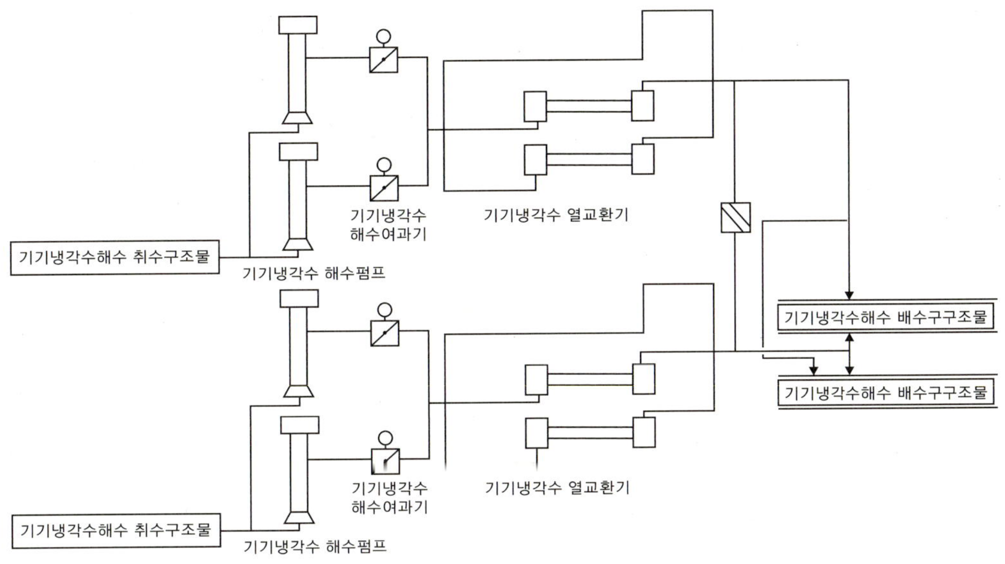

그림 3-5 • 기기냉각수해수계통

계기준사고 시에는 각 계열 당 펌프 1대가 하나 혹은 두 개의 기기냉각수열교환기에 해수를 공급한다.

3. 기기냉각수해수계통 주요기기

가. 기기냉각수해수펌프

4대의 기기냉각수해수펌프는 각각 냉각재의 상실사고 시 기기냉각수열교환기에 공급되는 각 계열별 냉각수량의 100% 용량을 가진다. 펌프는 수직 원심형이며 유량 및 수두는 26,000gpm(5,905㎥/hr) 및 147ft(45m)이다. 안전등급 3등급으로 설계 및 제작된다. 그리고 내진범주 1급의 기기냉각해수 취수구조물에 설치된다. 이 펌프는 바다의 수위가 변화하여도 유효흡입수두가 항상 보장되어야 한다. 각 계열의 펌프는 동일한 안전급 전원을 받으며, 각 계열은 서로 다른 모선으로부터 전원을 공급 받는다.

나. 취수 및 배수구조물

기기냉각수를 냉각하는 해수의 취수 및 배수구조물은 내진범주 1급 요건에 따라 설계된다. 해수와 접하는 여러 기기에 해조류 성장 및 점액으로 덮히는 것을 방지하기 위해 취수구조물에 염소를 주입한다. 이동식 스크린은 취수구조물로 들어오는 이물질을 막아줌으로써 펌프의 손상을 막는다.

다. 배관

기기냉각수해수계통의 주요 배관은 폴리에틸렌으로 피복된 탄소강과 프리스트레스 콘크리트로 제작된 실린더 관으로 되어 있다.

라. 기기냉각수해수여과기

기기냉각수해수여과기는 해수 흡입구의 해수생성물을 비롯하여 굵은 입자들의 유입을 방지함으로써 열교환기의 튜브가 막히는 것을 방지한다. 데브리에 의해 열교환기의 튜브가 폐쇄되면 계통에 미치는 영향은 아래와 같다.

- 기기냉각수해수펌프의 압력손실의 증가로 냉각을 위한 유량 감소
- 기기냉각수열교환기의 유효 냉각면적이 감소
- 기기냉각수열교환기의 튜브 측에 축적된 해수생성물의 분해에 의한 튜브의 부식 증가 등

4. 기기냉각수해수계통 운전

가. 정상운전

발전소의 모든 운전모드에서 한 계열에서 1대의 펌프가 정상적으로 운전되고, 나머지 1대는 대기상태를 유지한다. 각 계열에서 기기냉각수열교환기의 공통 헤더에 있는 밸브는 해수면이 최저인 경우에도 기기냉각수해수펌프가 26,000gpm의 유량을 유지할 수 있도록 조절된다. 한 계열의 운전 중인 펌프가 전원 상실 또는 다른 이유로 트립 시 대기펌프는 펌프 토출관의 저압을 감지한 후 30초 이내에 자동적으로 기동된다. 계통의 초기 기동 시, 배관이 빈(Empty) 상태이므로 펌프 런아웃 또는 수격작용을 방지하기 위해 토출관의 개도를 조절한다. 유체가 기기냉각수열교환기에 도달할 때 일어날 수 있는 압력변동을 최소화하고, 계통 안에 존재하는 공기의 배기 시간을 주기 위해 기동 시 유체의 유속을 3fps 미만으로 유지한다. 그리고 기기냉각수해수여과기의 압력 차이가 2.65psig에 도달 또는 이미 설정된 시간이 되면 자동으로 여과기를 역세척하여 데브리를 제거한다.

나. 기동정지

발전소를 기동 및 정지할 때는 제거해야 할 열이 많으므로 계열 당 2대의 기기냉각수열교환기를 이용하는 것 이외에는 정상운전의 경우와 같다.

다. 비정상 운전

소외전원이 상실되는 경우와 같은 사고 시에도 기기냉각수해수계통은 운전되어야 하고, 각 계열은 공학적안전설비에 전원을 공급하는 절차에 따라 안전급 비상디젤발전기로부터 자동으로 전원을 공급 받는다.

원전연료취급 및 저장계통

1. 원전원료취급 및 저장계통 개요

원전원료취급 및 저장계통은 수송차에 의해 반입되는 신연료를 신연료저장고에 저장하고, 신연료를 장전하기 위해 원자로건물의 내부로 이송한다. 원자로노심에 연료를 장전하기 위해서는 원자로의 제어봉구동장치를 제거하고, 원자로용기의 상부헤드를 분해하며 상부안내구조물집합체를 인양 및 보관한다. 원자로의 노심에 연료를 장전한 후에 상부안내구조물집합체 및 상부헤드를 재조립한다. 원자로용기로부터 인출한 사용후연료는 연료이송관을 통해 사용후연료저장조로 이송 및 저장된다.

2. 원전연료 저장지역

가. 신연료저장고

신연료저장고는 핵연료건물의 일부로서 신연료를 건식으로 저장하는 철근콘크리트구조물이다. 신연료저장대는 스테인레스강으로 제작되며 각각의 셀로 구성되어 있다. 신연료저장대는 〈그림 3-7〉과 같다. 신연료집합체는 저장셀에 "L" 형 삽입물을 사용하여 서양장기판의 배열형태로 하나 건너 하나씩 저장된다.

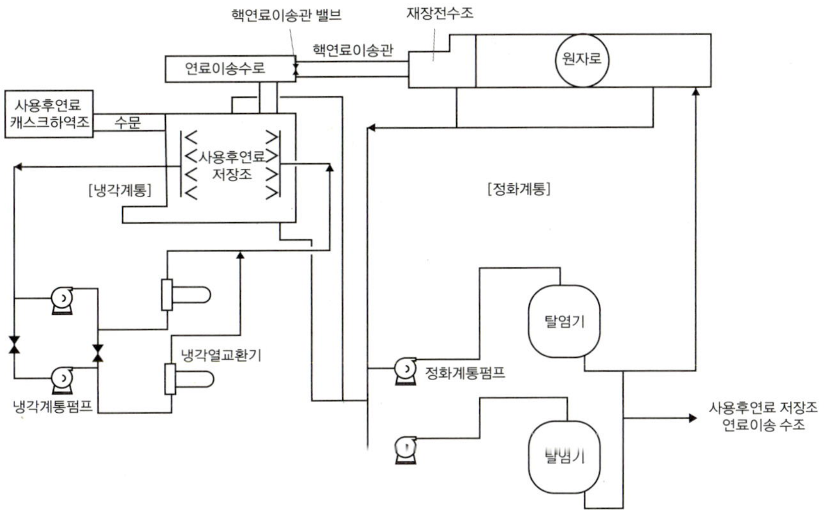

그림 3-6 • 사용후연료저장조 냉각 및 정화계통

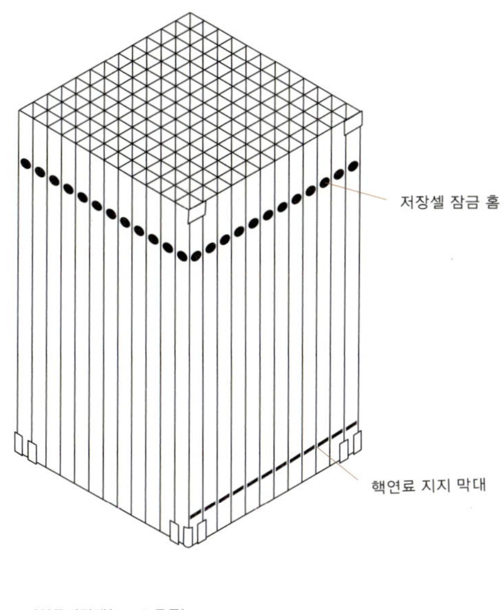

그림 3-7 • 신연료저장대

나. 사용후연료저장조 및 냉각정화계통

사용후연료저장조는 핵연료건물의 일부로 스테인레스강판으로 씌워진 콘크리트의 벽으로 둘러싸인 수조이다. 사용후연료의 저장대는 스테인레스강으로 제작된 각각 120개의 저장셀을 갖는 10×12형 모듈 9개로 구성되어 있다. 사용후연료의 저장대는 〈그림 3-8〉과 같다. 저장셀은 9.785인치(25cm)의 피치를 갖는다. 사용후연료는 저장조의 내부에 두 영역으로 구분하여 저장된다. 제1영역은 손상된 핵연료의 저장을 위한 다섯 개의 셀을 포함하여 모두 252개의 가용 셀이 있는데, 이는 전 노심의 해체 양에다 최대 1회분의 재장전량과 예비 저장용량을 합한 것과 같다. 제1영역은 50%의 저장밀도를 갖는다. 제2영역은 75%의 저장밀도로 총 426개의 핵연료의 저장셀을 가지고 있다. 따라서 사용후연료의 저장대는 총 678개의 이용 가능한 셀을 가지고 있다. 사용후연료저장조 냉각 및 정화계통은 안전 관련 계통인 냉각계통과 비안전 관련 계통인 정화계통 및 부유물제거계통으로 구성된다. 냉각계통은 정상운전 시 저장수의 온도를 120°F, 비정상운전 상태에서는 저장수의 온도를 최대 150°F로 유지한다. 정화계통은 저장조 붕산수의 정화기능을 수행하며, 부유물제거계통은 연료 이송 수로의 표면에 떠오르는 부유물을 제거한다. 저장조의 가장 심각한 사고는 저장조의 물이 완전히 상실되는 것이다. 이와 같은 경우를 방지하기 위해 냉각펌프의 흡입배관이 정상 수위의 가까운 부근에 연결되어 흡입배관이 파손되더라도 물이 중력에 의해 배수되지 않도록 한다. 저장조는 사용후연료집합체가 최대 설계용량까

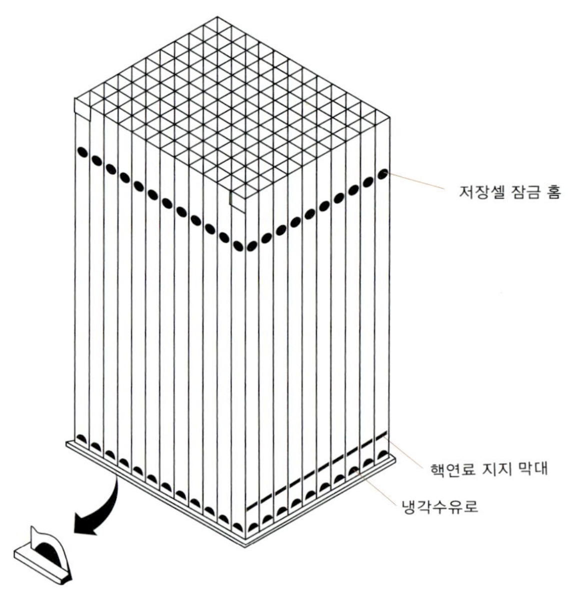

그림 3-8 • 사용후연료저장대

지 저장되어 있을 때를 가정하여 주변지역의 방사선준위가 해당 방사선 구역의 설계준위를 만족하도록 콘크리트 및 물로 차폐된다. 〈그림 3-6〉은 사용후연료저장조의 냉각 및 정화계통을 나타낸다.

3. 원전연료취급계통

원진연료의 취급기기는 부주의에 의한 기기의 오동작으로 인해 원전연료에 손상을 줄 수 있고, 핵분열생성물의 방출을 유발시킬 가능성이 있기 때문에 이를 최소화하기 위한 연동장치, 이동제한장치 및 기타 보호장치들을 보유하고 있다. 재장전수는 사용후연료의 이송 시 냉각수단으로 사용된다. 사용후연료저장조는 냉각 및 정화계통이 필요하다. 모든 사용후연료의 이송과 저장 작업은 재장전 중에 적절한 차폐를 보장하고 육안으로 작업을 통제할 수 있도록 항상 수중에서 수행된다.

4. 원전연료취급계통 운전

가. 원전 신연료 이송

신연료는 운송용기에 넣어 핵연료건물의 내부로 들어온다. 신연료를 장전할 때는 핵연료건물의 천정크레인을 이용하여 신연료수송용기 해체지역으로 옮긴다. 검사가 끝난 신연료는 신연료저장대의 지정된 셀로 이동시켜 삽입된다. 신연료를 원자로에 장전할 때는 신연료저장대에서 인출하여 신연료승강기로 이동시킨다. 핵연료의 재장전 작업동안 신연료를 핵연료건물의 직립기 운반용기에 넣는다.

나. 원전연료 재장전 절차

원자로를 냉각시키는 동안 재장전 작업 준비가 시작된다. 재장전 작업은 제어봉구동장치를 분리함으로써 시작된다. 제어봉구동장치의 공기조화기 및 원자로용기의 배기관 등을 제거한다. 다중스터드인장기를 사용하여 원자로용기의 상부헤드 스터드의 예비하중을 제거한다. 재장전수조밀봉체로 원자로용기플랜지와 재장전수조 사이를 밀봉하여 원자로용기의 공동 하부로 재장전수가 유출되지 못하도록 한다. 노내계측기를 노심 구역으로부터 분리 및 인출한다. 핵연료이송관의 차단플랜지를 제거한다. 원자로건물의 천정크레인을 이용하여 원자로용기의 상부헤드의 인양장치를 원자로용기의 상부헤드 위에 설치하여 원자로용기의 상부헤드를 보관할 위치로 옮긴다. 원자로건물 재장전조의 수위가 핵연료건물의 수위와 동일하게 되면 핵연료이송관의 밸브를 연다. 제어봉집합체 및 상부안내구조물집합체 등을 제거한다. 핵연료재장전기가 핵연료집합체를 장착하고 있을 때에는 어떤 기기도 재장전수조밀봉체의 위로 인양하지 못하도록 한다. 재장전기의 핵연료인양기를 이용하여 핵연료집합체를 인출하여 이송운반차에 넣는다. 원자로건물의 직립기를 이용하여 핵연료집합체를 수평위치로 회전시킨 뒤 이송운반차를 이용하여 핵연료건물로 이송시킨다. 핵연료건물의 직립기를 이용하여 핵연료집합체를 수직위치로 회전시킨 후 사용후연료취급기를 이용하여 사용후연료저장대로 이송한다. 원자로의 노심에서 사용후연료를 인출하여 사용후연료저장대로 옮기는 동안 또는 그 이후에 육안검사 및 초음파검사를 실시한다. 검사에 통과한 사용후연료와 신연료는 이송운반차에 다시 장착하여 이송관을 통해 재장전조로 이송되며, 재장전기가 이들을 집어서 적절한 노심위치에 다시 삽입한다. 재장전이 끝나면 핵연료이송관의 밸브는 닫힌다. 상부안내구조물집합체 및 제어봉집합체 등이 본래 위치에 설치되고 재장전조의 수위는 원자로용기의 플랜지 높이까지 낮춘다. 그 이후의 작업은 원자로용기 해체 작업의 반대로 진행된다.

다. 원전 사용후연료 이송

사용후연료캐스크 하역조를 냉각수로 채우고 저장조와 하역조 사이의 수문을 열고 나서 사용후연료의 이송 작업을 시작한다. 저장조의 저장대에 있는 사용후연료를 사용후연료취급기를 이용하여 캐스크에 담은 후 하역조로 이동시키고 수문을 닫고 캐스크를 밀봉하고 냉각수를 배수한 다음 캐스크를 사용후연료취급기를 사용하여 제염조로 옮긴다. 제염조의 내부에서 사용후연료캐스크의 표면은 해당 등급의 탈염수를 분무하여 세척한다. 그 후 캐스크는 핵연료건물의 출입구를 통해 중간저장시설이나 영구저장시설로 운반하기 위해 캐스크의 취급인양기를 사용하여 핵연료건물의 선적소로 이송된다.

제4부 공학적안전설비

공학적안전설비 개요

1. 공학적안전설비 기능

발전소에서 원자로의 냉각재상실사고(LOCA : Loss of Coolant Accident)와 같은 설계기준사고(DBA : Design Basis Accident)가 발생하면 공학적안전설비(ESF : Engineered Safety Features)는 원자로냉각재계통(RCS)으로부터 발생된 열을 제거하고 핵분열생성물의 누출을 차단하여 발전소의 종사자와 발전소 주변지역과 주민의 안전을 확보해야한다. ESF의 기능은 다음과 같다.

- 핵연료 피복재 보호
  - 핵연료의 중심온도는 4,700°F(2,590℃)를 넘지 않아야 한다.
  - 핵연료 피복재의 표면온도는 2,200°F(1,204℃)를 넘지 않아야 한다.
- 원자로건물 건전성 확보
  - 원자로건물 내부의 대기 수소 함유량은 4w% 넘지 않아야 한다.
  - 원자로건물 내부의 대기를 설계온도 및 압력 이하로 유지해야 한다.
- 원자로건물 내부 방사성물질 제거
  - 원자로건물 내부의 방사성물질 함유량을 제한치 이내로 유지해야 한다.
- 주제어실 건전성 확보
  - 주제어실 내부의 온도, 습도 및 방사능준위를 제한치 이내로 유지해야 한다.
- 냉각재 재고량 확보
  - LOCA 등 설계기준사고가 발생하면 손실된 냉각재의 재고량을 확보하여 노심

을 냉각시켜야 한다.

- 주급수상실사고시 RCS 냉각 가능
  - 주급수상실사고가 발생하면 증기발생기에 보조급수를 공급하여 냉각재의 자연순환에 의해 RCS를 냉각시켜야 한다.

2. 발전소 신뢰성 확보를 위한 안전관련 계통의 설계특성

- 다중성(Redundancy)

안전관련 계통의 어느 한 계열(Train)이 기능을 상실했을 때 나머지 다른 계열이 본래의 기능을 충분히 발휘할 수 있도록 같은 기능을 가지는 계열을 두 계열 이상으로 구성하는 것

- 독립성(Independency)

안전관련 계통의 어느 한 계열이 다른 계열에 영향을 미치지 않도록 물리적 및 전기적으로 상호 분리하여 독립성을 유지할 수 있도록 하는 것

- 고장안전성(Fail Safe)

안전관련 계통의 기기들이 수동적(Passive)으로 자기 기능을 상실했을 때 그 기기들의 위치가 노심이 안전한 방향으로 갈 수 있도록 최종 동작이 이루어지도록 하는 것

- 다양성(Diversity)

안전관련 계통에 동일한 기능을 수행하는 서로 다른 기기(또는 부계통)를 설치하거나, 프로세스 변수를 둘 이상 서로 다른 측정기를 사용 측정하여 안전성을 증대시키는 것

- 시험성(Testability)

안전관련 계통의 불필요한 동작 또는 기능의 상실 없이 출력운전 중 시험 또는 교정을 할 수 있도록 하는 것

3. 공학적안전설비 구성

공학적안전설비는 원자로건물계통, 원자로건물살수계통, 안전주입계통, 정지냉각계통, 보조급수계통, 공기조화계통 및 원격정지패널 등으로 구성되어 있다.

4. 발전소 물리적 방벽

제1의 방벽인 핵연료의 펠렛 및 피복재를 보호하기 위해서는 ESF의 안전주입계통이 작동하여 노심을 냉각시키고 미임계상태를 유지하며, 보조급수계통이 동작하여 증기발생기에 급수가 공급되어 자연순환에 의해 노심이 냉각되도록 한다. 제2의 방벽인 원자로용기를 포함한 RCS의 압력경계를 보호하기 위해서는 ESF의 안전주입계통이 작동하여 노심에 냉각재가 확보되어 압력이 과도하게 상승하지 않도록 하며, 만약 RCS 계통의 압력이 상승하는 경우에는 RCS 가압기의 안전밸브가 작동하여 압력을 방출시킨다. 제3의 방벽인 원자로건물을 보호하기 위해서는 ESF의 원자로건물격리계통이 작동하여 방사성 물질이 원자로건물의 외부로 유출되지 않도록 하며, 원자로건물살수계통이 동작하여 원자로건물 내부의 압력과 온도를 감소시킨다. 그리고 수소결합 및 제어계통이 작동하여 원자로건물 내부의 수소농도를 감소시켜 수소의 급격한 산화에 의한 압력의 상승을 방지한다.

5. 공학적안전설비 작동신호

공학적안전설비작동신호(ESFAS : Engineered Safety Features Actuation Signal)에는 핵증기공급계통의 공학적안전설비작동신호(NSSS ESFAS) 및 보조계통의 공학적안전설비작동신호(BOP ESFAS)가 있다.

가. 핵증기공급계통 공학적안전설비작동신호

1) 주증기격리신호(MSIS)

- RCS 증기발생기 증기 '저' 압력 : 885psig(62kg/cm²g)
- RCS 증기발생기 '고' 수위 : 93%
- 원자로건물 '고' 압력 : 1.9psig
- 수동 : 수동 스위치, 원격정지패널 등

2) 원자로건물격리신호(CIAS)

- 원자로건물 '고' 압력 : 1.9psig
- RCS 가압기 '저' 압력 : 1,762psia(124kg/cm²a)
- 수동 : 수동 스위치 등

3) 안전주입작동신호(SIAS)

- 원자로건물 '고' 압력 : 1.9psig
- RCS 가압기 '저' 압력 : 1,762psia(124kg/cm²a)
- 수동 : 수동 스위치 등

4) 원자로건물살수신호(CSAS)

- 원자로건물 '고-고' 압력 : 20.2psig
- 수동 : 수동 스위치 등

5) 보조급수작동신호(AFAS)

- RCS 증기발생기 '저' 수위 : 23.5%
- 수동 : 수동 스위치 등

6) 재순환작동신호(RAS)

- 재장전수탱크 '저' 수위 : 7.6%
- 수동 : 수동 스위치 등

7) 다중보조급수작동신호(DAFAS)

- RCS 증기발생기 '저' 수위 : 22.5%
- 수동 : 수동 스위치 등

8) 다양성보호계통작동신호(DPSAS)

- RCS 가압기 '고' 압력 : 2,415psia

나. 보조계통 공학적안전설비작동신호

1) 핵연료건물비상배기작동신호(FBEVAS)

- 사용후연료 저장조지역 방사능 '고' 준위 : 20mRem/hr
- 핵연료건물 환기 배기감시기 방사능 '고' 준위 등
- 수동 : 수동 스위치 등

2) 원자로건물퍼지격리작동신호(CPIAS)

- 원자로건물 상부지역 방사능 '고' 준위 : 2,500mRem/hr
- 핵연료건물 재장전 기중기지역 방사능 '고' 준위 : 12.5mRem/hr
- 수동 : 수동 스위치 등

3) 주제어실비상배기작동신호(CREVAS)

- 주제어실 입구 방사능 '고' 준위 : 10-5마이크로시버트/cm^3

- 안전주입신호(SIAS) 작동 시
- 수동 : 수동 스위치 등

6. 발전소 상태구분

발전소의 설계 및 운영 측면에서 발전소상태는 다음과 같이 Condition 1에서 Condition 4까지 4가지로 구분된다.

가. Condition 1

- 발전소가 정상운전, 연료교체, 보수기간 동안의 규칙적인 사건
  - 정상운전
  - 발전소의 가열 및 냉각
  - 단계별 출력 변환
  - 비율적 출력 변환
  - 허용범위 내에서의 부하상실 등

나. Condition 2

- 원자로가 정지됨으로써 사고를 충분히 감당할 수 있는 사건(발생율 1회/년)
  - 미임계상태 또는 저출력상태에서 제어불능의 제어봉 인출사건
  - 제어불능의 붕소희석사건
  - 원자로냉각재 강제순환유량의 부분적인 상실사건
  - 발전소의 보조기기에 대한 외부전원의 상실사건
  - 원자로냉각재계통의 우발적인 감압사건 등

다. Condition 3

- 공학적안전설비로 충분히 수습할 수 있는 약간의 핵연료봉이 손상을 초래할 수 있는 사건
  - 원자로냉각재계통의 가장 큰 배관에서 발생한 약간의 파손으로 인한 냉각재의 누설로서 비상노심냉각계통을 동작시킬 수 있는 사건
  - 주증기관, 주급수관 등 소량의 2차측 배관 파열사건
  - 원자로냉각재의 강제순환유량 완전한 상실사건
  - 방사성폐기물계통 기체붕괴탱크의 파열사건
  - 전 출력 상태에서 1개의 제어봉집합체 인출사건 등

라. Condition 4

- 발전소의 운전수명 기간 동안에 일어날 수 없는 가상사고이지만 만약 발생한다면 사고의 결과로 막대한 양의 방사성 물질을 방출할 수 있는 잠재력을 갖고 있는 사고
  - 원자로냉각재계통의 가장 큰 배관의 완전 절단사고(Double-Ended Pipe Rupture)
  - 다량의 2차계통 배관의 파열사고
  - 증기발생기 튜브의 파열사고
  - 1대의 원자로냉각재펌프(RCP) 회전축 고착사고
  - 핵연료의 취급사고
  - 제어봉구동장치 보호관의 파열사고 등

7. 원전사고 고장등급 분류

원전사고의 고장등급(INES : International Nuclear Event Scale)은 발전소의 사고

또는 고장이 발전소의 내외부에 대한 영향 및 다중 안전계통의 손상 정도에 따라 8개 등급으로 분류된다. 1등급에서 3등급까지는 '고장'으로 분류되며 발전소의 내외부에 피해를 예방할 수 있는 경우이며, 4등급에서 7등급까지는 핵연료가 손상되거나 방사성물질이 외부로 누출되는 경우로 '사고'로 분류된다. 7등급이 가장 심각한 사고이다. 발전소의 안전성에 전혀 영향이 없고 정상운전의 일부로 간주되는 경미한 고장은 '0' 등급이다.

제2장 원자로건물계통

1. 원자로건물계통 개요

원자로건물계통의 설계기준사고(DBA)는 냉각재상실사고(LOCA) 또는 2차계통의 주증기배관파열사고(MSLB)와 같은 최악의 가상사고이다. 발전소에 이러한 DBA가 발생하더라도, 원자로건물은 원자로의 노심 및 원자로냉각재계통 등 원자로건물의 내부에 설치되어 있는 계통으로부터 누출되는 방사능을 최소화시키는데 있으며, 설계압력 및 온도는 57psig 및 285°F이다. 원자로건물계통은 원자로건물, 원자로건물열제거계통(CHRS), 원자로건물공기정화 및 청정계통, 원자로건물격리계통, 원자로건물가연성기체제어계통 등으로 이루어진다.

2. 원자로건물계통 설계기준

1) 원자로건물 설계기준

- DBA가 발생하면 방사능 물질의 방출은 10 CFR 100에서 규정한 제한치 이내로 유지
- DBA가 발생한 후 원자로건물은 내부 온도 및 압력에 견딜 수 있어야 함
- DBA가 발생한 후 24시간 동안 누설량이 원자로건물 공기용적의 0.2v%를 초과하지 못하며, 그 이후부터 24시간 동안 누설량이 0.1v%를 초과해서는 안됨

원자로건물은 원자력발전소의 안전성 확보 관점에서 심층방호개념의 최종방벽으로 DBA 발생 시에 구조적 건전성을 보장함으로써 환경으로의 방사능 누설을 허용제한치 이내로 유지해야 한다. 이를 입증하기 위해 원자력발전소의 설계 및 인허가 초기단계부터 원자로건물에 대한 압력 및 온도분석을 해야 한다. 이를 원자로건물의 P/T 분석이라고 하며, 이에는 여러 가지가 있으나 사고 시 원자로건물에 걸리는 최대 압력 및 온도 등을 분석하는 것이다.

원자로건물의 내부는 냉각재상실사고(LOCA) 또는 주증기관의 파단사고(MSLB) 등과 같은 DBA가 일어나면 압력과 온도가 오르고, 다량의 방사능 불실로 자게 된다. 이러한 환경 속에서 원자로는 안전하게 정지되어야 하므로 원자력발전소의 안전관련 기기는 지진과 같은 자연환경 및 재해로부터 보호되어야 하고 가상적인 사고조건에서도 기능을 충분히 유지할 수 있도록 내환경검증 및 내진검증이 되어야 한다.

- 원자로건물과 내부구조물의 첨두치(Peak) 압력 분석 시 고려된 가정 사항
  - 관련 사고가 발생하면 소외전원의 상실과 관련 공학적안전설비(ESF)의 한 계열의 단일 능동적 기능상실이 동시에 발생되는 것으로 가정
  - 2차측 주증기배관의 파열사고가 발생하면 소외전원이 이용 가능한 것으로 간주하고, 2가지 이상의 사고가 동시에 또는 연속적으로 발생하지는 않는다고 가정
- 가상사고 발생 시 원자로건물 내부 열에너지 제거
  - 원자로건물팬냉각기 및 살수계통에 의해 열에너지가 제거되며, 살수된 물은 바닥에 설치된 원자로건물의 재순환집수조에 모인다. 살수계통이 집수조로부터 흡입하는 경우, 집수조의 유체는 원자로건물살수열교환기 또는 정지냉각교환기를 통해 냉각된다.
  - 원자로건물의 열에너지 제거와 관련된 공학적안전설비(ESF) 한 계열의 단일 능동적 기능상실이 일어나더라도 가상사고가 발행한 후 24시간 이내에 원자로건물 첨두압력의 50% 이하로 줄일 수 있어야 한다.

2) 원자로건물 내부구조물 설계기준

원자로건물의 내부구조물은 가상적인 배관 파열사고가 일어나더라도 순간적인 높은 압력과 제트류 충격을 견딜 수 있도록 설계되며, 내부구조물의 각 공간(Chamber)에는 환기장치가 설치된다. 원자로용기, 증기발생기 및 원자로냉각재계통(RCS) 배관지지물 등은 배관휩(Whip)이나 기기지지물을 통해 전달된 힘이 원자로건물 및 내부구조물의 건전성을 저해하지 않도록 한다. 내부구조물은 다음과 같은 것이다.

- 원자로용기, 증기발생기, 원자로냉각재펌프, 가압기 등의 지지물
- 1차, 2차 차폐벽 및 원자로공동(Cavity)
- 핵연료재장전수조
- 원자로비산물 차폐판
- 천정크레인지지물 등

3. 원자로건물계통 설계특성

원자로건물의 내부에 설치되어 있는 원자로냉각재계통(RCS) 등에 사고가 발생하는 경우 안전주입계통 및 원자로건물살수계통으로부터 냉각을 위한 많은 양의 유체가 주입된다. 일정한 시간이 지나면 주입된 유체를 원자로건물의 집수조에 모아서 재순환을 시킨다. 원자로건물 및 내부구조물은 집수조로의 유체 회수가 방해받지 않도록 해야 하며, 유체의 트래핑(Trapping)이 최소가 되어야 한다. 원자로냉각재계통, 안전주입탱크 및 재장전수탱크로부터의 총 사용가능한 유체의 양은 최소 약 719,000갤런(2,718m^3)이며, 이중 약 19%의 유체가 재순환에 사용되지 못한다. 정상운전 중 원자로건물의 대기는 냉각 및 환기계통의 연속운전에 의해 120°F 이하로 유지된다.

4. 원자로건물 형상

가. 원자로건물 구조물

원자로건물은 사고에 의해 발생할 수 있는 내부압력을 효과적으로 대처할 수 있도록 포스트텐셔닝(Post Tensioning) 구조물로 되어있다. 원자로건물의 구조물은 〈그림 4-1〉과 같다.

1) 포스트텐셔닝 공법

철근콘크리트의 구조물을 타설하기 전에 관을 내부에 부설한 후 콘크리트를 타설하여 구조물을 완성한 후에 관속에 긴장재(Tendon)를 넣고 긴장단에서 잭(Jack)으로 긴장재를 긴장시켜 구조물에 압축응력을 미리 가하는 방식이다. 이렇게 하면 사고가 발생하더라도 원자로건물구조물의 내부에 발생하는 모든 응력에 저항할 수 있

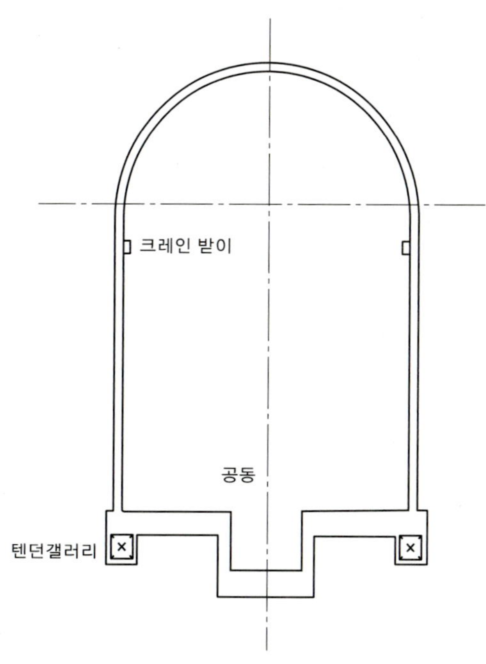

그림 4-1 • 원자로건물 구조물

으며, 특히 인장응력으로 인한 균열 억제에 효과가 크다. 포스트텐션닝 방식에는 BONDED 방식과 UNBONDED 방식이 있는데, BONDED 방식은 구조물과 진장재가 일체가 되도록 하는 것이며, UNBONDED 방식은 구조물과 긴장재가 분리되어 추후 검사 및 재긴장이 용이하도록 하는 방식이다.

2) 긴장재

1개의 긴장재는 7가닥의 선(Wire)을 꼬아 이루어진 스트랜드(Strand)가 55가닥이 모여 형성된 다발이다. 긴장재에는 수직 긴장재(96개)와 수평 긴장재(165개)가 있는데, 수직 긴장재는 역 U자형으로 원자로건물의 바닥기초 아래에 있는 텐던갤러리(Tendon Gallery)에서 시작되어 돔(Dome) 정점을 지나 반대편 원자로건물의 바닥기초 아래에 있는 텐던갤러리에 고정된다. 수평 긴장재는 원자로건물에 120도 간격으로 설치되어있는 3개의 버팀벽(Buttress) 중에서 하나씩 걸러서 버팀벽 양단에 정착시켜 1개의 텐던이 240도씩 돌아가도록 설치되어 이웃한 긴장재와는 120도씩 겹치게 설치된다.

3) 원자로건물 치수

- 내경 및 벽의 두께 : 144ft(44m) 및 4ft(1.22m)
- 내부높이 및 돔의 두께 : 216ft(66m) 및 1.07m
- 바닥기초의 직경 및 두께 : 49m 및 3.66m

나. 바닥 기초(Foundation Base Slab)

평평한 원형 바닥기초는 중앙에 공동(Cavity)과 계측용 터널을 가지며 강화용 콘크리트로 제작된다. 텐던(Tendon)을 정착시키기 위한 갤러리(Gallery)는 바닥기초의 아래에 위치한다. 바닥기초의 상부에는 원자로건물 내부의 밀봉을 위해 철판으로 라이닝을 한다.

다. 원자로건물 벽

원자로건물의 원통형 벽은 바닥기초의 상부로부터 4ft의 일정한 두께로 유지되며, 설비출입구(Equipment Hatch), 작업자출입구(Personnel Access), 작업자비상출구(Personnel Emergency Exit Hatch) 등의 주변에는 두께가 보강된다. 원자로건물의 벽에 설치된 주요 관통부는 주증기, 급수, 공기조화계통 배관 등의 원자로건물 내외부 연결을 위해 필요한 것들이며, 여러 가지 프로세스 배관, 전기선 및 핵연료이송관 등이 관통한다. 관통 연결부(Sleeve)는 강으로 제작되며 콘크리트에 고정되고, 라이닝철판에 용접되어 밀봉된다. 천정크레인이 대들보를 지지하기 위한 크레인받이는 원자로건물의 주변에 같은 간격으로 벽에 끼워진다. 크레인받이가 끼워진 벽 부분은 보강되어야 하며 여기에는 보다 두꺼운 라이닝철판이 사용된다.

라. 원자로건물 돔

원자로건물의 지붕은 반구형 돔 형태로 내부는 밀봉을 위해 철판 라이닝을 하고, 돔의 시작 부분에는 수평 긴장재를 설치하기 위한 버팀벽(Buttress)이 연장되어 있다.

5. 관련 부속 계통

가. 원자로건물열제거계통

원자로건물의 열제거계통은 원자로건물팬냉각기계통(RCFCS)과 원자로건물살수계통(CSS) 등으로 구성되며, 원자로건물팬냉각기계통은 사고가 발생된 후 원자로건물내부의 열을 제거한다. 원자로건물살수계통은 원자로건물의 대기로부터 방사성 옥소와 핵종을 제거하며, 원자로건물로부터의 열에너지를 제거하여 온도 및 압력을 감소시킨다.

나. 원자로건물격리계통

원자로건물격리계통은 원자로건물의 내부에서 방사능물질을 방출하는 가상사고가 발생하면 외부와 원자로건물의 대기를 격리시키기 위한 계통이며, 격리는 사고가 발생하더라도 사용되지 않는 원자로건물의 관통배관을 원자로건물격리신호(CIAS)에 의해 차단함으로써 대기로의 방사능 누출을 방지한다.

다. 가연성기체제어계통

가상적인 설계기준사고가 발생하면 물의 방사화, 원자로건물의 살수에 의한 원자로건물 내부 재질의 부식, 핵연료피복재의 성분인 지르코늄과 물의 반응에 의해 수소가 원자로건물의 내부에 발생될 수 있는데, 발생된 수소농도를 감시하며, 수소농도를 체적비 4%의 폭발농도 제한치 이내로 유지시킨다.

라. 원자로건물공기정화 및 청정계통

원자로건물의 공기정화 및 청정계통은 저체적퍼지 및 고체적퍼지 등 기능을 가지는데, 정상운전 중에는 저체적퍼지계통으로 원자로건물의 내부 공기를 정화하고 청정시킨다. 핵연료의 재장전 작업 중에는 고체적퍼지계통을 이용한다. 그리고 LOCA 사고가 발생한 후에는 원자로건물 내부의 가연성 기체를 퍼지(Purge)하고 대기를 정화하는 기능을 담당한다.(그림 4-7 참조)

제3장

원자로건물살수계통

1. 원자로건물살수계통 개요

원자로건물의 살수계통은 RCS의 냉각재상실사고(LOCA), 제어봉인출사고 또는 원자로건물의 내부에 있는 주증기관 또는 주급수관이 파단될 때 원자로건물의 대기로부터 옥소 및 기타 방사성 물질을 제거하고, 가연성 기체의 국부적 침적을 방지하기 위해 원자로건물의 대기를 혼합시킨다. 그리고 사고가 발생하면 원자로건물 내부의 열에너지를 제거함으로써 온도 및 압력을 감소시키는 기능을 한다.

2. 원자로건물살수계통 구성

원자로건물의 살수계통은 핵연료재장전수탱크(RWT) 및 원자로건물의 재순환집수조, 원자로건물살수펌프, 살수열교환기, 주살수모관, 보조살수모관, 살수노즐, 배관 및 계측설비로 구성된다. 원자로건물살수계통의 개략도는 〈그림 4-2〉와 같다. 원자로건물살수펌프는 RWT 또는 재순환집수조에서 붕산수를 취수하여 살수한다. 살수펌프는 살수열교환기, 살수모관 및 노즐을 통하여 원자로건물의 대기로 살수용액을 방출하도록 되어 있다. 주살수모관은 원자로건물의 상부에 설치되어 살수되는 물방울이 대기의 핵분열물질을 흡수하는 시간을 최대화하고 증기와 공기가 대기에서 열적인 평형을 이룰 수 있도록 한다. 보조살수모관은 운전층 하부의 120ft에서 140ft 사이 높이의 원자로건물의 내벽 및 2차차폐벽 사이에 설치되어, 운전층 하부 격실과 운전층 상부의 주살수노즐에 의해 살수된 영역의 대기를 최대로 혼합될 수

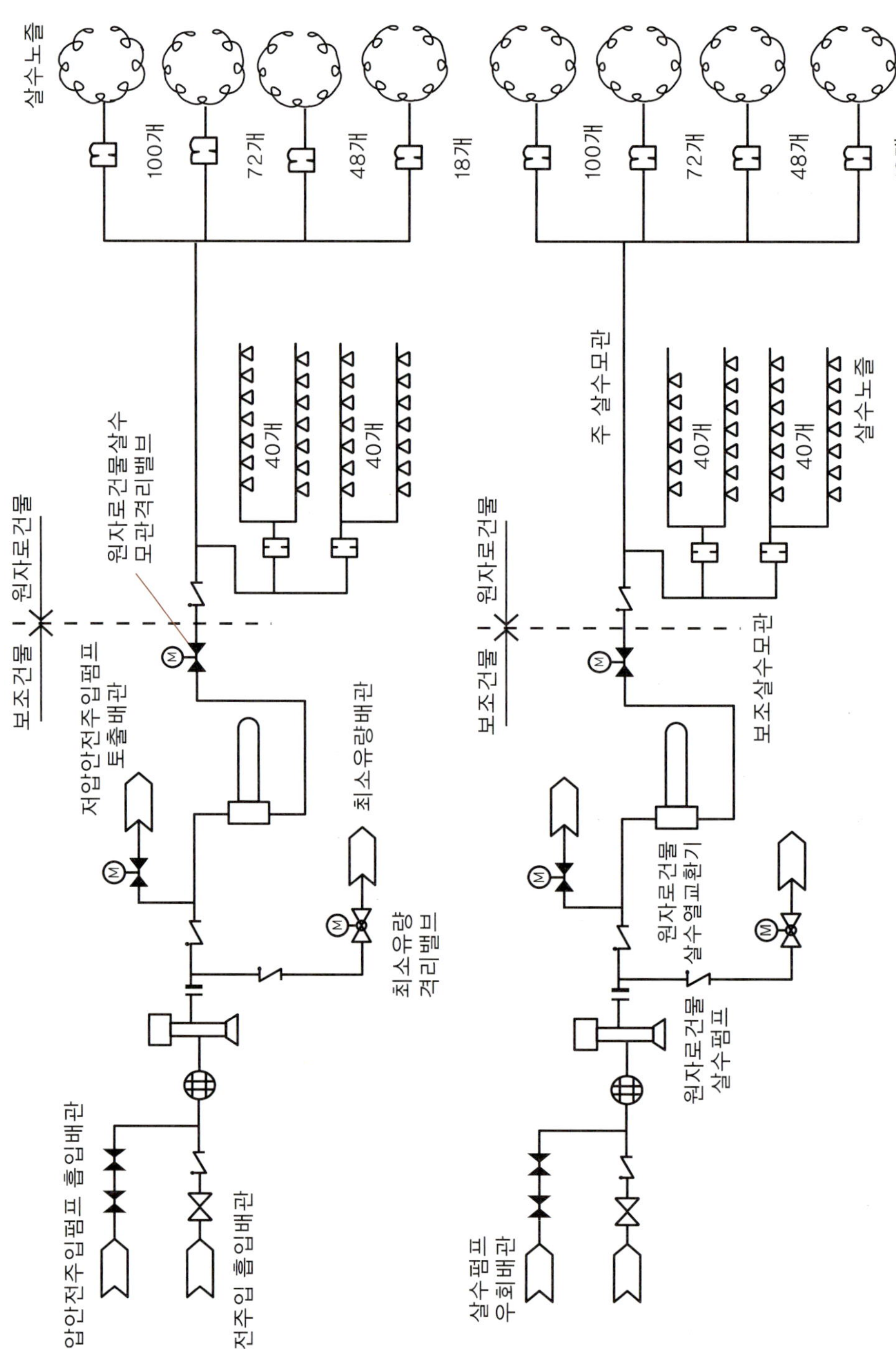

그림 4-2 • 원자로건물살수계통 개략도

있도록 한다. 원자로건물 내부의 비살수지역의 대기는 자연순환대류에 의해 살수지역의 대기와 혼합되도록 한다.

3. 원자로건물살수계통 주요기기

가. 원자로건물살수펌프

2대의 원자로건물살수펌프는 유도전동기구동형 수직형 원심펌프이다. 설계유량 및 수두는 4,240gpm(16,048L/min) 및 530ft(162m)이다. 재질은 살수유체에 적합하도록 스테인레스강으로 되어 있다. 펌프의 밀봉부분은 만약 손상될 때 유량손실을 최소화하기 위해 유량제한기가 설치된다. 펌프의 압력을 받는 부분은 안전등급 2등급 요건에 따라 제작된다.

나. 원자로건물살수열교환기

원자로건물의 살수열교환기는 사고가 발생하면 원자로건물 대기의 열을 제거하도록 한다. 열교환기는 사고가 발생된 후 24시간 이내에 원자로건물 대기의 압력을 최대 50% 이하로 감소시킬 수 있도록 한다. 재질은 튜브 측은 붕산수가 지나가므로 스테인레스강이며, 쉘측은 기기냉각수가 흐르므로 탄소강으로 제작된다.

다. 살수모관 및 노즐

주살수모관 및 노즐은 원자로건물의 상부에 설치되어 붕산수와 대기와의 열 및 물질의 전달 면적을 증가시키기 위해 살수용액을 물방울 형태로 살포한다. 주살수모관 및 노즐은 원자로건물 운전층 상부 용적의 최소 75%, 운전층에서는 최소 90%

용적에 붕산수가 살수되도록 되어 있다. 보조살수모관 및 노즐은 운전층 하부의 120ft에서 140ft 사이 높이의 원자로건물 내벽 및 2차차폐벽 사이에 설치된다. 주살수노즐에서 분사되는 물방울은 평균 약 1,000마이크로미터 이하가 되어야 하고, 주살수노즐의 직전에는 노즐 부분이 파손이 되더라도 흘러나가는 유체의 양을 제한하기 위해 오리피스가 설치되는데, 이 오리피스가 막히지 않도록 구경을 최소 0.25인치(6.4mm) 이상으로 한다. 주살수노즐을 통한 유량은 설계운전 조건에서 최소 15.2gpm이어야 하고, 보조살수노즐을 통한 유량은 최소 3gpm이 되어야 한다.

라. 격리밸브

원자로건물의 살수모관의 격리밸브는 전동기구동형으로 원자로건물살수신호(CSAS)에 따라 전면 개방된다. 원자로건물살수펌프의 최소유량 유지를 위한 우회배관의 격리밸브는 재순환 운전을 하는 동안에 살수용액이 재장전수탱크(RWT)로 유입되는 것을 방지하기 위해 재순환작동신호(RAS)에 따라 닫힌다. 밸브의 작동신호 오류 또는 전원공급의 상실에도 발전소의 안전한 운전이 보장되도록 각 밸브의 열림 정도가 결정된다. 발전소의 안전운전을 보장하기 위해 주제어실에 밸브의 열림 정도가 표시된다.

마. 원자로건물재순환집수조

원자로건물의 내부에는 안전주입계통과 원자로건물살수계통에 붕산수를 공급하기에 충분한 용량의 재순환집수조가 두 개 설치된다. 재순환집수조는 각각 7ft(폭), 8ft(길이), 6ft(깊이)의 육면체이다. 이 집수조는 핵연료의 재장전을 위한 원자로공동(Reactor Cavity)을 제외하면 원자로건물의 내부에서 가장 깊은 위치에 있다. 이는 설계기준사고가 발생하더라도 원자로건물의 내부로 유출되는 냉각재가 재순환집수조에 우선 모이도록 하고, 공학적안전설비의 각 펌프가 재순환 운전 시에 충분한 유효흡입수두를 갖도록 하기 위함이다. 정상운전 시에는 원자로건물의 배수가 재순환집수조로 유입되는 것을 방지하기 위해 집수조의 입구주변은 주변의 높이보다 높게 되어 있다. 정상운전 시에는 원자로건물의 배수는 정상집수조(Containment Normal Sump)에 모인다. 재순환집수조의 입구는 창살망(Grating), 트래쉬랙(Trash Rack) 및 내부여과망(Inner Filter)으로 보호되어 있어 이물질의 유입을 방지한다. 내부여과망은 유체가 약 0.2ft/sec의 속도를 갖도록 설계된다. 여과망의 눈금 크기는 집수조로 0.09인치 지름 이상의 입자가 유입됨을 방지할 수 있도록 하여, 유체가 흡입되는 각 펌프들을 보호한다. 재순환운전 시에는 내부여과망 및 트래쉬랙은 완전히 유체에 잠기게 된다.

4. 원자로건물살수계통 운전

가. 발전소 출력운전모드

발전소 출력운전 중에는 원자로건물살수계통은 비상 시 운전을 위해 대기상태를 유지한다.

나. 발전소 기동 및 정지운전모드

발전소 기동 및 정지운전모드 동안에도 출력운전 모드와 같이 원자로건물살수계통은 대기상태를 유지하며, 발전소 정지운전 동안에 정지냉각 기능을 수행하는 저압안전주입펌프가 운전이 불가능할 경우에는 발전소의 냉각을 위해 원자로건물살수펌프가 저압안전주입펌프의 역할을 수행한다.

다. 원자로건물살수계통 주입모드

원자로건물살수신호(CSAS)가 발생하면 원자로건물살수펌프의 흡입 측의 격리밸브가 열리고, 토출측에 있는 정지냉각계통과 연결되어 있는 밸브는 닫혀, RWT로부터 붕산수를 흡입하여 원자로건물의 대기로 살수한다.

라. 원자로건물살수계통 재순환운전모드

재순환작동신호(RAS)가 발생하면 원자로건물살수펌프의 입구 유로가 RWT에서 재순환집수조로 전환되며, 재순환집수조의 재고량 감소를 방지하기 위해 원자로건물살수펌프의 최소 유량관의 격리밸브는 닫힌다. 이때 재순환집수조와의 격리밸브는 자동으로 열리고, RWT와의 격리밸브는 수동으로 닫힌다.

5. 원자로건물살수계통 계측설비

원자로건물살수계통에는 운전원이 계통의 운전상태를 감시하고, 기기의 오동작을 확인할 수 있도록 계측설비가 설치되어 있다. 모든 안전성 관련 계측제어설비는 비상소내전력계통으로부터 전원을 공급받는다. 계통의 운전상태를 감시하고 주기적으로 시험이 용이하도록 유량지시계가 주제어실에 설치되어 있다.

제4장 안전주입계통

1. 안전주입계통 기능

공학적안전설비(ESF)의 핵심부를 이루는 안전주입계통은 원자로냉각재계통(RCS)의 냉각재 상실사고 또는 주증기관 파단으로 인한 냉각재의 과냉사고 등의 설계기준사고가 발생하면 RCS에 붕산수를 공급하여 노심을 냉각시키고 충분한 정지 여유도를 확보한다. 냉각재의 상실사고와 주증기관의 파단사고가 발생하면 RCS의 각 변수들은 급격히 변하기 때문에 운전원의 즉각적인 조치가 없이도 RCS에 자동으로 붕산수를 공급하여 사고의 결과를 최소화시킨다.

안전주입계통은 능동적인 고압안전주입계통, 저압안전주입계통 및 수동적인 안전주입탱크로 구성된다. 능동부인 고압안전주입계통 및 저압안전주입계통은 안전주입작동신호(SIAS)가 발생하면 자동으로 동작한다. 동작의 초기에는 붕산수를 재장전수탱크(RWT)로부터 취하는데, RWT의 수위가 감소하여 재순환작동신호(RAS)가 발생하면 고압안전주입펌프만 기능을 수행한다.

수동부인 안전주입탱크는 RCS의 저온관에 연결되어 있는데 RCS의 압력이 탱크압력 이하로 감소하면 탱크 내부의 붕산수는 압력차이에 의해 자동으로 주입된다. 정상 운전시 안전주입탱크의 내부는 600~625psig의 질소로 충전 가압되어 있다. 안전주입계통은 〈그림 4-3〉과 같다.

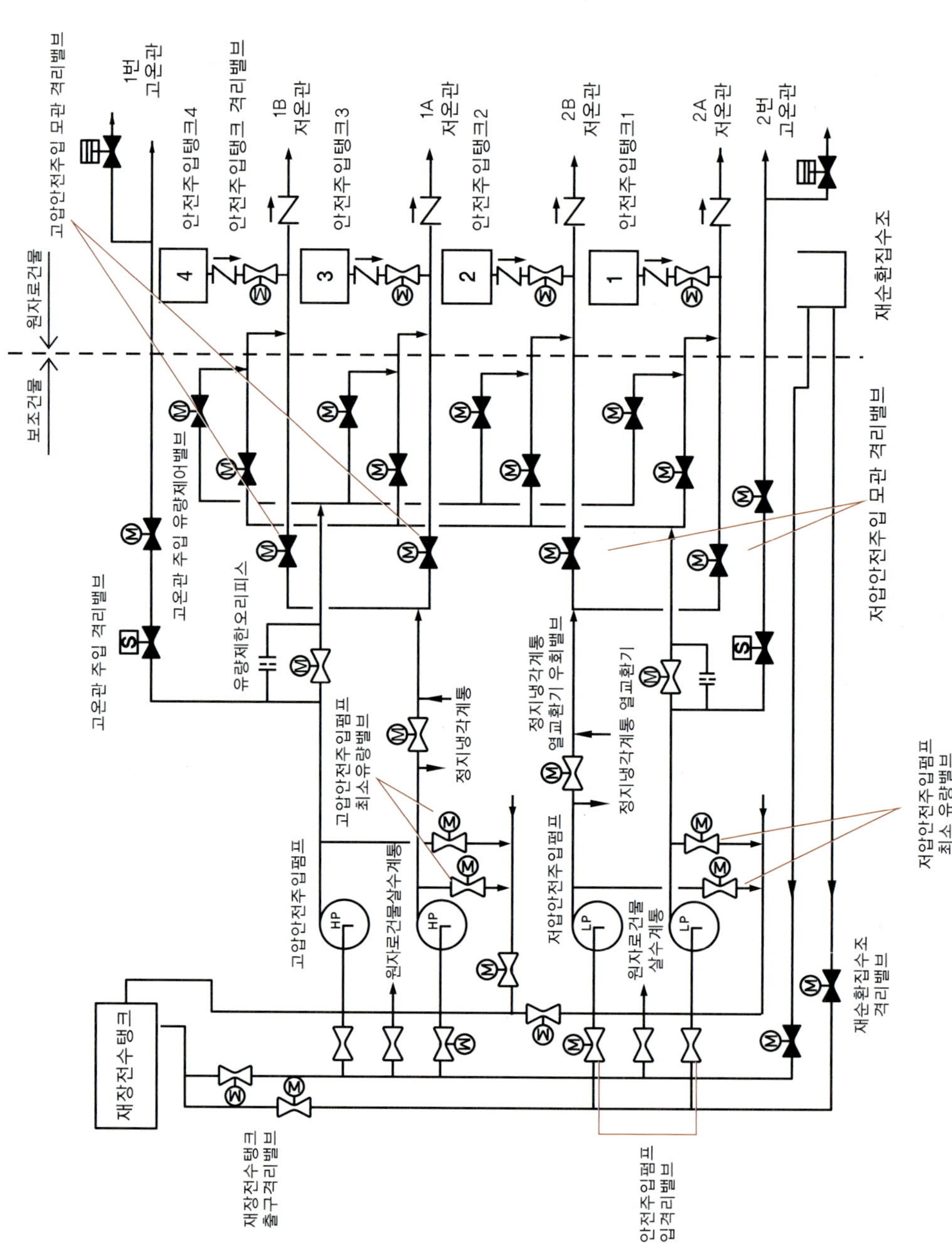

그림 4-3 • 안전주입계통 개략도

2. 안전주입계통 주요기기

가. 재장전수탱크

재장전수탱크(RWT)는 안전주입계통의 1차적인 붕산수의 공급원이다. 붕산수의 농도는 4,000~4,400ppm으로 노심에서 모든 제어봉이 인출된 상태에서 발전소를 저온상태의 미임계로 유지시킬 수 있도록 설계되어 있다. RWT의 용량은 698,000갤런이며, 안전주입작동신호(SIAS)가 발생된 후 재순환작동신호(RAS)가 발생될 때까지 최소한 20분 동안 공급할 수 있는 붕산수를 저장한다.

나. 안전주입계통 재순환집수조

원자로건물의 내부에 위치한 안전주입계통의 재순환집수조는 RAS가 발생된 후 공학적안전설비의 붕산수 공급원이다. 집수조의 용량은 관련 공학적안전설비의 요구수량을 고려하여 2,500갤런이다. 집수조는 원자로건물의 바닥으로부터 6ft 깊이에 설치되어 있어, 원자로의 공동을 제외하면 건물 내부의 가장 깊은 위치에 있다. 이는 냉각재상실사고가 발생하였을 때 상실된 냉각재가 우선 재순환집수조에 모이게 하기 위함이다. 그러나 정상운전 중의 일반배수는 재순환집수조에 유입되지 못하도록 재순환집수조의 입구를 주변 바닥보다 높게 하였다. 재순환집수조의 입구는 창살망 및 내부여과망 등으로 보호되어 있다. 내부여과망은 0.09인치 이상의 이물질이 유입되는 것을 차단할 수 있다.

다. 고압안전주입펌프

고압안전주입펌프(HPSIP)는 수평형의 8단 원심펌프이다. 설계유량 및 수두는 815gpm(3,035L/min) 및 2,850ft(869m)이다. 펌프의 회전축은 무누설 기계적 밀봉(Mechanical Seal)의 구조를 가지고 있으며, RWT로부터 재순환집수조로 흡입 유로를 변경했을 때 발생할 수 있는 고온의 유체 흡입에 대해서도 견딜 수 있어야 한다. 연결된 전동기는 수평형 유도전동기로 정격 부하에서 5초 이내에 정격 속도까지 가속할 수 있어야 한다. 고압안전주입펌프의 유량은 소형냉각재의 누설사고 시에 재순환작동신호가 발생될 때까지의 최소 요구 시간인 20분 동안 원자로의 붕괴열을 제거하기에 충분한 용량이 되어야 한다. 고압안전주입펌프는 주제어실에서 조작된다. 조작스위치는 자동으로 AUTO 위치로 자동 복귀되는 스프링리턴(Spring Return)형이다. 즉 펌프의 운전상태(운전 또는 정지)에 관계없이 조작스위치는 항상 AUTO로 선택되어 자동적으로 대기상태에 있게 된다. SIAS가 발생하면 고압안전주입펌프는 자동적으로 기동된다. 이때 과전류계전기나 정상적인 조작스위치에 의한 정지는 불가능하다. 이는 사고가 발생되었을 때 펌프 보호회로의 고장신호(Error Signal)에 의해 안전주입의 기능이 상실되는 것을 최소화하기 위함이다.

라. 저압안전주입펌프

저압안전주입펌프(LPSIP)는 수직형의 단단 원심펌프이다. 설계유량 및 수두는 3,850gpm(14,600L/min) 및 335ft(102m)이다. 연결된 전동기는 수직형 유도전동기로서 정격 전압의 75% 부하에서 5초 이내에 정격 속도까지 가속할 수 있어야 한다. 저압안전주입펌프는 주제어실과 원격정지패널에서 조작이 가능하다. 조작스위치는 자동으로 AUTO 위치로 자동 복귀되는 스프링리턴형이다. 즉 펌프의 운전 상태에 관계없이 조작스위치는 항상 AUTO로 선택되어 자동적으로 대기상태에 있게 된다. SIAS가 발생하면 저압안전주입펌프는 자동적으로 기동된다. 이때 과전류계전기나 정상적인 조작스위치에 의한 정지는 불가능하다. 저압안전주입펌프는 RAS가 발생하면 자동적으로 정지된다. 이 이후에는 운전원의 판단에 의해 저압안전주입펌프의 기동 여부를 결정한다.

마. 안전주입탱크

수직 원통형 탱크인 안전주입탱크(SIT)는 RCS의 저온관에 연결되어 있다. 재질은 탄소강이며 표면은 스테인레스강으로 피복되어 있다. RCS와 분리를 위해 2개의 역지밸브와 1개의 전동기구동형 격리밸브를 갖고 있다. RCS에서 대형의 냉각재상실사고가 발생했을 때 안전주입펌프가 작동되어 붕산수가 노심에 주입되는 데는 약간의 시간이 소요된다. 따라서 SIT는 안전주입펌프에 의한 유량주입에 앞서 신속하게 냉각재를 노심에 주입하기 위한 것이다. SIT의 용량, 붕산농도, 기체압력, 붕산수 배출관의 크기 등은 냉각재상실사고가 발생했을 때 핵연료피복재의 용융을 방지하고 노심냉각을 수행하기에 충분하여야 한다. SIT는 13,898갤런, 4,000~4,400 ppm(2.5w%)의 붕산농도를 유지하고 있으며 600~625psig의 질소로 가압되어 있다.

바. 재장전수탱크출구격리밸브

재장전수탱크의 출구격리밸브는 20인치의 전동기구동형 게이트밸브이다. 주제어실에서 조작하며 공학적안전설비가 작동하면 이 밸브를 열어 흡입 유로를 형성시킨다. 그러나 재장전수탱크(RWT)의 수위가 감소하여 RAS가 발생되면 이 밸브를 닫아 공학적안전설비에 공급되는 붕산수의 흡입 수원을 원자로건물의 재순환집수조로 유로를 바꾸어야 한다.

사. 안전주입계통 재순환집수조격리밸브

재순환집수조의 격리밸브는 30인치 크기의 전동기구동형 나비형 밸브로 열림행정시간(Close-to-Open Stroke Time)은 30초 이내이다. 발전소의 정상상태에서는 닫혀 있으나 RAS가 발생되면 이 밸브는 자동적으로 열리고 전동기를 보호하기 위한 여러 신호들은 무시된다. 이는 사고가 났을 때 밸브의 열림을 확실하게 보장하기 위해서이다.

아. 저압안전주입펌프흡입격리밸브

저압안전주입펌프의 흡입격리밸브는 저압안전주입펌프의 흡입구를 공학적안전설비의 흡입모관으로부터 격리시키는 역할을 한다. 주제어반 및 원격정지패널에서 조작이 가능하다. 발전소의 정상운전 중에는 완전히 열려 있으며 열쇠로 잠가 제어가 금지되어있다.

자. 저압안전주입펌프 및 고압안전주입펌프 최소유량밸브

원심펌프는 특성상 유량이 없는 상태에서 장기간 운전을 하면 펌프에 손상을 유발시킨다. 따라서 최소한의 유량은 항상 유지되어야 한다. 이 밸브는 저압안전주입펌프 및 고압안전주입펌프를 보호하기 위해 최소한의 유량을 유지해주는 2인치 전동기구동형 글로브밸브로 주제어실과 원격제어패널에서 조작할 수 있다. 정상운전 중에는 완전히 열려 있으며 열쇠로 잠가 제어가 금지되어 있다.

차. 정지냉각계통열교환기우회밸브

발전소에 따라서 저압안전주입펌프를 정지냉각펌프로 사용하는 경우가 있다. 발전소를 정지시킬 때 RCS를 냉각시키기 위해서는 정지냉각열교환기를 사용한다. 이러한 경우 정지냉각계통의 열교환기우회밸브를 이용하여 저압안전주입유량(정지냉각유량)을 정지냉각계통의 열교환기로 우회시켜 냉각시키고 냉각된 유체를 RCS로 주입한다. 우회에 10인치 전동기구동형 글로브밸브를 사용한다. 주제어실과 원격제어패널에서 조작할 수 있다. 정상운전 중에는 완전 열려 있으며 열쇠로 잠가 제어가 금지되어 있다.

카. 유량제한 오리피스

고압안전주입펌프의 토출관에는 유체의 흐름을 제한하는 오리피스가 설치되어 있다. 이는 발전소의 사고 상태에 따라서 RCS의 고온관 및 저온관으로 동시에 붕산수를 주입해야 할 경우에 사용된다. 즉 고온관 및 저온관에 50%씩 유체를 주입할 수도 있다. 그리고 고압안전주입관의 헤더(Header, 모관)의 격리밸브 하단(Down Stream)에도 한 개씩의 오리피스가 설치되는데, 이는 모든 주입관에 균일한 양의 유체가 주입되도록 하기 위한 것이다. 주입관에 어떤 파열이 생길 경우에는 이 오리피스들이 그 파열관을 통해 유체의 누설량을 제한시키고 다른 정상적인 배관을 통하여 노심으로 붕산수가 최대한 많이 들어가도록 한다.

유체의 유동 속에 오리피스를 설치하면 유체가 오리피스를 통과하면서 압력손실이 증가한다. 이 원리를 이용하여 다기관 배관계에 있어서 각 분기관의 유체의 흐름을 임의로 조절하거나, 배관계가 사고로 파단이 되는 경우에 대비하여 오리피스를 설치하면 배관계파단부를 통하여 나오는 유체의 방출량을 감소시킬 수 있다.

타. 고온관주입격리밸브

고압안전주입의 고온관주입격리밸브는 고온관 주입이 필요할 때까지 고온관 주입 유로를 차단하기 위해 사용된다. 3인치 전동기구동형 글로브밸브이며 주제어실과 원격제어패널에서 조작할 수 있다.

파. 고온관유량제어밸브

고압안전주입의 유량제어밸브는 고온관 및 저온관에 동시에 유체를 주입해야하는 경우 고온관의 주입유량을 제어하기 위해 사용한다. 3인치 전동기구동형 글로브밸브이며 발전소의 정상운전시 닫힌 상태를 유지하며 조작은 주제어실에서만 가능하다. 조작스위치는 누름형으로 누르고 있는 동안에만 밸브를 조작할 수 있고 스위치에서 손을 떼면 당시의 밸브 열림 위치를 계속 유지한다. 밸브의 열림 정도 지시계가 제어기에 부착되어있어 운전원은 밸브를 제어할 때 원하는 열림을 유지시킬 수 있다.

하. 저압안전주입모관격리밸브

저압안전주입의 모관격리밸브는 RCS의 저온관으로부터 저압안전주입의 모관을 격리하기 위한 것이다. 12인치 전동기구동형 글로브밸브이며 주제어실과 원격제어패널에서 조작할 수 있다. 정상운전 중에는 닫혀있고 SIAS가 발생되면 자동으로 열리게 되어있다. 이때 전동기에 걸리는 과부하로 인한 전동기를 보호하기 위한 기능은 무시된다.

거. 고압안전주입모관격리밸브

고압안전주입의 모관격리밸브는 RCS의 저온관으로부터 고압안전주입 모관을 격리하기 위한 것이다. 2인치 전동기구동형 글로브밸브이며 주제어실에서만 조작할 수 있다. 정상운전 중에는 닫혀있고 SIAS가 발생되면 자동으로 열리게 되어있다.

너. 안전주입탱크격리밸브

안전주입탱크의 격리밸브는 14인치 전동기구동형 게이트밸브로 발전소의 정지상태에서 안전주입탱크를 RCS로부터 격리시키기 위한 것이다. 발전소의 고온상태에서는 밸브 구동기의 전원이 제거된 채 열림상태를 유지한다. 조작은 주제어실 또는 원격정지패널에서 가능한데 밸브를 잠그기 위해서는 우선 전동기의 전원이 들어가야 하고, RCS의 압력이 415psig(29kg/㎠g) 이하가 되어야 한다. RCS의 압력이 515psig 이상이 되거나 SIAS가 발생하면 이 밸브는 자동적으로 열림 신호를 받는다.

3. 안전주입계통 운전

가. 고압안전주입계통

발전소가 정상운전 시 고압안전주입계통은 대기상태(Standby Mode)에 있어야 한다. RCS와의 격리밸브만을 제외하고는 모든 관련 밸브가 재장전수탱크(RWT)로부터 RCS의 저온관으로 붕산수를 주입할 수 있도록 배열이 되어 있어야 한다. 고압안전주입펌프는 전원이 들어와 있어야하고 운전가능(Operable) 상태를 유지해야 한다. 안전주입신호(SIAS)가 발생하면 고압안전주입계통은 자동적으로 주입상태(Injection Mode)로 돌입하게 되어, 고압안전주입펌프는 자동으로 기동되고 저온관으로 들어가는 유로를 차단하고 있는 격리밸브가 자동으로 열려 재장전수탱크로부터 붕산수를 RCS에 주입하게 된다.

SIAS는 '가압기의 저압력' 또는 '원자로건물의 고압력'에서 발생한다. SIAS가 발생한 초기에는 고압안전주입펌프가 RWT로부터 유체를 흡입하여 RCS의 저온관으로 붕산수를 주입하는데 이때 고압안전주입의 유량은 RCS의 압력에 따라 정해진다. 무유량 운전(Dead Headed Operation)에 의한 펌프의 손상을 막기 위해 최소 유량관이 설치되어 있다. 고압안전주입펌프는 소외전원이 상실되었을 때에도 30초 이내 비상디젤발전기로부터 전원을 공급받아 정상적으로 주입을 가능하게 한다. RWT의 수위가 약 7.6%에 도달하여 재순환작동신호(RAS)가 발생되면 RWT로부터 오는 유체는 차단되고 재순환수조로부터 유체를 흡입할 수 있게 한다. 이때 고압안전주입계통의 운전모드는 단기 재순환모드이다.

나. 저압안전주입계통

저압안전주입계통은 '안전주입' 및 '정지냉각' 이라는 두 가지 목적을 가지고 있다. 저압안전주입계통는 RCS의 온도가 350°F이상에서는 대기모드(Standby Mode)로 있게 된다. 대기모드에서는 저압안전주입계통은 재장전수탱크로(RWT)부터 흡입하여 RCS에 주입할 수 있도록 유로가 배열되어야 하고 펌프는 전원이 들어와 있어야 한다. 저압안전주입계통는 SIAS 발생과 함께 대기모드에서 주입모드(Injection Mode)로 자동 변환된다. 주입모드는 펌프가 기동을 시작하고 RCS의 격리밸브는 열려 RWT로부터 RCS로 붕산수를 주입할 수 있는 유로상태를 말한다. 저압안전주입계통의 주입모드가 되었다고 해서 유량이 RCS로 주입되는 것을 의미하지는 않는다.

RCS의 압력이 200psig 이하로 떨어지지 않으면 RCS로 유체 주입이 불가능하기 때문이다. 그런 경우에는 저압안전주입펌프를 보호하기 위한 최소유량관을 통해

100gpm 정도가 RWT로 순환한다. 저압안전주입계통은 재순환작동신호(RAS)가 발생할 때까지 계속 주입모드에서 운전이 되다가 RAS가 발생하면 저압안전주입펌프는 자동으로 정지되고 최소유량관 역시 자동으로 격리된다. RAS의 발생과 함께 저압안전주입펌프가 자동 정지되는 것은 다음 두 가지 이유 때문이다. 첫째, 저압안전주입계통은 더 이상 노심냉각을 위해 필요하지 않는다. RAS의 발생과 함께 고압안전주입계통의 재순환 운전으로 노심을 충분히 냉각할 수 있기 때문이다. 나머지 하나는 저압안전주입계통을 정지냉각계통으로 활용하기 위해서이다. 가능하다면 빨리 정지냉각 운전을 하는 것이 발전소의 안전을 위해서 필요하기 때문이다. 그러나 RAS 발생 후에도 운전원의 판단에 따라 저압안전주입계통의 운전은 계속 가능하다. 이 경우 저압안전주입계통의 재순환 운전은 재순환집수조로부터 유체를 흡입하여 RCS로 보낸다. 이때 최소유량관은 격리되는데 이는 재순환집수조의 유체를 RWT로 보내는 것을 피하기 위해서이다.

다. 안전주입탱크(SIT)

RCS의 저온관에 각각 1개씩의 안전주입탱크가 연결되어 있다. 안전주입탱크는 정상운전 조건에서 600~625psig의 질소로 충전되어 있고 전동기구동형 격리밸브는 전원이 제거된 채 열려 있다. 이때 안전주입탱크는 두 개의 역지밸브에 의해 RCS와 분리되어 있다. 안전주입탱크의 모든 배기밸브, 질소공급밸브 및 배수밸브는 닫혀있다. SIAS가 발생하면 안전주입탱크의 격리밸브는 이미 열림상태에서 있다하더라도 자동적으로 열림 신호를 받는다. 이는 안전주입탱크로 부터 RCS로 주입기능을 보다 확실하게 수행하기 위함이다. 만약 RCS의 냉각재상실사고로 압력강하가 매우 커서 RCS의 압력이 안전주입탱크의 압력 이하로 떨어지게 되면 지금까지 격리기능을 하고 있던 역지밸브가 열려 안전주입탱크 내부의 붕산수가 RCS의 저온관으로 주입하게 된다. 안전주입탱크에 붕산수를 채우는 것은 고압안전주입펌프 또는 충전펌프를 이용한다. 그리고 안전주입탱크의 배수는 RWT 또는 원자로배수탱크(RDT)로 배수할 수 있다. 안전주입탱크의 붕산수 희석사고를 막기 위해 두 개의 역지밸브 사이에 RCS로 부터의 누설 배출관이 설치되어 있어 두 역지밸브 사이에 압력이 증가하게 되면 이를 외부로 배출할 수 있다. 만약 이 누설배출관이 없으면 RCS로부터 역지밸브를 통한 누설된 냉각재는 안전주입탱크로 유입될 수 있고, 이는 안전주입탱크 내부의 붕산수를 희석시킬 수 있다.

라. 장기 재순환

안전주입계통의 장기적인 재순환 운전여부는 운전원이 RCS의 파단면의 크기, LOCA 발생 후 경과된 시간 및 LOCA 발생 부위를 격리할 수 있는지? 여부 등을 참고하여 선정해야 한다. [illegible] 한계 이내의 최대 냉각율로 RCS의 냉각을 시작해야 한다. 대형 RCS의 파단에 의한 냉각재상실사고 시에는 노심이 비등하면서 동시에 안전주입계통 등 노심냉각계통을 이용하여 붕산수를 노심에 주입함으로써 파단부를 통한 열제거가 가능하다. 그러나 소형의 냉각재상실사고 시에는 파단면을 통한 열제거가 불충분하므로 증기발생기를 통한 열제거가 필요하다. 만약 RCS의 가압기수위가 최소 허용치 이상이고, 냉각재의 압력이 390psig보다 낮으며 냉각재가 과냉상태에 있고, 냉각재의 반응도가 허용 제한치 이내에 있는 경우에는 정지냉각계통을 절차에 따라 운전이 가능하다. 고압안전주입펌프들은 펌프를 정지해야 할 필요가 있을 때까지 계속 운전을 해야 한다. 고압안전주입펌프의 정지 여부는 RCS의 냉각재 과냉상태, 가압기의 수위, 증기발생기의 열제거능력 및 노심의 노출상태 등을 고려하여 결정한다. 만약 정지냉각계통이 사고발생 4시간 이내에 가동되지 못하면 고압안전주입계통의 토출 유량을 RCS의 고온관과 저온관에 균등하게 흐를 수 있도록 밸브를 정렬한다. 만약 정지냉각계통이 작동을 시작했는데 RCS에 붕산수가 충분히 들어가지 않으면 RCS 파단면의 크기가 정지냉각계통의 토출량을 초과했거나, 파단된 부위가 저온관이라서 붕산수가 파단 부위를 통해 누설되어 노심에 들어가지 못하기 때문이다. 이 경우에는 고압주입펌프를 이용하여 집수조의 붕산수를 흡입하여 고온관 및 저온관에 동시 주입을 해서 노심을 냉각할 수 있을 것이다. 이때 집수조의 붕산수 냉각은 원자로건물 살수펌프 및 정지냉각열교환기가 담당한다.

마. 발전소 기동시 안전주입계통 운전

발전소가 저온정지 중에는 SIAS 발생과 관련된 RCS 가압기의 압력 관련 트립변수는 우회되고 RCS는 대기압의 상태가 된다. 저압안전주입펌프는 정지냉각 기능을 수행하고, 고압안전주입펌프는 주입모드로 정렬 대기상태이다. 안전주입탱크는 400psia(28kg/㎠a)에 도달할 때까지 RCS와 격리된다. RCS의 압력이 400psia (28kg/㎠a)에 도달 할 때 SIAS 발생 설정 압력이 초기 설정 압력인 300psia(21kg/㎠a)로 복구된다. 이 설정압은 RCS 가압기의 압력이 700psig(49kg/㎠g)까지 유지된다. RCS의 압력이 500psig(35kg/㎠g)로 증가되면 가압기의 압력과 연동으로 안전주입탱크의 격리밸브는 자동으로 개방된다. RCS 가압기의 압력이 700psig에 도달할 때부터 1,762psia(124kg/㎠a) 도달할 때까지 가압기의 SIAS 발생 설정 압력이 약 400psi (28kg/㎠)로 유지된다. RCS 가압기의 압력이 이 설정치 이하로 떨어지거나 원자로건물의 압력이 고압설정치 이상으로 상승되면 안전주입펌프는 기동을 시작한다. 일단 RCP가 기동되면 정지냉각열교환기와 운전하던 저압안전주입펌프는 정지되고 안전주입계통은 재정렬된다. RCS 가압기의 압력이 700psig(49kg/㎠g)에 도달할 때 운전원은 고압안전주입펌프를 이용하여 안전주입탱크의 압력을 610psia(43kg/㎠a)로 재가압해야 한다. 안전주입탱크의 격리밸브는 주제어실에서 열쇠로 잠금 상태로 개방되고 밸브의 모터전원은 제거된다. RCS의 압력이 1,762psia (124kg/㎠a) 이상이 되면 가압기 SIAS 발생 설정 압력이 1,762psia(124kg/㎠a)로 설정된다.

바. 발전소 냉각시 안전주입계통 운전

발전소 냉각이라 함은 RCS가 행하는 고온대기상태로부터 저온정지상태까지의 일련의 수동 운전과정을 말한다. 발전소가 냉각됨에 따라 RCS의 압력은 감소하게 된다. RCS의 가압기 압력이 SIAS 발생 설정 압력인 1,762psia(124kg/cm^{2}a)에 도달하면 어떤 조치가 취해지지 않는다면 원치 않는 안전주입이 발생하게 될 것이다. 이를 막기 위해 SIAS 발생 압력 설정치는 운전원이 300psig(21kg/cm^{2}a)로 조작할 수 있다. RCS의 가압기 압력이 400psig(28kg/cm^{2}a) 이하로 감소하면 SIAS 발생 압력설정치는 제거될 수도 있다.

제5장 정지냉각계통

1. 정지냉각계통 개요

원자로는 정지 후에도 노심에 기기잔열(Residual Heat) 및 붕괴열(Decay Heat)이 존재하여 적절하게 냉각을 하지 않으면 노심의 온도가 상승하여 핵연료, 원자로용기 및 내부구조물의 건전성을 위협하게 된다. 2011년에 발생한 일본의 후쿠시마원전 역시 지진 및 쓰나미가 발생된 후에 원자로는 정지되었으나 발전소의 정전으로 인해 노심에서 발생하는 기기잔열 및 붕괴열을 제거하지 못해 사고가 확대되었다. 이와 같이 노심의 잔열 및 붕괴열을 제거하는 계통이 정지냉각계통(SCS : Shutdown Cooling System)이다. 원자로가 정지되면 초기에는 2차측의 증기우회제어계통(Steam Bypass Control System)을 이용하여 증기발생기를 통해 RCS의 열을 제거한다. RCS가 350°F(177℃ 및 410psia(29kg/㎠a) 이하로 냉각되면 정지냉각계통을 운전하여 기기냉각수계통을 통해 원자로노심의 잔열 및 붕괴열을 제거한다. 발전소를정지시키는 과정에서 잔열을 제거하기 위해 정지냉각계통을 이용할 때 RCS의 주요계통의 과도한 온도변화로 인한 열응력을 피하기 위해 기술운영지침서에 명시된RCS의 냉각 비율을 초과하지 말아야 한다. 그리고 정지냉각계통은 발전소를 기동할때 RCS를 가열하는 비율을 제어하는 기능을 하며 핵연료 재장전수의 공급 및 회수역할도 한다. 정지냉각계통은 〈그림 4-4〉와 같다.

2. 정지냉각계통 기능

가. 정지냉각계통은 원자로가 정지된 후 RCS가 350°F(177℃ 및 410psia (29kg/㎠

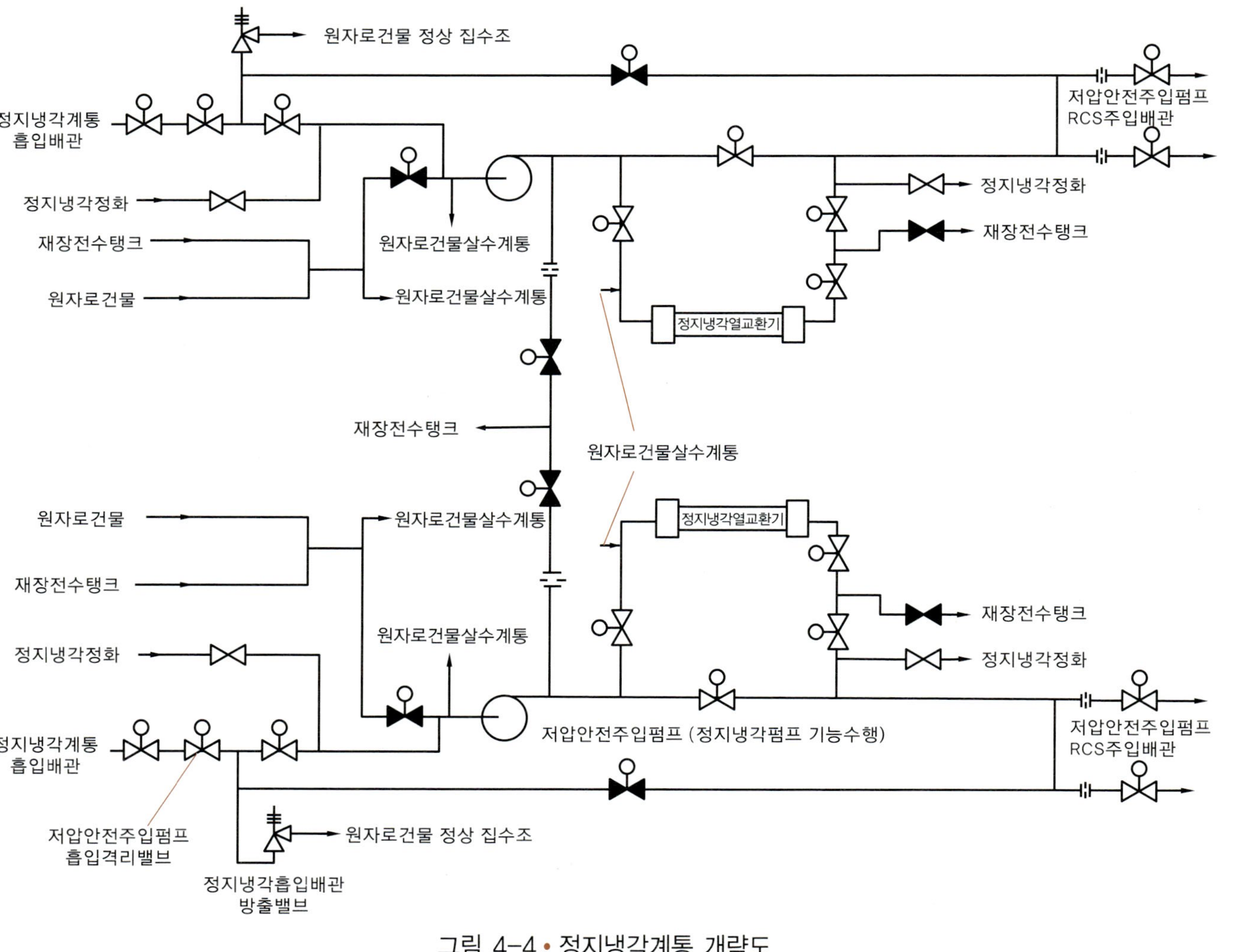

그림 4-4 • 정지냉각계통 개략도

a) 이하로 냉각되면 RCS와 연결되어 기기냉각수계통을 통해 원자로의 잔열 및 붕괴열을 제거하는 역할을 수행하여 RCS를 핵연료의 재장전 온도까지 냉각시킨다.

나. 정지냉각계통은 원자로의 냉각재상실사고(LOCA) 및 주증기관의 파단사고와 같은 경우에 다른 노심냉각계통과 함께 원자로를 냉각시키고 상온정지상태를 유지시킨다.

다. 정지냉각계통은 핵연료의 재장전 기간 중 재장전수탱크(RWT)와 연결되어 재장전수조에 냉각수를 채우거나 재장전 수조를 배수시킬 때 그 기능을 수행한다.

라. 정지냉각계통 흡입 측의 방출밸브(Relief Valve)는 RCS의 저온과압(LTOP) 방지 기능을 제공한다.

마. RCS가 감압되어 운전 중일 때 RCS의 냉각재를 정화하기 위해 정지냉각계통이 화학 및 체적제어계통(CVCS)의 정화부분과 연결되어 그 역할을 수행한다.

3. 정지냉각계통 구성

가. 정지냉각계통 구성

정지냉각계통은 원자로가 정지하는 동안 원자로를 냉각하는 기능뿐만 아니라 원자로의 냉각재상실사고(LOCA) 및 주증기관의 파단사고와 같은 경우에 다른 노심냉각계통과 함께 원자로를 냉각시키는 역할을 해야 하므로 비상노심냉각계통(ECCS) 기준에 따라 설계된다. 즉 다중계열로 구성된다. 정지냉각계통은 원자로용기의 출구 인근에 있는 두 개의 고온관 각각에 설치된 16인치의 정지냉각을 위한 흡입노즐로부터 시작하여 저압안전주입펌프 및 정지냉각열교환기를 거쳐 4개의 저압안전주입 모관을 통해 RCS의 저온관으로 유로가 형성된다. 정지냉각계통은 RCS와 연결되었을 때를 고려하여 배관이 RCS의 압력에 의해 파열되지 않도록 설계된다.

나. 정지냉각계통 주요기기

1) 저압안전주입펌프

저압안전주입펌프는 수직형 단단(Single Stage) 원심펌프이다. 펌프는 유도전동기로 구동된다. 원자로의 정지냉각 중 저압안전주입펌프는 원자로용기의 고온관에서 냉각재를 흡입하여 정지냉각열교환기를 거쳐 원자로용기의 저온관으로 보낸다. 펌프의 설계유량 및 수두는 3,850gpm(14,600L/min) 및 335ft(102m)이다. 안전등급 2등급이다.

2) 정지냉각열교환기

정지냉각열교환기는 발전소의 냉각운전 및 상온정지 동안 노심의 잔열, 붕괴열 및 저압안전주입펌프에서 발생되는 열을 제거한다. 정지냉각열교환기는 기기냉각수의 설계온도가 95°F(35℃) 및 원자로노심의 2년 후 평균연소도를 가정하여 원자로가 정지된 후 27.5시간 후에 125°F(52℃)의 재장전수 평균온도를 유지하도록 설계된다. 열교환기의 전열면적을 계산할 때는 전열관의 오염(Fouling) 정도를 보수적으로 가정한다. 열교환기의 설계압력은 정지냉각계통이 RCS와 연결되었을 때를 고려하여 900psig(63.3kg/cm^{2}g)로 한다. 형식은 수평형 쉘튜브형이며 튜브측은 냉각재가 지나므로 오스테나이트 스테인레스강, 쉘측은 기기냉각수가 지나므로 탄소강으로 제작된다. 튜브 측은 안전등급 2등급이며 쉘측은 안전등급 3등급이다.

3) 배관

정지냉각계통의 모든 배관은 오스테나이트 스테인레스강으로 되어 있고, 기기의 보수를 쉽게하기 위해 플랜지로 연결된 몇 개의 배관을 제외하고는 모두 용접으로 이어진다.

4) 밸브

저압안전주입펌프 및 정지냉각열교환기는 발전소의 상태에 따라 '안전주입' 및 '정지냉각'의 두 가지 기능을 해야 하기에 격리밸브들이 설치되어 있다. 특히 저압안전주입펌프 흡입측의 격리밸브는 연결된 RCS, CVCS 및 SIS의 압력에 의한 정지냉각계통의 과압을 방지하도록 연동되어 있다. 발전소 원자로냉각재의 냉각율을 제어하기 위해 정지냉각열교환기의 쉘측 배관에는 기기냉각수의 유량을 조절하는 밸브가 설치된다. 저압안전주입펌프의 출구에는 원하지 않는 고압안전주입펌프의 운전에 의한 과도한 압력이나 반대 방향의 흐름(Reverse Flow)을 방지하기 위해 역지밸브가 설치된다.

정지냉각 흡입배관의 방출밸브는 정지냉각계통의 운전 중에 고압안전주입펌프, 가압기의 전열기, CVCS의 충전펌프 및 원자로냉각재펌프(RCP)의 사고적인 운전(Accidential Operation)에 의해 발생할 수 있는 과도한 압력을 방지하는 기능을 한다. 또한 이 방출밸브는 RCS의 저온과압(LTOP) 방지 역할도 하며 격리된 배관 구간 내에서 압력이 상승하는 것을 방지하는 기능을 가진다. 각종 작동신호가 발생하든지 전원이 상실되었을 때를 대비한 각 밸브의 열림의 정도를 결정하는 스템의 위치는 정지냉각계통이 안전하게 운전이 되도록 정해진다. 즉 고장안전성(Fail Safe) 개념으로 설계된다.

다. 정지냉각계통 제어 및 계측

정지냉각계통을 흐르는 유체의 유량, 온도 및 압력 등을 감시할 수 있는 계측기가 주제어실에 설치되어 있다. 정지냉각계통의 운전 중 모든 밸브들은 주제어실에서 제어할 수 있다. 정지냉각계통 흡입관의 격리밸브 관련 경보는 주제어실에서 밸브의 정렬상태 및 연결된 RCS의 운전 상태를 알 수 있게 한다.

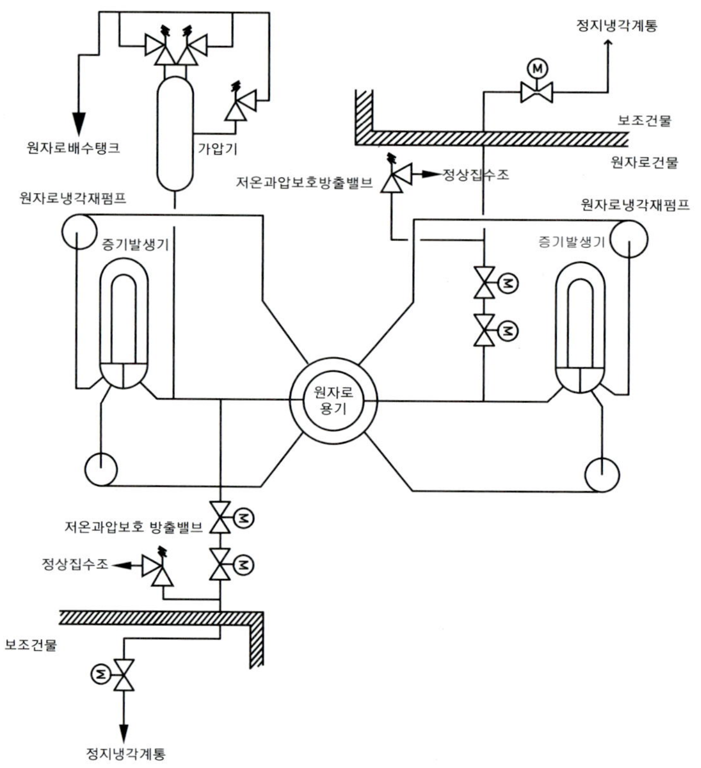

그림 4-5 • 저온과압보호

라. 저온과압보호(LTOP)

원자로가 저온운전을 하는 동안에는 원자로냉각재계통(RCS)에 연결되어 있는 안전밸브들은 RCS에 과도상태의 발생으로 인한 과도한 압력상승에 대한 보호 기능을 하지 못한다. 그러므로 RCS가 냉각되었을 때는 원자로용기의 취성파괴에 대한 대비를 하기 위해서는 과도한 압력을 방출할 수 있는 장치가 필요하다. 이를 저온과압보호라 하며, 정지냉각계통의 흡입 측에 이러한 기능을 하는 방출밸브가 설치되어 있다.(그림 4-4의 정지냉각흡입배관 방출밸브) 이 방출밸브는 스프링구동형 밸브로 505psig(36kg/㎠g)로 설정되어 있으며, 방출용량은 5,635gpm(21,330L/min)으로 2대의 고압안전주입펌프, 3대의 충전펌프, RCS의 가압기 전열기에 의한 체적팽창 및 원자로의 붕괴열에 의한 체적팽창 등을 방출할 수 있다. 방출된 유체는 원자로건물의 정상집수조(Normal Sump)로 방출된다. 저온과압보호의 개념은 〈그림 4-5〉와 같다.

4. 정지냉각계통 운전

가. 발전소 정상상태에서의 운전

원자로가 정상 운전을 할 때는 정지냉각계통은 운전되지 않고 RCS로부터 격리되어 있다.

나. 소형 LOCA 등 사고시 운전

정지냉각계통은 RCS의 고온관 온도가 350°F(177℃)일 때 RCS에 연결되어 원자로 냉각재의 온도를 낮춘다. 그러나 소형 LOCA, 증기관의 파단, 급수관의 파단 및 소외 전원상실 등 사고가 발생된 후에는 RCS의 고온관 온도가 350°F(177℃)보다 높은 경우에도 정지냉각을 시작해야 할 경우가 있다. 그러나 정지냉각계통의 설계온도인 400°F(204℃)를 초과하는 조건에서는 절대로 운전을 하면 안 된다. 발전소가 사고 상황일 경우 정지냉각계통은 자동으로 운전되지는 않는다. 사고 발생 후 RCS를 냉각하기 위한 장기간 재순환운전을 해야 경우에는 정지냉각계통의 수동운전이 필요하다.

다. 발전소 기동

기동은 RCS의 상온정지상태에서 고온대기상태로 바꾸어 주는 과정이다. 정지냉각계통은 상온정지상태에서 RCS의 냉각 및 저온과압(LTOP) 방지기능을 수행한다. RCP가 기동될 수 있고 RCS의 온도와 압력이 350°F(177℃) 및 410psig(29kg/cm^{2}g)에 도달하기 전에 정지냉각계통을 RCS로부터 격리하고, 저압안전주입펌프는 정지되어 안전주입을 위한 유로로 배열된다.

라. 발전소 냉각

발전소의 냉각은 원자로를 고온정지상태에서 상온정지상태로 내리는 과정이다. 발전소가 정지되면 초기 원자로의 냉각은 증기우회제어계통을 이용하여 증기발생기 2차 측의 증기를 방출함으로써 가능하다. RCS의 압력이 2,150psig(151kg/cm²g) 이하로 감압되면 가압기의 안전주입작동신호(SIAS) 설정치는 수동으로 하향 조절된다. RCS의 압력이 625psig(44kg/cm²g)에 도달하면 안전주입탱크의 압력을 400psig(28kg/cm²g)로 감압한다. RCS의 압력이 400psig(28kg/cm²g)에 도달하면 안전주입격리밸브는 차단된다. RCS의 온도와 압력이 350°F(177℃) 및 410psig (29kg/cm²g) 이하로 떨어지면 정지냉각계통의 운전이 가능하다. 두 개의 정지냉각 흡입배관의 6개 격리밸브는 RCS 압력이 410psig(29kg/cm²g) 이상이 되면 개방되지 않도록 되어 있다. 저온과압의 방지운전이 필요한 최대온도는 압력-온도 곡선에 따른다. 발전소의 냉각은 원자로가 정지된 후 약 27.5시간에 RCS가 재장전 온도에 도달하기 까지 계속된다. 재장전수의 온도를 125°F(52℃) 이하로 유지시키기 위해 발전소의 정지기간 동안 정지를 위한 냉각은 계속된다. 정지를 위한 냉각을 하는 동안 화학 및 체적제어계통(CVCS)의 정화부분과 연결되어 냉각재의 정화는 계속된다.

마. 비정상 운전

정지냉각계통의 한 계열이 정지를 위한 냉각기능을 상실했을 때 원자로의 정지를 위한 냉각 운전은 운전 가능한 계열만을 이용하여 수행한다. 만약 운전이 가능한 계열의 저압안전주입펌프에 문제가 생기면 원자로건물살수펌프를 대신 이용할 수 있도록 배관이 서로 연결되어 있다.

5. 정지냉각계통 시험

정지냉각계통의 운전이 가능한지를 확인하기 위해 계측기를 교정하고 냉각을 위한 유량을 측정하거나 밸브가 작동하는지를 검증하기 위해 발전소를 가동하기 전에 시험을 수행한다. 정지냉각열교환기에 대해서는 핵연료를 장전하기 전에 고온기능시험을 실시한다. 정지냉각계통의 기기들은 안전주입계통의 시험계획에 따라 주기적으로 검사한다. 압력이 걸리는 펌프, 밸브 및 배관은 관련 코드에 의해 주기적으로 시험된다.

제6장 보조급수계통

1. 보조급수계통 개요

어떤 가상사고로 인해 RCS의 증기발생기에 급수를 공급하지 못할 경우, 정지냉각계통이 RCS에 연결되어 냉각기능을 수행할 때까지 발전소를 고온대기상태로 유지하고 냉각하기 위해서 보조급수계통을 이용하여 증기발생기에 급수를 공급해야한다. 보조급수계통은 다중으로 구성되며, 또한 다양성을 부여하기 위해 각 계열은 소내비상전력계통으로부터 전원을 공급받는 전동기로 구동되는 보조급수펌프와 주증기계통으로부터 공급되는 증기로 구동되는 보조급수펌프로 구성된다.

보조급수계통 내부의 단일고장과 동시에 발생할 수 있는 주급수관 또는 주증기관 파단 사고 시에도 건전한 증기발생기로 충분한 급수를 공급할 수 있어야 한다. 사고 발생 시 보조급수계통은 보조급수작동신호(AFAS)에 의해 자동으로 기동된다. 정상 운전 시 복수저장탱크는 보조급수펌프에 의해 급수를 공급할 수 있도록 배열되어 있다.

보조급수계통은 소외전력 유무에 관계없이 AFAS를 받으면 45초 이내에 증기발생기에 급수를 자동으로 공급한다. 사고 시 보조급수계통은 증기발생기의 압력이 1,270psia(89kg/㎠a)일 때 최소 500gpm(2.1m^3/min) 이상의 급수유량을 증기발생기에 공급할 수 있어야 한다. 보조급수계통의 개략도는 〈그림 4-6〉과 같다.

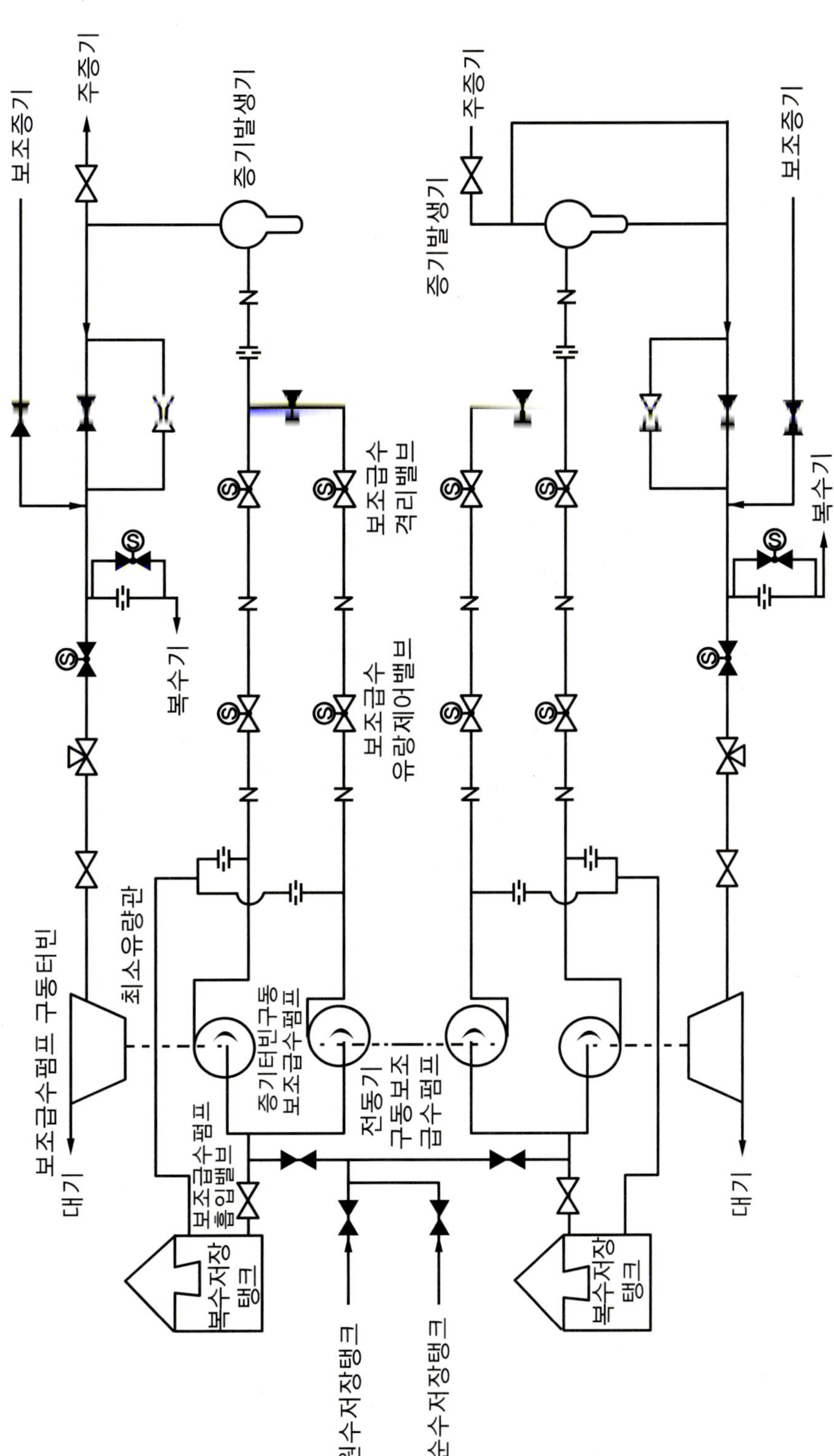

그림 4-6 • 보조급수계통 개략도

2. 보조급수계통 주요기기

가. 보조급수펌프

전동기로 구동되는 보조급수펌프 2대, 증기터빈으로 구동되는 보조급수펌프 2대로서 설계유량 및 수두는 550gpm(2.1m^3/min) 및 3,600ft(1,079m)이다. 펌프의 흡입 및 토출압력을 측정하기 위해 압력 계기 및 전송기가 사용되며 측정치를 현장, 주제어반 및 원격제어패널에 나타낸다. 펌프의 흡입압력이 낮을 때는 펌프를 정지시키고 경보를 발생시킨다. 각 펌프를 보호하기 위한 최소유량관이 설치된다. 펌프의 베어링 및 모터의 온도를 측정하여 운전원이 알 수 있게 한다.

나. 보조급수펌프흡입밸브

보조급수펌프의 정상적인 흡입은 복수저장탱크로부터 이루어지며 펌프와 탱크 사이에 수동식 흡입밸브가 설치되어 있다. 보조급수펌프의 보조적인 흡입은 순수저장탱크 또는 원수저장탱크(Raw Water Reservoir)로부터 이루어지는데 펌프와 탱크 사이에 수동식 흡입밸브가 있다.

다. 보조급수격리밸브

보조급수계통을 다른 계통으로부터 분리시키기 위해 보조급수격리밸브가 설치되어 있다. 보조급수격리밸브를 제어하는 스위치는 주제어반 및 원격제어패널에 있으며 밸브의 열림 정도를 알 수 있도록 되어 있다.

라. 보조급수유량제어밸브

증기발생기로 들어가는 보조급수의 유량은 보조급수유량제어밸브에 의해 조절된다. 증기발생기로 주입되는 보조급수의 유량은 주제어반 및 원격정지패널에서 제어를 할 수 있도록 되어 있다. 유량제어밸브와 관련되는 제어계통이 고장이 났을 때는 밸브가 개방되도록 한다.

마. 주급수배관에서 보조급수배관으로 누설

주급수배관에서 보조급수배관으로 누설을 탐지하기 위해 두 배관이 연결되는 지역의 보조급수배관에 열전대가 설치되며 열전대의 온도가 높은 경우 주제어반에 경보가 울린다. 이것은 주급수배관에서 보조급수배관으로 누설된 급수가 증발한 증기가 보조급수펌프에 흡입될 가능성을 운전원에게 알려주는 것이다.

바. 다양한 전원 공급원

보조급수계통은 소외 전원의 상실사고가 발생하더라도 비상전력공급계통이 전동기로 구동되는 보조급수펌프의 전원을 공급한다.

3. 보조급수계통 운전

보조급수계통은 발전소의 정상상태에서는 사용되지 않는다. 본 계통은 공학적안전설비의 하나로 보조급수작동신호(AFAS)가 발생하면 증기발생기에 충분한 급수를 제공하여 RCS로부터 노심의 잔열을 제거하는 기능을 수행한다. 보조급수계통은 증기발생기의 저수위 및 수동으로도 작동된다. AFAS가 발생하면 전동기 구동 및 증기터빈 구동 보조급수펌프가 관련 증기발생기로 배열되어 급수를 공급하기 시작한다.

필요시 보조급수펌프의 재순환수는 최소유량관을 통해 복수저장탱크로 재순환된다. 보조급수의 유량은 유량제어밸브를 통해 증기발생기의 압력이 1,270psig(89 kg/㎠g)일 때 500gpm 이상이며, 최대 보조급수의 유량은 증기발생기의 압력이 1,270psig(89kg/㎠g)일 때 800gpm 이하이다. 보조급수의 온도는 복수저장탱크에 저장된 복수의 온도에 따라 40°F에서 120°F사이에서 유지된다. 증기발생기의 수위는 보조급수의 유량제어밸브에 의해 적정하게 유지된다. 만약 보조급수의 유량제어밸브가 고장이 나서 개방되어 제어가 불가능하면 보조급수격리밸브를 이용하여 사고가 마무리될 때까지 증기발생기의 수위를 제어한다.

4. 보조급수계통 계측설비

보조급수계통에 대한 계측 및 제어설비는 주제어반 및 원격정지패널에 설치된다. 주제어실의 계측설비는 보조급수의 유량 및 온도, 펌프의 흡입 및 토출 압력, 펌프구동 모터의 전류, 증기발생기의 수위, 모든 동력구동형 밸브의 위치, 제어용 수동조작형 스위치의 상태 등이다. 주제어반에 설치되는 경보는 펌프의 흡입 및 토출부 저압력, 공급되는 보조급수의 고온, 비정상적인 펌프의 진동 및 펌프의 기동 실패 경우 발생된다. 그리고 보조급수계통의 동작 불능 상태가 주제어반에 표시된다.

제7장

공기조화계통

원자로에서 발생된 열에너지는 증기의 형태로 터빈에 들어가 기계적 에너지로 변환되고, 기계적 에너지는 전기에너지로 발전된다. 이 과정에서 전기적 에너지로 변환된 에너지를 제외하고는 모두 바닷물이나 대기로 버려야 한다. 바닷물로 가는 열은 주로 순환수계통, 기기냉각수계통 및 기기냉각수해수계통 등을 통해 바다로 흘러가고, 대기로 확산되는 열은 대부분 공기조화계통(HVAC)을 통해 버려진다. 발전소에 있는 대부분의 계통 및 건물에는 공기조화계통이 설치되어 있다.

1. 원자로건물 공기조화계통

원자로건물의 내부에는 핵분열 열에너지가 발생되는 원자로를 중심으로 주요 계통들이 배치되어 있어 외부로 확산되는 열에너지로 인해 온도가 높다. 발전소의 정상운전 또는 사고시 원자로건물의 건전성을 유지하고 필요시 원자로를 안전하게 정지시키는 것이 매우 중요하다. 원자로건물 내부의 열 제거 측면에서 원자로건물의 공기조화계통은 매우 중요하며 원자로건물 공기조화계통, 공기정화 및 청정계통 두 종류가 있다.

가. 원자로건물 공기조화계통

1) 원자로건물 팬냉각기계통

본 계통은 발전소의 정상운전 기간 동안 원자로건물의 내부에 설치된 구조물, 기기 및 계측제어설비를 위해 공기온도는 50°F(10℃)에서 120°F(49℃), 상대습도는 90% 이하로 유지하도록 설계된다. 또한 원자로건물의 종합누설률 시험시 온도 및 습도를 조절하고 공기를 적절히 혼합하여 원자로건물 내부의 환경 조건을 균일하게 하는 기능을 가진다. 이 계통은 50% 용량 팬냉각기 4대로 구성되어 있으며 냉각기에는 냉각코일유니트가 설치되어 있고 그리고 2단 변속전동기, 덕트 및 계측제어설비로 이루어져 있다.

이 계통은 증기발생기의 설치공간, RCS의 가압기실, CVCS의 재생열교환기실, 원자로건물의 환형복도 등에 냉각된 공기를 공급한다. 팬냉각기는 발전소의 정상운전 기간에는 고속으로 운전되며 종합누설률시험 시에는 공기가 고압이므로 밀도가 높아 송풍기 전동기의 과부하를 방지하기 위해 저속으로 운전된다. 팬냉각기는 원자로건물 상부의 공기를 빨아들이기 위해 운전층에 설치된다.

2) 제어봉구동장치냉각계통

본 계통은 제어봉구동장치의 슈라우드로 냉각용 공기를 유입시켜 슈라우드 내부의 열을 흡수한 공기를 다시 냉각시켜 원자로건물의 상부 대기로 배출시키는 역할을 한다. 발전소의 정상운전기간에는 제어봉구동장치 냉각분기관 주변의 온도를 60°F(16℃)~155°F(68℃) 사이에 유지시켜 제어봉구동장치의 전동기 고정자 및 권선의 손상을 방지한다. 제어봉구동장치 슈라우드의 입구공기의 설계온도는 최대 120°F(49℃)이다.

3) 원자로공동냉각계통

본 계통은 발전소의 정상운전 기간 중에 원자로용기로부터의 확산된 열부하를 제거하기 위해 원자로공동에 냉각된 공기를 공급한다. 공동 내부의 온도는 60°F(16℃)에서 120°F(49℃)로 유지하며, 노외중성자감시기의 보호관 내부 온도를 250°F(121℃) 이하로 제한한다. 그리고 차폐벽의 온도는 150°F(66℃) 이하로 낮추기 위해서 공기조화기는 1차차폐벽의 바깥쪽에서 공기를 흡입하여 공기조화기의 송풍기에 의해 노내핵계측장치의 유도로(Chase)로 공급하며 이 공기는 다시 원자로의 공동으로 흘러든다.

나. 원자로건물 공기정화 및 청정계통

1) 대용적퍼지계통

본 계통은 발전소 상온정지상태에서 핵연료의 재장전 조작 및 유지보수를 위한 발전소 요원들의 원자로건물 출입 전에 그리고 출입기간 동안 적절한 환경 및 환기를 제공하는 역할을 한다. 이 계통은 여과된 외기를 선형그릴을 통해 재장전조 주위의 출입지역에 공급하여 방사선 농도를 허용치 이내로 제한한다. 퍼지율은 시간당 1~1.5회이다. 퍼지배기는 배기송풍기를 통해 외부로 배출되며 급기 공기조화기는 여과기, 온수난방코일, 냉수냉방코일 그리고 급기송풍기로 구성되어 있다. 이 계통의 급기 및 배기 덕트는 원자로건물의 관통부를 통과하는데 원자로건물의 내외부에 1개씩 격리밸브가 직렬로 설치된다. 이 밸브들은 발전소가 정지된 후를 제외하고는 항상 닫혀 있다. 격리밸브는 제어용 공기의 상실 또는 전원의 상실 시에는 닫히도록 되어있다. 그리고 방사능감시계통 및 원자로건물의 압력감지기와 연동되어 원자로건물의 고방사능 신호 및 원자로건물의 고압 신호를 받으면 격리밸브가 자동으로 닫힌다. 〈그림 4-7〉은 원자로건물의 공기정화 및 청정계통을 나타낸다.

2) 소용적퍼지계통

본 계통은 발전소의 정상운전 및 정지기간 동안에 작업자의 원자로건물 출입을 허용하기 위해 원자로건물의 부유성 핵분열생성물을 제거하는 동시에 작업자 피폭이 허용 선량제한치보다 적게 한다. 또한 외부환경으로의 연간 방출량이 허용치 요건을 만족하도록 한다. 급기송풍기와 배기정화기가 있다. 급기송풍기는 대용적퍼지계통을 통해 여과된 공기를 원자로건물로 공급한다. 배기정화기는 원자로건물로부터 공기를 흡입하여 정화한 후 외부로 배출한다. 이 퍼지계통은 매 40분마다 최소 1회 환기한다. 배기정화기는 습분분리기, 전기가열코일, 활성탄흡착기, 후단고효율입자여과기 그리고 송풍기로 구성된다. 관통부 격리밸브의 기능은 대용적퍼지계통과 같다.

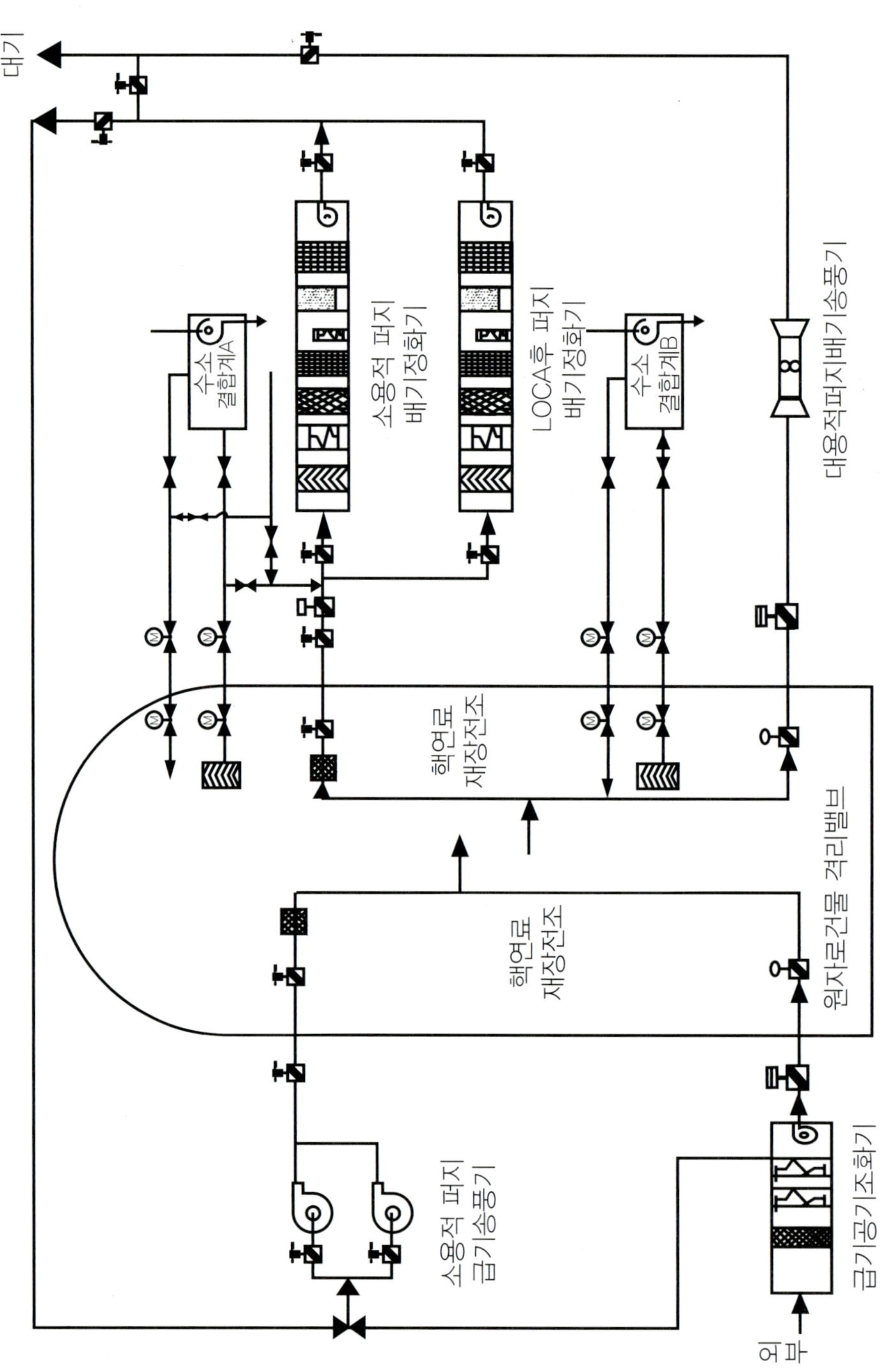

그림 4-7 • 원자로건물 공기정화 및 청정계통

3) 원자로냉각재상실사고후 퍼지계통

본 계통은 원자로냉각재상실사고 후 원자로건물 대기의 가연성 기체를 1차적으로 제거하기 위한 것으로 가연성 기체 제어계통의 작동 전에 가동되는 예비적 성격의 계통이다. 배기정화기, 덕트 및 계측설비 등으로 구성된다. 배기정화기는 습분분리기, 전기가열코일, 전단여과기, 전단고효율입자여과기, 활성탄흡착기, 후단고효율입자여과기 및 송풍기로 이루어진다. 이 계통은 소용적퍼지계통의 원자로건물 관통부 및 격리밸브를 사용한다.

2. 주제어실 공기조화계통

주제어실의 공기조화계통은 주제어실, 전기기기실, 전산실, 주제어실 공기조화기기실, 사무실, 주방 및 화장실 지역의 공기조화를 담당한다. 주제어실의 공기조화계통은 4개의 부속 계통으로 구성된다.

가. 급기 및 순환계통

본 계통은 다중 계열로 구성되며 각 계열은 주제어실 지역의 공기조화 부하의 100%를 담당한다. 각 계열은 여과기, 급기송풍기, 비상냉수냉각코일 및 공기조절댐퍼로 구성된 공기조화기 그리고 전기가열코일, 전기식 증기가습기, 순환송풍기, 덕트 등으로 구성된다. 급기계통은 여과, 가열(또는 냉각) 및 가습된 공기를 주제어실 지역으로 공급한다. 순환공기는 주제어실 지역으로부터 흡입된 공기에 외부로부터 유입한 보충공기가 혼합된다. 주제어실 지역은 정압을 유지하여 외부로부터 원치 않는 공기의 유입이 차단된다. 외기의 흡입구에서 고농도의 연기를 감지하는 경우, 운전원은 계통을 외부 보충공기가 없는 재순환 형태로 전환한다. 주제어실 지역에 화재가 발생하면 연기는 1차보조건물 공기조화계통의 배연계통을 통하여 외부로 배출된다.

나. 비상보충공기조화계통

비상보충공기조화계통은 안전주입작동신호(SIAS) 및 주제어실비상배기작동신호가 발생하면 즉시 운전 중인 계열에 속한 비상보충공기조화계통이 자동으로 기동된다. 외기흡입구는 100ft(30m) 이상 서로 떨어져 있어야 한다. 가장 낮은 방사선준위를 갖는 외기흡입구가 운전원에 의해 수동으로 선정된다. 비상보충공기조화계통은 다중 계열로 구성되며, 각 계열은 주제어실 지역 공급을 위해 외기량 4,000cfm (6,800cm^3/hr)과 재순환공기량 8,000cfm(13,600cm^3/hr)을 합친 용량을 처리한다. 각 계열은 습분분리기, 전기가열코일, 전단여과기, 전단고효율입자여과기, 전기식 증기가습기, 활성탄흡착기, 후단고효율입자여과기, 송풍기 및 덕트 등으로 구성된다.

다. 배기계통

발전소가 정상적으로 운전을 할 때는 배기계통은 화장실 및 주방설비 등의 공기를 외부로 배기시킨다. 고방사선준위가 감지되는 사고 운전 시에는 주제어실을 정압으로 유지시키기 위해 배기계통은 운전이 정지된다. 주제어실의 공기조화계통이 재순환형태로 전환 될 때 독성기체의 유입을 최소화하기 위해 배기계통은 정지 또는 격리된다. 배기계통은 주방배기송풍기, 화장실배기송풍기, 격리댐퍼, 덕트 등으로 구성된다.

라. 전산실 공기조화계통

전산실의 공기조화계통은 발전소의 정상운전 시 전산실 지역에 적합한 환경조건을 유지하기 위해 운전된다. 전단여과기, 전기가열코일, 팽창식 냉각코일, 공냉식 응축기, 가습기 및 송풍기 등을 가진 패키지형 공기조화기가 덕트와 함께 설치된다.

3. 디젤발전기 공기조화계통

디젤발전기 공기조화계통은 디젤발전기 소풍량 공기조화계통, 디젤발전기 대풍량 공기조화계통, 디젤연료유저장탱크실의 공기조화계통, 대체교류전원 및 디젤발전기건물의 공기조화계통 등으로 되어 있다.

가. 디젤발전기 소풍량 공기조화계통

본 계통은 각 디젤발전기의 분할 구획 당 급기송풍기, 배기송풍기, 전기가열코일 및 덕트 등으로 구성되어 있다.

나. 디젤발전기 대풍량 공기조화계통

본 계통은 각 디젤발전기의 분할 구획 당 급기송풍기, 배기송풍기, 전기가열코일 및 덕트 등으로 구성되어 있다. 디젤발전기의 운전 또는 시험 동안에 외기를 유입하여 발전기실의 대기온도를 설계치 이내로 한다. 대기의 설계온도를 유지하기 위해 외기를 공급하며 필요할 때 외기를 가열한다.

다. 디젤연료유 저장탱크실 공기조화계통

본 계통은 각 디젤발전기의 분할 구획 당 급기송풍기, 전기가열코일 및 덕트 등으로 구성되어 있다. 화재 발생 시를 제외한 모든 운전조건 하에서 운전되어 대기의 설계온도를 유지하고 실내의 디젤기름 냄새를 제거한다.

라. 대체교류전원 및 디젤발전기건물 공기조화계통

본 계통은 소풍량 급기송풍기, 소풍량 배기송풍기, 대풍량 급기송풍기, 대풍량 배기송풍기, 축전실 배기송풍기, 디젤연료유 저장탱크실 급기송풍기, 전기가열코일 및 덕트 등으로 구성되어 있다. 화재 발생 시를 제외한 모든 운전조건 하에서 운전되어 대기의 설계온도를 유지하고 실내의 디젤기름 냄새를 제거한다.

4. 공학적안전설비고압배전반실 공기조화계통

본 계통은 고압배전반실, 원격정지패널실, 전선포설실, 축전지실(안전급 및 비안전급), 변환기실(안전급 및 비안전급), 공조기기 및 냉동기실로 구성된 1차보조건물 내부의 공학적안전설비의 고압배전반실 지역에 조화된 공기를 공급한다. 여과기, 전기가열코일, 냉각코일, 송풍기 등으로 이루어진 급기공기조화기 그리고 순환송풍기, 전기식 덕트가열기 및 덕트 등으로 구성되어 있다. 원격정지패널실에 공기를 공급하는 덕트에는 전기식 증기가습기 및 전기식 가열기 등이 설치되어 있다.

5. 비상노심냉각계통기기실 공기조화계통

1차보조건물 내부에 있는 비상노심냉각계통의 기기실에는 설계기준사고가 발생된 후 운전이 요구되는 안전성 관련 기기들이 설치되어 있는데, 본 계통은 비상노심냉각계통의 기기들이 발생시키는 열을 냉각하고 기기들로부터 누설로 인하여 발생될 수 있는 방사성 물질을 여과하며, 공간에 있을 수 있는 방사성 물질이 외부로 나가지 못하도록 부압을 유지시킨다.

가. 지역냉방기

각 지역의 열을 제거하기 위하여 순환송풍기 및 냉각코일로 이루어진 지역냉방기가 설치되어 있으며, 전력은 지역냉방기가 냉각하여 주는 계통에 공급되는 전력과 같은 지역의 전원으로 공급된다. 냉각수원은 필수냉수계통이다.

나. 비상노심냉각계통기기실 배기공기정화계통

본 계통은 설계기준사고 후 또는 1차보조건물의 공기조화계통이 운전되지 않을 때 공간의 압력을 주위지역에 비해 부압으로 유지할 수 있도록 공기를 배기시킨다. 배기는 비상노심냉각계통의 기기로부터 가상적인 누설로 인하여 생길 수 있는 방사성 옥소 및 입자를 여과할 수 있는 공기정화기를 통하여 이루어진다. 공기정화기는 습분분리기, 전기가열코일, 전단여과기, 전단고효율입자여과기, 활성탄흡착기, 후단고효율입자여과기 및 송풍기 등으로 구성된다.

6. 원격정지패널실 공기조화계통

설계기준사고 및 화재 등의 이유로 주제어실에서 발전소를 제어할 수 없는 경우를 가정해 보자. 이런 경우에 원격정지패널실을 이용하여 원자로를 정지시킨다. 그러므로 원격정지패널실에도 운전원이 원자로를 제어하는데 필요한 환경을 만들어야 하기 때문에 공기조화시설이 필요하다.

7. 보조건물 및 방사성폐기물건물 공기조화계통

보조건물의 공기조화계통은 1차보조건물의 공기조화계통, 2차보조건물의 공기조화계통 및 주증기격리밸브실의 공기조화계통 등으로 구성된다.

가. 1차보조건물 공기조화계통

본 계통은 주제어실 지역, 공학적안전설비의 고압배전반실 지역 및 디젤발전기 지역을 제외한 1차보조건물 전 지역의 공기조화를 담당한다. 발전소의 정상 및 사고시에 필수적인 기기가 있는 지역의 냉방과 설계기준사고 시 1차보조건물의 부압유지는 비상노심냉각계통의 기기실 배기공기정화계통에 의해 수행된다. 본 계통은 급기계통, 배기계통, 배연계통 및 제어봉구동장치의 캐비넷실 공기조화계통 등으로 이루어진다.

나. 2차보조건물 공기조화계통

2차보조건물 중 실험실 지역을 제외한 전 지역에 조화된 공기를 공급한다. 실험실 지역은 실험실공기조화계통에 의해 공기가 공급된다. 본 계통은 급기계통, 배기계통, 고에너지 배관지역의 급기(배기)계통 및 기기실 공기조화계통 등으로 구성된다. 밀폐된 지역은 지역냉방기에 의해 온도를 낮춘다.

다. 주증기격리밸브실 공기조화계통

본 계통은 주증기격리밸브실의 공기조화를 담당한다. 급기 공기조화기, 유니트 가열기 및 덕트 등으로 구성되며, 비안전성 관련이다.

라. 방사성폐기물건물 공기조화계통

본 계통은 방사성폐기물건물의 공기조화를 담당한다. 본 계통은 급기계통, 배기계통, 제어구역 공기조화계통, 지역 냉방기계통 및 기타지역 공기조화계통 등으로 구성되며, 비안전성 관련이다.

8. 핵연료건물 공기조화계통

핵연료건물의 공기조화계통은 정상급기계통, 정상배기계통, 냉방계통 및 비상배기계통으로 구성된다. 정상급기계통, 정상배기계통, 냉방계통은 핵연료건물 내부의 기기와 발전소 요원들에게 적당한 환경을 제공하는 기능을 가지며 약간의 부압을 유지시킨다. 핵연료건물의 내부에서 핵연료취급사고가 발행한 후에는 비상배기계통은 방사성 부유 핵분열생성물이 외부로 방출되기 전에 활성탄흡착기를 통과시켜 걸러낸다. 정상급기계통은 전단여과기, 온수가열코일, 냉수냉각코일 및 급기송풍기로 구성된 급기공기조화기 그리고 외기흡입구, 덕트 등으로 구성되어 있다. 정상배기계통은 전단여과기, 고효율입자여과기 및 배기송풍기로 이루어진 배기정화기 그리고 덕트 등으로 구성되어 있다. 각 사용후핵연료저장조의 냉각펌프실에는 냉수냉각코일, 송풍기로 구성된 지역냉방기가 설치되어 있다. 핵연료건물의 비상배기작동 신호가 발생하면 공기는 비상배기계통을 통과하도록 유로가 변경된다. 비상배기계통은 습분분리기, 전기가열코일, 전단여과기, 전단고효율입자여과기, 공간 전기가열코일, 활성탄흡착기, 후단고효율입자여과기, 배기송풍기 등으로 구성된 비상배기공기정화기 그리고 덕트 등으로 이루어진다. 안전성 관련 덕트와 비안전성 관련 덕트 사이에는 2개의 안전성 관련 격리밸브가 직렬로 설치된다. 〈그림 4-8〉은 핵연료건물의 비상배기 공기정화기를 나타낸다.

9. 터빈건물 공기조화계통

본 계통은 터빈건물의 환기계통, 터빈건물의 공기조화계통, 지역 냉방기계통 및 밀폐실 공기조화계통 등으로 구성된다.

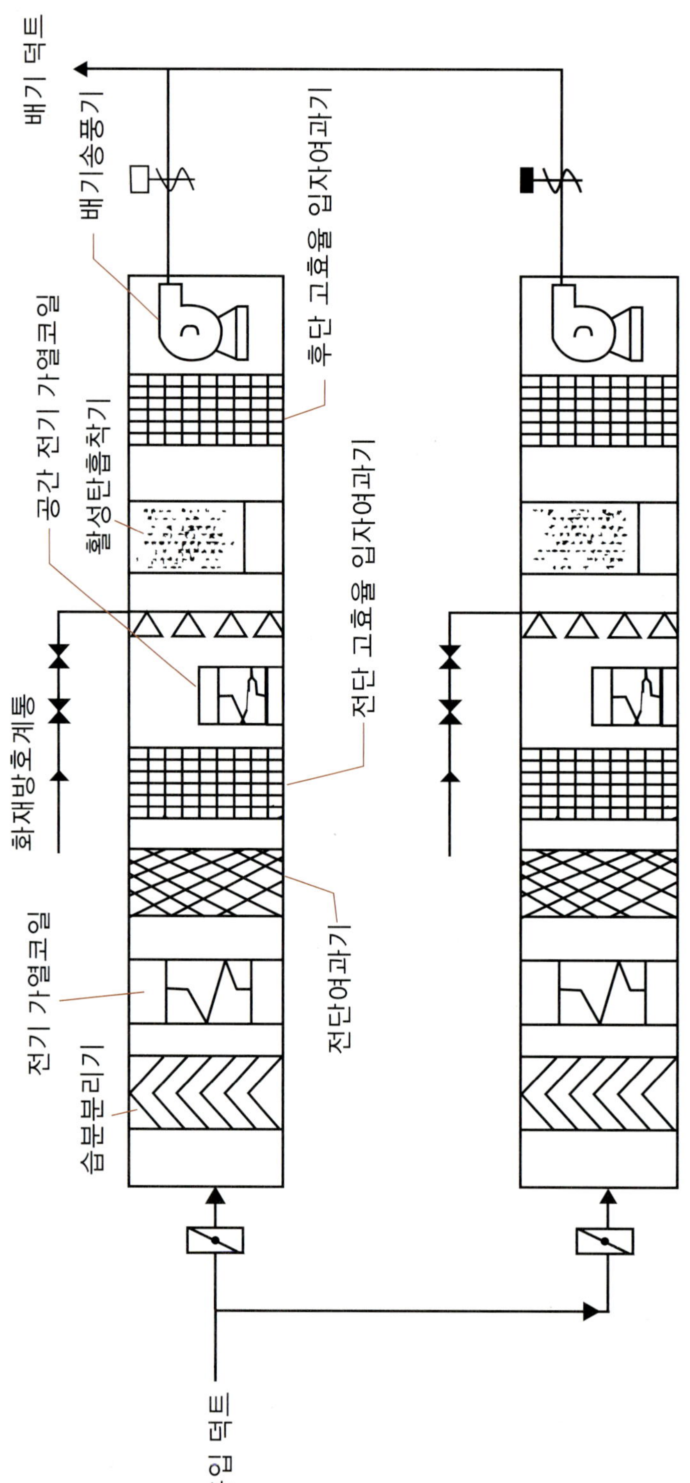

그림 4-8 • 핵연료건물 비상배기 공기정화기

가. 터빈건물 환기계통

본 계통은 자연환기용 급기루버, 굴뚝효과에 의한 자연배기용 지붕설치형의 무동력 송풍기, 지붕설치형의 배기송풍기 등으로 구성되어 있다.

나. 터빈건물 공기조화계통

본 계통은 전단여과기, 냉수냉각코일 및 송풍기로 구성된 공기조화기 그리고 배기통풍창, 전기가열코일, 덕트 등으로 이루어진다.

다. 지역냉방기

본 계통은 재순환방식이며 냉수냉각코일, 송풍기 및 덕트로 구성된 지역냉방기로 되어 있다.

라. 밀폐실 공기조화계통

발전소에는 복수탈염실, 주터빈윤활유실, 증기발생기취출수계통실 등 밀폐지역이 많다. 각 밀폐지역은 그 지역의 특성에 맞게 외부공기 또는 터빈건물의 공기를 이용하여 환기되는데 재순환되는 공기와 혼합 환기된다. 각 계통은 배기송풍기 및 덕트 등으로 구성된다.

10. 취수구조물 및 펌프실 공기조화계통

가. 1차측기기냉각수해수 취수구조물/펌프실 공기조화계통 및 1차측기기냉각수 열교환기/펌프실 공기조화계통

본 계통은 1차측기기냉각수해수 취수구조물/펌프실을 위한 송풍기, 1차측기기냉각수 열교환기/펌프실을 위한 송풍기, 급기송풍기 및 덕트 등으로 이루어진다. 각 실은 요구되는 최소 설계온도를 유지하기 위해 전기식 가열기가 설치되어 있다. 각 송풍기는 그 지역에 설치된 기기에 공급되는 같은 모선의 전력을 공급 받는다. 모든 흡입구 및 배기구는 비산물로부터 보호된다. 송풍기는 실내가 설계온도로 유지되도록 온도조절기에 의해 제어된다.

나. 순환수취수구조물/펌프실 공기조화계통

본 계통은 순환수의 취수구조물/펌프실, 전기실 및 터빈건물 2차측기기냉각수열교환기실의 환경을 유지하는 것이다. 각 계통은 배기송풍기, 흡입구, 전기가열코일 및 덕트 등으로 구성된다. 외기는 흡입구를 통해 유입되고 배기는 배기송풍기에 의해 밖으로 배출된다.

11. 기타 공기조화계통

가. 출입통제건물 공기조화계통

출입통제건물의 공기조화계통은 출입통제건물 내부에 있는 종사자와 기기에 적당한 환경을 제공한다. 출입통제건물의 공기조화계통은 출입통제건물의 공기조화계통, 품질보증기록저장실의 공기조화계통 및 공기조화기/엘리베이터 기기실의 환기계통으로 구성된다.

나. 비상기술지원실(TSC) 공기조화계통

비상기술지원실의 공기조화계통은 감시실, 기기정비실, 기록실, 회의실, 주방 및 화장실 등을 포함하는 지역에 적당한 환경조건을 제공한다.

다. 실험실 공기조화계통

실험실의 공기조화계통은 2차보조건물과 출입통제건물에 있는 실험실과 그 인접 지역에 대한 공기조화를 행한다. 고준위실험실, 기기제염실, 1차계통 및 사고 후 시료채취실 등에 대한 공기조화는 2차보조건물 안에 있고 저준위실험실, 터빈건물의 실험실, 세탁실 등에 대한 공기조화는 출입통제건물의 내부에 위치한다.

원격정지패널

1. 원격정지패널 기능

원격정지패널(RSP)은 발전소의 고온정지(Hot Shutdown)까지의 운전을 주제어실에서 수행하기 어려울 때 이 기능을 하기 위해 설치되며, 주제어실에서 재운전이 가능할 때까지 원격정지패널에서 발전소를 고온정지상태로 유지시켜 준다. 발전소의 고온정지상태란 유효증배계수(Effective Multiplication Factor) Keff가 0.99 이하이고, 열출력이 0%이며 RCS의 저온관의 온도가 350°F(177℃)에서 210°F(99℃)사이에 유지되는 상태이다. 원격정지패널에는 고온정지에 필요한 설비들이 구비되어 있으며 제어전환스위치가 있어 주제어실로의 전환 조작이 가능하도록 하고 있다. 원격제어패널에 있는 계기와 장비들은 주제어실에 있는 것들과 동일한 형식 및 범위를 가지고 있으며, 주제어실과 원격정지패널은 같은 등급의 설계기준을 적용한다.

2. 원격정지패널 운전

가. 발전소 정상운전

원격정지패널은 발전소의 정상운전상태에서는 사용되지 않으며, 주제어실에 운전원이 상주하기가 어려울 때 사용된다.

나. 발전소 시운전 및 정지

원격정지패널은 발전소의 시운전 및 정지상태에서는 사용되지 않으나, 사용을 하려고 하면 주제어실에서 전환스위치를 이용하여 전환 후에 사용한다. 원격정지패널는 주제어실로 다시 복귀할 때까지 발전소를 제어할 수 있어야 한다.

다. 발전소 비상운전

원격정지패널은 주제어실에서 운전원이 상주가 불가능할 때 사용을 하며, 발전소가 정상상태일 때 원격정지패널은 항상 대기상태로 유지된다.

3. 원격정지패널 계기와 제어

가. 원격정지패널 지시 계기

원격정지패널에 지시되는 변수는 중성자대수출력, RCS 고온관 및 저온관의 온도, 가압기의 압력과 수위, 증기발생기의 압력과 수위, 재장전수탱크의 수위, CVCS 충전펌프의 출구 압력과 유량, 안전주입탱크의 압력 등 다양하다.

나. 원격정지패널 제어

원격정지패널에서 제어하는 기기는 원자로냉각재펌프, 가압기의 보조분무, CVCS의 유출유량격리밸브, 안전주입탱크의 대기방출밸브, CVCS의 충전펌프, 전환스위치 등 다양하다.

제5부
발전소보호계통

제1장 발전소보호계통

1. 발전소보호계통 개요

발전소보호계통(PPS)은 핵증기공급계통의 운전 상태들을 감시하여 감시된 상태변수나 조합된 상태변수가 정해진 설정치에 도달할 경우 정확하고 신속하게 원자로를 정지시키는 계통이다. 발전소보호계통은 중성자속, 가압기의 압력, 증기발생기의 수위 등 안전관련 인자를 계속적으로 감시하다가, 감시인자의 값이 설정된 값에 도달되면 자동으로 발전소의 보호기능이 작동되어 노심 및 원자로냉각재계통 압력경계의 건전성이 보장되고, 사고시 소외선량율이 미국연방규제법 10 CFR 100에서 규정한 기준치를 초과하지 않도록, 사고를 방지하거나 또는 사고의 결과를 완화시킨다.

발전소보호계통은 감시인자들이 설정치에 접근하면 경보를 발한다. 발전소보호계통은 '원자로보호계통'과 '공학적안전설비작동계통'으로 구성된다. 발전소보호계통의 개략적인 기본논리도는 〈그림 5-1〉과 같다.

가. 원자로보호계통

원자로보호계통(RPS)은 사고 시에 원자로의 안전 관련 제한치가 초과되는 것을 방지하기 위해 원자로를 신속하게 정지시키고, 공학적안전설비의 작동계통을 보조하여 사고의 결과를 완화시킨다.

원자로보호계통은 측정채널, 계산기, 바이스테이블(전압 비교기 회로), 논리회로

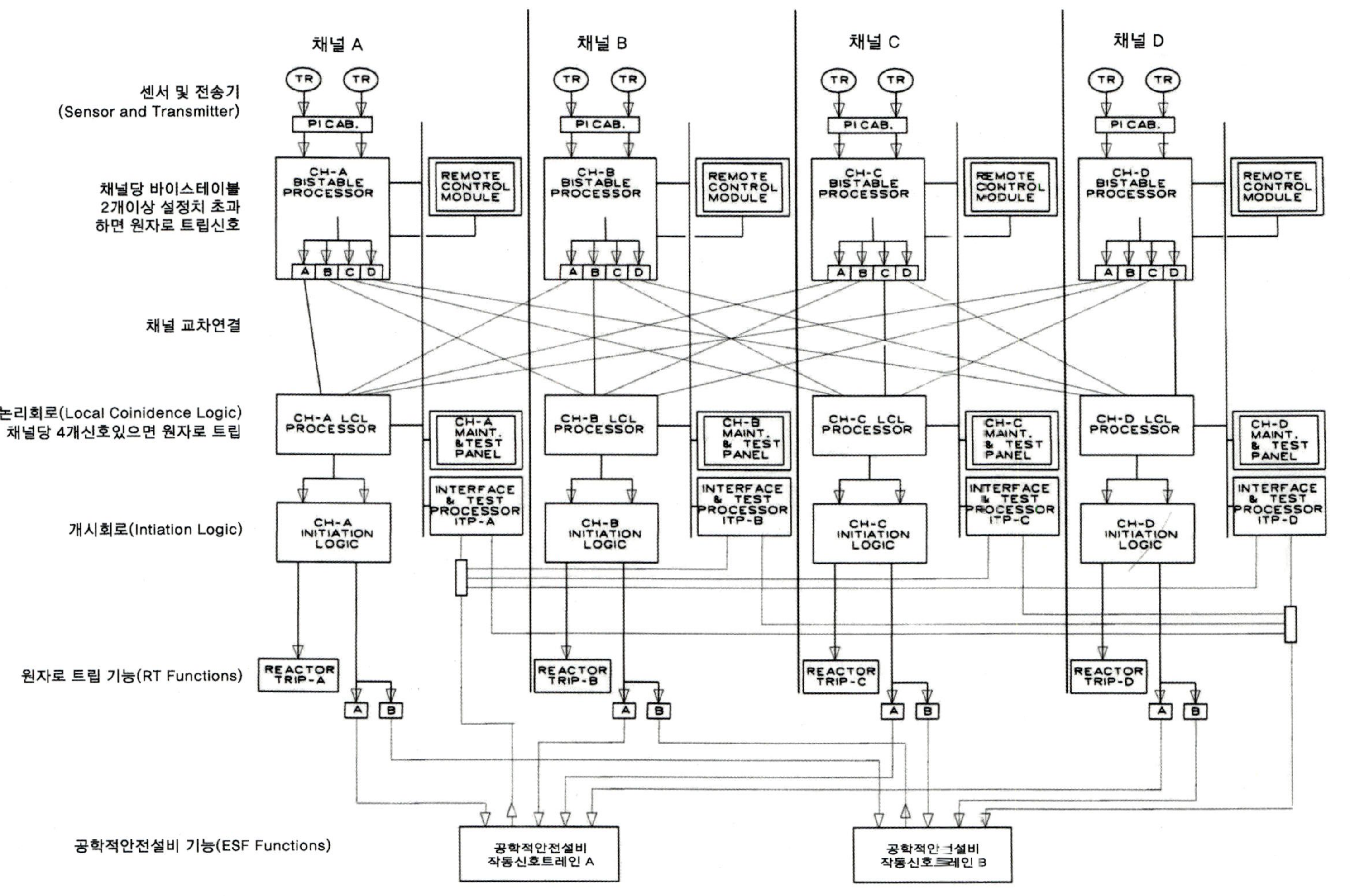

그림 5-1 • 발전소보호계통 기본논리도

및 개시회로 등으로 구성된다. 보호동작이 발생되기 위해서는 4개의 측정채널 중에 2개 이상의 채널이 트립 설정치를 넘어야 한다. 측정채널에서 바이스테이블로 오는 신호는 아날로그 전압 형태이며, 바이스테이블에서 이미 설정된 설정치와 비교해서 그 값을 초과하면 트립신호를 발생시킨다. 원자로가 트립되기 위해서는 바이스테이블이 동시에 2개 이상이 동작되도록 논리회로가 되어있다. 원자로트립작동신호는 원자로트립 스위치기어차단기를 개방시켜 제어봉구동장치의 코일에 공급되는 전원을 차단시키며 따라서 모든 제어봉집합체는 중력으로 노심에 낙하되어 원자로는 핵반응이 정지된다.

나. 공학적안전설비작동계통

핵증기공급계통 관련 공학적안전설비의 작동계통(ESFAS)은 설계기준사고 시 사고의 결과를 허용치 이내로 유지시키기 위해 안전계통을 작동시킨다. 발전소의 운전 변수들이 설정치에 도달되면 다음의 신호가 발생된다.

- 안전주입작동신호(SIAS)
- 원자로건물격리작동신호(CIAS)
- 원자로건물살수작동신호(CSAS)
- 주증기격리신호(MSIS)
- 재순환작동신호(RAS)
- 보조급수작동신호(AFAS) 등

각 변수마다 4개의 아날로그 측정채널이 있으며, 4개 채널 중 2개 채널 이상이 작동 설정치를 넘어야 한다. 각 공학적안전설비작동계통의 개시회로에서 발생된 신호는 2개의 보조계전기캐비넷으로 가는데 각 보조계전기캐비넷에는 그 트레인에 해당하는 펌프, 밸브 등의 계전기가 설치되어 기기들을 작동시킨다.

보조설비계통 관련 공학적안전설비의 작동계통은 발전소의 운전 변수들이 설정치에 도달되면 다음의 신호가 발생된다.

- 핵연료건물비상배기작동신호(FBEVAS)
- 원자로건물퍼지격리작동신호(CPIAS)
- 주제어실비상배기작동신호(CREVAS)

보조설비계통 관련 공학적안전설비작동계통은 위의 4개 채널 중 2개 채널 이상이 설정치를 넘어야 작동신호를 발생시키는 핵증기공급계통 관련 공학적안전설비작동계통과는 다르게 2개 채널 중 1개 채널 이상이 설정치를 넘으면 작동신호가 발생된다.

2. 발전소보호계통 구성 및 기능

가. 원자로보호계통

1) 원자로보호신호

원자로를 보호하는 신호는 〈표 5-1〉과 같다.

2) 원자로보호신호 배경

가) 수동원자로정지

원자로는 압력 및 온도 등 변수 값이 설정치에 도달하면 자동으로 정지되지만 운전원이 수동으로 원자로를 정지시킬 수 있도록 수동 원자로 정지기능이 제공된다.

주제어실의 내부에 있는 인접한 2개의 스위치를 눌러서 제어봉구동장치의 교류전원을 차단시킴으로써 원자로를 정지시킨다.

나) 과출력 및 가변과출력정지

측정된 중성자속의 출력이 이미 설정된 최대치에 도달하거나 또는 급격한 변화율

번호	원자로 정지신호	동시성	설 정 치	목 적
1	수동정지	2/4	스위치 조작	중복 보호 기능
2	가변 과출력	2/4	정격출력의 15%/min	과출력 및 가변 과출력 방지
	과출력		정격출력의 109%	
3	대수출력 고준위 (기동 및 정지 중)	2/4	정격출력의 0.018%/min	기동 중 출력폭주 방지 및 정지 중 원하지 않는 원자로 임계방지 (정격출력의 10^{-3}%이상에서 우회 가능)
4	가압기 고압력	2/4	168kg/cm²a	RCS 과압방지
5	가압기 저압력	2/4	124kg/cm²a~ 7.0kg/cm²a	DNB 방지(28kg/cm²g 이하에서 수동 우회 가능, 35kg/cm²g 이상에서 자동 우회 해제)
6	원자로 건물 고압력	2/4	133cm H_2O	원자로건물 설계압력 초과 방지
7	증기발생기 저압력	2/4	63kg/cm²a 이하	RCS 과냉각 방지
8	증기발생기 저수위	2/4	43%	급수 유량 상실사고 보호 1차 냉각재 과압 방지
9	국부출력 고밀도	2/4	69kW/m	핵연료 보호(정격출력의 10^{-4}% 이하에서 우회 가능)
10	저 핵비등 이탈률	2/4	≥1.30	DNB 방지(정격출력의 10^{-4}% 이하에서 우회 가능)
11	증기발생기 고수위	2/4	93%	증기발생기에서 습분 방출 방지로 터빈 보호
12	원자로 냉각재 저유량	2/4	정격유량의 90%이하	DNB 방지

표 5-1 • 원자로 보호신호

로 증가할 때 원자로를 정지시킨다. 이는 반응도의 폭주로 인한 노심손상을 방지하기 위한 것이다. 중성자속의 출력신호는 노외중성자속감시계통의 안전채널에서 얻는다.

다) 고대수출력준위정지

고대수출력준위정지는 측정된 중성자속의 출력이 미리 설정된 최대치에 도달할 때 원자로를 정지시킨다. 고대수출력준위정지는 원자로의 기동 및 정지상태 중에 원하지 않은 임계사고로부터 연료피복재의 건전성과 원자로냉각재계통의 압력경계를 보호하기 위한 것이다.

라) 가압기고압력정지

원자로가 정지하지 않는 부하 상실사고 시 원자로냉각재계통의 과압에 대한 보호기능을 제공하기 위해 가압기가 고압이 되면 원자로는 정지된다. 정지설정치는 가압기 안전밸브의 설정치보다 낮게 함으로써 가압기 안전밸브의 바람직하지 않은 동작을 최소화시킨다.

마) 가압기저압력정지

원자로냉각재계통의 냉각재 재고량 감소 사고 및 2차계통에 의한 과도한 원자로의 냉각사고 시 원자로를 정지시키고 공학적안전계통을 보조하기 위해 가압기의 압력이 낮아지면 원자로는 정지된다.

바) 원자로건물고압력정지

원자로건물의 내부에서 배관파열시 원자로건물의 압력이 설계압력을 넘지 못하도록 설정치에 도달하면 원자로는 정지된다.

사) 증기발생기저압력정지

주증기 배관 파열 등 사고가 일어나면 증기발생기의 1차측 냉각재의 과냉사고가 발생할 수 있다. 이를 방지하기 위해 증기발생기의 2차측 압력이 설정치보다 낮아지면 원자로는 정지된다.

아) 증기발생기저수위정지

증기발생기의 2차측 급수 유량이 상실되면 원자로로부터 열제거 능력이 감소하여 원자로냉각재계통의 압력이 상승한다. 원자로냉각재계통이 설계압력 이상으로 초과하지 않도록 증기발생기의 급수 유량 상실로 인한 수위가 설정치 아래로 낮아지면 원자로는 정지된다. 저수위 설정치는 증기발생기의 주급수 유량상실이 일어났을 때 보조급수계통이 작동할 때까지 10분 동안 증기발생기에서 필요로 하는 최소의 급수 재고량을 고려하여 결정된다.

자) 고국부출력밀도(High LPD)정지

설계기준사고의 발생 시 연료의 국부출력밀도가 연료의 설계제한치를 초과하지 않도록 연료의 국부출력이 설정치에 도달하면 원자로는 정지된다. 국부출력밀도의 계산은 노심보호연산기계통에서 수행된다.

차) 저핵비등이탈률(Low DNBR)정지

설계기준사고의 발생시 핵비등이탈률이 연료의 설계제한치를 초과하는 것을 방지하기 위해 핵비등이탈률이 설정치에 도달하면 원자로는 정지된다. 원자로냉각재계통 가압기의 압력이 일정한 수준 이하로 낮아지면 저핵비등이탈률로 인한 정지 및 고국부출력밀도로 인한 정지가 동시에 발생되어 원자로는 정지된다. 핵비등이탈률의 계산은 노심보호연산기계통에서 수행된다.

가압기의 압력이 낮아지면 핵연료피복재 표면의 열전달은 핵비등(Nucleate Boiling)이 일어나고, 핵비등의 이탈 즉 끝나는 시점이 되면 열전달이 급속히 감소하여 핵연료의 온도가 올라간다. 이를 방지하기 위해 핵비등의 이탈이 시작되는 국부열유속을 실제의 국부열유속으로 나눈 값을 핵비등이탈률(DNBR : Departure from Nucleate Boiling Ratio)이라는 변수로 정의하고 약 30%의 여유를 두어 1.3이하가 되지 않도록 한다. 만약 DNBR이 1.3보다 낮아지면 원자로를 정지시키는 것이다.

카) 증기발생기고수위정지

증기발생기에서 나가는 증기의 과다한 습분 동반으로부터 터빈을 보호하기 위해 증기발생기의 수위가 설정치에 도달하면 원자로는 정지되며 터빈도 자동으로 정지된다.

타) 원자로냉각재저유량정지

원자로냉각재펌프(RCP)의 회전축이 고착 또는 파손되는 사고가 나는 경우, 원자로에서 발생되는 열을 증기발생기에서 제거하기 위한 능력이 현저히 떨어진다. 증기발생기의 1차측 전후단의 압력차이를 감시하여 이 압력차이가 큰 비율로 떨어지거나 어떤 설정치 이하로 떨어질 때 원자로는 정지된다.

나. 공학적안전설비작동신호(ESFAS)

1) 공학적안전설비작동신호

가) 안전주입작동신호(SIAS)

원자로냉각재계통의 냉각재상실사고, 주증기관의 파열사고, 증기발생기 튜브의 파열사고 및 제어봉의 인출사고 등이 발생하면 안전주입을 작동시키는 신호가 발생되어 원자로냉각재계통에 붕산수를 주입하여 원자로의 정지여유도를 확보하고 노심 및 연료손상을 최소화시킨다. 이 신호는 가압기의 저압력 또는 원자로건물의 고압력에 발생되는데 두 입력신호는 원자로보호계통에도 사용된다.

나) 원자로건물격리작동신호(CIAS)

원자로냉각재계통의 냉각재상실사고 또는 주증기관의 파열 시에 원자로건물의 격리작동신호가 발생하여 원자로건물을 관통하는 배관부를 차단시켜 방사성 물질의 외부유출을 방지한다. 이 신호는 가압기의 저압력 또는 원자로건물의 고압력에 발생된다.

다) 원자로건물살수작동신호(CSAS)

원자로냉각재계통의 냉각재상실사고 또는 주증기관의 파열 시에 원자로건물의 살수작동신호가 발생하여 하이드라진과 붕산수의 혼합물을 원자로건물의 대기에 살수하여 열과 방사성 옥소를 제거하여 원자로건물의 온도 및 압력을 설계 값 이하로 유지한다. 이 신호는 원자로냉각재펌프에 기기냉각수 및 밀봉을 위한 주입수의 유입을 차단시킨다. 이 신호는 원자로건물의 고-고 압력에서 발생된다.

라) 재순환작동신호(RAS)

안전주입작동신호가 발생하여 안전주입계통이 작동된 후 일정 시간이 지나면 장기노심냉각을 위해 재순환작동신호가 발생하여 재장전수탱크(RWT) 대신 원자로건물의 집수조에 모인 붕산수를 흡입하여 재순환을 시킨다. 이 신호는 RWT의 저수위가 되면 발생된다.

마) 주증기격리신호(MSIS)

주증기관의 파열 시 주증기의 격리신호가 발생하여 원자로건물로의 증기에너지 방출을 방지하며, 증기발생기취출수계통을 격리하여 노심의 열제거원의 상실을 방지한다. 주증기의 격리신호는 증기발생기의 고수위, 증기발생기의 저압력, 원자로건물의 고압력 신호의 2/4 일치논리조건에 의해 발생된다. 이 신호는 하나 또는 두 개의 증기발생기에서 발생되며, 두 증기발생기의 주증기, 주급수, 시료채취 및 취출수관을 격리시킨다.

바) 보조급수작동신호(AFAS)

증기관의 파열사고 또는 급수의 상실사고 시 보조급수작동신호가 발생하여 건전한 증기발생기에 보조급수펌프를 통하여 보조급수를 공급한다. 이 신호는 각 증기발생기마다 만들어지며, 증기발생기의 수위가 광역 23.5% 이하이고, 파열이 발생하지 않아 충분한 압력이 존재하면 발생된다. 두 증기발생기의 압력이 거의 같으면 증기발생기 모두 건전하다고 보지만 압력차이가 237psi 이상이 되면 낮은 쪽의 증기발생기는 파열이 되었다고 생각하여 보조급수작동신호는 관련 기기에 전송되지 않는다.

사) 보조설비계통

보조설비계통을 작동시키는 신호에는 핵연료건물비상배기작동신호(FBEVAS), 원자로건물퍼지격리작동신호(CPIAS), 주제어실비상배기작동신호(CREVAS)가 있는데, 변수가 미리 설정된 값에 도달하면 관련 기기가 작동하여 발전소의 보호기능을 하게 된다.

3. 발전소보호계통 운전

가. 발전소 정상운전

발전소가 정상 운전을 시작하면 발전소보호계통은 핵증기공급계통(NSSS)의 운전인자를 측정 및 감시하기 시작한다. 측정된 운전인자는 직류전압신호의 형태로 원자로보호계통, 공학적안전설비작동계통 등에 전송된다. 어떤 운전인자는 원자로보호계통 또는 공학적안전설비작동계통에 공급되기도 하고, 어떤 운전인자는 두 계통 모두에 전송되기도 한다. 원자로보호계통에 전송된 운전인자가 설정치 범위를 벗어나면 원자로보호계통은 원자로정지차단기계통의 트립회로를 개방시켜 원자로를 정지시킨다. 공학적안전설비작동계통에 전송된 운전인자가 설정치 범위를 벗어나면 공학적안전설비작동계통은 보조보호캐비넷에 개시신호를 전송한다.

나. 비정상 운전

발전소가 비정상 상태가 되면 발전소보호계통의 운전은 기술운영지침서 및 절차서에 의해 제한을 받는다.

다. 발전소 사고시 운전

설계기준사고 시에 사고결과를 완화하기 위해 공학적안전설비작동계통은 공학적안전설비작동신호를 발생시킨다.

4. 발전소보호계통 기타 기능

가. 발전소보호계통의 기타 기능

1) 경보

발전소보호계통은 바이스테이블의 트립, 전원공급의 고장 및 시험상태일 경우 발전소감시경보계통(PMAS)으로 경보신호를 제공한다.

2) 제어봉인출금지(CWP)신호 발생

가압기의 고압력 예비트립 또는 노심보호연산기에서 저핵비등이탈률 예비트립, 국부출력밀도 예비트립, 원자로출력급감발시 등의 경우에는 제어봉구동장치제어계통(CEDMCS)에 제어봉인출금지(CWP) 신호를 전송한다.

나. 발전소보호계통 트립우회

1) 발전소 기동 및 정상 운전시 트립우회

발전소의 기동 및 정지 또는 저출력시험을 위해 몇 개의 발전소보호계통 트립은 우회가 필요하다. 모든 트립우회의 상태는 주제어실의 발전소보호계통의 운전원모듈과 경보패널에 지시된다.

- 저출력과 냉각재의 낮은 온도상태에서의 계통시험 및 원자로냉각재계통의 가열(냉각) 운전 시에 가압기의 저압력 트립우회가 필요하다. 가압기의 압력이 설정치 이상이 되면 우회기능은 자동으로 해제된다.
- 원자로의 기동 시에 원자로를 출력영역으로 진입을 시키기 위해서는 대수출력

고준위 트립우회가 필요하다.

- 저출력준위에서 노심보호연산기의 계산착오에 의한 원자로트립의 가능성을 방지하기 위해 원자로출력 10^{-4}% 이하에서 핵비등이탈률 및 국부출력밀도의 우회가 필요하다.
- 원자로출력이 10^{-4}% 이하가 되면 노심보호연산기(CPC) 및 제어봉인출금지(CWP) 신호는 우회된다. 원자로출력이 10^{-4}% 이상이 되면 우회기능은 자동으로 해제된다.

2) 발전소보호계통 바이스테이블 트립채널 우회

발전소보호계통의 바이스테이블 트립채널을 우회시킬 수 있다. 한 번에 한 채널만 우회가 가능하며, 한 채널이 우회되면 자동적으로 발전소보호계통의 보호논리는 2/3 일치논리조건으로 바뀐다. 우회시키는 방법은 발전소보호계통의 캐비넷에서 입력신호를 제거한다.

제2장 다양성보호계통

1. 다양성보호계통 목적

다양성보호계통은 예상과도운전사건(Anticipated Occurrence)이나 '원자로정지불능 예상운전과도상태사건(Anticipated Transient Without Scram)' 의 위험성을 줄이기 위해 설계된다. 발전소보호계통(PPS)이 동작하였으나 원자로가 트립되지 않을 경우 다양성보호계통이 작동되어 발전소보호계통을 보조한다. 다양성보호계통은

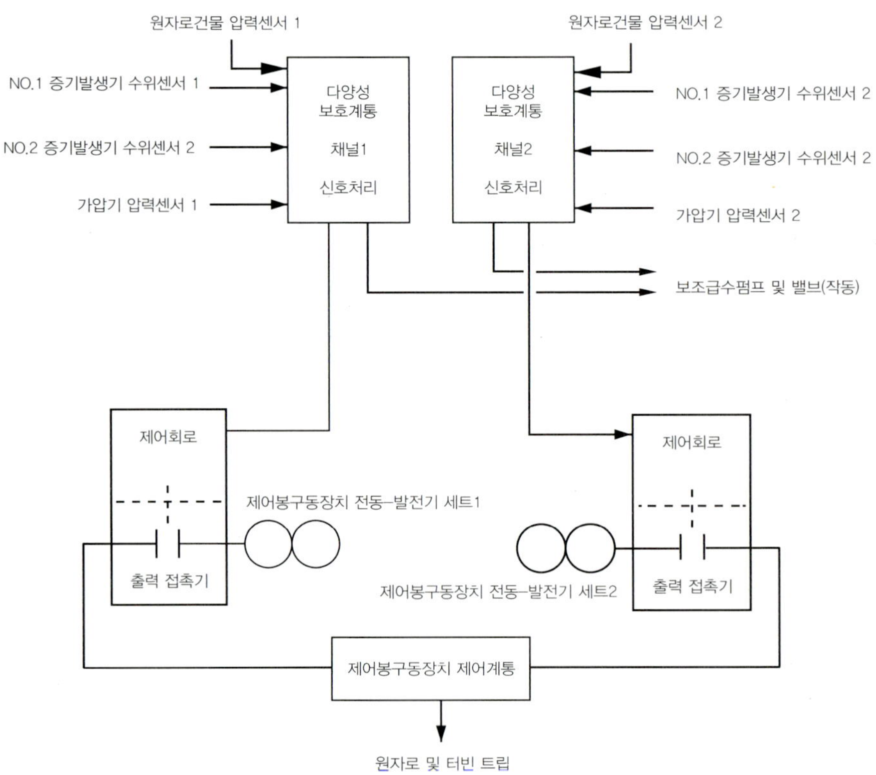

그림 5-2 • 다양성보호계통 기능블록도

발전소보호계통과 물리적 및 전기적으로 독립된 다양성(Diversity) 개념으로 원자로 및 터빈을 트립시키고 보조급수계통을 동작시켜 발전소의 안전성을 향상시킨다. 〈그림 5-2〉는 다양성보호계통의 기능블럭도를 나타낸다.

2. 다양성보호계통 설계기준

가. '원자로정지불능 예상운전과도상태사건' 종류

'원자로정지불능 예상운전과도상태사건'은 영출력 상태에서 제어봉의 인출, 원자로냉각재의 부분적인 상실, 부하의 상실, 완전한 급수상실, 제어가 불가능한 붕산희석 등의 경우에 발생할 수 있다.

나. '예상과도운전사건' 종류

'예상과도운전사건'은 발전소의 수명기간 동안 1회 또는 2회 이상 발생할 수 있는 사건으로 원자로냉각재계통의 강제순환유량의 변화, 제어봉집합체의 제어할 수 없는 삽입(인출), 부주의한 원자로냉각재계통의 감압(가압), 외부전원의 상실 등의 경우에 나타난다.

3. 다양성보호계통 개요

다양성보호계통은 비안전계통으로 발전소보호계통의 고장시 원자로의 정지, 터빈의 정지 및 보조급수계통의 개시신호를 발생시킨다. 다양성보호계통은 원자로의 정지를 위한 신뢰성과 다양성을 제공한다. 다양성보호계통은 원자로보호계통의 공통원인고장(CCF : Common Cause Failure)에 대비하여 원자로보호계통과는 물리적 및 전기적으로 완전히 격리된 2개의 채널을 가진다. 다양성보호계통은 가압기의 압력이나 원자로건물의 압력이 설정치 이상이 되면 원자로를 정지시키고, 원자로의 트립 발생시 터빈의 트립, 증기발생기의 수위가 설정치 이하로 떨어질 때 보조급수계통을 기동시킨다. 그리고 원자로의 수동트립도 가능하다.

4. 다양성보호계통 트립신호

가. 원자로트립

- 다양성보호계통은 가압기의 고압력에 작동되어 원자로의 정지가 없는 과도상태사건 시 생길지도 모를 과압으로부터 원자로냉각재계통을 보호하게 된다.
- 다양성보호계통은 원자로가 정지되었을 때 터빈을 정지시키는 기능이 있다.
- 다양성보호계통은 수동으로 원자로를 정지시킬 수 있다.

가압기 압력이나 원자로건물 압력 신호는 격리된 2개의 채널로 각각 입력되어 2/2 회로를 만족시키면 원자로는 자동으로 트립된다.

나. 터빈트립

원자로가 트립되면 다양성보호계통은 터빈의 트립을 자동적으로 발생시키는데, 실제로는 제어봉구동장치제어계통으로 공급되는 전동기-발전기세트(MG Set)의 전원이 차단되면 터빈의 트립신호가 발생하게 된다.

다. 보조급수계통 기동

다양성보호계통은 증기발생기의 수위가 설정치보다 낮으면 자동적으로 보조급수계통을 기동시키는데, 각 증기발생기마다 2개의 채널이 있다. 다양성보호계통 채널의 출력은 각각 3개씩 작동신호를 발생한다. 각 3개의 출력 중 2개는 보조급수밸브의 작동신호를 발생시키고, 하나는 보조급수펌프의 기동신호를 발생시킨다.

라. 수동트립

다양성보호계통의 운전원패널에서 수동으로 원자로를 트립시킬 수 있다.

제3장 노심보호연산기계통 개요

1. 노심보호연산기계통 개요

노심보호연산기계통(CPCS)은 원자로의 운전제한치 중에서 핵비등이탈률 및 국부출력밀도에 대한 원자로정지신호를 발전소보호계통에 제공한다. 노심보호연산기계통은 4대의 노심보호연산기(CPC), 2대의 제어봉집합체연산기(CEAC), 4개의 운전원모듈(OM) 및 제어봉집합체위치표시계통 등으로 구성된다.

2. 노심보호연산기계통 기능

가. 원자로 정지신호 발생

예상과도운전사건 시에 연료피복재 표면의 핵비등이탈 및 연료중심의 용융방지를 위해 특정 허용 연료 설계제한치(SAFDL)를 초과하지 않도록 저핵비등이탈률(DNBR) 및 고국부출력밀도(LPD) 정지신호를 발전소보호계통에 제공하며 사고 시에는 공학적안전설비계통을 보조하여 사고의 결과를 완화시킨다.

나. 제어봉집합체인출금지신호 발생

저핵비등이탈률 예비트립 및 고국부출력밀도 예비트립, 원자로출력급감발 등의 경우에 제어봉인출금지신호를 제어봉구동장치제어계통(CEDMCS)에 제공하여 제어봉의 인출을 방지한다.

다. 제어봉집합체(CEA) 위치 지시

제어봉집합체의 위치표시발생기가 제어봉집합체위치프로세스로부터 제어봉집합체의 위치 신호를 받아들여 선택적으로 주제어실에 있는 설비에 막대봉 형태의 제어봉 위치를 표시한다.

3. 노심보호연산기계통 구성 기기

노심보호연산기계통의 노심보호연산기, 제어봉집합체위치프로세스 및 각종 보조설비들이 8개의 보조보호캐비넷에 포함되어 있다. 주제어실에는 제어봉의 위치표시를 위한 표시발생기(Display Generator)와 CRT 그리고 운전원이 노심보호연산기계통을 제어할 수 있는 운전원모듈(Operator's Modules)이 있다.

가. 노심보호연산기 구성 기기

노심보호연산기는 입출력계통, 중앙처리장치, 데이터링크 등으로 구성되어 있다.

나. 제어봉집합체위치프로세스 구성 기기

제어봉집합체위치프로세스는 입출력계통, 중앙처리장치, 데이터링크 등으로 구성되어 있다.

다. 운전원모듈

노심보호연산기계통은 채널당 1개씩 총 4개의 운전원모듈이 있으며, 채널 B와 C의 운전원모듈은 노심보호연산기 및 제어봉집합체위치프로세스를 공유하며 운전원모듈은 플라즈마터치스크린, 키스위치, 지시램프 등으로 구성되어 있다.

라. 제어봉집합체위치표시계통의 구성기기

제어봉집합체위치표시계통은 운전원의 키패널(Operator's Keypannel), CRT 모니터, 표시발생기(Display Generator)등으로 구성되어 있다.

마. 시험카트

시험카트는 계통과 분리되어 있으며, 노심보호연산기 및 제어봉집합체위치프로세스의 주기적인 시험이나 보수 시 보조보호캐비넷에 연결되어 사용된다.

4. 노심보호연산기계통 입력

가. 계측

1) 제어봉집합체 위치

노심보호연산기 및 제어봉집합체위치프로세스에서 사용되는 제어봉집합체의 위치는 각 제어봉집합체의 하우징에 있는 두 개의 리드스위치위치전송기(RSPT) 집합체를 이용하여 측정한다. 각 RSPT 집합체는 자기적으로 작동하는 직렬로 된 리드스

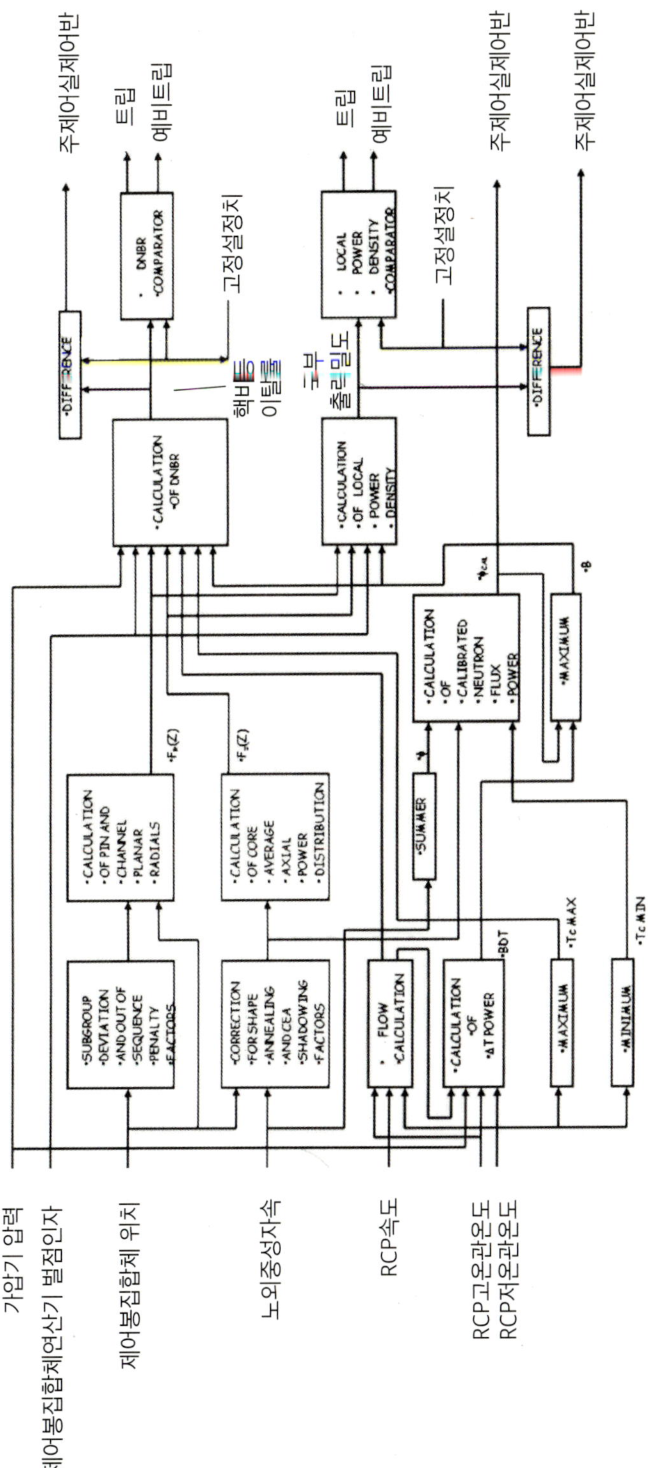

그림 5-3 • 노심보호연산기계통 입력 및 출력

위치로 구성되어 있다. 제어봉집합체의 연장축에 붙어있는 자석은 인접한 리드스위치를 작동시켜 제어봉집합체의 위치와 비례하는 전압을 형성하며, 이 전압신호가 노심보호연산기 및 제어봉집합체위치프로세스에 전달된다.

2) 노외중성자속

노외중성자속계측기는 원자로용기의 주위에 위치하며 신호처리장비는 원자로건물과 보조건물에 위치한다. 노외중성자속계측기는 핵분열함(FC)을 이용하며 안전채널, 제어채널, 기동채널로 구성되어 있고, 안전채널은 4개 채널, 제어 및 기동은 각각 2개 채널로 되어있다. 노외중성자속계측기의 신호는 대수형출력과 선형출력으로 변환되어 발전소보호계통, 노심보호연산기계통에 전달된다.

3) 원자로냉각재펌프 속도

원자로냉각재펌프의 속도 감지기는 각각 펌프축에 4개씩 설치되어 각 원자로냉각재펌프의 속도를 펄스신호로 측정하여 4개의 노심보호연산기 채널에 전달하며 노심보호연산기에는 이 펄스신호를 원자로냉각재펌프의 정격속도에 대한 분율로 변환하여 사용한다.

4) 냉각재저온관 온도(Tc)

각 원자로냉각재펌프의 출구에 두 개씩의 저항온도검출기(RTD)가 있으며 각 노심보호연산기에는 대각선 방향의 저온관 온도신호가 전달된다.

5) 냉각재고온관 온도(Th)

원자로냉각재계통의 각 고온관에는 4개의 저항온도검출기가 있어 발전소보호계통에 입력되며 각 노심보호연산기에 각 고온관의 온도신호가 전달된다.

6) 가압기압력

4개의 협역채널이 가압기 증기 공간의 압력을 측정하여 발전소감시계통 및 발전소보호계통에 전달하며 가압기의 압력신호는 고압력 원자로정지와 노심보호연산기의 핵비등이탈률(DNBR) 및 국부출력밀도(LPD) 계산에 사용된다. 〈그림 5-3〉은 노심보호연산기계통의 입력 및 출력을 보여 준다

5. 노심보호연산기 계산 개요

가. 노심보호연산기 계산 개요

노심보호연산기는 가압기의 압력, 제어봉집합체의 위치, 저온관 및 고온관의 온도, 원자로냉각재펌프의 속도, 노외중성자속계측기의 신호 등을 받아 노심의 핵비등이탈률(DNBR) 및 국부출력밀도(LPD)를 계산하여 발전소보호계통에 저핵비등이탈률 및 고국부출력밀도 관련 원자로정지신호를 전송한다.

나. 제어봉집합체위치프로세스 계산 개요

노심보호연산기는 모든 제어봉집합체의 신호를 받지 않고 노심의 사분면에 위치한 18개의 제어봉집합체 신호만을 받으므로 부그룹내의 제어봉집합체 편차를 감지할 수 없다. 제어봉집합체위치프로세스는 노심보호연산기의 이런 결함을 보완하기 위해 73개의 제어봉집합체 위치를 받아 부그룹 내의 제어봉집합체 편차를 포함하여 계산하고 이를 노심보호연산기에 전송한다.

6. 노심보호기연산기계통 운전

운전원은 노심보호연산기의 운전원모듈에 나타나는 값과 주제어실 지시계에 지시되는 값을 비교 점검해야 하며, 1차 측의 열출력, 중성자속의 출력 및 원자로냉각재계통의 유량을 주기적으로 교정해야 한다. 그리고 12시간 주기로 운전원모듈에서 '자동 재작동' 점검을 수행하여 계통의 건전성을 확인하여야 한다. 제어봉집합체위치프로세스는 노심보호연산기가 감시할 수 없는 전체 제어봉집합체의 위치를 이용하기에 제어봉집합체위치프로세스가 운전이 불가능하면 노심보호연산기계통 역시 불안정하게 된다. 노심보호연산기계통은 정상운전 중 시험카트를 이용하여 주기적으로 교정 및 기능시험을 하며, 노심보호연산기 채널의 트립이나 고장 시에도 시험카트를 이용하여 보수를 한다.

제6부
발전소감시계통

발전소감시경보계통

1. 발전소감시경보계통 개요

발전소감시경보계통(PMAS)은 발전소자료수집계통, 발전소컴퓨터계통, 발전소경보계통 등으로 구성되어 있으며, 발전소의 감시기능, 경보기능 및 보고서 출력기능 등을 제공하기 위하여 신뢰도가 높은 분산형 이중서버계통으로 구성되어 있다. 발전소감시경보계통에서 구현되는 모든 기능은 단지 발전소의 운전 및 관리상의 편의 제공을 위한 것으로 발전소의 보호 및 제어에는 관여하지 않는다.

발전소감시경보계통은 발전소의 이용률과 효율을 개선하고, 불필요한 발전소의 정지를 유발시킬 수 있는 비정상상태를 미리 경고하는 기능뿐만 아니라 원자로의 노심 및 1, 2차 계통의 성능 평가, 발전소가 특정 제한치 내에서 운전되도록 지원하는 기능 등 다양한 기능을 수행한다. 발전소감시경보계통에 대한 개략도를 〈그림 6-1〉에 나타낸다.

2. 발전소감시경보계통 구성

가. 발전소자료수집계통

발전소자료수집계통(PDAS)은 4개의 안전급 캐비넷 및 2개의 비안전급 캐비넷으로 구성되며 보조전기설비실에 위치한다. 발전소자료수집계통은 부적절노심냉각감

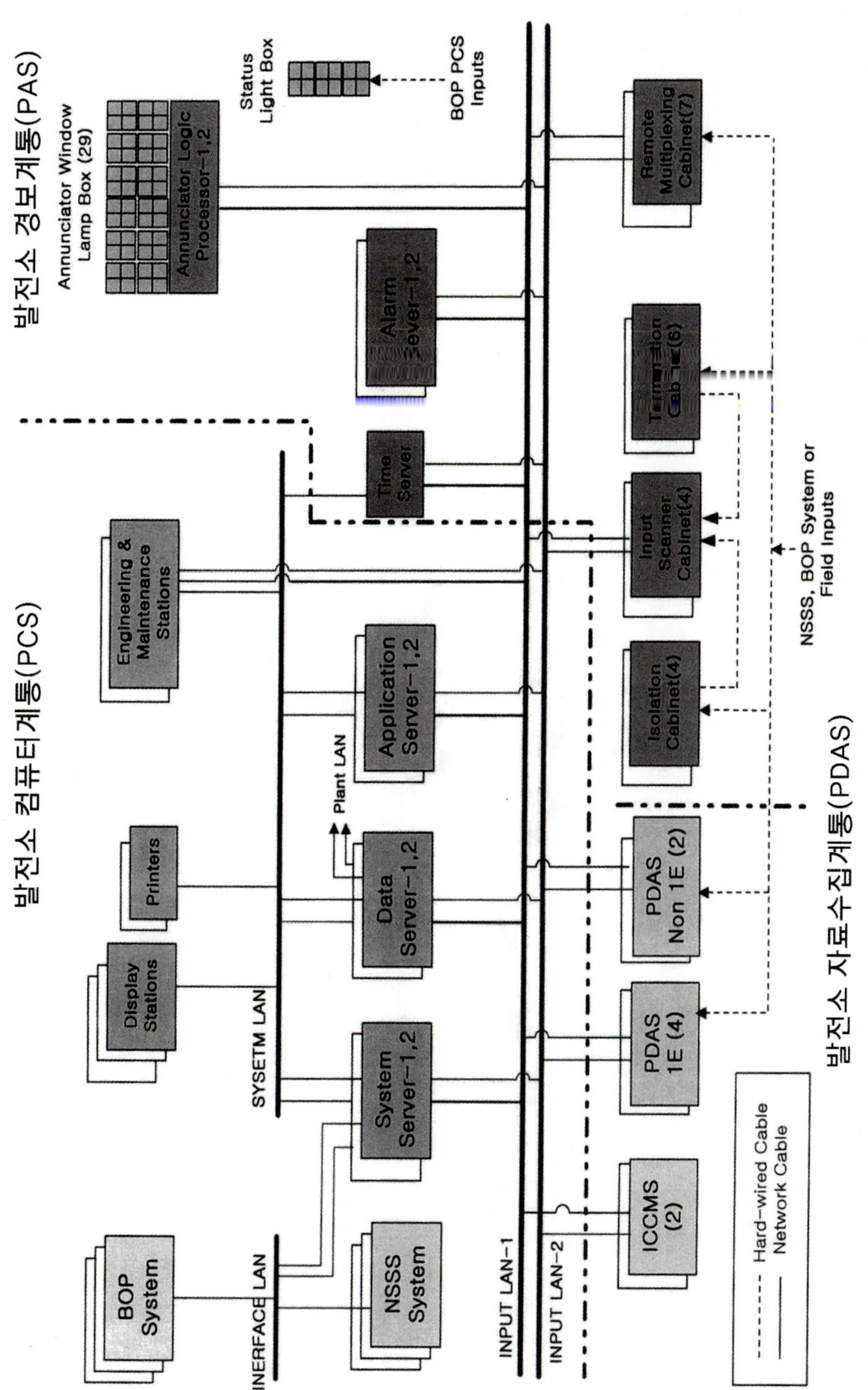

그림 6-1 • 발전소감시경보계통 개략도

시계통을 포함한다. 부적절노심냉각감시계통은 4개 채널의 원자로냉각재계통 저온관 및 고온관의 온도, 가압기의 압력, 노심의 출구온도와 쌍열전대(HJTC) 신호를 받아 원자로냉각재의 포화여유도 및 원자로용기의 수위를 계산하고 경보신호를 발생시킨다. 또한 발전소자료수집계통은 고정형 노내검출기증폭계통을 위한 신호처리 기능을 담당한다.

나. 발전소컴퓨터계통

발전소컴퓨터계통(PCS)은 발전소감시경보계통의 주요기능을 담당하는 계통으로 경보 기능, 자료저장 기능 및 응용프로그램 운영 기능 등을 가지며, 응용프로그램에는 노심운전제한치감시계통, 제어봉집합체의 감시프로그램 및 발전소기기의 성능평가프로그램 등을 포함하고 있다. 발전소기기의 성능평가프로그램은 복수펌프, 급수승압펌프, 급수펌프, 급수가열기, 증기발생기, 습분분리재열기, 터빈, 발전기, 순환수펌프 등의 성능을 감시하고 평가한다. 자료저장 기능은 운전원의 요구에 따라 순차적으로 자료를 기록, 저장 및 재생하고 표시한다.

다. 발전소경보계통

발전소경보계통(PAS)은 기기상태의 변화와 비정상적인 상태정보를 제공하고 시각표시 및 청각신호를 통해 운전원의 운전에 도움을 주기 위한 계통으로 다음의 기능 및 특징을 가진다.

- 발전소컴퓨터계통의 ODS(Operator Display Worksation)에 경보창 미믹(MMIC) 표시 및 프린터 등에 경보상태를 표시함
- 운전원에게 비정상상태의 정보를 제공하여 필요한 조치를 취할 수 있게 함
- 주제어실의 경보창 등의 발전소경보계통의 설비는 인간공학기준을 준수함

- 경보는 계통 및 기능별로 그룹을 나누어 공간적으로 적절히 배치됨
- 다중 경보 입력의 경우 추가 경보 식별이 용이하도록 재생(Refresh) 기능을 포함함
- 원자로의 트립에 관련된 경보는 최초경보개념(First-out Concept)을 포함함
- 사고순서(SOE) 입력처리 기능을 포함함

제2장

노심운전제한치감시계통

1. 노심운전제한치감시계통 개요

발전소감시경보계통에는 1차 및 2차 측의 주요 운전변수를 감시하는 여러 프로그램이 있는데 노심운전제한치감시계통(COLSS)은 이들 프로그램 중의 하나로 노심의 운전제한치를 감시하며 운전원에게 관련 정보를 제공한다. 그러나 COLSS는 원자로를 보호하는 기능은 가지지 않는다. 예상운전과도사건이나 가상사고 시 노심운전제한치에 대한 원자로보호조치는 노심보호연산기계통(CPCS)에서 수행한다. 이를 위해 CPCS는 COLSS에 비해 짧은 시간에 노심의 운전변수를 계산하며 상대적으로

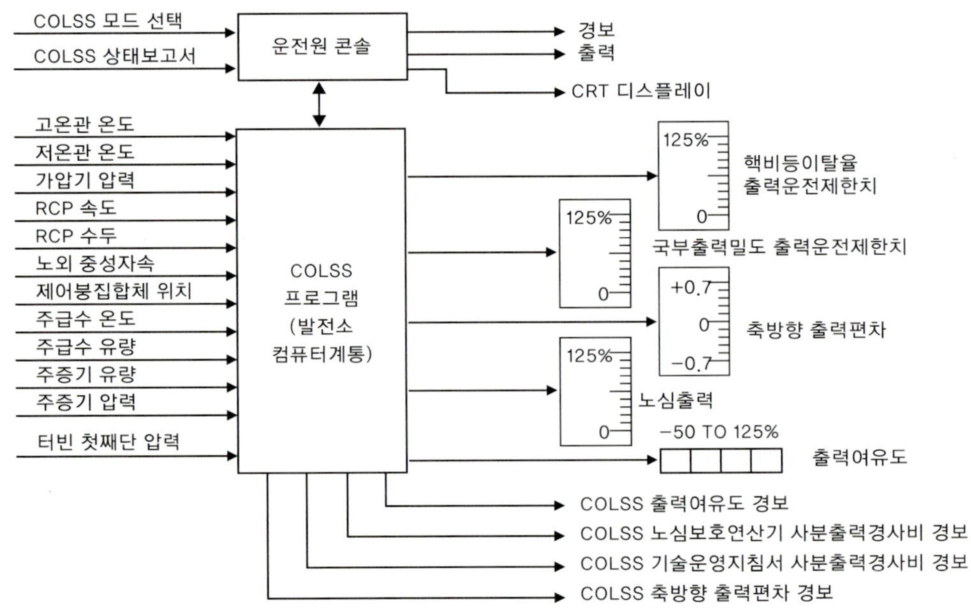

그림 6-2 • 노심운전제한치감시계통 기능블럭도

COLSS는 시간적 여유를 가지고 정확한 계산을 수행하므로 CPCS는 COLSS에 비해 핵비등이탈률(DNBR)은 작고 국부출력밀도(LPD)는 크게 나타난다. COLSS에서 계산되는 주요 노심운전변수를 CPCS에서도 계산하므로 COLSS가 작동하지 않아도 발전소는 운전이 가능하다. 출력 및 냉각재유량 등 COLSS에서 정확하게 계산된 운전변수를 기준으로 CPCS의 값을 주기적으로 비교하여 조정함으로써 CPCS에서는 노심출력을 보다 높게 유지할 수 있다. COLSS 및 CPCS는 이러한 연관성에도 불구하고 상호간에 어떠한 자료 교환도 없으며, 비교 및 조정 작업은 운전원이 수동으로 수행한다. 기술운영지침서에는 COLSS가 작동하지 않을 경우 제한적으로 원자로를 운전하도록 규정하고 있다. 노심운전제한치감시계통의 기능블럭도는 〈그림 6-2〉에 나타낸다.

2. 노심운전제한치감시계통 기능

COLSS는 DNBR의 여유도, LPD의 여유도, 사분출력의 경사비 및 축방향의 출력편차 등의 노심운전제한치를 운전원에게 제공하여 운전원이 기술운영지침서에 따라 원자로를 운전하는데 도움을 준다. 또한 운전원이 노심출력을 안정된 출력준위 이하로 유지하도록 도움을 주기 위해 계통입력신호의 처리, 발전소 출력의 계산, 출력분포의 계산, 출력운전제한치의 계산 및 운전제한조건의 감시 등을 수행한다.

3. 노심운전제한치감시계통 입력 및 출력

COLSS에 입력되는 신호는 노심보호연산기계통(CPCS)에서 사용하는 입력과 유사하지만 좀 더 정확한 계측계통을 이용하여 1차측뿐만 아니라 2차측의 운전변수도 입력으로 사용한다. COLSS는 출력분포의 합성에 있어 CPCS에서 이용하는 노외중성자속계측기보다 더 정확한 노내핵계측기를 이용한다. 제어봉집합체(CEA)의 위치는 리드스위치를 사용하지 않고 보다 정확한 펄스카운팅 방법을 사용한다. COLSS는

CPCS에 비해 정확하지만 발전소 과도상태에서는 COLSS가 CPCS에 비해 추적능력이 떨어지므로, CPCS가 더 유용하다.

4. 노심운전제한치감시계통 계산

COLSS는 입력신호의 처리, 발전소 출력의 계산, 출력분포의 계산, 출력운전제한치의 계산 및 운전제한조건의 감시 등 5개의 기능을 수행한다.

가. 입력신호 처리

COLSS 입력 중 노내핵계측기의 신호는 발전소컴퓨터의 ICI 처리프로그램에서 처리되며, 제어봉집합체(CEA)의 위치신호는 CEA 응용프로그램에서 처리되어 COLSS에 이용하기에 적합하게 변환되어 전송된다.

나. 발전소의 출력 계산

COLSS는 1차측의 열출력, 2차측의 열출력 및 터빈출력을 계산하여, 이 세 가지 출력을 기본으로 발전소의 출력을 선택한다. 1차측의 열출력은 저온관 및 고온관의 온도, 가압기의 압력 및 원자로냉각재의 질량유량을 이용하여 계산된다. 2차측의 열출력은 주급수의 온도, 주급수의 유량, 증기의 유량, 2차측의 압력을 이용하여 계산된다. 터빈출력은 터빈 첫째 단 압력을 이용하여 계산된다. 1차측의 열출력이 15% 이하에서는 2차측의 열출력 계산이 수행되지 않기 때문에 1차측의 열출력 및 터빈출력은 보정되지 않으며, COLSS는 2가지 출력 중 큰 값을 선택한다. 1차측의 출력이 15%를 넘으면 1차측의 열출력 및 터빈출력은 보정되며, 이 중 큰 값을 발전소의 출력으로 선택한다.

다. 출력분포 계산

COLSS는 노심의 DNBR 및 LPD를 계산하기 위해 반경방향 및 축방향의 출력분포를 합성한다. 축방향의 출력분포 경우 노심보호연산기(CPC)는 노외중성자속계측기를 이용하여 축방향을 20등분하여 상대출력을 계산하지만, COLSS는 노심 높이의 10%, 30%, 50%, 70%, 90%에 위치하는 노내핵계측기를 이용하여 축방향을 40등분하여 상대출력을 구한다. 반경방향의 출력분포는 노내핵계측기를 사용하지 않고, 노심에 삽입된 제어봉의 구성에 따라 미리 계산되어 COLSS에 입력된 값을 이용하여 계산한다. COLSS는 반경방향 및 축방향의 출력분포를 다시 합성하여 3차원 출력분포를 만든다. DNBR 및 LPD의 계산에는 노심의 출력분포 외에 축방향의 출력편차 및 사분출력의 경사비가 필요하므로 축방향의 출력분포 및 노내핵계측기를 이용해 이를 계산한다.

라. 출력운전제한치 계산

COLSS는 현재의 노심상태에서 LPD 및 DNBR을 위반하지 않고 올릴 수 있는 발전소의 출력을 계산한다. 이를 출력운전제한치라고 한다. 따라서 운전원은 현재의 노심출력을 이들 제한치보다 낮게 유지함으로써 LPD 및 DNBR에 대한 기술운영지침서(TS)의 운전제한조건(LCO)을 위반하지 않고 안전하게 운전을 수행할 수가 있다. 이 제한치들은 각각의 경보설정치와 비교되어 필요시 경보로 발생되고 주제어실의 지시계에도 표시된다.

마. 운전제한조건 감시

COLSS는 정상운전 중 5개의 운전변수를 감시하여 발전소감시경보계통에 경보를 보낸다. COLSS는 인가출력, LPD 및 DNBR의 출력운전제한치, 사분출력경사비 및 축방향의 출력편차 등을 연속적으로 감시한다.

제3장

노내핵계측계통

1. 노내핵계측계통 개요

노내핵계측계통은 노심의 출력분포를 감시하기 위해 각각 5개의 자기전원공급용 로듐검출기와 1개의 기저방사선검출기를 갖는 45개의 노내검출기집합체로 구성되어 있다. 각 검출기집합체는 45개의 연료집합체 중앙 안내관에 위치한다. 5개의 검출기는 10%, 30%, 50%, 70%, 90% 노심높이의 축방향으로 분포되어 있다. 이와 같이 설치된 노내핵계측기를 이용하여 전체 노심을 대상으로 3차원 중성자속분포도(Fluxing Mapping)를 만들 수 있다. 각 노내핵계측기 내부에는 로듐검출기 외에 기저방사선검출기, 열전대 및 교정튜브가 내장되어 있다. 기저방사선검출기는 자연계수 소음신호를 보상하는데 활용된다. 열전대는 연료집합체의 상부에 위치하여 노심의 출구온도를 정확히 측정함으로써 사고 시에 중요한 역할을 한다.

노내검출기집합체는 연료집합체의 하부로부터 인출되어 노내핵계측기의 노즐을 통해 원자로용기의 하부를 관통한다. 원자로용기의 하부를 나온 신호케이블은 1차계통의 압력경계를 이루고 있는 밀봉판(Seal Table)을 거쳐 원자로건물을 관통한다. 〈그림 2-10 참조〉

원자로건물에서 나온 신호케이블은 신호처리회로에 공급되어 필요로 하는 신호를 만든 다음 발전소컴퓨터계통에 입력된다. 핵연료의 장전 시에 연료집합체의 재배열을 하기 위해 노내핵계측기는 제거되며, 검출기가 소모되어 더 이상 사용을 할 수 없을 경우에는 새로운 감지기로 교체된다. 노내핵계측계통에서 얻은 자료는 각 연료집합체 연료연소도의 평가, 노심 열적여유도의 평가, 계산된 노심출력분포값의 확인, 노외중성자속감시계통의 교정 및 원자로의 출력 20% 이상에서 전체 출력분포 결정 등에 활용된다.

2. 노내핵계측계통 주요기기

가. 노내검출기집합체

각 노내검출기집합체(In-Core Detector Assembly)는 밀봉판 약간 위에서부터 노내핵계측기의 노즐을 통해 연료집합체의 상부까지 연장되어 있다. 검출기집합체는 인코넬 교정튜브의 주위에 설치되어 있다. 교정튜브는 이동용 검출기탐침(Probe)을 사용할 때 안내관으로 이용되며, 1차측의 압력경계를 이루고 있다. 교정튜브의 주위에 로듐검출기, 기저방사선검출기 및 열전대가 위치한다. 각 검출기선은 격리되어 있고, 모든 검출기선은 인코넬 덮개선에 내장되어 있다. 이 덮개는 위쪽에 닫혀 있으며, 교정튜브를 따라 밀봉판까지 연결되어 있다. 밀봉판을 나온 선들은 원자로건물을 지나 고정형 노내검출기증폭계통(FIDAS)을 거쳐서 발전소감시경보계통 내의 발전소컴퓨터계통으로 전송되고, 발전소컴퓨터계통에서 같은 값의 디지털신호로 변환된다. 발전소컴퓨터계통은 디지털신호처리프로그램을 이용하여 기저방사선, 베

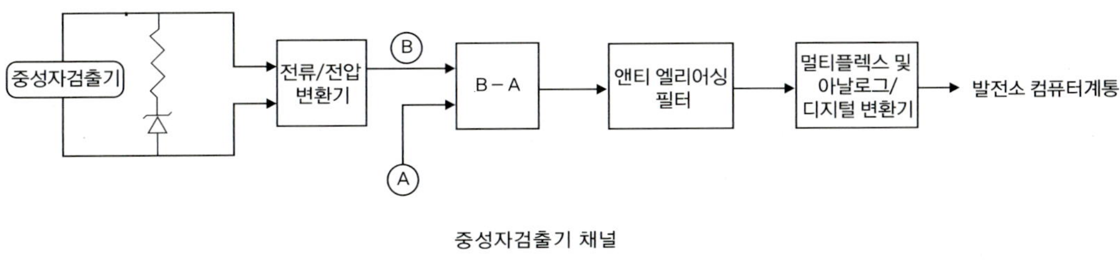

중성자검출기 채널

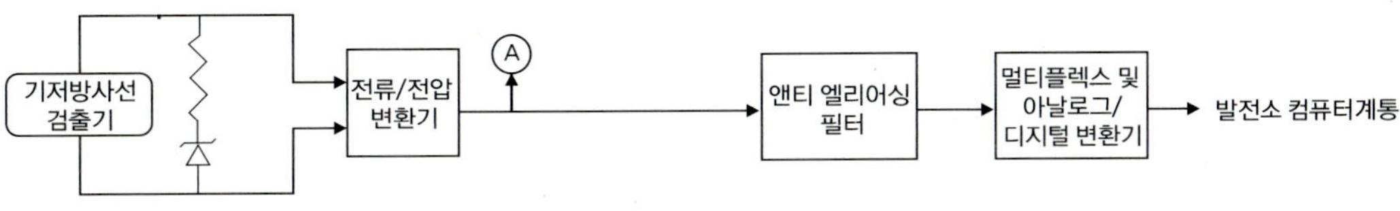

기저방사선검출기 채널

그림 6-3 • 고정형 노내검출기증폭계통 기능블럭도

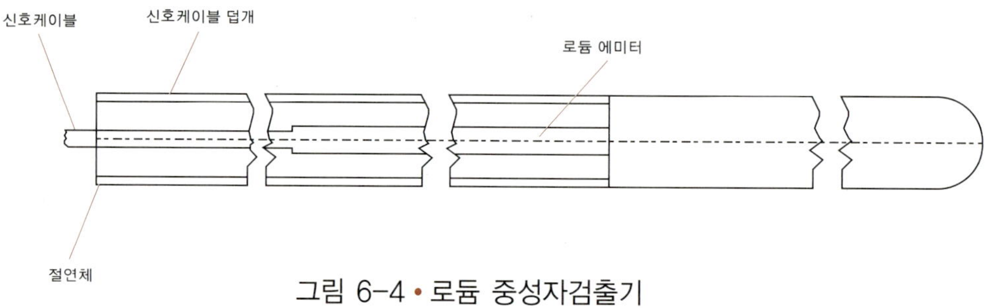

그림 6-4 • 로듐 중성자검출기

타붕괴지연 및 로듐감손보상 등을 수행한다. 고정형 노내검출기증폭계통의 기능블럭도는 〈그림 6-3〉과 같다.

1) 로듐-103 중성자검출기

노내핵계측계통에 사용되는 로듐-103 중성자검출기는 검출기의 물질과 방사선이 작용하여 전류를 스스로 생성한다. 로듐-103 중성자검출기는 부착된 16인치의 긴 에미터인데 이 에미터와 리드선은 인코넬의 덮개로 싸여있다. 덮개와 에미터 리드선의 사이에는 산화알루미늄으로 절연되어 있다. 로듐중성자검출기는 〈그림 6-4〉와 같다.

2) 기저방사선검출기

기저방사선검출기(Background Detector)는 로듐-103을 제외하고는 로듐-103 중성자검출기와 동일한 구조를 가지고 있다. 기저방사선검출기는 중성자 반응 이외에 외부의 감마선이나 분열생성물의 베타붕괴, 중성자 및 감마반응 등을 감지한다.

3) 열전대

열전대는 두선의 크로멜/알루멜(Chromel/ Alumel) 온도검출기로 인코넬에 싸여 있으며, 산화알루미늄으로 절연되어 있다. 열전대는 노내핵계측기집합체의 끝 부분인 연료상부 약 5인치 위에 위치한다. 크로멜/알루멜 열전대는 광역온도에서 신뢰성이 유지되는 장점을 가지고 있다. 열전대의 검출기 한쪽 끝은 용접되어 있으며, 다른 쪽은 검출기 회로에 연결되어 있다. 검출기가 열에 노출되면 두 검출기선 사이에 전위차가 형성되어 검출기의 회로에 전류가 흐르고 온도가 높으면 전류의 세기는 커진다.

4) 계측기 관통 노즐

원자로용기의 하부에는 관통하는 45개의 노내핵계측기관통노즐(ICI Penetration Nozzle)이 있다. 노내핵계측기관통노즐은 원자로용기에 용접되어 있고, 지지판에 의해 지지된다. 노내핵검출기의 집합체는 이 노즐 중심을 지나 안내관을 통해 연료집합체에 연결된다.

5) 밀봉하우징

밀봉하우징(Seal Housing)은 노내핵계측기가 원자로용기를 관통하면서 생성된 1차측의 압력의 경계를 이루는 장치이다.

6) 안내관

45개의 스테인레스강 안내관(Guide Tube)은 밀봉판 및 노내핵계측기 노즐에 용접되어 있다. 노내핵계측기의 집합체는 안내관을 따라 원자로용기의 내부로 들어간다. 정상운전 중 안내관과 노내핵계측기집합체의 덮개 사이에는 냉각재로 가압되어 있어, 노내핵계측기의 덮개가 냉각재의 압력경계를 이루고 있다.

7) 밀봉판

밀봉판은 45개의 노내핵계측기 안내관의 부하를 지지하는 역할을 한다. 또한 밀봉판은 연료를 재장전하는 동안 노내핵계측기 안내관으로 재장전수의 누수를 방지하는 역할도 한다.

3. 노내핵계측계통 운전

발전소컴퓨터계통은 어떤 로듐중성자검출기가 고출력을 감지하면 자동적으로 경보를 발생시켜 주제어실의 운전원에게 정보를 제공하며, 운전원은 조작반을 이용하여 여러 가지 필요한 정보를 알 수 있다. 발전소컴퓨터의 모든 계산은 노심운전제한치감시계통(COLSS) 프로그램에 의해 수행된다. 노내 로듐중성자검출기의 각 신호는 고정형 노내검출기증폭계통(FIDAS)을 통하여 발전소컴퓨터에 입력되며, 노심운전제한치감시계통(COLSS) 프로그램은 선형 열출력(Linear Heat Rate Limit), 축방향의 출력편차(ASI) 및 축방향의 출력분포(Aximuthal Flux Tilt) 등 여러 가지의 노심상태를 출력한다.

노심운전제한치감시계통(COLSS) 프로그램은 노내 핵계측신호를 받을 때 세 가지 보상을 하는데, 첫 번째는 기저방사선 잡음보상으로 이는 고정형 노내검출기증폭계통(FIDAS)에서 수행된다. 두 번째는 연소보상(Burn-up Compensation)으로 이것은 로듐중성자검출기가 수명기간 동안 중성자속에 노출되면 감지기의 감도와 정확도가 떨어지게 되는데, 발전소감시경보계통(PMAS)이 자동적으로 노내검출기의 신호를 보상한다. 세 번째는 동적보상(Dynamic Compensation)으로 로듐-104의 반감기(42초) 때문에 중성자속의 변화를 결정하는데 약 3분이 소요된다. 이 긴 지연시간은 노심운전제한치감시계통 및 발전소감시경보계통 사용에 지장을 주므로 발전소감시경보계통의 내부에 보상 알고리즘을 포함시켜 보상한다.

발전소의 정상운전 중에는 노내핵계측계통은 노심의 출력분포, 각 연료연소도의 평가자료 및 노심에서의 열적여유도(Thermal Margin) 평가에 필요한 입력을 제공한다. 비정상운전 시에는 운전원에게 경보정보를 제공하며, 발전소의 사고 동안에는 고정식 노내 중성자검출기는 기능이 요구되지 않으나, 노심출구의 열전대는 사고 중이나 후에도 작동을 하여야 한다.

4. 노내핵계측계통 인출, 삽입 및 교체

핵연료의 교체 및 신연료 재장전 시에는 검출기집합체관을 밀봉판에서 최소 연료집합체의 길이만큼 빼내야 한다. 그리고 중성자검출기의 예상수명은 약 5년으로 매년 20%씩 교체해 주어야 한다.

제4장

노외중성자속감시계통

1. 노외중성자속감시계통 개요

노외중성자속감시계통(ENFMS)은 핵분열전리함(FC)을 이용하여 원자로용기의 외부로 누설되는 중성자의 수를 검출한다. 원자로의 정상출력 및 사고를 가정하여 전 출력의 200%까지의 광역범위를 연속적으로 감시하여 아래의 기능을 수행한다. 〈그림6-5〉는 노외중성자속감시계통의 기능블럭도를 나타낸다.

- 선원준위에서 출력준위까지 대표적인 중성자속 감지
- 출력준위, 국부출력밀도 및 핵비등이탈률의 계산을 위하여 노심보호연산기계통에 전송

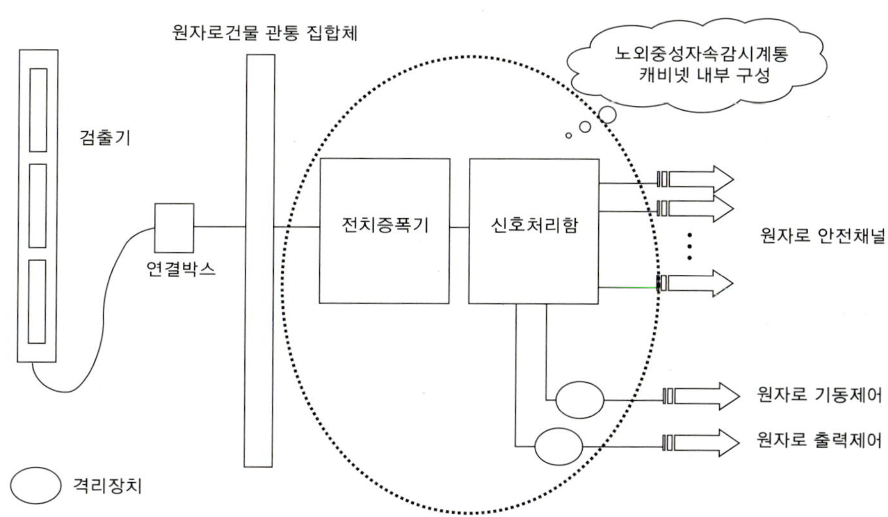

그림 6-5 • 노외중성자속감시계통 기능블럭도

- 고대수출력, 가변과출력 신호를 원자로보호계통에 전송
- 터빈부하추종운전을 위해 중성자속 신호를 원자로출력제어계통에 전송
- 주제어실과 원자로건물에 선원영역의 중성자속 가청신호 제공 등

2. 노외중성자속감시계통 채널

가. 기동 및 제어채널

노외중성자속감시계통은 기동 및 제어신호 발생을 위하여 2개의 기동 및 제어신호 처리함을 이용하며, 각 신호처리함은 3개의 안전채널 전치증폭기에서 처리된 신호를 검증된 격리기를 통하여 입력받아 그 중 1개의 채널신호를 이용하여 기동영역 감시 및 원자로출력제어를 위한 정보를 제공한다. 연쇄반응이 거의 없는 상태(Source Level)에서 2×10^{-3}%에 해당되는 노심출력을 감시한다. 기동 및 제어채널은 아래의 기능을 수행한다.

- 출력변화율을 운전원에게 제공
- 제어실과 원자로건물의 내부에 스피커를 통해 가청신호음을 제공
- 선원영역의 중성자속 신호를 발전소컴퓨터계통에 제공
- 고계수율경보신호를 발전소감시경보계통에 제공
- 선원영역 중성자속 신호를 붕소농도 희석 경보계통에 제공
- 0%~125%의 출력을 감시하여 중성자속 정보를 운전원에게 제공
- 터빈부하 추종운전을 위해 중성자속 정보를 원자로출력제어계통에 제공
- 주급수제어계통에 고/저 출력준위 제어모드를 변경하도록 자료 제공

- 제어봉에 대한 자동이동금지신호를 발생시키기 위해 증기우회제어계통에 중성자속 신호를 제공
- 출력준위 중성자속 신호를 발전소감시경보계통에 제공 등

나. 안전채널

4개의 독립된 채널로 구성되며 $2\times10^{-8}\%$~200%의 광역 출력을 감시하고 채널당 3개의 핵분열함을 가지며 중앙에 위치한 검출기는 광대역 감시용으로 $2\times10^{-8}\%$ 출력부터 감시한다. 기능은 아래와 같으며, 사고가 발생하면 대수출력신호를 원격제어패널 및 발전소감시경보계통으로 전송한다.

- $2\times10^{-8}\%$~200% 출력준위의 운전영역에서 % 출력단위로 중성자의 정보를 운전원에게 제공
- 출력변화율을 DPM(Decay per Minute) 단위로 운전원에게 제공
- 발전소감시경보계통에 고출력 변화율 및 안전채널 비동작 경보신호를 제공
- 고대수출력정지, 가변과출력정지, 고대수출력준위신호우회, 제어봉인출금지신호우회 등을 발전소보호계통에 제공
- 고국부출력밀도정지 및 저핵비등이탈률정지 신호를 계산하기 위해 선형출력신호를 노심보호연산기계통에 제공
- 노심내부의 진동감시계통에 중성자속 변화에 대한 정보를 제공 등

제5장

부적절노심냉각감시계통

1. 부적절노심냉각감시계통 개요

가. 개요

부적절노심냉각감시계통(ICCMS)은 가압기의 압력, 저온관 및 고온관의 온도, 노심출구의 온도 등 입력을 받아 부적절한 노심냉각 변수를 계산하는 소형 전산기계통으로 계산된 변수들을 주제어실의 표시패널에 지시하고 발전소컴퓨터계통으로 보낸다. 부적절노심냉각감시계통의 소프트웨어는 발전소자료수집계통(PDAS)에 내장되어 있고 각 채널은 소형 전산기, 플라즈마 표시장치, 열전대쌍 전열기 전원제어기, 입력 및 출력 카드, 상호연결 케이블 및 모뎀으로 구성된다. 부적절노심냉각감시계통은 두 채널을 가진 안전감시계통으로 각 채널은 완전히 독립되어 있다. 〈그림 6-6〉은 부적절노심냉각감시계통의 기능블럭도를 나타낸다.

나. 기능

부적절노심냉각감시계통은 TMI 사고 이후 미국 원자력규제위원회(NRC)에서 요구한 보완조치의 하나로, 원자로의 노심 및 냉각재계통의 온도와 압력 및 수위를 지속적으로 감시하면서, 원자로용기 내부의 냉각재수위(Reactor Vessel Water Level), 노심의 출구온도(Core Exit Temperature) 및 과냉각여유도(Subcooled Margin)에 대한 정보를 제공하여, 원전의 설계기준사고(Design Basis Accident)와 가상사고

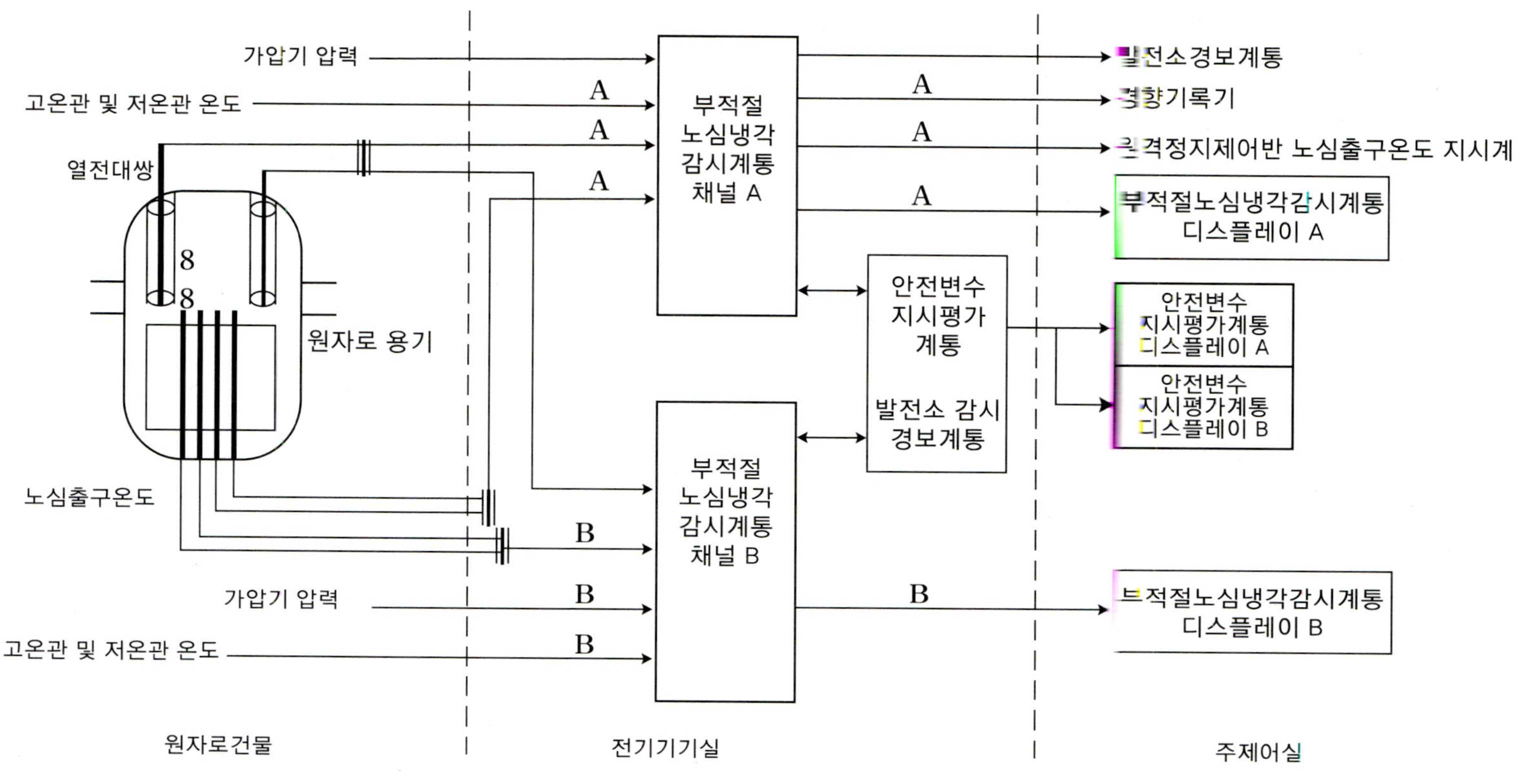

그림 6-6 • 부적절노심냉각감시계통 기능블럭도

(Postulated Accidents) 시에 운전원이 적절한 조치를 취할 수 있도록 도와주어 노심용융사고로의 진행을 사전에 막아주는 설비이다.

부적절노심냉각감시계통의 기능은 부적절한 노심냉각으로부터 회복을 위해 노심출구열전대로부터 노심출구온도(CET)의 계산, 원자로용기헤드 영역으로부터 측정한 열전대쌍 온도와 노심출구온도 및 가압기의 압력을 기준으로 냉각재의 과냉각여유도 계산, 열전대쌍으로부터 전송된 신호를 기준으로 원자로용기 내부의 냉각재 수위 계산, 열전대쌍의 전열기 전원조절장치(Controller)로 가는 신호제어, 주제어실의 기록계와 지시계 및 경보계통에 신호제공, 안전변수지시평가계통(SPADES) 및 발전소감시경보계통에 자료제공 등의 기능을 수행한다.

2. 부적절노심냉각감시계통 운전

가. 과냉각여유도 감시(SMM : Subcooled Margin Monitoring)

원자로냉각재계통은 정상운전 시 고압을 유지하여 원자로냉각재의 비등을 방지한다. 그러나 운전조건이 안전한계치(Safety Limits)를 초과하는 경우에는 핵연료피복재의 표면으로부터 기포가 발생하기 시작한다. 이런 상태는 냉각재가 상실되는 사고(LOCA)로 원자로냉각재계통의 압력이 감소되는 경우에 발생할 수 있다. 이럴 때는 냉각재의 압력 감소가 시작되고 핵연료의 피복재 표면에서 시작된 냉각재의 비등은 원자로냉각재의 배관까지 확산되어 노심의 용융을 촉진시키는 상황이 전개된다. 이러한 상황전개를 운전원이 감시하기 위해서는 원자로냉각재의 온도와 압력을 비교하면 쉽게 알 수 있다. 증기의 온도-압력 곡선도를 이용하여 가압기의 압력에 해당하는 포화온도와 실제 온도와의 차이로부터 과냉각(또는 과열) 여유도를 구할 수 있다. 즉 과냉각여유도는 원자로냉각재계통의 상태가 과냉각 영역을 벗어나기까지의 여유를 말하며, 가압경수로의 냉각재계통은 반드시 이 과냉 영역에서 운전되어야 한다.

과냉각여유도의 계산은 관련 계측설비로부터 자동적으로 계산되어 주제어반, 기술지원실 및 비상대응설비 등에 연속적으로 지시하게 된다. 원자로냉각재 배관 내부의 과냉각여유도를 감시하기 위해 고/저온 냉각재 배관의 온도신호를 가압기의 압력신호와 비교한다. 원자로용기 상부구조물의 과냉각여유도를 감시하기 위해 원자로용기의 상부 구조 수위 측정용(RVLMS) 열전대쌍 신호와 가압기의 압력신호를 비교한다. 그리고 핵연료집합체의 출구부위 열전대 온도신호를 측정하여 그 열전대 신호들의 산술평균에 의한 대푯값과 개별 신호들을 비교하고 핵연료 전체에 대한 특정 핵연료의 과냉각여유도의 정도를 비교하여 특정 핵연료의 기포 발생량을 판별하는데 이용된다.

나. 원자로용기수위 감시(RVLMS)

사고 발생으로 원자로용기 내부의 냉각재 수위가 감소하는 특수한 상황에서는 냉각재와 증기가 동일한 온도와 압력으로 존재하기에 수위를 측정하는 것은 매우 어렵다. 이러한 조건 아래에서 냉각재의 수위를 측정하기 위해 열전대쌍(HJTC)이라는 특수한 설비를 사용한다. 열전대쌍은 냉각재의 상실정보를 제공하며 원자로용기의 노심상부에 존재하는 냉각재의 수위를 감시하며, 연료재장전시 충분한 냉각재가 제거되었는지 여부를 결정하는데 사용된다. 그리고 원자로용기 헤드 내부의 기포 존재를 탐지하여 원자로냉각재의 배기계통을 제어하기 위한 정보를 제공하며, 원자로용기 헤드 영역의 냉각재온도를 측정하여 과냉각여유도를 계산한다.

감지기(Sensor)는 2개의 열전대 접점으로 구성된다. 위의 것은 가열되지 않는 열전대의 접점(Unheated TC Junction)인 기준접점이고, 아래의 것은 가열되는 열전대의 접점(Heated TC Junction)으로 지르칼로이 전열기(Heater)가 설치되어 있는 가열접점이다. 가열되는 열전대의 접점은 스프래쉬차단기(Splash Guard)라고 하는 상하부에 구멍이 난 관내에 있으며, 이는 열전대의 접점을 둘러싸고 있는 물방울이나 기포에 의해 에러를 방지한다. 가열과 가열되지 않은 접점간의 온도 차이는 열전대의 접점 주변 유체의 열제거 능력을 나타내는데, 만약 가열접점이 냉각 능력이 좋은 유체(액체 상태의 냉각재)에 둘러싸이면 기준접점 및 가열접점의 온도차에 의한 최종 유기전압은 근소해진다. 그러나 냉각재의 수위가 낮아져 가열접점이 증기에 노출되면 가열접점은 지르칼로이 전열기에 의해 계속 가열되고 기준접점은 증기온도만을 유지하므로 두 접점 사이의 유기전압은 상당히 크게 되어 냉각재의 수위가 낮아졌음을 알 수 있게 된다.

다. 노심출구온도 감시

노심출구온도(CET)의 감시는 노내중성자속감시용 팀블(In-Core Flux Thimble) 최종단에 설치된 열전대를 이용한다. 팀블 최종단은 핵연료집합체의 유효한 출력이 발생되는 위치로부터 약 5인치 상단에 설치되므로 해당 핵연료집합체에 대한 정확한 출구온도의 측정이 가능하다. 핵연료출구온도는 연료집합체 각각에 대한 개별적인 과냉각여유도 계산, 핵연료가 냉각재 밖으로 노출된 기간 동안 원자로용기의 수위 측정 및 핵연료집합체의 중심 부위에 있는 핵연료피복재의 온도 측정에 사용된다. 원자로용기의 내부에서 노심의 부적절한 냉각은 다음과 같이 사고로의 진행과 회복 단계로 나누어진다.

- 원자로냉각재계통이 사고로 과냉각여유도를 상실하면 원자로냉각재계통은 포화상태에 도달하고 이 때는 '과냉각여유도감시' 상태이다.
- 그 다음은 핵연료 상부의 냉각재의 수위가 점차적으로 감소하는 단계로 이 때는 열전대쌍(HJTC)를 이용한 '원자로용기수위감시' 상태이다.
- 원자로냉각재와 기포 혼합 유체의 수위가 점차 감소하여 원자로연료 아래로 내려감에 따라 연료집합체의 온도가 급상승 하는 단계로 이 때는 '노심출구온도감시' 상태이다.
- 노심내의 냉각수 수위가 증가함에 따라 노심출구온도가 감소하며 냉각수의 수위가 핵연료 위로 채워져 포화상태를 지나 '냉각수의 과냉각' 상태로 회복된다.

핵증기공급계통건전성감시계통

핵증기공급계통의 건전성감시계통(NIMS)은 금속파편감시계통(LPMS), 원자로내부구조물진동감시계통(IVMS), 음향누설감시계통(ALMS) 및 원자로냉각재펌프진동감시계통(RCPVMS)으로 구성된다.

1. 금속파편감시계통

가. 금속파편감시계통 개요

원자로냉각재계통의 압력경계 표면에 금속파편이 충돌하면 경계표면이 진동을 유발한다. 금속파편감시계통(LPMS)은 표면에 부착된 가속도를 측정하는 계기로 이

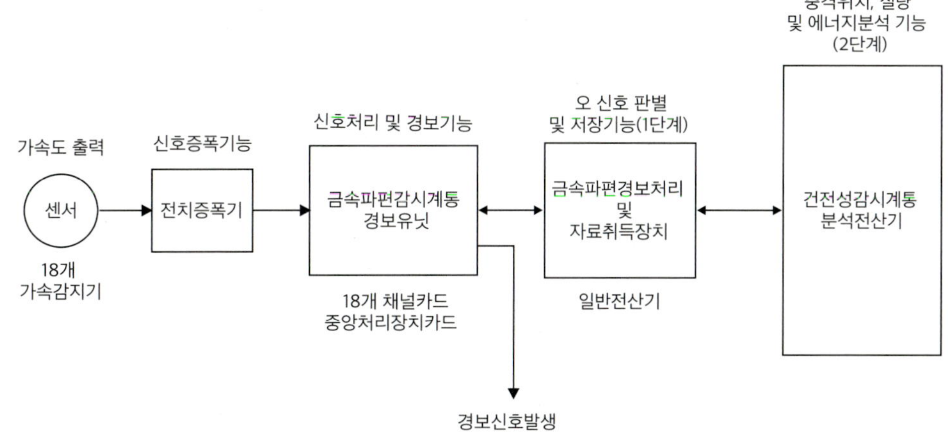

그림 6-7 • 금속파편감시계통 기능블럭도

진동을 감지하여 금속파편의 특성이 고정체인지 이동하는 물체인지를 결정하고, 금속파편의 위치, 크기, 질량 및 속도 등의 성질을 파악한다. 금속파편감시계통의 기능 블럭도를 〈그림 6-7〉에 나타내었다.

나. 금속파편감시계통 구성

금속파편감시계통은 압전형 가속감지기, 증폭기, 경보유닛, 과도상태 기록장치 및 분석용 전산기 등으로 구성된다.

다. 금속파편감시계통 운전

금속파편감시계통은 발전소의 시운전, 기동 및 정지 중에는 경보준위의 설정 및 조정, 성능시험 점검, 충돌에 대한 주기적 점검 및 거짓경보 최소화를 위해 수동으로 운전된다. 발전소의 운전 중에는 연속적으로 감시활동을 하여 신호의 크기가 이미 설정된 경보치와 비교하여 경보 여부를 결정한다. 그러나 사고 시에는 운전이 요구되지 않는다. 감지기의 위치는 〈그림 6-8〉과 같다.

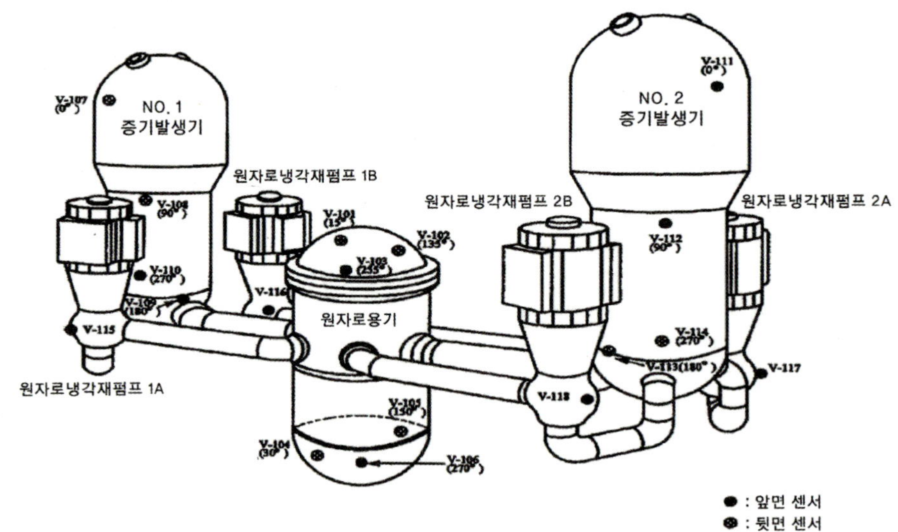

그림 6-8 • 금속파편감시계통 감지기 위치도

2. 원자로내부구조물진동감시계통

가. 원자로내부구조물진동감시계통 개요

원자로내부구조물의 진동감시계통(IVMS)은 노외중성자속감시계통 안전채널의 12개의 중성자속감지기를 이용하여 노심지지통 및 연료집합체의 움직임을 감시 및 분석할 수 있는 설비이다. 노심지지통이 전후 및 좌우로 움직일 경우, 노심은 원자로 용기에 부착된 중성자속감지기로부터 떨어졌다 가까워졌다 한다. 노심이 중성자속 감지기에 가까워지면 감지기에 의해 측정되는 중성자수가 많아지게 되어 출력신호가 증가하며, 노심이 중성자속감지기로부터 멀어지면 측정되는 중성자수가 작아지게 되므로 감지기의 출력신호가 감소한다. 원자로내부구조물의 진동감시계통은 이러한 감지기 신호의 변화를 감지하여 노심지지통의 진동상태 및 진폭을 분석하여 신호의 변화 원인을 찾아낸다. 〈그림 6-9〉는 원자로내부구조물 진동감시계통의 기능블럭도를 나타낸다.

나. 원자로내부구조물진동감시계통 주요기기

노외중성자속감시계통 안전채널의 중성자감지기, 광격리기, 채널선택모듈, 신호

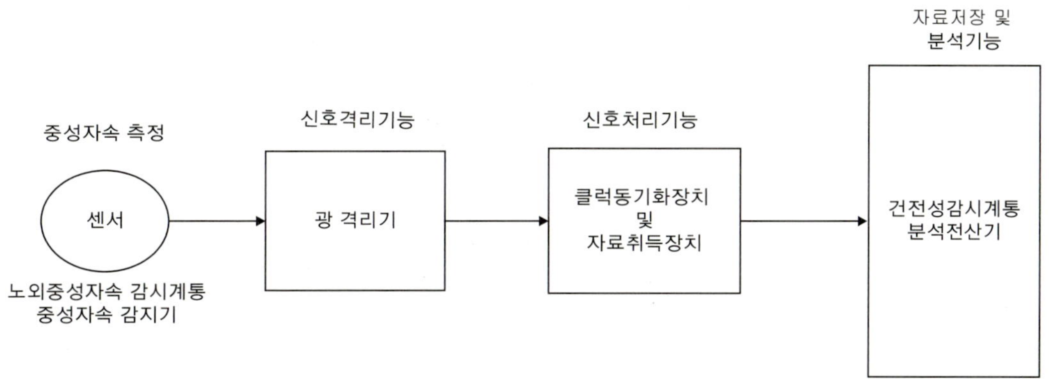

그림 6-9 • 원자로내부구조물 진동감시계통 기능블럭도

조정모듈, 자료습득 및 분석소프트웨어 등으로 구성된다.

다. 원자로내부구조물진동감시계통 운전

원자로내부구조물의 진동감시계통 분석모듈은 실시간으로 원자로 내부의 진동을 감시하고 경보를 처리하는 기능을 가지고 있다. 측정된 신호가 기준치를 초과하면 경보를 울리고 경보내용을 발전소감시경보계통으로 전송하여 운전원이 비정상상태의 원인을 진단할 수 있게 한다. 원자로내부구조물 진동감시계통의 사용자 모듈은 분석용 전산기에 내장되어 있으며, 운전원이 실시간으로 얻은 데이터 또는 과거의 이력 데이터를 이용하여 원자로 내부용기의 진동상태를 분석한다. 발전소가 정상상태일 때에는 원자로내부구조물의 진동감시계통은 연속적으로 동작하지만, 발전소가 비정상상태일 때에는 운전이 요구되지 않는다. 노외중성자속검출기가 안전계통이므로 노외중성자속검출기신호가 원자로내부구조물의 진동감시계통과 분리되도록 한다.

3. 음향누설감시계통

가. 음향누설감시계통 개요

음향누설감시계통(ALMS)은 가압기 안전밸브의 열림과 닫힘의 동작상태를 감시하고, 특정 위치에 설치되어 원자로냉각재계통 압력경계의 누설 및 배관의 균열상태를 감시한다. 감지기의 설치위치는 가압기 압력방출밸브 3개, 원자로용기 5개, 증기발생기 2개, 고온관 2개, 저온관 4개, 원자로냉각재펌프 4개 등 총 20개로 신호가 계속적으로 감시되고 계산된 신호의 제곱근 평균값(RMS)과 함께 이미 설정된 기초값과 비교하여 신호가 설정치를 초과하면 경보를 발생하고 누설의 위치 및 특성 등에 대한 정보를 제공한다. 〈그림 6-10〉은 음향누설감시계통의 기능블럭도를 나타낸다.

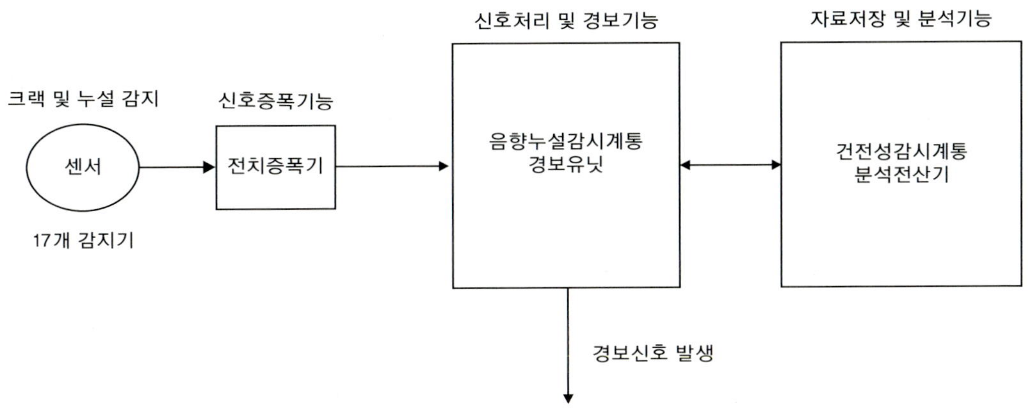

그림 6-10 • 음향누설감시계통 기능블럭도

나. 음향누설감시계통 원리

가압기의 안전밸브가 열려 유체가 지나가든지 원자로냉각재계통(RCS) 압력경계에 누설이 발생하든지 아니면 RCS의 배관에 균열이 발생하여 유체가 누설되는 경우 심한 요동으로 인한 응력파(Stress Wave)가 발생하고 응력파가 고체 또는 유체를 통해 전파되는데 이 때 발생된 응력파를 계속적으로 감지함으로써 가압기 안전밸브의 열림상태, RCS 압력경계에서의 누설 여부를 판단한다. 감지기는 '가속도 변화에 의한 압력 및 신호 변화(압전 가속기)'를 감지하는 형태로 누설발생의 가능성이 높은 곳에 설치된다. 발생하는 압전가속기 신호의 진폭크기를 감지하여 그곳의 자연계수 준위와 비교하여 유체의 누설 여부를 찾아낸다. 일반적으로 누설과 관련된 신호의 진폭크기는 100kHz 이상이나, 이 범위 폭은 감지하려는 기기에 따라 달라질 수 있다. 누설에 의한 진동에너지에 의해 발생되는 신호의 제곱근 평균값은 일반적으로 누설율에 비례한다. 음향누설의 감시기술은 펌프 회전축의 밀봉부위, 밸브 스템의 패킹부위, 금속 용접부의 누설부위 및 금속피로에 의한 균열부위로부터 누설여부 및 누설율 등을 감지할 수 있다.

다. 음향누설감시계통 주요기기

감지기는 압전형 가속기로 감지하려는 곳의 표면에 직접 부착되거나 아니면 발생 응력파의 파형을 고려하여 간격을 두고 설치된다. 전치증폭기와 충전변환기는 원자로건물의 내부에 위치하고 주제어실의 내부의 경보유니트 캐비넷까지 신호를 전송한다. 분석유니트는 전산실에 위치한다. 이러한 기기들은 주증기관의 파열사고, RCS의 냉각재상실사고 및 가압기의 안전밸브가 열리는 사고 등에서도 운전이 가능해야 한다.

라. 음향누설감시계통 운전

발전소의 정상운전 중 음향누설감시계통은 계속적으로 압전가속기 신호의 실효값을 감지하고 설정치를 재설정하기 위해 측정된 값과 비교한다. 초기 설정치는 발전소 시운전 및 저출력 노물리시험 동안 결정된다. 가압기의 안전밸브 채널에서 감지된 값이 설정치 이상이 되면 경보가 발생되고 누설이 있는 밸브의 위치가 지시된

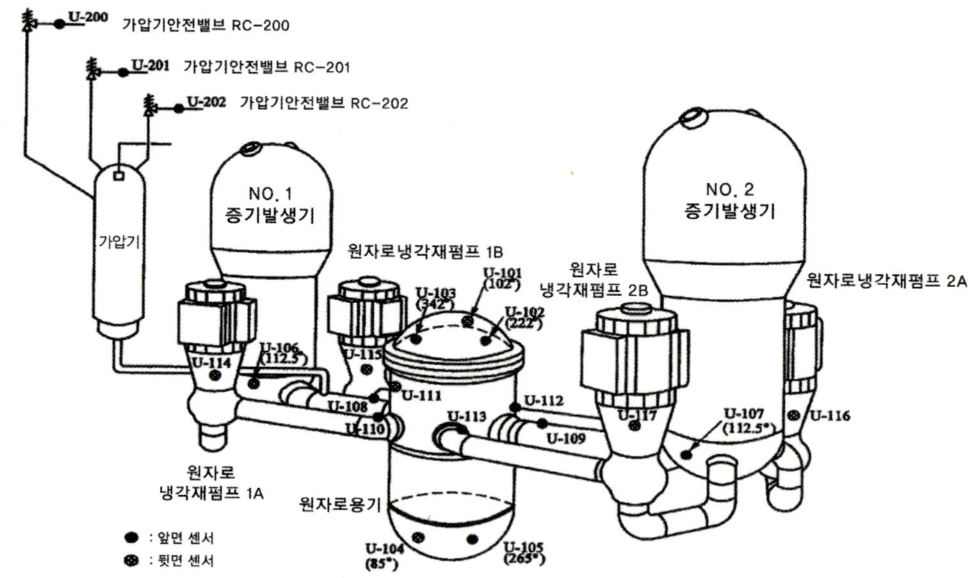

그림 6-11 • 음향누설감시계통 감지기 위치도

다. 원자로냉각재계통의 채널에서 감지된 값이 설정치를 초과하면 경보를 발생시킨다. 그리고 발전소가 비정상운전상태에서는 가압기의 안전밸브 채널은 계속 운전되어야 하나 원자로냉각재계통의 채널은 운전되지 않는다. 발전소가 사고 시에도 가압기의 안전밸브 채널은 계속 운전되어야 하고, 안전밸브의 열림상태를 운전원이 신뢰성 있게 알 수 있어야 한다. 〈그림 6-11〉은 음향누설감시계통의 감지기 위치를 나타낸다.

4. 원자로냉각재펌프진동감시계통

가. 원자로냉각재펌프진동감시계통 개요

원자로냉각재펌프 진동감시계통(RCPVMS)의 기본적인 기능은 원자로냉각재펌프의 모터와 축의 진동하는 준위를 감시하는 것이며, 부차적인 기능은 원자로냉각재펌프의 비정상상태를 감시하는데 사용될 정보를 제공하는 것이다. 이 계통이 제공하는 정보를 이용하면 모터의 상부 및 하부 베어링집합체의 고진동과 펌프축의 균열을 사전에 감지하여 모터의 진동과 펌프축의 파열로 인한 사고를 예방할 수 있으며, 축의

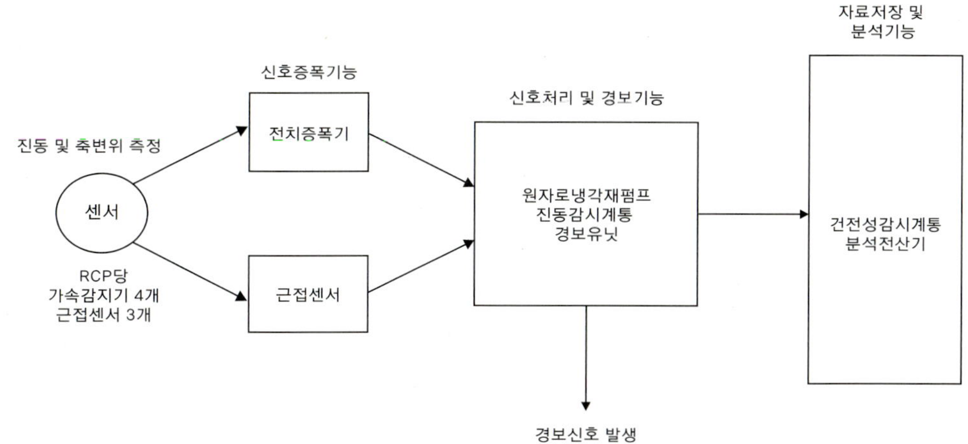

그림 6-12 • 원자로냉각재펌프 진동감시계통 기능블럭도

정렬이나 회전부의 균형 등과 관련된 회전체의 신호분석에 필요한 자료를 제공할 수 있다. 〈그림 6-12〉는 원자로냉각재펌프의 진동감시계통 기능블럭도를 나타낸다.

나. 원자로냉각재펌프진동감시계통 원리

원자로냉각재펌프의 진동을 감시하기 위해 근접센서와 압전형 가속도계기 등 2가지 종류의 감지기를 사용한다. 근접센서의 감지기에서 라디오주파수의 전자기파는 근접영역 내에 있는 도체에 와류를 발생시키며 발생된 와전류는 근접센서의 전자기파 세기를 감소시킨다. 이 때 도체에서 발생되는 와전류의 세기는 도체와 근접센서의 거리에 따라 다르게 발생되며, 이에 따라 전자기파를 각기 다르게 감소시키므로 근접센서는 전자기파가 감소된 정도를 감시하여 도체와의 상대적인 거리변화를 표시할 수 있다. 따라서 도체인 펌프축에 대하여 수직방향으로 2개의 근접센서를 설치하고 한 개 키페이저(Keyphasor) 용도의 근접센서를 활용하면 펌프축과 센서의 상대적인 2차원 이격거리 변화를 표시하는 진동자료를 얻을 수 있다. 압전형의 가속도계기는 각 펌프의 모터 상부베어링집합체에 2개, 모터 하부베이링집합체에 1개, 펌프의 추력베어링집합체에 1개씩 설치되어 모터 및 펌프의 진동에 의한 가속도변화를 감시한다.

다. 원자로냉각재펌프진동감시계통 운전

근접센서의 출력신호와 전치증폭기에서 증폭된 압전형 가속도계기의 신호는 제어실에 있는 경보기로 보내져서 모터와 펌프축의 진동준위를 운전원에게 제공하며, 기준설정치를 초과할 경우, 발전소감시경보계통에 경보신호를 제공한다. 또한, 이 경보자료는 분석컴퓨터로 전송되어 모터와 펌프축의 이상 징후를 진단하는데 사용되는 신호분석용 자료로 사용된다.

제7장

공정방사선감시계통

1. 공정방사선감시계통 개요

공정방사선감시계통(PRMS)은 원자로냉각재의 총감마방사선 및 특정 동위원소의 감마방사선(Rb88)을 지속적으로 감시하여 핵연료의 피복재 손상을 간접적으로 알려 준다. 원자로냉각재의 감마방사선 및 특정 동위원소의 감마방사선량이 설정치를 넘어설 경우 운전원에게 경보를 제공하고 방사선 증가의 원인을 파악하게 한다. 공정방사선감시계통에 대한 기능블럭도를 〈그림 6-13〉에 나타내었다.

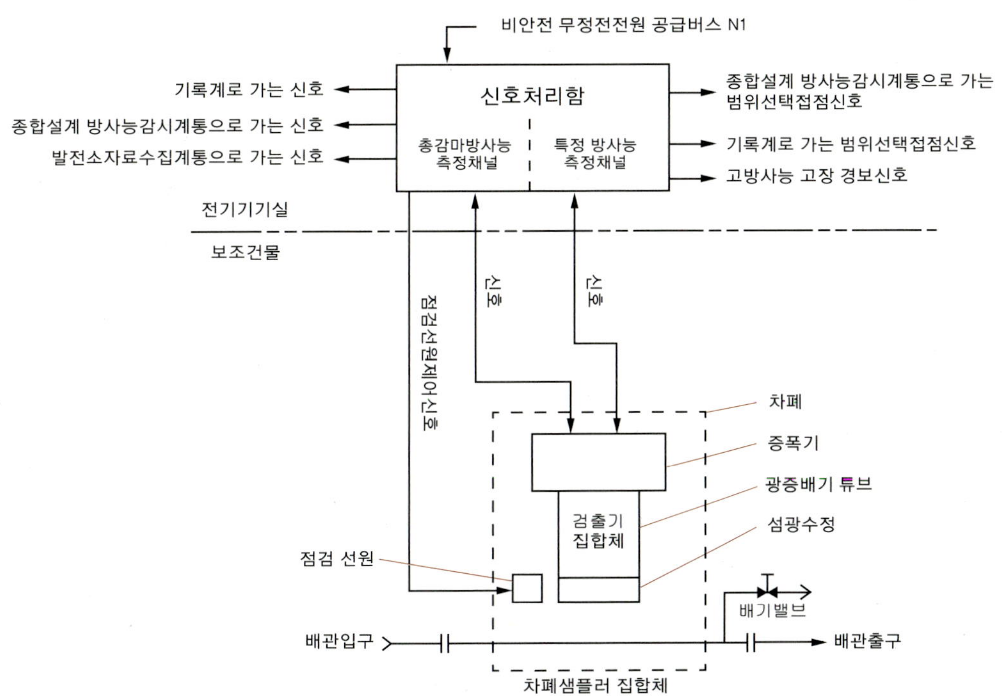

그림 6-13 • 공정방사선감시계통 기능블럭도

2. 공정방사선감시계통 원리

공정방사선감시계통은 검출기집합체, 차폐샘플러집합체 및 신호처리함 등으로 구성된다. 검출기집합체는 감마섬광수정(Scintillation Crystal) 및 증폭기 등으로 구성된다. 검출기집합체는 차폐샘플러집합체에 설치된다. 신호처리함은 총감마방사선 및 특정준위 방사선량을 계산하기 위한 모듈로 구성된다. 방사선량은 주제어실에 지시되며, 방사선량이 설정치를 넘어설 경우 운전원에게 경보신호를 제공한다.

제8장

광대역붕소농도측정계통

I. 광대역붕소농도측정계통 개요

광대역의 붕소농도측정계통(WRBS)은 원자로냉각재계통의 냉각재에 포함된 붕소의 농도를 연속적으로 측정하여 주제어반의 기록계 및 지시계에 ppm 단위의 붕소농도신호를 제공하고 경보계통에 붕소농도의 고/저 경보신호를 제공한다. 〈그림 6-14〉는 광대역붕소농도측정계통의 기능블럭도를 보여준다.

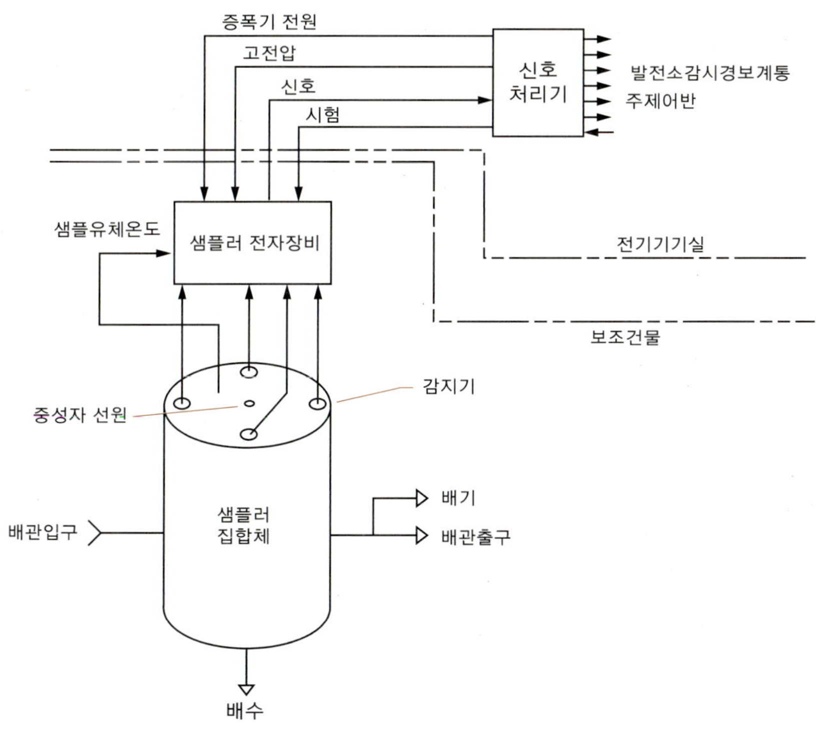

그림 6-14 • 광대역 붕소농도측정계통 기능블럭도

2. 광대역붕소농도측정계통 원리

광대역의 붕소농도측정계통은 중성자선원 주위로 원자로냉각재를 통과시킴으로써 붕소농도를 감지한다. 중성자선원 주위에 BF3 중성자속 감지기가 있다. 원자로냉각재의 붕소농도가 감소하면 BF3의 감지기에 감지되는 중성자속은 증가한다. 신호처리함에 있는 회로는 표본온도에 의해 보상된 중성자신호를 ppm 단위의 봉소농도신호로 변환시킨다. 처리된 신호는 발전소감시경보계통 및 주제어반으로 보내진다.

제1장 • 원자로출력제어계통

제2장 • 제어봉구동장치제어계통

제3장 • 주급수제어계통

제4장 • 증기우회제어계통

제5장 • 원자로출력급감발계통

제6장 • 가압기압력제어계통

제7장 • 가압기수위제어계통

원자로출력제어계통

원자력발전소의 핵증기공급계통을 제어하는 계통에는 원자로출력제어계통(RRS), 제어봉구동장치제어계통(CEDMCS), 주급수제어계통(FWCS), 증기우회제어계통(SBCS), 원자로출력급감발계통(RPCS), 가압기압력제어계통(PPCS) 및 가압기수위제어계통(PLCS) 등이 있다. 이들의 종합적인 제어에 대한 개념은 〈그림 7-1〉과 같다.

1. 원자로출력제어계통 개요

원자로출력제어계통(RRS)은 비안전계통으로 터빈의 부하 변동에 따라 운전원이 수동으로 대응하는 것보다 더욱 빠르고 효과적으로 원자로의 출력을 제어할 수 있도록 설계된 자동제어계통이다. 원자로출력제어계통의 이와 같은 특성은 발전소의 이상 상태 발생 시에 운전원이 다른 조치에 전념할 수 있도록 하기 위함이다. 원자로출력제어계통은 핵증기공급계통(NSSS)의 제어캐비넷에 설치되어 있으며, 아래와 같은 기능을 수행한다.

- 100% 출력의 주증기 압력조건을 만족시키기 위해 원자로냉각재계통(RCS) 냉각재의 평균온도를 터빈부하의 함수로 유지시킨다.
- 원자로냉각재계통(RCS) 냉각재의 평균온도(Tavg)를 냉각재의 기준온도(Tref)로 유지시키기 위해 제어봉구동장치제어계통(CEDMCS)에 제어봉을 구동하는 신호를 보낸다.
- 원자로냉각재계통(RCS) 가압기의 수위를 제어하기 위해 냉각재의 평균온도

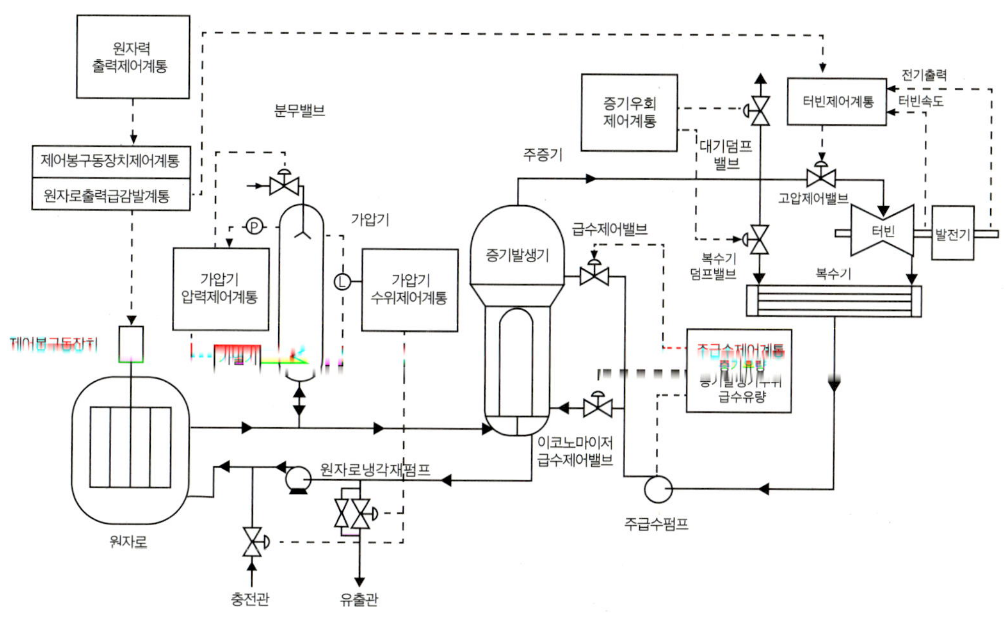

그림 7-1 • 핵증기공급계통 제어계통 개략도

(Tavg)에 따라 프로그램된 가압기의 수위 프로그램 신호를 발생시킨다.

- 15%-100% 출력 사이에서 발전소가 아래의 상태에 있을 때에도 냉각재의 평균 온도(Tavg)와 원자로의 출력을 자동으로 제어한다.
  - 임의 크기의 발전소 부하 감발
  - 주급수펌프 2대 운전 중 1대의 상실
  - 핵증기공급계통 부하의 10% 단계 변화
  - 핵증기공급계통 부하의 분당 5% 비율 변화 등

또한 원자로출력제어계통은 운전원이 계통의 운전상태를 쉽게 확인하고 Tavg의 수동제어를 용이하게 하기 위한 정보를 제공하고, 증기우회제어계통(SBCS)에 Tavg, 원자로의 출력, 제어봉의 자동인출요구신호 및 터빈부하의 신호를 제공한다. 신호를 선택하는 스위치는 고장난 채널을 해제시킬 수 있도록 하여 계통의 이용율을 증가시키며 신호가 고장이 나면 경보를 발생하여 운전원이 알게 하며 제어봉의 자동이동금지(AMI) 신호를 발생시킨다. Tavg가 프로그램된 설정치로부터 편차가 크게 발생하는 경우 및 원자로냉각재 저온관의 온도(Tcold)가 높은 경우에 제어봉의 자동인출금지(AWP) 신호를 발생시킨다. 원자로출력제어계통에는 공정제어신호와 설정치 사이의 편차를 감시하고 편차에 응답하는 기능은 물론이고 그 편차의 변화율을 감시하고 변화율에 대응하도록 하는 '동적운전특성'을 가지고 있다. 그리고 원자로출력제어계통은 발전소자료수집계통(PDAS)에 입력신호편차, Tavg 및 Tref 등을 제공한다. 〈그림 7-2〉는 원자로냉각재의 평균온도 프로그램을 나타내며, 〈그림 7-3〉은 원자로출력제어계통의 기능블럭도를 보여준다.

2. 원자로출력제어계통 설명

원자로출력제어계통은 제어봉구동장치제어계통(CEDMCS)과 함께 Tavg를 미리 설정된 프로그램에 따라서 제어한다. 이 프로그램은 터빈의 부하가 증가하면 Tavg도 증가한다. 원자로의 출력제어는 제어봉들을 구동시켜 원자로의 반응도를 조절하므로 이루어진다. 제어봉들은 원자로용기의 내부에서 제어봉구동장치에 의해 구동되고, 제어봉구동장치제어계통의 전기신호에 의해 제어된다. 터빈부하가 증가하면 터빈에 들어가는 증기량이 증가해야 하므로 증기발생기에서 발생하는 증기의 포화압력과 포화온도를 일정하게 유지시키기 위해서는 Tavg가 증가하여야 한다. 증기터빈은 특정한 증기압력에서 최대의 효율로 운전되도록 설계가 되어 있기에 증기의

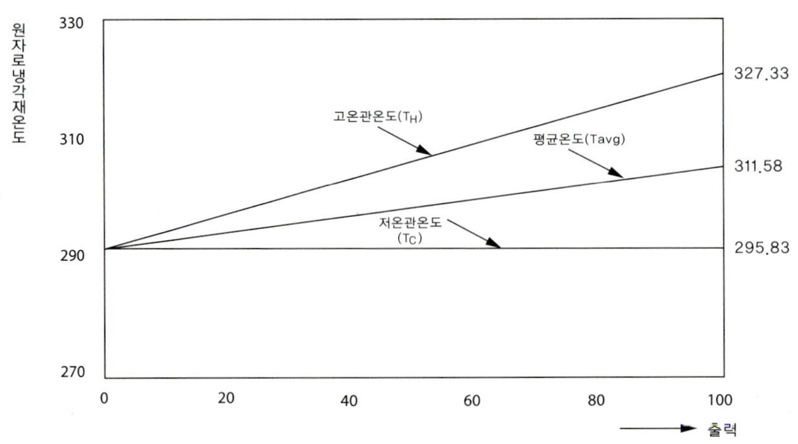

그림 7-2 • 원자로냉각재 평균온도(Tavg) 프로그램

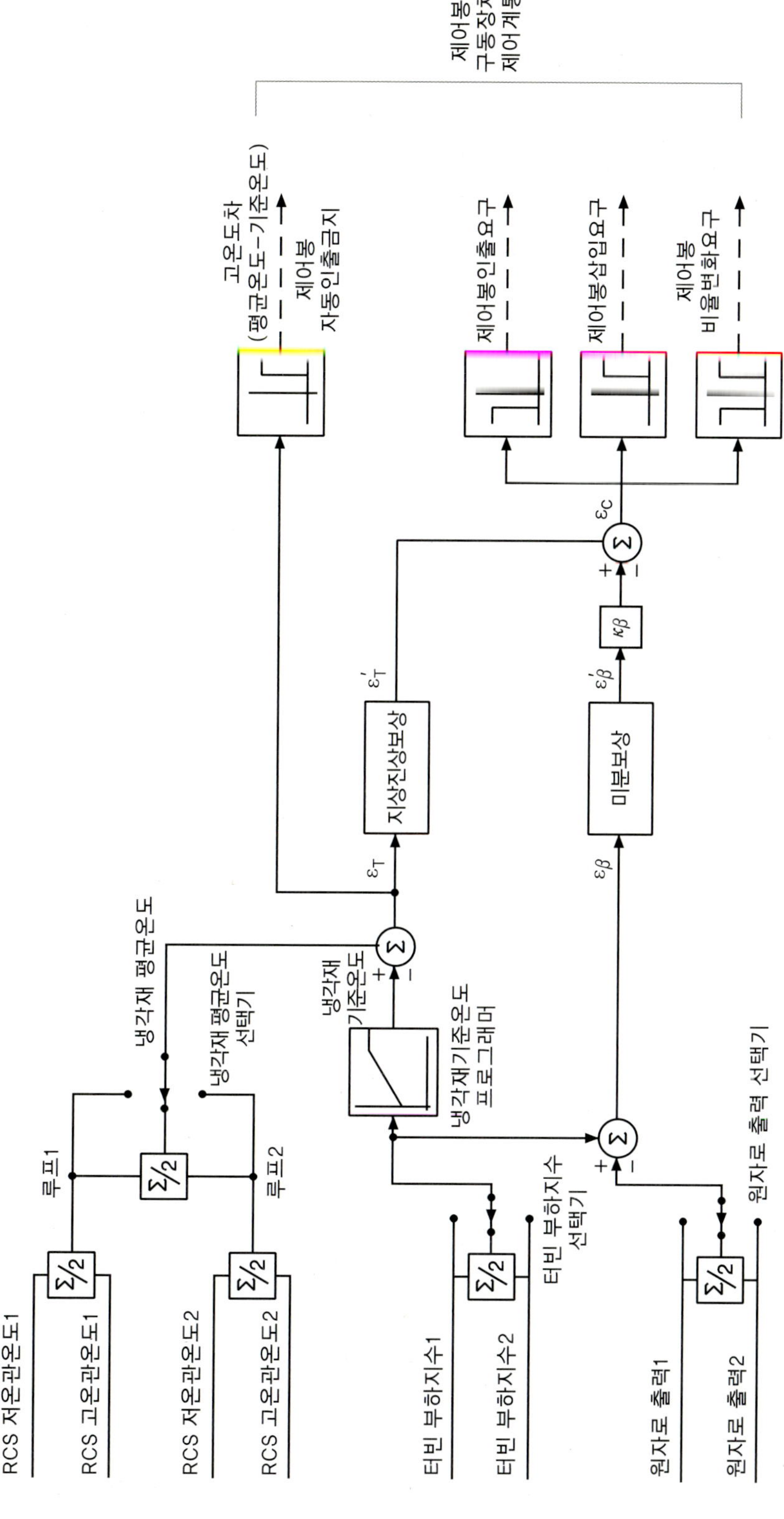

그림 7-3 • 원자로출력제어계통 기능블럭도

압력을 가능한 설계압력에 가까이 일정하게 유지시키는 것이 바람직하다. 따라서 발전소의 효율을 최대로 하기 위해 발전소의 출력에 따라서 Tavg가 증가하도록 설계해야 한다.

제어봉구동장치제어계통은 터빈출력이 증가할 때 원자로에 정반응도를 주고 Tavg를 증가시키기 위하여 제어봉집합체를 인출하고, 터빈부하가 감소할 때는 제어봉집합체를 삽입시켜 원자로냉각재의 온도 프로그램에 일치하도록 Tavg를 낮춘다. 원자로출력제어계통은 터빈부하의 함수로 프로그램된 설정치와 일치하도록 Tavg를 조절한다. 원자로출력제어계통의 기능은 프로그램이 된 설정치에 맞게 Tavg를 유지시켜 터빈부하 변화에 맞게 원자로의 핵분열 반응도를 유지시킨다. Tavg는 터빈 1단 증기압력의 함수로 프로그램이 되어 있다. 터빈부하가 증가하면 터빈 1단의 증기압력이 거의 선형으로 증가하며, 터빈 1단 증기압력의 계기에 의해 발생되는 선형적인 출력신호를 터빈부하지수라고 한다. 터빈부하지수는 냉각재의 기준온도(Tref) 신호를 프로그램하는데 사용된다. Tref는 발전소를 최적의 상태로 운전하기 위해 설계된 Tavg에 해당한다.

원자로출력제어계통은 Tavg와 Tref 사이의 불일치를 분석함으로써 그 순간 터빈부하와 원자로출력 사이의 편차를 결정한다. 만일 Tavg가 Tref보다 크면 원자로출력제어계통은 제어봉구동장치제어계통에 제어봉집합체를 삽입시키는 신호를 보내고, Tavg가 Tref보다 적으면 원자로출력제어계통은 제어봉구동장치제어계통에 제어봉집합체를 인출시키는 신호를 보낸다. 터빈부하의 변동에 대한 원자로출력제어계통의 응답은 Tavg - Tref 편차신호와 이 편차신호의 변화하는 비율에 주로 영향을 받는다. Tavg - Tref 편차신호는 터빈부하지수와 노외중성자속감시계통의 출력준위신호를 비교하므로 발생된다.

Tavg에 대한 터빈부하의 변화는 원자로에서 발생되는 임의의 출력변화보다 지연된다. 지연사유는 노외중성자속감시계통은 중성자속의 변화에 직접적으로 영향을 받지만 터빈에 의해서 발생되는 부하변화는 루프제어방식의 루프 전달시간이 있기 때문이다. 원자로출력제어계통은 Tavg - Tref 편차신호에 출력편차신호를 추가함으로서 터빈부하의 변화에 맞게 원자로가 핵반응하도록 한다. 따라서 원자로출력제어계통에 들어가는 입력신호는 원자로냉각재계통의 고온관 온도(Thot), 저온관 온도(Tcold), 터빈부하지수 및 노외중성자속감시계통 제어채널 중성자속의 준위신호 4가지이다.

3. 원자로출력제어계통 운전

가. 정상운전

원자로출력제어계통이 터빈부하에 맞게 자동으로 원자로를 제어하기 위해서는 제어봉구동장치제어계통(CEDMCS)의 제어패널에서 자동제어모드(Auto Sequential Mode)로 선택하여야 한다. 원자로출력제어계통은 RCS 냉각재의 평균온도(Tavg)를 냉각재의 기준온도(Tref)에 일치시키기 위해 편차신호를 발생시키며 이 편차신호가 제어봉구동장치제어계통에 구동방향(삽입, 정지, 인출)과 구동속도(고속, 저속) 신호를 제공하며, 제어봉구동장치제어계통은 이 요구신호에 따라서 조절제어봉을 구동시킨다. 관련되는 많은 신호들이 주제어실에 지시되며, 이 신호들은 발전소의 자동 및 수동운전을 위해 활용된다.

나. 0~15% 출력운전

제어봉구동장치제어계통은 수동제어모드에 있으며, 저출력에 의한 자동구동금지(AMI) 신호 때문에 제어봉은 운전원에 의해 구동된다. 증기우회제어계통(SBCS)은 자동운전모드에 있으며 '0' 부하 설정치에서 증기발생기의 압력을 제어한다. 주급수제어계통(FWCS)은 수동운전모드에 있으며 운전원이 증기발생기의 수위를 제어하는데 사용된다. 운전원은 주제어실에 지시되는 정보를 이용하여 냉각재의 기준온도(Tref)에 맞추어 냉각재의 평균온도(Tavg)를 제어한다. 터빈에 부하를 걸 준비가 되었을 때 발전기에 초기 부하를 감당할 수 있도록 원자로출력을 15%로 증가시킨다. 원자로의 출력이 요구되는 준위(15%)에 도달했을 때 제어봉구동장치제어계통(CEDMCS)을 자동연속모드로 설정한다.

증기발생기에서 발생된 증기의 대부분은 복수기로 우회한다. 따라서 원자로출력제어계통에서 오는 제어봉의 자동구동금지(AMI) 신호는 냉각재의 평균온도(Tavg)가 냉각재의 기준온도(Tref)보다 높을 경우에도 제어봉의 삽입을 금지시킨다. 원자로가 15% 출력일 때에도 터빈의 증기압력은 15% 터빈부하보다 다소 낮다. 터빈부하가 증가함에 따라 증기는 터빈조절밸브를 통과하게 되고 점점 더 적은 증기가 증기우회밸브를 통하여 복수기로 보내진다. Tavg가 Tref에 접근함에 따라 원자로출력은 일정하게 유지된다. 원자로출력이 저출력에 의한 자동구동금지(AMI) 저출력 설정치(15%)에 이르면 AMI 신호는 제거되어 제어봉집합체는 자동으로 제어되기 시작한다.

다. 15%~100% 출력운전

원자로출력제어계통(RRS), 주급수제어계통(FWCS), 가압기수위제어계통(PLCS), 가압기압력제어계통(PPCS), 제어봉구동장치제어계통(CEDMCS) 및 증기우회제어계통(SBCS) 등이 모두 자동운전모드에 있다. 터빈부하를 100%에서 90%로 단계적 부하를 감발하는 경우 원자로출력과 터빈출력의 사이에 큰 출력 편차가 발생된다. 이 편차와 냉각재의 평균온도(Tavg)와 냉각재의 기준온도(Tref) 편차가 결합되어 제어봉의 고속삽입신호를 발생시킨다. 제어봉집합체의 제어그룹이 삽입되면 원자로출력을 감소시키는 효과를 나타내며 Tavg가 새로운 프로그램 설정치로 감소하는 효과를 나타내는 사이에 고유계통시간지연(Inherent System Time Delay)이 존재한다. 이 지연시간 동안 빠르게 증가하는 Tavg 때문에 감속재온도계수(Moderator Temperature Coefficient)로부터 부반응도가 원자로출력을 다소 감소시키는데 도움이 된다. 이 과도상태 동안 어느 점(30~40초)에서 제어봉의 삽입은 원자로출력을 터빈출력보다 낮도록 감소시킬 것이다. Tavg가 감소함에 따라 정반응도가 부가되어 원자로출력을 증가시키는 원인이 되어 원자로와 터빈출력의 불균형을 계속적으로 감소시키는 결과가 된다. 이 과도현상 약 75초에서 원자로와 터빈출력의 불일치에 의한 제어봉집합체의 인출요구와 Tavg와 Tref 불일치에 의한 제어봉집합체의 삽입요구가 서로 상쇄되어 더 이상의 제어봉집합체의 구동이 요구되지 않는다. 225초에서 원자로와 터빈출력은 서로 일치하게 되고 Tavg는 Tref와 불감대(+1.5°F) 안에 있게 되어 원자로출력제어계통에 의해서 더 이상의 자동동작이 요구되지 않는다. 〈그림 7-4〉는 100%에서 90%까지 단계적 출력감발을 나타낸다.

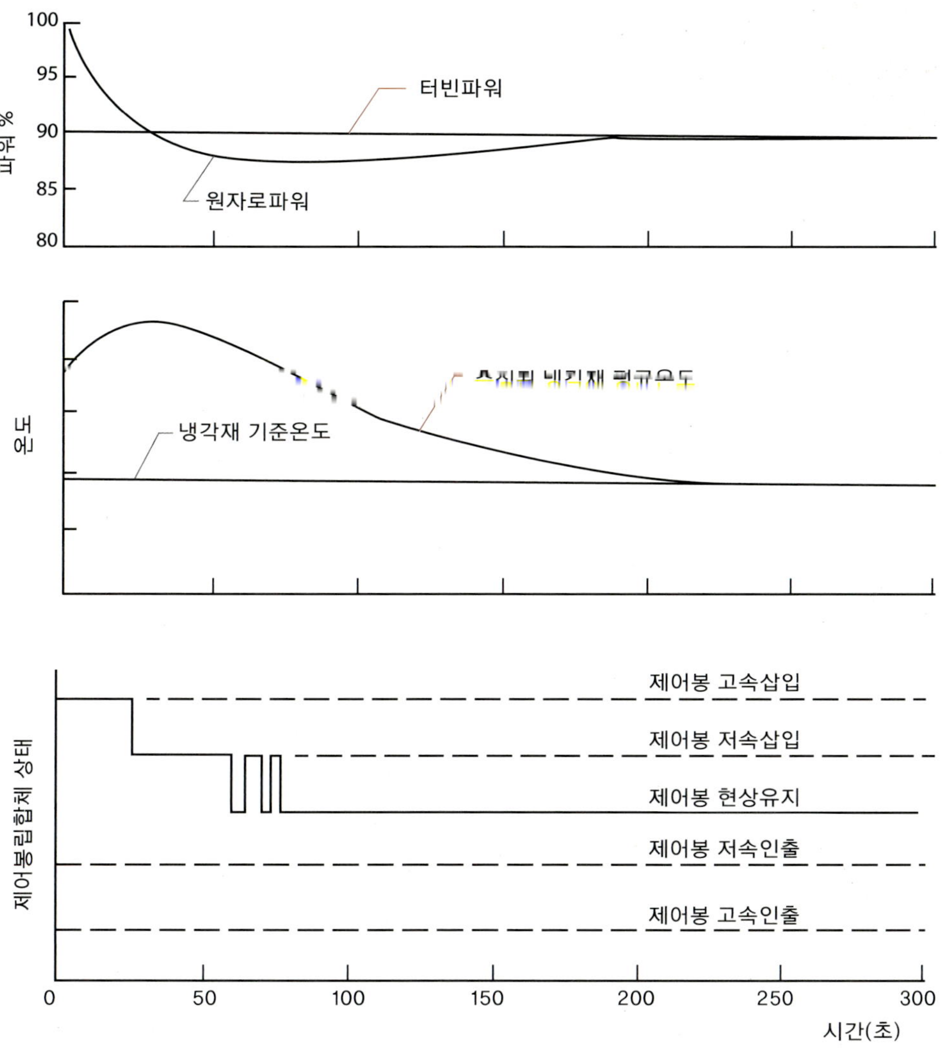

그림 7-4 • 단계적 부하감발(100% → 90%)

제어봉구동장치제어계통

1. 제어봉구동장치제어계통 개요

제어봉구동장치의 제어계통(CEDMCS)은 제어봉구동장치를 움직이는 제어신호를 발생시키고 신호를 받은 제어봉구동장치는 노심에 있는 제어봉집합체를 인출 또는 삽입 시킨다. 제어봉집합체는 열중성자에 대해 높은 미시적 흡수면적을 가지고 있는 붕소의 동위원소로 이루어져 있다. 따라서 제어봉집합체가 노심에 삽입되면 부반응도가 증가하고, 노심에서 인출되면 정반응도가 증가한다. 즉 제어봉집합체는 노심의 중성자의 준위와 분포를 제어하는 것이다. 운전원은 주제어실의 제어봉구동장치 운전원모듈에서 제어봉구동장치를 제어하여 노심의 핵반응도 제어한다. 〈그림 7-5〉는 제어봉구동장치제어계통의 기능블럭도를 보여준다.

2. 제어봉구동장치제어계통 설계기준

노심에서의 제어봉집합체 방향, 속도 및 기간 등을 제어하는데 고속운전은 10~40 인치/분 사이에서 정해지고, 저속운전은 고속운전의 1/10이다. 제어봉집합체는 숫자로 명명된 부그룹에 소속되는데 각 부그룹은 4개의 제어봉집합체로 구성되어 있다. 각 부그룹은 3가지 형태, 즉 전강도정지제어그룹(A 및 B), 전강도조절제어그룹(1~5) 및 부분강도제어그룹(P1 및 P2)으로 구성되어 있다. 〈표 7-1〉은 제어봉집합체의 구성을 보여준다.

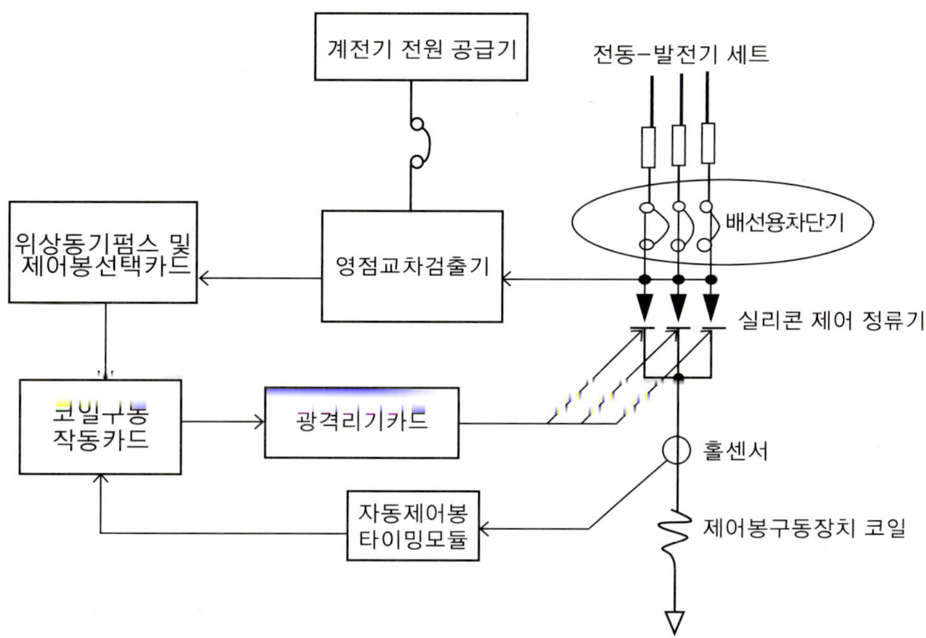

그림 7-5 • 제어봉구동장치제어계통 기능블럭도

제어그룹	부그룹	제어봉집합체
전강도정지제어그룹 A	2	6, 8, 10, 12
	3	7, 9, 11, 13
	5	18, 19, 20, 21
전강도정지제어그룹 B	6	22, 24,26, 28
	7	23, 25, 27, 29
	9	34, 36, 38, 40
	10	35, 37, 39, 41
전강도조절제어그룹 1	1	2, 3, 4, 5
	14	54, 57, 60, 63
	15	56, 59, 62, 65
전강도조절제어그룹 2	12	46, 48, 50, 52
	13	47, 49, 51, 53
전강도조절제어그룹 3	11	42, 43, 44,45
	16	55, 58, 61, 64
전강도조절제어그룹 4	8	30, 31, 32,33,1
전강도조절제어그룹 5	4	14, 15, 16, 17
부분강도제어그룹	17	66, 68, 70, 72
	18	67, 69, 71, 73
예 비	19~20	74~81

표 7-1 • 제어봉집합체 구성

가. 부그룹(Subgroup)

각각 4개의 제어봉집합체(CEA)로 구성되어 있고, 1번 CEA는 어느 부그룹에도 포함이 가능하다.

나. 제어그룹 구성

정지제어그룹(A 및 B)은 원자로의 트립 및 정지를 위해 충분한 부반응도 제공이 가능해야 한다. 조절제어그룹은 원자로의 출력을 조절하는 기능을 가지며, 그룹1은 3개의 부그룹, 그룹2는 2개의 부그룹, 그룹3은 2개의 부그룹, 그룹4 및 그룹5는 1개의 부그룹을 가지고 있다. 그리고 부분강도제어그룹(P1 및 P2)은 축방향의 출력 분포를 제어한다.

다. 운전모드

제어봉구동장치제어계통은 자동연속, 수동연속, 수동그룹, 수동개별 및 대기 등 5개의 운전형태가 있으며, 이중 1개를 선택하여 운전할 수 있다. 그룹내의 부그룹은 순서대로 이동하고 그룹의 운전 시 어느 제어그룹 내의 부그룹끼리 1스텝 이상의 편차는 허용되지 않는다. 자동연속, 수동연속 및 수동그룹 모드에서 부그룹 내의 모든 제어봉집합체는 동시에 움직인다. 수동개별모드에서는 한 개의 제어봉집합체가 움직일 수 있다. 제어봉의 구동은 다른 계통과의 연동 및 제어봉집합체의 이동 제한에 관한 신호에도 적절히 맞추어야 한다.

3. 제어봉구동장치제어계통 설명

노심의 반응도를 제어하는 방법에는 붕산수제어 및 제어봉제어 등 2가지 방법이 있는데, 화학 및 체적제어계통을 통한 붕산의 주입 또는 희석 운전 그리고 노심에 제어봉집합체를 삽입 또는 인출시키는 것으로 두 경우 모두 붕소가 중성자의 흡수체로 이용된다.

가. 붕산수제어

노심에는 붕산수가 냉각재에 용해되어 있어서 독물질 효과가 전 노심체적을 통해 나타나 독물질 농도가 편중되어 나타날 수 있는 국부적인 과열현상을 최소화시킬 수 있다. 붕산수를 사용하는 다른 장점은 전 노심기간을 통하여 연료연소에 대응하여 붕산수의 농도를 골고루 희석할 수 있다는 것으로, 붕산수를 이용하여 노심 전 기간에 걸쳐 반응도를 제어하는 수단으로 사용된다.

이 방법의 첫 번째의 단점은 화학 및 체적제어계통(CVCS)을 이용하여 충전 및 유출과정을 통해 천천히 일어나므로 갑자기 노심정지가 필요한 사고 상황인 경우 재빨리 노심의 부반응도를 증가시키는 것이 어렵다는 것이다. 그리고 두 번째의 단점은 균일한 붕산농도의 분포로 인하여 노심의 축방향의 출력 분포를 변경하는 것이 어렵다는 것이다. 예로서 '발산제논진동' 현상이 일어나면 노심내의 첨두출력 값의 위치가 상부에서 하부로 약 24시간 주기로 변하는데, 경우에 따라서는 이러한 첨두출력의 값이 안전제한치에 도달할 때까지 계속 증가될 수 있다는 것이다.

나. 제어봉제어

붕산수제어의 두 가지 단점은 제어봉제어를 사용하면 해결이 가능한데, 이는 제어봉이 노심에서 신속히 삽입 또는 인출될 수 있기 때문이다. 노심의 반응도 변화는 제어봉 부근에서 많이 일어나므로, 노심의 반응도를 신속히 변경시켜야 할 과도 및 사고 시에 필요한 국부적인 반응도의 제어를 제어봉을 통하여 가능하게 해준다. 제어봉은 제어봉구동장치에 의해 노심에 삽입 또는 인출되는데, 제어봉구동장치제어계통은 81개의 제어봉집합체를 제어할 수 있도록 설계되지만, 보통 73개의 제어봉집합체만을 제어하고 나머지 8개는 예비(Spare)이다. 〈그림 7-6〉은 제어봉집합체의 노

						1		1						
			S		2		2		2		S			
		3		B		B		B		B		3		
	S		4		P		5		P		4		S	
		B		A		A		A		A		B		
	2		P								P		2	
1		B		A		1		1		A		B		1
	3		5				4				5		3	
1		B		A		1		1		A		B		1
	2		P								P		2	
		B		A		A		A		A		B		
	S		4		P		5		P		4		S	
		3		B		B		B		B		3		
			S		2		3		2		S			
						1		1						

전강도 정지제어그룹 A, B
전강도 조절제어그룹 1~5
부분강도 제어그룹 P_1, P_2

그림 7-6 • 제어봉집합체 노심 분포

심 분포를 나타낸다.

노심이 대칭적으로 설계되어 있고 연료집합체가 방사상 대칭적으로 배치되어 똑같은 양의 출력을 생산하기 때문에, 가운데 제어봉집합체가 어떤 부그룹의 5번째 제어봉집합체가 되는 것을 제외하고는 모든 제어봉집합체는 4개의 제어봉집합체로 이루어진 18개의 부그룹으로 되어있다. 똑같은 반응도의 변화가 각 4분원 마다 대칭적으로 일어나도록 하기 위해서 각 부그룹의 4개의 제어봉집합체는 방사상 및 대칭적으로 4분원에 하나씩 위치하고 부그룹의 4개 제어봉집합체는 동시에 움직이게 되어있다.

정지제어그룹(A 및 B)은 원자로의 기동시 제일먼저 인출되며 전출력 운전 중 안전한 정지여유도를 제공하기 위해 모든 제어봉집합체들은 12개의 붕소 독물질봉을 가지고 있다. 조절제어그룹(1~5)의 제어봉집합체들은 독물질 4개봉과 12개봉을 같이 가지고 있다. 부분강도제어그룹은 P1 및 P2 두 개의 그룹으로 나누어진다. 부분강도제어봉집합체의 기능은 노심내의 축방향의 중성자속 분포를 제어하며, 전체 노심출력의 영향을 최소화하기 위해 중성자의 약 흡수체로 구성되어 있다.

제어봉집합체마다 구동장치가 하나씩 있는데, 제어봉집합체의 연장축에 연결되어 제어봉집합체를 삽입 또는 인출할 수 있도록 코일이 4개, 그리퍼가 2개 있는 자력식 구동장치이다. 제어봉구동장치는 한 스텝이 3/4인치씩으로 총 200스텝(150인치)을 이동하게 되어 있는데, 수동 및 자동모드에 따라 제어봉집합체의 최대속도는 30인치/분, 최저속도는 최대속도의 1/10인 3인치/분으로 움직인다. 제어봉구동장치제어계통의 캐비넷에 있는 전원스위치를 통해 DC 전류가 제어봉구동장치의 코일을 순서대로 여자시킴으로써 제어봉집합체는 움직이고, 제어봉구동장치의 상부 그리퍼에 의해 지지된다.

제어봉집합체의 위치를 나타내기 위해 리드스위치위치전송기(RSPT)의 집합체가 제어봉집합체마다 2개씩 있는데 제어봉집합체의 위치에 비례하는 출력전압을 발생시킨다. 이 리드스위치위전송기의 집합체는 제어봉집합체의 연장축 꼭대기에 있는 영구자석이 움직일 때 리드스위치를 동작할 수 있도록 위치해 있다. 제어봉구동장치의 코일에 전원이 상실되면 원자로의 정지차단기가 열려 그리퍼가 제어봉집합체의 연장축을 놓게 되며 따라서 제어봉이 자중으로 노심 하부로 낙하하게 되어 원자로는 정지된다.

원자로의 정지차단기는 원자로보호계통의 신호, 다양성보호계통의 신호, 현장 및 주제어실에서 수동작동에 의해 개방된다. 제어봉구동장치제어계통은 구동장치의 코일에 구동신호를 제어함으로써 발전소의 운전에 필요한 제어봉 운동의 방향, 속도, 기간 등을 자동 및 수동으로 제어한다. 원자로를 기동할 때는 반응도가 크게 변하므로 수동운전을 하고, 발전소가 정상출력운전을 할 때는 RCS 냉각재의 온도변화가 미세하므로 제어봉을 조금씩 움직여 자동운전을 하게 된다. 제어봉구동장치의 구동력을 안정적으로 주기위해 전동기-발전기세트(MG Set)가 2개가 있는데 하나가 모든 구동장치를 운전하는데 필요한 전력을 공급할 수 있다. 전동기-발전기세트는 480V AC 전원을 받는다.

4. 제어봉구동장치제어계통 운전

가. 제어봉집합체의 구동장치 운전

제어봉집합체는 자력에 의해 단계적으로 움직이는데 제어봉집합체의 연장축과 맞물리게끔 기계적으로 걸쇠가 2개 있다. 제어봉집합체가 움직이는 동안 걸쇠에 마모가 많이 일어나지 않게끔 하는 방안이 마련되어 있다. 자력은 2개의 전동기-발전기세트에서 나오는 전류에 의해 코일에서 발생한다. 제어봉구동장치제어계통이 계산한 구동사이클을 만들고 삽입 또는 인출 단계절차에 의해 제어봉집합체가 구동되는데, 모든 코일에서 전원이 끊어지게 되면 모든 제어봉집합체들은 중력에 의해 노심 속으로 떨어져 원자로는 트립된다.

나. 제어봉구동장치제어계통 운전원모듈 운전

제어봉구동장치제어계통의 제어패널에는 5가지의 다른 제어봉집합체의 운동형태 중 하나를 선택할 수 있다. 그 중 3가지는 수동으로 1개의 제어봉집합체만을 또는 하나의 그룹을 선택하여 제어할 수 있거나 발전소컴퓨터계통에 의해 순서대로 제어조절그룹을 독립적으로 제어할 수 있게끔 되어 있다. 4번째 모드는 '자동연속모드'인데 원자로의 출력이 정격출력의 15% 이상일 때 제어조절그룹이 원자로출력제어계통의 명령에 의해서 발전소컴퓨터계통에 의한 순서대로 움직이게 된다. 마지막 5번째 모드는 '대기모드'인데 제어봉집합체를 움직일 수 없게끔 되어 있다.

1) 수동개별(Manual Individual)

운전원이 어떤 제어봉집합체의 하나를 선택하여 최대속도인 30인치/분으로 삽입 또는 인출한다.

2) 수동그룹(Manual Group)

운전원이 부분강도제어그룹(P1 또는 P2)을 제외한 정지제어그룹(A 및 B) 또는 조절제어그룹(1~5) 하나를 선택하여 최대속도로 삽입 또는 인출한다.

3) 수동연속(Manual Sequential)

조절용 제어봉집합체를 발전소컴퓨터계통에 의한 순서에 의해 최대속도로 삽입 또는 인출한다.

4) 자동연속(Auto Sequential)

원자로 정격출력의 15~100% 출력에서 터빈부하가 변하면 원자로출력제어계통이 결정한 제어봉집합체의 방향, 속도, 기간에 의해 원자로의 출력이 자동으로 조절된다. 이 모드에서는 증기유량의 10% 단계적 변화와 5%/분 비율변화만을 수용할 수 있고, 이 값을 넘어서면 발전소보호계통 또는 증기우회제어계통에 의해 원자로는 안전한계치를 유지할 수 있다.

5) 대기모드(Standby Mode)

원자로출력제어계통에 의한 자동명령 또는 운전원에 의한 수동명령을 막론하고 모든 제어봉집합체의 운동이 되지 않게끔 하는 모드이다. 그러나 원자로트립의 신호가 오면 모든 제어봉집합체가 노심 속으로 떨어져 원자로는 트립된다.

다. 원자로 트립운전

원자로트립의 신호가 발생하면 제어봉구동장치의 코일에 들어가는 전원이 차단되어 자중으로 제어봉집합체가 노심 속으로 떨어지게 된다. 제어봉집합체의 낙하시간은 90% 삽입이 될 때까지 최대 4초로 되어 있다.

5. 제어봉구동장치제어계통 연동신호

제어봉구동장치제어계통의 연동신호에는 자동인출금지(AWP : Automatic Withdrawal Prohibit), 자동이동금지(AMI : Automatic Motion Inhibit), 제어봉집합체 인출금지(CWP : CEA Withdrawal Prohibit), 제어봉낙하지시(RDC : Rod Drop Contactor) 등이 있다. 예로서 '자동인출금지' 신호는 냉각재의 저온관 온도(Tcold)가 설정치(301.7℃)보다 높고, 냉각재의 평균온도(Tavg)와 냉각재의 기준온도(Tref)의 차이가 설정치(3.33℃)보다 높을 때에 발생하며 이 신호는 조절제어그룹(1~5)의 제어봉집합체 인출을 금지시킨다.

제3장

주급수제어계통

1. 주급수제어계통 개요

주급수제어계통(FWCS)은 급수유량을 조절하여 원자로냉각재계통(RCS)의 증기발생기 수위를 적절하게 유지시킨다. 원자로의 출력이 20% 이상인 상태에서는 3요소 급수제어방법으로서 급수유량의 제어에 증기유량신호, 급수유량신호 및 증기발생기의 수위신호가 사용되고, 원자로의 출력이 20% 이하인 상태에서는 단일요소 급수제어방법으로 급수유량의 제어에 증기발생기의 수위신호가 이용된다. 주급수제어계통은 증기발생기의 다운콤마밸브, 이코노마이저밸브의 개도 및 주급수펌프의 회전속도를 조절함으로써 증기발생기의 수위를 제어한다. 〈그림 7-7〉은 주급수제어계통의 기능블럭도를 보여준다.

2. 주급수제어계통 설계기준

가. 주급수제어계통 설계기준

1) 주급수제어계통은 아래와 같은 발전소의 상태에서도 증기발생기의 수위를 정상운전 범위 이내로 유지시켜야 한다.

• 원자로의 정지

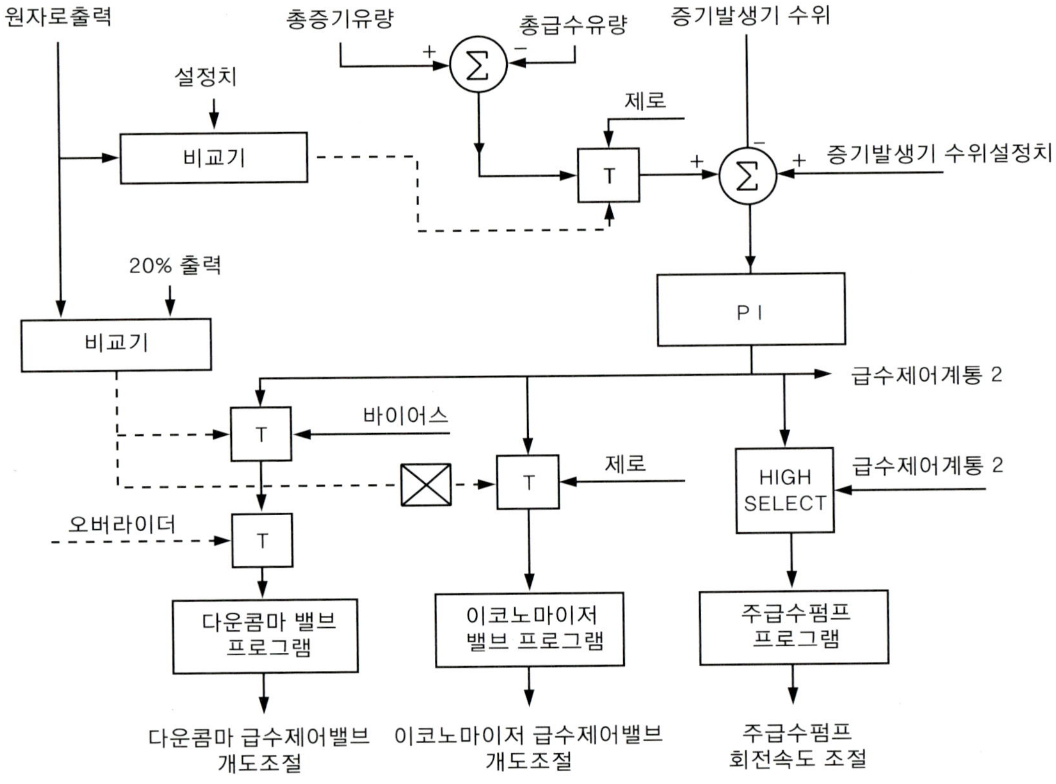

그림 7-7 • 주급수제어계통 기능블럭도

- 증기발생기의 고수위
- 증기우회제어계통 및 원자로출력급감발계통의 허용용량 범위내의 부하감발
- 주급수펌프 2대 운전 중 1대의 불시정지
- 5~15% 범위 및 15~100%의 핵증기공급계통 출력에서 터빈부하의 분당 ±5% 선형변화
- 5~15% 범위의 핵증기공급계통 출력에서 터빈부하의 분당 ±1% 단계변화와 15~100%의 핵증기공급계통 출력에서 터빈부하의 분당 ±10% 단계변화
- 출력이 100%에서 50%로, 출력이 50%에서 100%로의 부하추종운전 등

2) 주급수펌프의 3대 중 1대는 여유분으로 예비상태를 유지시켜야 하며, 여유분의 주급수펌프는 필요시 수동으로 기동할 수 있어야 한다.

3) 원자로의 고출력(20%~100%) 상태에서는 3요소 급수제어방법으로 급수유량제어에 증기유량신호, 급수유량신호 및 증기발생기의 다운콤마 수위신호가 사용되고, 원자로의 저출력(5~20%) 상태에서는 단일요소 급수제어방법으로 급수유량제어에 증기발생기의 다운콤마 수위신호가 이용된다.

4) 원자로출력제어계통(RRS)에서의 원자로출력 및 냉각재의 평균온도(Tavg) 신호가 주급수제어계통에 이용된다.

5) 제어봉구동장치제어계통(CEDMCS)에서의 원자로정지신호가 주급수제어계통에 이용된다.

6) 주급수제어계통은 증기발생기의 다운콤마밸브, 이코노마이저밸브의 개도 및 주급수펌프의 회전속도를 조절함으로서 증기발생기의 수위를 제어한다. 주급수펌프의 회전속도를 제어하기 위한 입력신호는 이코노마이저밸브의 개도 요구신호, 다운콤마밸브의 개도 요구신호 및 주급수펌프의 속도설정치 요구신호이다.

7) 증기발생기의 수위신호, 증기유량신호 및 급수유량신호는 주급수제어계통에서 주제어실과 발전소감시경보계통(PMAS)에 제공된다.

8) 주급수제어계통에서 발전소감시경보계통(PMAS)에 증기발생기의 고수위 오버라이드(SG High Level Override), 수위 편차신호 및 주급수제어계통의 시험 경보신호 등을 제공한다.

9) 주급수제어계통에서 증기유량신호와 원자로정지신호를 증기우회제어계통(SBCS)에 제공한다.

10) 원자로출력 5% 이하 상태에서는 급수제어우회밸브를 통하여 증기발생기의 수위를 조절한다.

3. 주급수제어계통 설명

가. 개요

주급수제어계통은 각각의 증기발생기에 유입되는 급수유량을 조절하여 증기발생기의 다운콤마(SG Downcomer) 수위를 적절히 조절하는 역할을 수행한다. 주급수제어계통에 사용되는 입력, 출력 및 제어 개념은 〈그림 7-7〉과 같다. 주급수제어계통의 구성기기는 제어패널, 전송기 및 급수제어기기 등이며 제어패널은 주제어실에 위치하고 제어기는 전기기기실에 설치된다.

나. 주급수제어계통

원자로의 출력이 20% 이하인 상태에서는 이코노마이저밸브는 닫혀있고, 급수펌프의 속도설정치는 최저 값을 유지한다. 주급수제어계통에서 프로그램된 신호 또는 운전원의 수동제어신호는 자동 또는 수동제어기에 보내어지며 이 신호는 다운콤마밸브를 열고 닫는다. 원자로의 출력이 20% 이상인 상태에서는 증기발생기의 다운콤마밸브는 바이어스(BIAS) 신호를 받는다. 이 바이어스 신호는 정격 급수유량의 10%를 공급할 수 있도록 다운콤마밸브를 개방시킨다. 나머지 급수유량은 증기발생기의 이코노마이저밸브에 의해 조절된다.

다. 주요 제어모드

주급수제어계통은 증기발생기에 공급되는 급수유량을 제어하여 증기발생기 다운콤마의 수위를 적절하게 유지한다. 이 계통의 제어를 위한 입력신호는 원자로출력에 의해 결정된다.

1) 저출력 수위제어모드

원자로의 출력이 20% 이하인 상태에서 급수제어는 단일요소제어로 급수유량을 나타내는 출력신호를 발생하기 위해 증기발생기의 수위신호를 사용한다. 이 출력신호는 최종적으로 증기발생기의 다운콤마밸브의 개도를 열고 닫는다. 이때 증기발생기의 이코노마이저밸브는 닫혀있고 주급수펌프의 속도설정치는 최저값(3,600rpm)을 유지한다.

2) 고출력 수위제어모드

원자로의 출력이 20% 이상인 상태에서 급수제어는 3요소 제어모드로 급수유량의 요구신호를 발생시키기 위해 증기발생기의 수위신호, 급수유량신호 및 증기유량신호를 사용한다. 고출력의 수위제어모드에서 급수제어의 출력신호는 급수펌프속도, 다운콤마밸브의 개도 및 이코노마이저밸브의 개도를 제어하여 증기발생기의 수위가 프로그램된 설정치와 일치하도록 한다.

증기우회제어계통

1. 증기우회제어계통 기능

증기우회제어계통(SBCS)은 원자로출력급감발계통(RPCS) 및 다른 제어계통과 함께 운전되어 증기우회밸브를 통해 증기량을 조절함으로서 핵증기공급계통(NSSS)에서 발생한 에너지 중의 남는 에너지를 자동적으로 제거한다. SBCS은 발전소의 가열 및 냉각 운전시 원자로냉각재계통(RCS) 냉각재의 평균온도(Tavg)를 수동으로 제어한다. 증기우회조건이 발생하면 제어봉이 자동적으로 인출되지 않도록 자동인출금지(AWP : Automatic Withdrawal Prohibit) 신호를 제어봉구동장치제어계통에 보낸다. 원자로출력이 15% 이하 일 때는 제어봉의 자동이동금지(AMI : Automatic Motion Inhibit) 신호를 보낸다. 터빈출력이 기 설정된 값 이하로 떨어질 때 AMI신호를 보내며 증기우회밸브의 용량은 원자로의 잉여에너지를 보낼 수 있어야 한다. 〈그림 7-8〉은 증기우회제어계통의 기능블럭도를 나타낸다.

2. 증기우회제어계통 설계기준

가. 증기우회제어계통 설계기준

1) 증기우회제어계통의 입력신호는 증기유량, 가압기압력 및 증기압력을 이용하며, 출력신호는 터빈증기우회밸브를 통해 터빈을 우회하는 증기량을 조절한다. 발전소의 출력이 감소하여 터빈을 우회하는 증기의 최대용량이 55%를 초과하

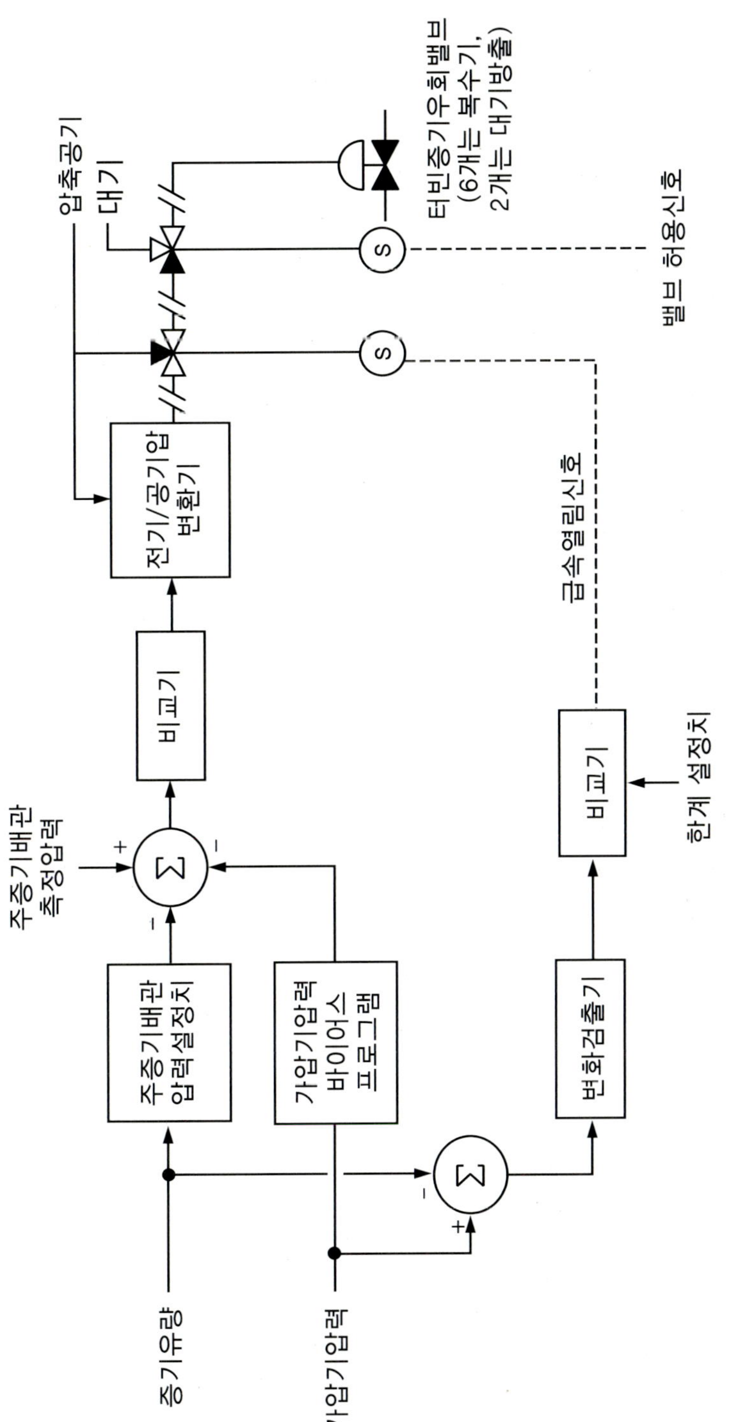

그림 7-8 • 증기우회제어계통 기능블럭도

는 경우에는 원자로출력급감발계통(RPCS)을 작동시킨다.

2) 증기우회제어계통은 발전소의 전 출력 운전 중 터빈정지 등의 부하감발에도 원자로정지와 가압기 및 주증기관의 안전밸브의 작동 없이 원자로에서 생산되는 에너지와 터빈에서 사용되는 에너지의 평형을 이루게 해야 한다.

3) 증기우회제어계통은 운전 중인 주급수펌프 2대 중 1대 정지 시에도 원자로정지와 가압기 및 주증기관의 안전밸브의 작동 없이 원자로에서 생산되는 에너지와 터빈에서 사용되는 에너지의 평형을 이루게 해야 한다.

4) 증기우회제어계통은 발전소의 기동 및 정지 시 수동으로 원자로냉각재계통 냉각재의 온도를 조절하는 기능을 수행한다.

5) 증기우회제어계통은 원자로가 정지한 후, 원자로에서 발생되는 잔열을 제거하는 역할을 수행하며 가압기 및 주증기관의 안전밸브의 작동 없이 원자로를 고온대기상태로 냉각시키고 고온대기상태로 유지시킬 수 있어야 한다.

6) 증기우회제어계통은 8개의 터빈증기우회밸브로 구성되며, 그 중 6개는 복수기로 증기를 덤프시키는 밸브이고, 2개는 대기로 증기를 배출시키는 밸브로 가장 나중에 열리고 먼저 닫힌다.

7) 증기우회제어계통은 원자로의 출력이 15% 이하 시 제어봉의 자동이동금지(AMI) 신호를 발생시켜 원자로출력제어계통(RRS)의 제어에 따라 제어봉이 자동으로 삽입 및 인출되는 것을 금지시킨다. 그리고 터빈증기의 우회조건이 발생하면 제어봉이 자동적으로 인출되지 않도록 자동인출금지(AWP) 신호를 제어봉구동장치제어계통에 보낸다.

8) 증기우회제어계통은 터빈을 기동시킬 때나 발전소를 전력계통에 병입시킬 때 그리고 핵연료의 재장전을 위해 원자로를 정지시킬 때 원자로에서 발생되는 잉여에너지를 제거시킨다.

3. 증기우회제어계통 설명

가. 계통 개요

증기우회제어계통은 발전소의 운전 중 터빈정지 등에 의해 원자로의 부하가 급격히 감소되는 경우에도 원자로출력급감발계통(RPCS) 등과 함께 원자로를 정지하지 않고 원자로에서 발생되는 에너지와 터빈에서 소비되는 에너지 사이에 균형상태를 유지하는 역할을 수행한다. 원자로출력제어계통(RRS)은 발전소의 부하가 10% 단계변화 및 5%/분 비율변화까지는 원자로의 출력과 RCS의 냉각재평균온도(Tavg)를 설정치 이내로 유지시킬 수 있도록 되어 있다. 그러나 발전소가 더 큰 부하를 감발해야 하는 경우에는 원자로의 출력을 안정적으로 유지시키기 위해서 인위적으로 핵증기공급계통(NSSS)에서 발생된 증기를 제거해야 한다. 증기우회제어계통은 8개의 증기우회밸브로 구성되어 있으며, 그 중 6개는 복수기로, 2개는 대기로 증기를 방출하는 밸브이다. 이 밸브들의 운전방법에는 조절모드(Modulation Mode)와 급속열림모드(Quick Open Mode)가 있다.

증기우회제어계통은 제어봉의 자동인출금지(AWP) 신호를 발생시키는데 그 이유는 증기의 우회시 제어봉의 인출이 오히려 발전소의 제어에 방해가 되기 때문이다. 그리고 제어봉의 자동이동금지(AMI) 신호를 발생시키는 것은 터빈이 정지되는 경우에도 원자로의 출력을 일정수준으로 유지시키는 역할을 수행하여 터빈 등의 일시적인 고장으로 터빈부하를 감발할 때 터빈이 정상적으로 복구가 되었을 때 원자로의 출력을 빠르게 유지시키는 것을 가능하게 한다.

발전소의 전 부하(100%)가 감발되는 경우 원자로를 정지시키지 않고 발전소를 안정화시키기 위해서는 대용량의 증기우회제어계통과 복수기가 필요한데 이러한 용량요구를 최소화하기 위해서 원자로출력급감발계통과 원자로출력제어계통이 함께 사용된다. 따라서 증기우회제어계통의 증기우회 용량은 복수기로의 증기배출을 40%, 배기로의 증기방출을 15% 등 총 55% 증기우회를 시킬 수 있게 하고 원자로에서 발생되려는 나머지의 에너지는 원자로출력급감발계통과 원자로출력제어계통을 이용하여 원자로의 출력을 조절하여 원자로에서 발생하는 에너지와 터빈에서 소비되는 에너지의 균형을 유지시킨다. 증기우회제어계통은 발전소의 여러 가지 인자 및 운전조건에 따라서 증기우회밸브를 조절한다. 발전소의 가열 및 냉각 운전 시에는 운전원이 수동으로 우회하는 증기의 유량 및 압력을 조절하여 RCS 냉각재의 평균온도(Tavg)를 적절히 낮춘다.

나. 제어신호

1) 조절모드(Modulation Mode)

조절모드(Modulation Mode)는 비교적 작은 과도상태가 발생했을 때 쓰인다. 주증기의 헤더 압력을 계속 감시하다가 증기의 사용이 감소되어 증기의 압력이 과도하게 증가하면 프로그램된 설정치에 일치하게 헤더의 압력을 조절하기 위해 터빈을 우회하는 밸브를 통해서 증기를 복수기로 배출시킨다. 단일부품고장(Single Failure Criteria) 개념에 의해 하나의 증기우회밸브가 열리기 위해서는 독립된 2개의 요구신호 즉 주(Demand) 제어신호와 허용(Permissive) 제어신호가 필요하다. 주증기의 헤더압력에 해당하는 두 개의 신호가 만들어져 하나는 밸브의 주제어신호를 만드는 주 조절제어채널로, 다른 하나는 밸브의 허용신호를 만드는 허용 조절제어채널로 가게 된다.

2) 급속열림모드(Quick Open Mode)

급속열림(Quick Open)의 기능은 조절모드(Modulation Mode)에 비해 상대적으로 큰 과도상태일 때 사용되는데 이때는 조절요구에 우선하여 1초 이내에 밸브를 열리게 한다. 그러나 급속열림의 신호가 발생하더라도 아래의 경우에는 터빈우회밸브가 열리지 않는다.

- 원자로가 트립된 후에 RCS 냉각재의 평균온도(Tavg)가 낮을 경우에는 원자로 출력이 낮은 상태에서 일어나기 쉬운데 핵증기공급계통(NSSS)이 원자로에서 발생한 에너지를 스스로 흡수할 수 있는 용량을 갖고 있는데다가 터빈우회밸브

를 빨리 움직일 경우 원자로가 '0' 출력으로 안정되기가 어렵기 때문이다.

- 주급수펌프 1대가 기능을 상실된 직후, 주급수펌프의 1대가 상실되었는데 그 당시 발전소 출력이 75% 이상이었다면 원자로출력급감발계통이 작동하여 원자로의 출력은 감소된다. 그리고 '급속열림모드'로 터빈우회밸브가 열린다면 RCS의 증기발생기를 통해 원자로의 냉각재를 과냉각시킬 수 있기 때문이다.

3) 복수기 연동신호

복수기가 터빈을 우회하는 증기유량을 받을 조건이 되지 않을 때에 터빈우회증기밸브를 열리지 못하게끔 하여 터빈과 복수기를 보호해야 한다. 그리고 주제어실과 증기우회제어계통 시험패널에 비상정지스위치가 있어 수동으로 운전원이 터빈우회밸브로 가는 모든 신호를 차단할 수 있게 한다.

4) 제어봉 자동인출금지(AWP)

터빈우회밸브가 자동으로 개방되는 상태에 있다는 것은 원자로에서 과도하게 에너지가 생산되고 있다는 것을 나타내므로 원자로에서 에너지를 더 이상 생산하지 않게 하기 위해 제어봉의 자동인출금지(AWP) 신호를 원자로출력급감발계통에 보내어 노심에서 제어봉의 인출을 차단시키는 것이다.

5) 제어봉 자동이동금지(AMI)

증기우회제어계통에는 제어봉의 자동이동금지(AMI) 회로가 있어서 발전소를 신뢰성있게 운전할 수 있도록 한다. 제어봉의 자동이동금지(AMI) 회로의 1차적인 목적은 일시적인 문제로 터빈이 트립되거나 아니면 발전소의 소내 부하까지 부하가 감발되어 빠른 시간 내에 발전소가 복구될 수 있는 상황에서 원자로의 출력을 자동으로 일정 수준 이상으로 계속 유지하는데 있다. 이런 관점에서 발전소의 부하 감발이 일어날 경우 그 당시 원자로의 출력이 자동이동금지 설정치보다 낮다면 제어봉의 삽입 및 인출이 방지된다. 제어봉의 자동이동금지(AMI) 개념은 터빈이 전력계통에 병입되는 초기에 부하가 일시적으로 증가할 때에도 유용하게 쓰이는데 출력이 15% 이상에서 제어봉구동장치제어계통이 자동으로 제어되면 운전원이 발전소의 운전에 전념할 수 있고 터빈부하가 원자로에서 생산되는 에너지보다 더 커지게 되면 그 후에는 원자로출력제어계통에 의해 원자로는 터빈의 부하에 추종하여 제어를 시작하게 된다. 제어봉의 자동이동금지신호는 원자로출력의 15% 미만에서는 항상 발생하게 되어 있다. 제어봉의 자동이동금지 신호는 운전원이 설정할 수가 있다.

4. 증기우회제어계통 운전

가. 정상운전

1) 계통병입 후 출력 15% 이상 시

주제어기를 포함한 모든 제어기는 자동이다. 어떤 이유로 주증기 헤더의 압력이 설정치에 도달되면 터빈우회밸브가 순차적으로 열리고 닫혀서 터빈으로 들어가는 증기의 압력이 설정치로 유지된다.

2) 발전소 가열 및 기동 시

증기우회제어계통의 주요 기능 중 하나는 발전소의 가열 및 기동을 제어할 수 있는 것이다. 발전소의 가열시 터빈으로 들어가는 증기의 압력을 조절함으로써 RCS 냉각재의 평균온도를 유지할 수 있다. 발전소 기동 중에는 원자로의 출력이 약 15% 이하가 되어야 제어봉의 자동이동금지(AMI) 신호가 발생된다.

3) 발전소 정지 및 냉각 시

발전소의 출력이 감소되면 제어봉의 자동이동금지(AMI) 설정치를 제어봉의 자동이동금지 신호가 나오지 않도록 운전원이 계속 낮추어야 한다. 발전소의 냉각 시에는 터빈을 우회하는 증기밸브를 열어서 RCS 냉각재의 평균온도를 떨어뜨린다.

나. 비정상운전

1) 부하감발

증기우회제어계통은 발전소의 과도상태 시에 가능한 출력을 높게 유지시키도록 설계되며, 발전소가 전 출력으로 운전 중 터빈의 트립이 일어났을 때에도 원자로의 트립을 방지하면서 증기우회제어계통의 급속열림신호를 초과한 경우에는 원자로출력급감발계통(RPCS)이 동작된다.

2) 원자로 트립 시

원자로가 트립되고 터빈이 트립된 경우에는 터빈을 우회하는 증기밸브를 열어서 발전소를 고온대기상태로 유지시키는데 RCS 냉각재의 평균온도가 낮은 저 출력상태에서 터빈트립이 일어나면 급속열림의 신호가 발생하더라도 터빈을 우회하는 증기밸브가 열리지 않는다. 이는 원자로의 과냉이나 감압을 방지하기 위함이다.

3) 주급수펌프 1대 정지 시

원자로의 출력이 75% 이상에서 주급수펌프 1대가 상실되면 자동적으로 원자로출력급감발계통(RPCS)이 동작된다.

제5장

원자로출력급감발계통

1. 원자로출력급감발계통 개요

원자력발전소의 핵증기공급계통(NSSS)은 연결된 전력계통의 적은 부하 변동이나 교란 및 발전소 내부의 여러 시스템의 비정상적인 운전에도 정상적으로 운영될 수 있도록 설계된다. 일반적으로 핵증기공급계통은 자동운전모드 아래에서 정격출력의 5%/분 비율변화 및 10% 단계변화를 수용할 수 있도록 설계된다. 터빈에서 소비되는 에너지와 원자로에서 발생하는 에너지가 일치하지 못하면 원자로출력제어계통(RRS), 증기우회제어계통(SBCS), 주급수제어계통(FWCS)과 가압기의 수위 및 압력제어계통(PLCS & PPCS)이 상호 조화를 이루면서 발전소의 계통 내부에 상호 에너지의 균형을 유지한다.

그러나 대형부하의 탈락이나 운전 중인 2대의 주급수펌프 중 1대가 트립된 경우 등 과도현상이 발생하면 이들 제어계통들이 감당할 수 없기 때문에 원하지 않는 원자로의 정지가 진행될 수도 있다. 이런 경우 원자로출력급감발계통(RPCS)이 작동하여 선택된 제어봉집합체의 부그룹(Subgroup)을 노심 바닥에 낙하시키고 터빈출력을 신속하게 감소시킨다. 원자로출력은 작동하기 전의 원자로출력에 따라서 20~75% 사이에서 안정되고 터빈출력도 원자로의 출력에 맞추어진다. 〈그림 7-9〉는 원자로출력급감발계통의 기능블럭도를 나타낸다.

2. 원자로출력급감발계통 기능

원자로출력급감발계통(RPCS)은 주급수펌프의 트립 시에 주급수제어계통에서 발

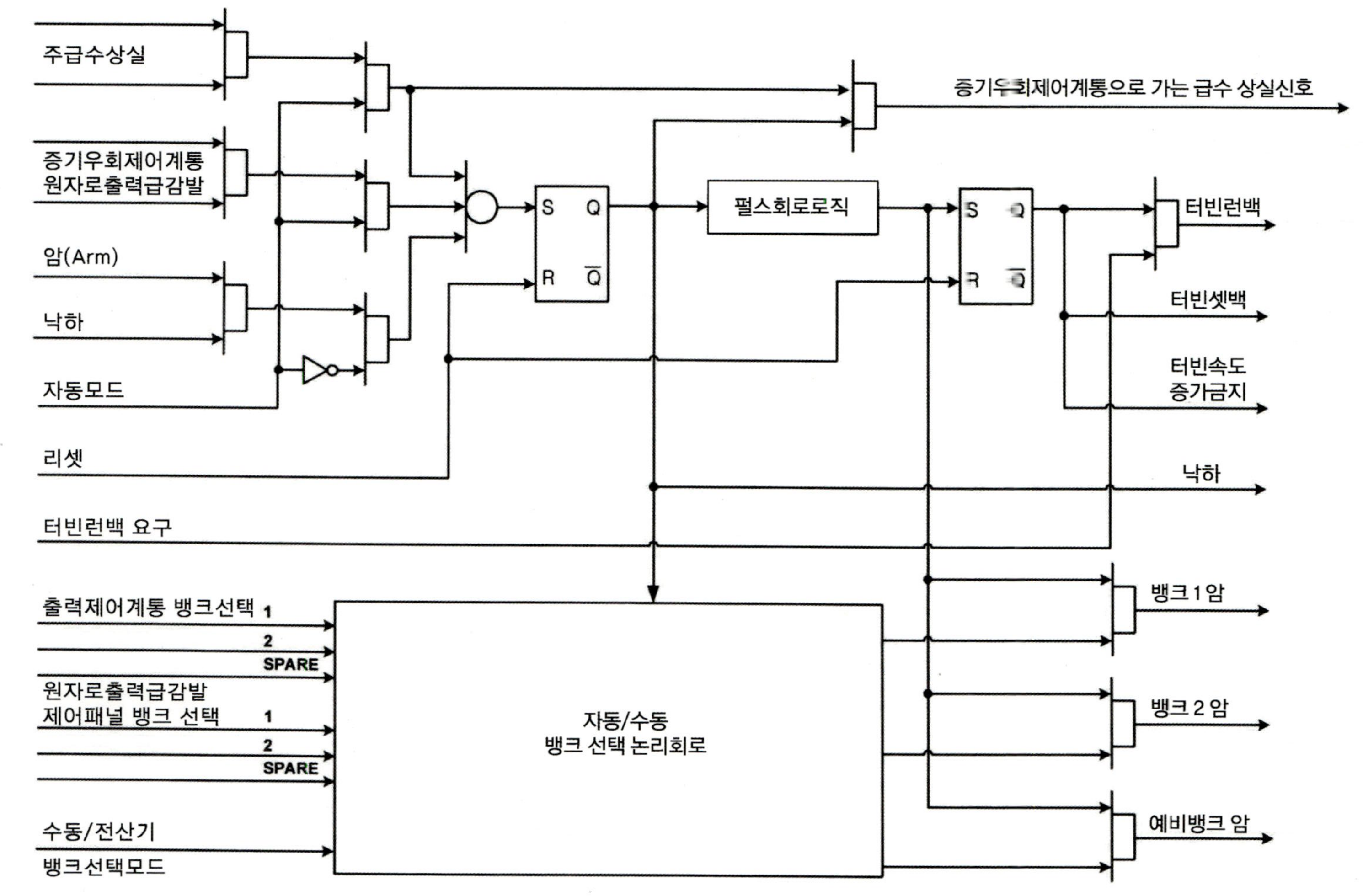

그림 7-9 • 원자로출력급감발계통 기능블럭도

생되는 신호를 받아 자동적으로 작동되어 원자로 및 터빈의 출력을 재빨리 감소시켜 증기발생기의 수위가 저하되어 트립되는 것을 방지시켜 준다. RPCS는 발전소가 100% 출력운전 중에 터빈의 트립이나 큰 터빈부하 감발 시에 증기우회제어계통(SBCS)에서 발생되는 신호를 받아 자동적으로 동작되어 원자로의 출력을 재빨리 감소시키고 가압기의 고압에 의한 원자로가 트립되는 것을 방지하고 가압기의 압력방출밸브나 주증기의 압력방출밸브 등의 개방을 방지시켜 준다. RPCS는 자동으로 동작되는 경우 이를 운전원에게 알려주고, 또한 운전원이 수동으로 동작시킬 수 있도록 하며 출력감발을 멈추게 할 수도 있다.

3. 원자로출력급감발계통 설명

발전소에 대형 부하가 탈락되면 무부하 주증기압력(1,070psia)을 유지하기 위해 증기우회제어계통(SBCS)이 동작하며, 만약 부하의 탈락 크기가 SBCS의 용량을 초과하면 SBCS는 원자로출력급감발의 요구신호(Reactor Power Cutback Demand Signal)를 원자로출력급감발계통(RPCS)에 보낸다. 각 주급수펌프로 부터는 2개의 신호가 발생하며 RPCS 제어패널에 그 상태를 나타낸다. 만약 1대의 펌프가 트립된다면 원자로출력급감발의 요구신호가 발생된다.

발전소감시경보계통(PMAS)은 원자로의 출력 및 연료연소도를 감시하고 연료온도계수(FTC : Fuel Temperature Coefficient) 및 감속재온도계수(MTC : Moderator Temperature Coefficient)를 계속 계산해 낸다. 이들 값을 기초로 하여 전산기는 원자로의 출력을 75% 이하로 감소시키기 위해서는 얼마만큼의 부반응도(Negative Reactivity)가 필요한지를 결정하게 된다. 이를 기초로 제어봉의 제어조절그룹5로에서 시작하여 각 제어봉의 부그룹의 부반응도 값을 계산하여 낙하시킬 제어봉집합체의 부그룹을 선택하게 된다.

RPCS가 동작되면 그 신호가 터빈제어계통에도 보내어져 터빈출력을 60%까지 신속하게 감발시키며, RCS의 냉각재평균온도(Tavg)와 주증기압력이 안정될 때까지 진행된다. 이 경우 안정상태는 원자로에서 발생되는 에너지가 터빈에서 소비되는 에너지와 터빈증기우회제어계통으로 인하여 우회되는 증기량 에너지와 합했을 때 일치되었음을 의미한다. 원자로출력급감발의 제어패널(RPCCP : Reactor Power Cutback Control Panel)은 주제어실에 설치되고 운전원에 의해 자동 및 수동 운전이 가능하다. RPCS는 주제어실의 경보계통에 RPCS의 고장 또는 동작요구 상태를 전송한다.

4. 원자로출력급감발계통 운전

1) 정상운전

발전소가 출력 운전을 할 때 원자로출력급감발계통의 정상운전 조건은 대기상태인데 제어봉집합체의 선택은 발전소감시경보계통(PMAS)에 의해 자동으로 혹은 운전원에 의해 수동으로 가능하다.

2) 자동운전

원자로출력급감발계통이 자동모드로 들어가면 수동모드에서 선택된 모든 자료들은 지워진다. 그리고 원자로출력급감발계통이 작동했을 때는 동작하는 제어봉집합체의 해당 부그룹 및 낙하 여부 등의 정보가 지시된다.

3) 수동운전

원자로출력급감발계통이 수동모드일 때는 수동으로 선택된 자료들이 저장되는데 만약 수동모드에서 낙하해야 될 제어봉이 결정이 되지 않은 상태에서 사건이 발생하면 원자로의 출력감발은 일어나지 않아서 터빈의 증기우회밸브를 통해 40%에 해당하는 증기량이 복수기로 배출되면서 원자로에서 발생하는 에너지의 100%, 터빈에서 소비되는 에너지 60%를 유지하게 한다. 그러나 만약 부하감발이 증기우회제어계통(SBCS)의 용량인 55%를 넘어서게 되면 터빈에서 소비되는 에너지가 적어져 RCS 냉각재평균온도의 상승으로 가압기는 고압력을 유지하여 원자로는 트립될 것이다.

4) 비정상운전

가) 원자로 출력이 60% 이하 경우

만약에 원자로에서 생산되는 에너지가 정격의 60% 이하일 경우에는 증기우회제어계통(SBCS)이 55%까지 부하를 감당하기 때문에 원자로출력급감발계통이 동작하지 않는다.

나) 원자로 출력이 60% 이상이고 75% 미만일 경우

원자로에서 생산되는 에너지가 75% 미만일 경우에는 낙하될 제어봉집합체를 선택하지 않기 때문에 제어봉집합체는 그대로 있고 터빈출력을 60%까지 신속하게 감발시킨다. 이 경우에는 증기우회제어계통(SBCS)이 55%, 원자로출력제어계통(RRS)이 10% 단계변화, 가압기 등의 계통에서 나머지 10%까지를 흡수할 수 있기에 필요한 출력감발을 이 두 계통이 감당할 수 있다.

다) 원자로 출력이 75% 이상일 경우

원자로출력급감발계통이 동작하여 제어봉이 낙하됨으로써 정격출력의 20~75% 사이에서 원자로의 출력이 안정되고 터빈부하가 60%까지 신속하게 감소하게 된다.

라) 원자로출력급감발계통이 작동된 후 안정상태로의 접근

원자로출력급감발계통이 작동된 후에 원자로에서 생산되는 에너지가 터빈에서 소비되는 에너지보다 클 경우에 핵증기공급계통의 온도 및 압력이 올라가게 된다. 이러한 경우 증기우회제어계통과 원자로출력제어계통을 작동시켜 1차 및 2차 측의 에너지출력이 균형을 이루게 된다. 주급수펌프 1대의 상실로 원자로출력급감발계통이 작동된 경우에는 제어봉집합체의 낙하속도는 줄어드는 주급수의 유량만큼 충분히 커서 증기발생기의 수위 저하로 원자로는 트립되지 않는다. 만약 원자로출력급감발계통이 작동된 후에 원자로의 출력이 터빈출력보다 작을 경우에는 핵증기공급계통의 온도 및 압력이 떨어지게 되는데 이것이 증기우회제어계통의 터빈런백 논리회로를 작동시켜 1차 및 2차측의 출력이 일치하게 된다. 따라서 1차 및 2차측의 압력

저하로 원자로가 트립되지는 않는다. 그리고 원자로출력급감발계통이 동작되어 원자로의 출력이 예상되는 값보다 더욱 낮게 떨어질 수 있다. 주급수펌프 1대 상실 시에 원자로의 출력이 60%까지만 감소시켜도 되는데 실제로는 40%까지 떨어질 수가 있다. 이 때는 운전원이 수동으로 원자로의 출력을 60%까지 다시 올려야 한다.

제6장

가압기압력제어계통

1. 가압기압력제어계통 개요

원자로의 노심으로부터 발생하는 열을 적절히 제거하기 위해서는 열전달 측면에서 핵연료봉의 사이 사이를 흐르는 냉각재를 반드시 과냉상태(Subcooled State)로 유지시켜야 한다. 발전소의 정상운전 시 원자로냉각재계통(RCS) 냉각재의 온도를 압력에 해당하는 포화온도 이하 상태로 유지시키기 위해서는 가압기압력제어계통(PPCS)은 가압기의 내부를 652.7°F 및 2,250psia의 증기와 물의 포화된 혼합상태를 유지시켜야 한다. 가압기의 액체영역은 밀림관(Surge Line)을 통해 RCS의 저온관에 연결되므로 가압기에 형성된 압력이 RCS에 전달되어 정상운전 시 RCS를 30°F 이상 과냉각상태를 유지시킨다. RCS의 압력의 갑작스러운 감소는 RCS를 적절한 과도상태를 유지하지 못해 노심에 기포가 발생할 수 있다. 그리고 RCS의 과도한 압력증가는 RCS의 압력경계의 건전성을 해칠 수 있다. 냉각재의 압력 과도상태를 일으키는 가장 일반적인 원인 중의 하나는 냉각재의 밀도변화를 일으키는 냉각재의 평균온도(Tavg)의 변화이다.

정상운전 중에 가압기는 약 절반정도 포화수로 차있고, 나머지 반은 포화증기로 차있다. 가압기는 RCS에 완충탱크의 역할을 한다. Tavg가 낮아져 냉각재의 체적이 감소하면 가압기에서 유출(Out Surge)이 발생되고 상대적으로 증기영역이 팽창되어 압력이 감소한다. 따라서 가압기의 내부에 있는 냉각재의 일부는 증발하여 증기가 되어 압력감소를 제한하고 매우 빠르게 약간 낮은 온도에서 온도와 압력이 평형상태를 이루게 된다. Tavg가 높아지면 냉각재가 팽창되어 가압기에 냉각재가 유입(In Surge)되고 가압기 내부에 있는 증기영역을 압축시켜 증기영역을 과열증기가 되도록 하여 평형상태는 약간 높은 온도와 압력에서 이루어진다. 가압기로의 유입 시는 가압기의 증기영역과 유입된 냉각재의 온도차가 크기 때문에 가압기 유출 시보다 늦게 평형상태에 도달한다. 냉각재 온도의 약간의 변화와 그에 따른 가압기의 수위의 변동은 발전소의 운전에서 정상적이며 RCS의 압력변화가 미세하며 발전소의 운전상태에 큰 영향을 끼치지 않는다. 그러나 갑작스럽거나 과도한 과도상태에서 압력변화를 완화시키려면 PPCS의 추가적인 기능을 필요하게 한다.

PPCS의 주된 목적은 발전소를 안정상태로 운전할 때 RCS의 압력을 압력설정치(2,250paia)로 제어하기 위한 자동 및 수동제어수단을 제공하는 것이다. PPCS는 과도상태 시에 전열기의 전원과 분무유량을 제어함으로써 압력변화를 최소화시킨다. 또한 PPCS는 발전소의 기동 및 정지(Start-up & Cool down) 시에 RCS의 압력을 광역 제어하는 기능과 가압기와 RCS의 붕산농도를 평형시키는 기능을 제공한다. 그리고 PPCS는 RCS의 압력을 지시하고, 계통이 비정상시에 운전원에게 경보수단을 제공한다.

PPCS는 15%와 100% 출력사이에서 분당 5% 부하의 비율변화, 주급수펌프가 2대 운전 중에 1대 기능상실 그리고 임의의 크기의 부하 감발 시에 가압기 및 RCS 압력을 자동으로 제어할 수 있어야 한다. 가압기의 비례전열기들은 발전소의 안정상태 운전조건에서 요구되는 압력설정치(2,250psia)로 압력을 자동으로 유지시킬 수 있어야 한다.

2. 가압기압력제어계통 주요기기

가. 가압기분무밸브

가압기분무밸브는 정상상태에서는 닫혀 있으나, 약간의 우회하는 분무유량이 요구된다. 우회분무밸브는 가압기의 분무노즐에 과도한 열충격을 방지하기 위해 분무라인을 가열시키기 위해 1.5gpm의 유량을 연속적으로 분무한다. 1.5gpm은 가압기의 열손실에 해당하는 유량이다. 가압기의 압력이 설정치 이상으로 과도하게 증가하면 분무밸브는 압력변이를 경감시키기 위해 비례적으로 개방된다. 압력이 설정치

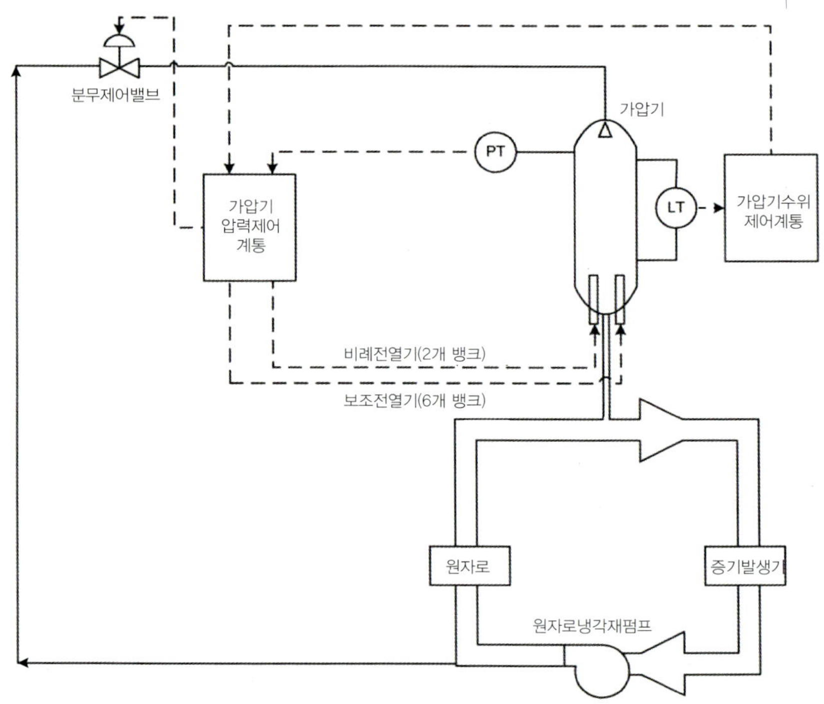

그림 7-10 • 가압기제어계통 블록도

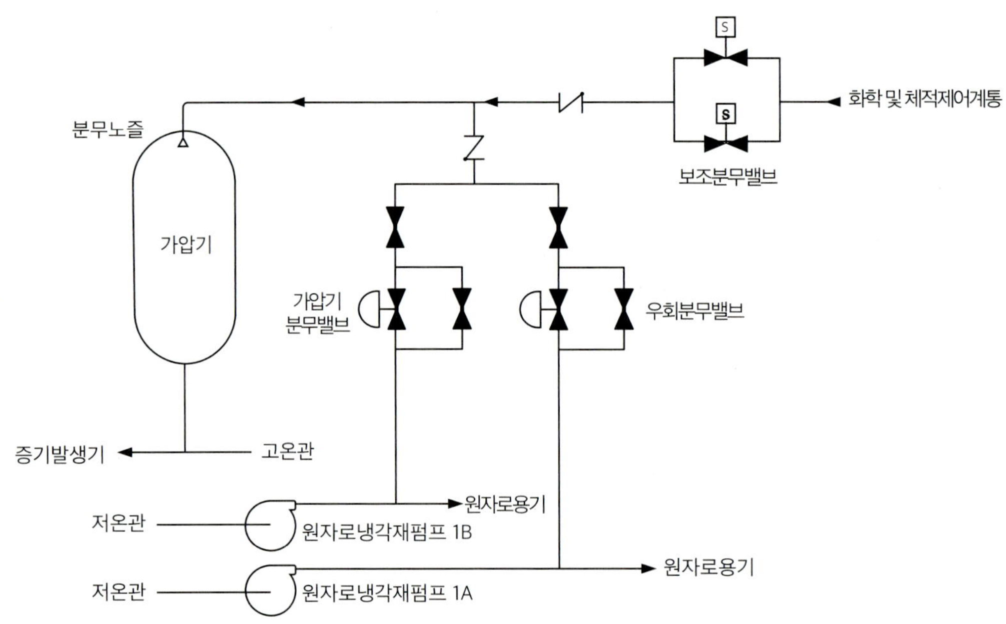

그림 7-11 • 가압기 압력제어(살수) 개념도

로 복귀하면 분무밸브는 닫힌다. 병렬로 설치되어 있는 2개의 가압기 분무밸브는 원자로냉각재펌프(RCP) 출구로부터 냉각재를 받아 가압기의 분무노즐로 공급되는 분무유량을 조절한다. 분무밸브는 다이아프램으로 작동되는 글로브밸브이며, 밸브의 개방 구동력으로는 계기용 공기를 사용하고 계기용 공기가 상실 시에는 밸브가 닫히도록 스프링이 설치되어 있다. 밸브 2개의 총 분무유량은 375gpm이다. 〈그림 7-10〉은 가압기제어계통의 기능블럭도를 나타내고, 〈그림 7-11〉은 가압기의 압력제어를 위한 살수 개념을 나타낸다.

나. 보조분무밸브

보조분무밸브는 2개가 병렬로 설치되며 정상 분무유량이 부족하거나 기능을 못할 때 가압기에 분무유량을 제공한다. 보조분무밸브는 솔레노이드에 의해 구동되는 2인치 글로브밸브로 전기적으로 개방되고 스프링에 의해 폐쇄되는데 전원이 상실되면 폐쇄된다. 보조분무유량은 화학 및 체적제어계통(CVCS)의 충전펌프로부터 유체를 받아 재생열교환기의 동체를 통하여 약간 가열된 후에 공급된다.

다. 가압기전열기

가압기의 내부에는 RCS의 요구압력에 해당하는 포화온도를 유지시키기 위해 36개의 전열기가 설치되어 있다. 각 전열기의 용량은 50kW이며 전체 전열기의 용량은 1,800kW이다. 전열기의 용량은 발전소를 기동할 때 붕괴에 의한 잔열과 4대의 원자로냉각재펌프(RCP) 가동에 의한 발생열과 함께 RCS를 과냉상태로 유지시키기 위한 충분한 용량이다. 가압기의 전열기는 물에 잠기는 형으로 인코넬로 피복되어 있다. 스테인레스강의 전열기 어탭터는 RCS의 압력경계를 형성하도록 가압기 내부의 스테인레스강 피복재에 용접되어 있다.

전열기들은 8개의 개별적인 뱅크로 나누어져 있다. 이중 2개의 뱅크(P1 및 P2)는 비례제어기에 의해 제어된다. 비례전열기에 공급되는 전력은 발전소가 안정상태로 운전될 때 대기로 방출되는 열손실과 분무유량에 의한 열손실을 보상하기 위해 필요에 따라서 자동으로 변화된다. 나머지 6개 뱅크(B1~B6)는 보조전열기들이다. 보조전열기들은 과도상태 시 또는 과도상태 후에 가압기를 정상상태로 복귀하기 위해 온-오프(On-Off) 제어방식에 의해 운전되며 수동으로도 가능하다. 각 전열기뱅크는 3개 또는 6개의 전열기로 되어 있다. 전열기뱅크 B1 및 B2의 전원은 발전소의 안전급 전원에서 공급되고, 나머지는 비안전급 전원에서 공급된다. 소외전원상실과 공학적안전설비가 작동할 때는 전열기뱅크 B1 및 B2은 비상디젤발전기의 투입순서에 따라 전원이 공급되어 전열기에 의한 가압기의 압력제어가 가능하게 한다. 가압기의 수위가 저-저 수위 설정치 이하로 떨어지면 모든 전열기들은 전원이 차단된다. 이것은 전열기들이 가열된 상태에서 증기 중에 노출에 의한 전열기의 손상을 방지하기 위함이다.

라. 비례전열기 전력제어기

비례전열기의 전력제어기(PPUC)는 실리콘제어정류기(SCR : Silicone Controlled Rectifier) 전력제어기로 반도체스위치를 이용하여 부하에 전류를 공급한다. PPUC의 입력은 가압기의 압력제어기로부터 공급된다.

마. 가압기압력제어기

가압기의 압력제어기는 비례전열기뱅크와 가압기분무밸브의 동작을 제어하여 요구되는 가압기의 압력설정치로 계통의 압력을 유지시키는 것이다. 자동모드로 운전될 때 압력제어기는 가압기의 실제압력신호와 설정압력신호의 편차신호에 비례하여 출력을 분무밸브제어기로 보내어 분무밸브의 개도를 제어하고, 비례전열기의 전력제어기로 보내어 비례전열기에 공급되는 전력을 제어한다. 편차가 '0' 일 때 즉 측정압력과 설정압력이 같을 때 제어기의 출력은 33%가 된다. 이 상태에서 비례전열기뱅크는 50%(150kW) 전력을 공급하고 분무밸브는 닫혀있다.

바. 계측(가압기압력채널)

가압기압력제어계통(PPCS) 입력에 2개의 협역(1,500~2,500psia) 가압기압력채널이 사용된다. 한 개의 채널이 제어신호로 사용되고 다른 채널은 선택된 채널의 고장 시에 보조신호로 활용된다. 두 채널은 발전소감시경보계통(PMAS) 및 증기우회제어계통(SBCS)에 입력신호를 제공한다. 어느 채널이 제어용으로 선택되는가에 관계없이 두 채널은 2,350psia에서 '압력 높음' 경보를 발생하고 2,160psia에서 '압력 낮음' 경보를 발생한다. 두 채널에서 출력신호는 계속적으로 비교되어 두 채널의 편차가 50psi 이상이 되면 편차 경보신호를 발생시킨다.

3. 가압기압력제어계통 운전

가. 정상운전

발전소가 정상운전 중에는 가압기의 분무밸브와 비례전열기뱅크(P1 및 P2)는 가압기의 압력제어기에 의해 제어된다. 보조전열기뱅크(B1~B6)는 가압기의 압력이 정상압력 이하로 떨어지면 자동으로 전원이 공급된다. 2개의 가압기압력채널 중에 한 개의 채널이 자동압력제어기 및 보조전열기뱅크 논리회로에 입력신호를 보낸다. 자동압력제어기는 실제압력신호와 운전원이 선택한 설정치를 비교하여 두 신호의 차이에 비례하는 출력제어신호를 발생한다.

출력제어신호는 분무밸브제어기와 비례전열기의 전력제어기에 보내진다. 정상적인 제어기의 출력은 33%이며 이는 '0' 편차에 해당한다. 비례전열기의 전력제어기는 약 50% 전력을 공급한다. 이와 같은 안정상태의 전열기 입력은 원자로용기의 벽을 통한 열손실(120kW)과 연속적인 가압기 우회 분무유량 1.5gpm(50kW)으로 인한 열손실을 보상한다. 보조전열기는 가압기의 수위가 프로그램된 설정치를 3% 초과하면 가압기에 온도가 낮은 냉각재의 유입에 의한 냉각효과를 예상하여 자동으로 전원이 공급된다.

나. 수동운전

발전소를 기동 또는 정지(Heat-up or Cool-down)시 가압기의 압력제어계통은 수동으로 운전하며, 정상운전 시에 자동제어기가 고장이 나도 수동으로 운전한다. 가압기와 RCS 배관루프의 붕산농도를 일정하게 하기 위해 분무유량은 보조전열기가 발생시키는 열량과 균형을 이루도록 약 85gpm이 필요하다. 이 상태에서 가압기와 RCS 배관루프의 붕산농도의 차이가 약 한 시간 후에는 절반으로 감소된다.

제7장

가압기수위제어계통

1. 가압기수위제어계통 개요

원자로냉각재계통(RCS)의 가압기는 RCS의 운전압력을 일정하게 유지시켜 냉각재를 포화온도 이하(Subcooled)로 유지시킨다. 가압기는 발전소에 과도상태가 발생하면 냉각재의 체적변화를 보상하는 완충탱크(Surge Tank)의 역할을 담당한다. 가압기수위제어계통(PLCS)은 화학 및 체적제어계통(CVCS)의 충전유량제어밸브 및 유출유량격리밸브를 사용하여 RCS 냉각재 재고량의 변화를 최소화한다. 가압기수위제어계통(PLCS)은 발전소의 과도현상 동안 냉각재의 밀림을 흡수하기 위해 가압기 내부의 증기를 유지시킨다. RCS의 냉각재 체적은 원자로가 정지한 후에도 가압기가 완전 배수가 되지 않도록 충분해야 한다. 발전소의 출력변화에 따른 과도상태 시에 RCS의 전체 질량변화를 최소화하고 CVCS의 충전 및 유출유량을 최소화하여 액체폐기물의 발생을 적게 하기 위해 가압기의 체적을 충분하게 하여야 한다.

가압기의 체적은 발전소의 과도상태 동안 RCS의 압력을 안전주입계통(SIS)이 동작하는 압력 설정치(1,762psia) 이상을 유지하고, 고압력에 의하여 원사로가 정지하는 설정치 이하로 유지시킬 수 있도록 충분한 체적을 갖도록 한다. 가압기의 액체부분 체적은 25% 출력에서 15% 출력까지 10% 단계감소 또는 100% 출력에서 15% 출력까지 분당 5% 비율감소로 부하를 감발할 때에 발생되는 가압기 유출(Out Surge)에 의해 가압기의 전열기가 증기 중에 노출되는 것을 방지할 수 있어야 한다. 가압기의 증기체적은 모든 설계 기준 출력변화 시에 정상적인 RCS의 체적변화에 대하여 압력변화로 인한 경보가 발생되지 않도록 충분하여야 한다. 가압기의 증기체적은 가압기의 수위가 안전밸브에 도달하지 않고 출력감발 시에는 RCS 냉각재평균온도(Tavg)가 낮아지므로 발생하는 가압기로의 액체 유입을 허용할 수 있어야 한다.

가압기의 체적을 매우 크게 하여 발전소의 정상운전 시에 가압기의 압력 또는 수위를 유지시키기 위해 어떤 조치가 불필요하게 하는 것이 좋을 것 같이 생각되지만, 발전소에 가상사고가 발생했을 때는 원자로건물로 방출되는 에너지를 제한하기 위해 가압기의 체적을 최소화시켜야 하므로 이들 상반되는 두 가지 사항을 적절히 조화시켜야 할 것이다. 가압기의 설계기준을 만족시키면서 가압기의 체적을 제한하기 위하여 가압기의 수위는 RCS Tavg의 함수로써 변화되도록 한다. RCS Tavg는 발전소 부하의 함수로 프로그램되어 있다. 〈그림 7-12〉는 가압기의 수위 설정 프로그램을 나타낸다.

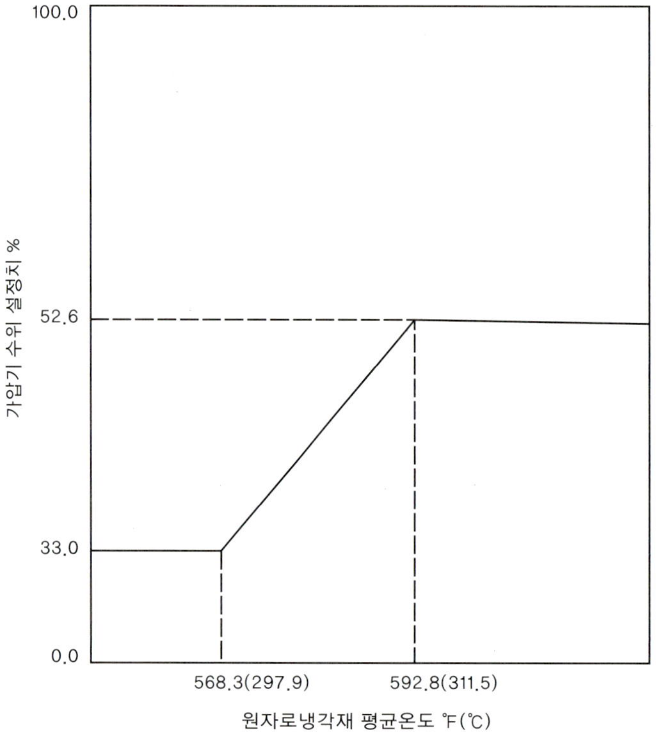

그림 7-12 • 가압기 수위 설정 프로그램

가압기수위제어계통은 CVCS 충전유량과 유출유량을 제어함으로써 가압기의 수위를 자동 또는 수동으로 제어하는 것이다. 가압기의 수위가 그 설정치 이하로 떨어지면 CVCS 유출유량격리밸브는 최소유량치를 유지하도록 닫히며 CVCS 충전유량제어밸브가 열려 냉각재가 보충되고 가압기의 수위는 복구된다. 발전소의 주증기요구량이 증가하면 RCS Tavg는 냉각재의 온도프로그램에 따라 증가하게 된다. RCS의 고온관(Hot Leg)에서 팽창된 냉각재는 가압기의 밀림관을 통해 가압기의 하부로 유입되고 가압기 상부의 증기를 압축시켜 가압기의 압력을 증가시킨다. 이러한 가압기 압력의 증가는 압축된 증기를 응축시키며 가압기 하부로 유입된 냉각재의 영향으로 가압기 액체부분의 온도감소에 의해 둔화된다. 가압기의 압력이 충분히 평형을 유지하면서 증가되면 가압기 상부의 분무밸브가 개방되고 RCS 저온관(Cold Leg)의 냉각재가 가압기의 증기영역에 분사되어 증기의 일부가 응축되고 가압기압력의 증가는 제한된다. 가압기의 프로그램 수위는 RCS Tavg 함수로 되어 있으며, 가압기로의 유입량 증가에 의해 고수위 신호가 발생되면 CVCS 유출밸브가 개방되어 가압기의 수위가 적절하게 유지된다.

가압기의 보조전열기는 온-오프(On-Off) 제어방식으로 발전소의 정상운전 시에는 전원이 차단되어 있으나, 가압기의 저압력 신호나 고수위 신호가 발생하면 자동적으로 전원이 들어가는데 고수위 신호가 발생할 때는 가압기에 상대적으로 찬 물이 유입되어 가압기 액체영역의 온도가 감소하기 때문이다. PLCS는 가압기압력제어계통(PPCS)에 수위신호를 보내며 CVCS는 가압기의 수위를 복구시키도록 동작되어 과도압력은 정상 운전압력으로 유지된다. 이 과도현상의 지속시간을 최소화하기 위해 보조전열기에 전원이 들어가고 더욱 많은 열이 물에 가해진다. 보조전열기는 가압기의 고수위 및 고압력 신호가 동시에 발생될 때는 전원이 차단되고, 가압기 저-저수위에서는 전열기가 노출되어 손상되는 것을 방지하기 위해 모든 전열기의 전원이 차단된다.

가압기수위제어계통은 계통의 운전상태를 지시하고, 고장 시 경보를 발생하는 지시계와 경보기들이 설치되어 있다. 가압기의 수위는 RCS Tavg의 함수인 자동으로 프로그램된 운전치에 의해 제어되어야 한다. 자동공정제어는 2개의 수위측정 채널 중에 어느 하나를 사용하는 것이 가능해야 한다. 자동제어모드에서 CVCS 충전유량제어밸브의 개도는 30gpm 유출유량에 해당하는 하부제한값(Low Limit) 이상, 그리고 약 135gpm 충전유량에 해당하는 상부제한값(High Limit) 이하를 유지시켜야 한다. CVCS의 유출유량격리밸브에 수동제어가 가능해야 하며, 임의의 유출유량격리밸브를 자동 또는 수동으로 선택할 수 있어야 한다. 운전원은 개별적인 충전펌프를 기동 또는 정지시킬 수 있어야 한다. 〈그림 7-13〉은 가압기수위제어계통의 기능블럭도를 나타낸다.

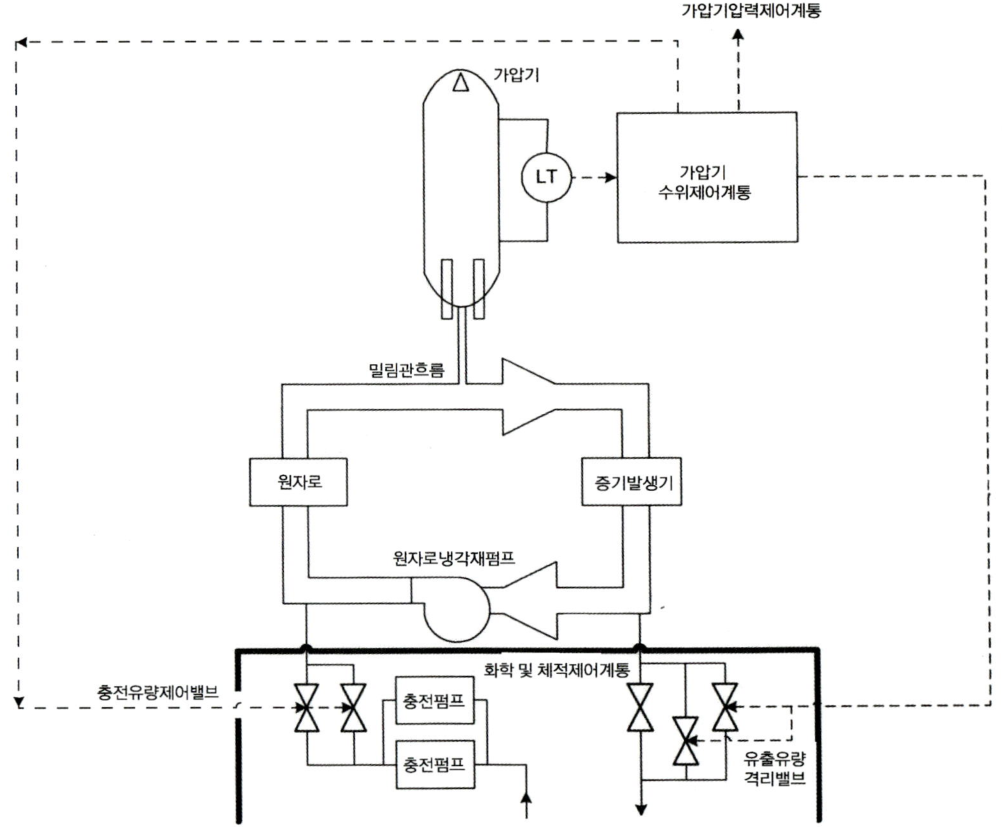

그림 7-13 • 가압기수위제어계통 기능블럭도

2. 가압기수위제어계통 주요기기

가. 가압기수위 설정 프로그램

RCS 냉각재의 평균온도(Tavg)에 따라서 수위제어가 프로그램되어 수위제어기의 입력으로 보내진다. 출력 15%에 해당하는 RCS 냉각재의 평균온도(Tavg) 568.3°F (297.9℃) 이하에서는 가압기의 수위 설정치를 최저 값인 33%로 일정하게 유지하고, Tavg 568.3°F(297.9℃)에서부터 전 부하 Tavg 592.8°F(311.6℃)까지는 가압기의 수위 설정치를 52.6%까지 선형으로 증가시킨다.

나. 수위지시제어기

수위지시제어기는 체적 및 화학제어계통(CVCS)의 유출유량격리밸브 및 충전유량제어밸브를 제어한다.

다. 유출유량격리밸브

체적 및 화학제어계통(CVCS)의 재생열교환기 하단에 3대의 유출유량격리밸브가 병렬로 설치되어 있다.

라. 충전유량제어밸브

체적 및 화학제어계통(CVCS)의 충전유량제어밸브는 2대가 병렬로 설되어 있으며, 가압기수위에 따라 충전유량을 자동으로 조절한다.

마. 수위제어

가압기수위제어계통(PLCS)에는 두 대의 가압기수위제어채널이 사용된다. 가압기의 수위 제어채널은 차압식 수위 검출기로 되어 있다. 가압기의 수위지시범위는 0%에서 100%이며 길이는 428인치이다. 이 채널은 정상운전 시에 정확한 수위 지시를 위하여 고온상태(652.7°F, 2,250psia)에서 고온교정(Hot Calibration)된다. 정상운전 온도를 벗어나면 정확한 수위를 알기 위해 보정곡선을 참고하여야 한다. 가압기의 수위가 25% 이하로 낮아지면 가압기의 모든 전열기들은 전원이 차단된다. 실제 수위가 프로그램된 수위보다 13인치(3%) 이상 높아지면 가압기의 모든 전열기에 전원이 공급되며, 이는 예방적 조치로 가압기에 과냉각된 냉각재가 유입 후 발생할 수 있는 냉각 및 압력의 감소를 완화시키기 위함이다. 또 다른 가압기수위채널은 발전소의 기동 또는 냉각(Heat-up or Cool-down)시킬 때 사용되며 이 수위전송기는 가압기의 저압력 또는 저온도에서 제어채널에 정확한 지시를 할 수 있도록 저온교정(Cold Calibration)된다.

3. 가압기수위제어계통 운전

가. 자동운전

가압기의 수위설정치는 RCS 냉각재평균온도(Tavg)의 함수이다. 수위설정치는 발전소의 운전조건에 따라서 33%에서 52.6%까지 변화한다. 측정된 수위는 원자로출력제어계통 및 가압기수위제어계통의 수위제어기에 입력된다. 수위제어기에서 측정된 수위신호와 프로그램된 수위설정치가 비교되며 그 편차신호가 화학 및 체적제어계통(CVCS)의 유출유량격리밸브 및 충전유량제어밸브에 제어명령을 발생시킨다. CVCS 유출유량격리밸브의 제어는 온-오프(On-Off) 제어기에 의해 제어된다. 충전유량제어밸브는 비례-적분-미분(PID) 제어기에 의해 이루어진다.

자동운전모드에서 수위제어기의 출력신호는 과도하게 밸브가 빨리 동작하는 것을 방지하기 위해 리드/래그 유니트를 통해 전달된다. 가압기의 수위가 수위설정치보다 13인치(3%) 이상 올라가면 선택된 수위채널은 온도가 낮은 차가운 냉각재의 유입을 예상하여 가압기의 모든 전열기에 전원을 공급한다. 그러나 가압기의 절대수위가 25% 이하가 되면 전열기를 보호하기 위해 모든 전열기의 전원을 차단시킨다. 두 개의 수위측정 채널은 수위제어기의 입력신호 선택에 관계없이 가압기 절대수위의 높음/낮음 및 가압기의 수위편차 경보를 발생시킨다.

나. 수동운전

가압기 수위의 수동제어는 자동수위제어계통의 고장 시 또는 자동수위제어범위(33~52.6% 수위)를 벗어나 가압기의 수위를 제어할 필요가 있는 경우에 사용된다.

CVCS 충전유량 및 유출유량의 수동제어는 가압기의 만수위 운전(Solid State Operation) 시에 RCS의 압력을 제어하기 위해 사용된다. 발전소를 냉각 또는 감압시키는 경우에 가압기 이외에 RCS 계통에서 기포가 발생하면 가압기의 수위가 상승하게 된다. 가압기수위제어계통(PLCS)이 자동운전모드에 있다면 PLCS는 수위상승을 보정하려고 하여 실질적으로 냉각재 전체의 체적을 감소시키는 결과가 된다. 이것을 방지하기 위해 CVCS 충전유량과 유출유량의 수동제어가 필요하다.

발전소를 냉각 또는 감압시키는 경우에 RCS 냉각재 전체의 체적감소를 방지하기 위해 일반적으로 RCS의 충전유량은 RCS 냉각에 의한 계속적인 냉각재의 수축을 방지하기 위해 유출유량보다 많다. 가압기수위제어계통의 수동운전에는 수위설정치 수동제어와 가압기수위제어계통의 기기 개별적 수동제어 등 몇 가지 모드가 있다.

제8부

증기발생기 계통

제1장 증기발생기

1. 증기발생기 개요

증기발생기는 수직 U-튜브형 열교환기로 관의 내측(Tube Side)에는 원자로냉각재계통(RCS)의 냉각재, 동체 측(Shell Side)에는 급수가 흐르면서 열교환이 이루어지며, RCS의 각 루프 당 1대씩 설치되어 원자로의 노심에서 발생된 열을 1차측의 냉각재를 통해 2차측의 급수를 증발시켜 증기를 발생하게 하여 터빈으로 유입시켜 발전한다. 증기발생기 튜브의 벽은 1차 및 2차측의 압력경계를 이루며 에너지 전달의 경계가 된다. 증기발생기는 2차측에 450°F(232℃)의 급수를 공급하면 1,070psia (75kg/㎠a)의 포화증기가 생산된다. 증기발생기는 정상적인 전 출력 운전 중 증기발생기의 몸통에 설치된 습분분리기 및 증기건조기에 의해 증기의 습분 함유량을 0.25w%로 제한한다. 증기발생기는 예열기(Economizer)를 포함하고 있는 수직의 U-튜브 구조물이며 예열 영역과 증발 영역으로 구분된다. U-튜브의 재질은 인코넬-600(또는 690)이며, 튜브 약 8200개가 튜브 관판에 확관 조립 용접되어 있으며, 일정한 간격으로 설치된 수평관지지대에 의해 지지되고, 튜브의 상부는 진동방지대가 있어 냉각수의 흐름에 의한 진동을 억제한다. 증기발생기 하부의 헤드는 수직분리판으로 분리되어 증기발생기의 U-튜브로 들어가기 전의 원자로냉각재와 U-튜브에서 열전달을 끝낸 원자로냉각재를 구분하고 있다.

2차측의 급수는 증기발생기의 상부로 공급되는 하향수로 급수와 하부로 유입되는 예열급수로 구분된다. 하향수로 급수는 슈라우드의 외측을 흘러 예열영역에서 예열급수와 혼합되어 과냉상태로 비등하면서 습분을 포함하고 있다가 증기발생기의 상부에 있는 습분분리기 및 증기건조기를 통과하면서 99.75w% 이상의 건포화증기로 변환되어 터빈으로 공급된다. 증기발생기의 전열관은 외경 3/4인치(19.1mm)의 Ni-

Cr-Fe 합금이다.

증기발생기 전열관의 파열사고란 RCS와 주증기계통 사이의 분리벽이 파괴되었음을 의미한다. 증기발생기 전열관의 누설은 RCS의 냉각재가 주증기계통으로 흘러들어가는 것을 의미하므로 전열관의 건전성은 방사선 안전 측면에서 매우 중요하다. 증기발생기의 전열관이 누설되면 RCS의 냉각재에 포함된 방사성물질은 관련 증기발생기의 2차측 급수와 혼합될 것이다. 이 방사성물질은 증기에 섞여 터빈으로 들어간 후에 복수기로 응축되거나 증기우회제어계통을 통해 직접 복수기로 들어온다. 복수기 내부의 비응축성 방사성 기체는 복수기의 진공펌프를 통해 제거되며 대기방출관에서의 기체 방사능 농도가 허용제한치에 도달하면 대기방출밸브가 자동으로 닫힌다. 증기발생기 전열관의 완전 파손 가능성은 매우 낮으나 전열관의 균열이나 관판(Tube Sheet) 사이의 용접부에서 균열로 인한 냉각재의 누설 가능성은 존재한다. 증기발생기의 모양은 〈그림 2-6〉과 같다.

2. 증기발생기 주요기기 및 기능

가. 1차측 주요기기

• 관판

관판(Tube Sheet)은 관다발과 함께 1차 및 2차측의 경계가 되는 부분으로 약 550mm 두께의 저탄소강 합금으로 1차측의 냉각재와 접촉하는 부위는 약 5mm 두께의 Ni-Cr-Fe 합금으로 용접으로 피복되며 증기발생기의 하부 헤드와 쉘에 용접된다.

• 관다발

U-튜브형 관다발(Tube Bundle)의 재질은 인코넬-600(또는 690)(Ni-Cr-Fe 합금)이며 약 8,200개의 튜브로 균일한 격자 모양으로 배열되어 있다. 관다발은 관판에 폭발 팽창형태로 조립되어 관판 하부로부터 밀봉 용접된다. 전열관 재료의

국부적 부식으로 인하여 증기발생기 전열관의 누설 가능성은 있으며, 전열관의 누설 원인은 주로 응력부식균열(Stress Assisted Caustic Cracking)로 추정되며 이는 인산염을 포함하는 화학 성분과 관련이 있는 것으로 생각된다. 응력부식균열을 억제하기 위해 전열관은 제작되는 동안에 고온가공 중 소둔과정(High Temperature Mill Annealing Process)으로 열처리된다. 증기발생기는 전열관의 약 8% 관막음 여유를 가진다.

- 1차측 입구 및 출구 수실

증기발생기 하부 수실의 재질은 인코넬-600으로 피복된 탄소강으로 주조된 반구형의 형태이며 RCS의 냉각재 입구 노즐(42인치) 1개, 출구 노즐(30인치) 2개, 여러 개의 계기용 및 배수용 노즐이 용접되어 있다.

나. 2차측 주요기기

- 관지지대 및 슈라우드

관지지대는 물 및 증기의 흐름에 의한 진동으로부터 관다발을 지지하는데 수평방향은 에그크레이트(Eggcrate) 형태의 지지대에 의해, 수직 방향은 타이로드(Tie Rod) 형태의 지지대에 의해 지지되며 튜브의 외측 단에는 슈라우드가 설치되어 튜브 다발을 통한 급수의 상향 이동, 슈라우드와 외측단 동체 사이의 재순환 경로 및 하향 수로의 경로를 만든다. 관지지대 및 슈라우드는 스테인레스강으로 제작되어 피팅(Pitting) 및 덴팅(Denting)에 의한 전열관의 결손을 최소화시킨다. 증기발생기 2차측의 취출수계통은 급수계통의 적절한 화학성분을 유지할 수 있도록 한다. 증기발생기 관판 윗부분의 2차측의 손구멍(Shell-Side Hand Holes)은 관판의 윗부분에 쌓여있는 찌꺼기를 제거하기 위한 것이다.

- 진동방지대

관다발 상부 측의 곡관부에서 발생하는 유체 흐름에 의한 진동을 방지하기 위해 4개의 진동방지대(Anti-vivration Bar)가 설치되어 있다.

다. 급수예열기

급수예열기(Economizer)는 증기발생기의 열전달 효율을 향상시키기 위해 설치된다. 급수가 두 군데로 유입되는데 하나는 기존의 증기발생기와 동일하게 상부의 급수링을 통하여 하향 수로로 유입되고, 다른 하나는 급수예열기 하단부로 공급된다. 하단부로 들어온 급수는 유량분배관을 거쳐 급수예열기 부분을 통과하면서 예열되어 상향 유로를 형성하면서 증발 영역으로 유입된다. 급수예열기의 영역과 증발영역은 분리판(Divider Plates)에 의해 구분된다.

라. 습분분리장치

관다발에서 생성된 증기는 2단계의 습분분리장치를 통과하면서 거의 완전한 건증기가 된다.

- 1단계 습분분리장치
  1단계 습분분리장치는 원통형 습분분리기로서 관다발의 상부에 여러 개가 설치되어 있으며, 각각은 12개의 소용돌이 날개(Spinner Blades)를 가지고 있다. 분리기의 상단에는 물방울의 유출을 저지시키기 위한 메시와이어(Mesh Wire)가 설치되어 있다. 분리된 습분은 외측 단으로 유입되어 재순환수로서 예열 영역으로 보내어 진다.

- 2단계 습분분리장치(증기건조기)
  2단계 습분분리장치는 증기건조기로서 고용량 날개(High Capacity Vane)로 구성되어 있고 1단계 습분분리기 상부에 설치되어 아직도 증기에 포함될 수 있는 습분을 제거한다. 2단계 습분분리장치를 통과한 증기는 건도 99.75% 이상의 건증기가 되며 2단계 습분분리기에서 제거된 물은 배수관을 통해 아래로 흘러 급수와 혼합된다.

마. 유량제한기

증기발생기의 주증기 출구 노즐에는 벤투리(Venturi) 노즐 모양인 유량제한기가 설치되어 주증기의 배관이 파열되는 사고가 발생하더라도 증기가 흐르는 면적을 70% 정도로 감소시켜 배출되는 증기량을 제한한다. 유량제한기로 인한 유동면적 감소에 따라 유량율은 줄어들고 유속은 음속 이하로 제한된다. 이로써 원자로건물의 내부로 배출되는 증기의 양이 감소됨으로써 원자로건물 내부의 최고 압력 및 온도는 규정치 이하로 제한된다. 따라서 원자로건물 압력의 갑작스런 증가를 방지하며, RCS로부터의 열제거율은 허용범위 내에 들게 하고, 주증기관에서의 추력을 줄일 수 있다. 그리고 증기발생기의 관판 및 관다발과 같은 내부구조물에 미치는 응력을 제한할 수 있다.

바. 취출수계통

취출수계통은 증기발생기 2차측 급수부분에서 발생되는 용해성, 비용해성 불순물 및 부식생성물을 연속적으로 제거하는 기능을 한다. 발전소를 정상적인 전 출력으로 운전할 때 취출수의 유량은 총 증기 유량의 0.2%에 해당되며, 최대 연속 취출수의 유량은 증기 유량의 1%에 해당된다.

3. 증기발생기 계측설비

가. 증기발생기 수위 광역보호채널(Wide Range Protection Channel) 4개

계측범위는 400인치이고, 주제어실에 0~100% 범위로 지시된다. 발전소의 정상운전 경우 수위는 79%이며, 측정된 신호는 발전소보호계통(PPS)으로 전송된다. 보조급수계통이 작동되는 신호(AFAS)는 23.5%에서 발생되고, 증기발생기의 저수위로 인해 원자로가 트립되는 신호는 42.9%에서 동작된다.

나. 증기발생기 수위 협역보호채널(Narrow Range Protection Channel) 4개

계측범위는 150인치이고, 주제어실에 0~100% 범위로 지시된다. 발전소의 정상운전 경우 수위는 44%이며, 측정된 신호는 발전소보호계통으로 전송된다. 주증기관이 격리되는 신호(MSIS) 및 증기발생기의 고수위로 인해 원자로가 트립되는 신호는 93%에서 발생된다.

다. 증기발생기 수위 협역제어채널(Narrow Range Control Channel) 2개

계측된 신호는 주급수계통의 제어신호 및 발전소전산기의 입력신호로 사용되고, 모든 제어채널은 주제어실에 지시되고 기록된다. 지시는 발전소감시계통(PMS : Plant Monitoring System)을 통해 전달된다.

라. 증기발생기 증기압력보호채널(Steam Pressure Protection Channel) 4개

계측범위는 1,524psia이고, 측정된 압력은 주제어실에 지시된다. 발전소의 정상운전 경우 압력은 1,070psia이며, 측정된 신호는 발전소보호계통으로 전송된다. 주증기관이 격리되는 신호(MSIS) 및 증기발생기의 저압력으로 인해 원자로가 트립되는 신호는 885psia에서 발생된다.

제2장

증기발생기취출수계통

1. 증기발생기취출수계통 개요

증기발생기취출수계통은 증기발생기에 공급되는 2차측의 급수 수질을 개선하는 계통으로 증기발생기의 급수에 포함될 수 있는 용해성, 비용해성 불순물 및 부식생성물을 제거하는 기능을 한다. 따라서 급수계통의 화학약품주입설비 및 복수탈염기계통과 연계되어 급수의 화학성분을 조절한다. 본 계통은 플래시탱크를 사용함으로써 탱크 내부의 증기를 고압급수가열기로 이송하고, 플래시탱크에서 나오는 유체는 취출수 재생열교환기에서 탈기기로 들어가는 복수를 예열하며, 최종 응축수를 복수계통으로 보냄으로써 취출수의 열을 회수하도록 하고 있다. 발전소의 정상적인 전출력 운전시 취출수의 유량은 전체 증기 유량의 0.2%에 해당되며, 최대 연속 취출수의 유량은 증기유량의 1%에 달한다. 증기발생기취출수계통의 개략도는 〈그림 8-1〉과 같다.

2. 증기발생기취출수계통 주요기기

본 계통은 취출수계통과 습식휴관계통 등 2개의 부계통으로 되어 있다. 취출수계통은 2개의 연속취출수 트레인과 1개의 고유량취출수 트레인으로 나누어져 있다. 이들 3개의 트레인은 여과기 및 탈염기를 공유하고 있다.

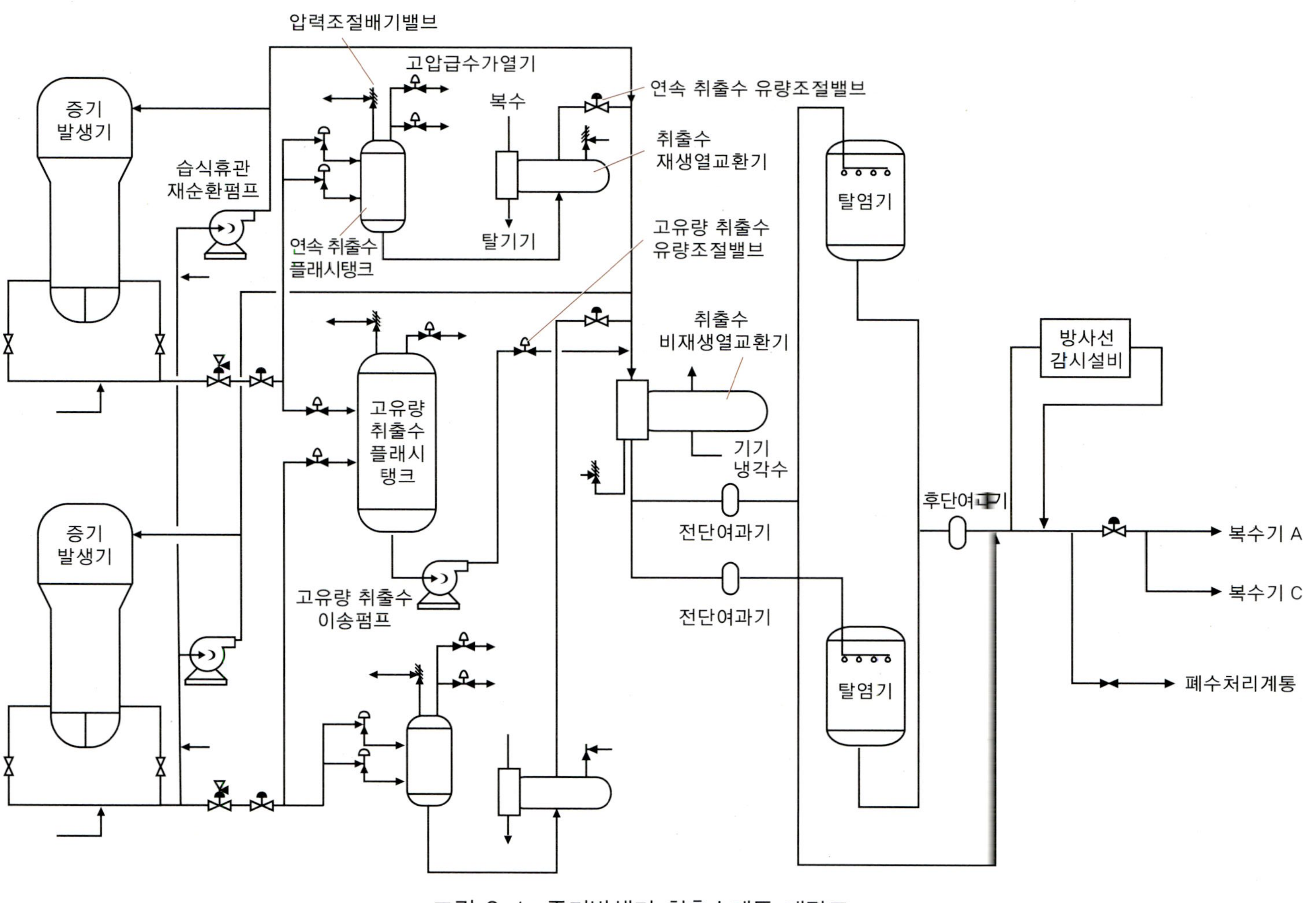

그림 8-1 • 증기발생기 취출수계통 개략도

가. 증기발생기취출수 재생열교환기

증기발생기취출수의 재생열교환기는 쉘튜브형이며, 쉘측에는 증기발생기취출수의 플래시탱크로부터 오는 고온의 취출수가 흐르고, 튜브측에는 복수탈염기 후단부로부터 오는 복수가 흘러 열교환을 함으로써 취출수가 가지고 있는 열에너지를 회수한다. 취출수의 온도는 복수의 유량을 조절함으로써 제어된다. 재질로는 쉘측은 탄소강이며, 튜브측은 스테인레스강이다.

나. 증기발생기취출수 비재생열교환기

증기발생기취출수의 비재생열교환기는 쉘튜브형이며, 쉘측에는 기기냉각수계통에서 공급하는 기기냉각수가 흐르고, 튜브측에는 취출수가 흘러 열교환 냉각을 함으로써 취출수를 여과기 및 탈염기 처리에 맞는 온도로 낮춘다. 쉘측의 재질은 탄소강이며, 튜브측의 재질은 스테인레스강이다.

다. 플래시탱크

플래시탱크는 1대의 고유량취출수플래시탱크와 2대의 연속취출수플래시탱크로 되어 있다. 고유량취출수플래시탱크는 고유량취출수를 수집하여 증기발생기취출수의 비재생열교환기로 보낸다. 연속취출수플래시탱크는 연속 저유량의 취출수를 수집하여 증기발생기취출수의 재생열교환기로 이송한다. 플래시탱크는 수위, 압력 및 온도를 측정할 수 있는 계측기를 갖춘 수직형 압력용기이다. 탱크의 압력은 배기밸브로 조절된다.

라. 고유량취출수이송펌프

고유량취출수의 이송펌프는 고유량취출수를 연속취출수와 혼합시키기 위해서 고유량취출수의 플래시탱크로부터 증기발생기취출수의 비재생열교환기까지 고유량취출수를 이송한다. 설계압력 및 유량은 250psig 및 200gpm이다.

마. 습식휴관재순환펌프

발전소를 장기간 운전을 정지시킬 때는 증기발생기는 습식휴관의 상태로 유지하며, 이 때 습식휴관재순환펌프는 증기발생기 2차 측의 급수를 여과하고 정화시키기 위해 급수를 순환시킨다. 설계압력 및 유량은 250psig 및 300gpm이다.

바. 여과기

여과기는 탈염기가 막히지 않도록 입자들을 미리 제거하는 전단여과기 및 탈염기를 나온 유체를 여과하는 후단여과기 등 2가지가 있다. 후단여과기는 복수계통으로 빠져 나갈 수 있는 탈염기의 수지 입자를 여과하는 것이다.

사. 탈염기

증기발생기의 취출수에 포함되어 있는 용해성, 비용해성 불순물 및 부식생성물을 제거하기 위해 사용되며, 두 대의 혼합상탈염기가 사용된다. 한 대가 가동되면, 다른 한 대는 대기상태로 있게 된다. 혼합상탈염기는 33%의 음이온(Anion) 수지, 67%의 양이온(Cation) 수지를 가지고 있다.

3. 증기발생기취출수계통 운전

발전소의 정상운전 경우, 연속취출수의 유량은 각각의 증기발생기에 대해 12,700lbm/hr(5,765kg/hr)이다. 그러나 증기발생기의 수질이 지침을 초과할 때는 연속취출수의 유량을 63,600lbm/hr(28,850kg/hr)까지 증가시킬 수 있다. 고유량 취출

경우 각각의 증기발생기에 대해 최대 1,060,000lbm/hr(481,000kg/hr)까지 취출하며, 일주일에 한 번 또는 필요시 운전되는데 이는 증기발생기 관판에 축적된 찌꺼기를 제거하기 위함이다. 연속취출은 연속취출수의 플래시탱크에 수집되며 이 탱크에서 발생된 증기는 고압급수가열기로 배기시켜 열을 회수한다. 탱크 내부에 응축된 취출수는 재생열교환기를 통과하면서 복수계통에 열을 전달하고 뜨거운 복수는 급수의 탈기기로 보내진다. 재생열교환기를 통과한 취출수는 비재생열교환기를 거치며 기기냉각수에 의해 냉각되어 여과기 및 탈염기를 거쳐 터빈의 복수기로 보내어 진다. 2분 동안 유지되는 고유량취출수는 고유량취출수의 플래시탱크에 수집되어 비재생열교환기로 이송된다.

발전소가 장기간 운전이 정지되면 증기발생기는 습식휴관의 상태로 유지되며 이 때 습식휴관재순환펌프는 증기발생기 2차측의 급수를 여과하고 정화시키기 위해 급수를 순환시킨다. 설계기준사고 수준의 핵연료 손상과 동시에 증기발생기의 전열관이 파손되어 RCS 1차측의 유체가 2차측으로 누설되었을 때는 증기발생기취출수계통은 취출수의 방사능준위를 90%까지 감소시킬 수 있다. 그리고 주복수기의 세관누설과 동시에 바닷물의 유입으로 여과기나 탈염기의 하단부에서 염소의 농도가 높게 감지되는 사고가 발생되면 취출수를 폐수처리계통으로 방출할 수 있다.

4. 증기발생기취출수계통 계측 및 제어

증기발생기취출수계통은 후단여과기 출구에 방사선 감시설비가 설치되어 있다. 연속취출수의 플래시탱크의 수위는 재생열교환기 후단에 위치한 유량조절밸브로 유지된다. 연속취출수의 플래시탱크 압력은 방출배관에 위치한 압력조절 배기밸브에 의해 유지된다. 고유량취출수의 유량은 주제어실에서 조절이 가능하다. 고유량취출수의 유량조절밸브는 밸브의 개방신호에 따라 약 30초간 열려 최대유량을 유지하고 60초간 이 상태를 유지한다. 고유량취출수의 플래시탱크가 저수위 시에는 고유량취출수의 유량조절밸브는 닫히도록 연동되어 있으며 연속취출수의 유량조절밸브가 열려 있을 때는 이 밸브는 열리지 않는다.

제3장

주증기계통

1. 주증기계통 개요

주증기계통은 원자로냉각재계통(RCS)의 증기발생기에서 발생된 증기를 기계적 에너지로 변화시키기 위해 터빈계통으로 전달하는 기능을 한다. 주증기계통은 주증기배관, 주증기대기방출밸브, 주증기안전밸브, 주증기격리밸브 및 터빈우회밸브 등으로 이루어진다.

2. 주증기계통 주요기기

가. 주증기배관

주증기의 배관은 발전소가 정격부하일 경우 증기유량을 2대의 증기발생기로부터 2차측의 고압터빈으로 보낸다. 증기발생기를 나온 주증기의 배관은 열팽창을 고려하여 원자로건물 안팎에서 충분한 유연성을 갖도록 하면서 원자로건물의 벽에 지지된다. 모든 배관 및 지지대는 발전소의 정상운전, 과도현상 또는 배관파단에 의한 모든 정적 및 동적부하를 고려하여 설계된다. 증기발생기에 연결되는 주증기배관의 노즐은 발전소가 운전 중이거나 정지 시 발생되는 모든 응력 및 모멘트에 견딜 수 있어야 한다.

각 주증기배관에는 1개의 대기방출밸브, 4개의 스프링작동안전밸브 및 1개의 주증기격리밸브를 포함한다. 이 밸브들은 모두 원자로건물 밖에 위치하며 주증기배관에 주는 부하를 감소시키기 위해 가능한 원자로건물의 벽에 가까이 설치된다. 터빈을 우회하는 증기의 분기관은 주증기격리밸브와 터빈정지밸브 사이의 주증기 모관에 있다. 증기의 분기관은 습분분리재열기, 터빈증기밀봉계통, 주급수펌프구동터빈, 보조급수펌프구동터빈 및 증기우회제어계통에 증기를 보낸다. 그리고 증기발생기에 질소를 공급하기 위한 배관 및 증기건도를 결정하기 위한 증기시료채취배관 등이 연결되어 있다. 각 주증기배관의 낮은 부분에는 배수를 위한 배관이 연결되어 있으며 배수를 원활하게 시키기 위해 경사져 있다. 배관에서 약간 발생될 수 있는 증기의 응축수를 연속적으로 배수를 하기 위한 설비가 배수배관에 설치되어 있다.

가압상태의 고에너지배관이 갑자기 파손되는 사고는 원자력발전소에서 발생가능성이 희박하다. 그러나 배관파단은 발전소의 안전성에 중대한 결과를 초래할 수 있는 가능성이 있으므로 설계과정에서 가상 배관파단에 따른 효과가 반드시 평가되어야 한다. 배관파단에 따른 영향은 동적영향(Dynamic Effects)과 환경영향(Environmental Effects)으로 구분되며 특히 동적영향에 대해 발전소의 안전정지에 필수적인 안전성관련 기기를 보호하기 위해 일반적으로 다음과 같은 방호 방법이 이용된다. 고에너지배관은 최대운전온도가 95℃(200°F)를 초과하거나 최대운전압력이 1,900kPa(275psig)를 초과하는 배관이다.

- 안전성관련 다중기기를 고에너지배관에서 이격하여 배치
- 격실을 이용하여 고에너지배관 분리배치
- 배관파단의 영향권에 있는 기기를 이러한 효과에 견딜 수 있도록 설계
- 배관타격방지구조물(Pipe Whip Restraint) 혹은 제트방호벽 설치 등

나. 주증기대기방출밸브

주증기격리밸브가 닫혀 있거나 주복수기에 증기를 방출할 수 없는 경우에는 증기발생기에서 발생되는 증기를 대기로 방출할 수 있는 밸브가 주증기배관마다 하나씩 설치된다. 각 주증기대기방출밸브의 용량은 증기발생기를 통해 원자로의 노심붕괴열을 제거하여 발전소를 고온대기의 운전상태로 유지시키거나 원자로를 허용된 냉

각률로 냉각하기 위해 필요한 증기를 방출할 수 있어야 한다. 주증기대기방출밸브는 현장 및 주제어실 또는 원격정지패널에서 수동으로 조절이 가능하다.

다. 주증기안전밸브

주증기안전밸브는 주증기의 배관에서 원하지 않는 증기압력이 상승하는 경우 이 밸브가 열려 주증기계통을 보호하는 역할을 한다. 각 주증기배관마다 4개씩의 스프링삭동형의 주증기안전밸브가 원자로건물 및 주증기격리밸브 사이에 설치된다. 주증기안전밸브의 방출용량은 증기발생기에서 나오는 최대증기유량과 동일한 증기유량을 통과시키기에 충분하여야 한다. 방출시 최대압력은 증기발생기의 설계압력보다 10% 낮아야 한다. 주증기배관의 설계압력 및 온도는 증기발생기 2차측의 설계조건과 일치시키기 위해 1,270psia(89kg/cm²a) 및 575°F(302℃)이다.

라. 주증기격리밸브

주증기의 배관 또는 관련 기기의 파단사고에 대비하여 각 주증기의 배관에는 1개의 주증기격리밸브가 설치된다. 주증기격리밸브는 파단된 주증기배관의 최대 증기유량에 대응하여 5초 이내에 배관을 격리시키는 급속작동 방식이다. 주증기격리밸브는 이 밸브의 상하류에 있는 주증기의 배관 또는 관련 기기 파단사고시 주증기격리신호에 의해 자동으로 작동된다. 주증기격리밸브은 주증기격리신호가 발생하면 닫히며 주제어실에서 운전원이 주증기격리신호를 무효화하여 열 수 있다. 이 밸브는 전원이 상실되면 닫히도록 되어 있다. 각 주증기 격리밸브는 밸브 폐쇄의 다중 수단을 제공하기 위해 공간적으로 분리되고 전기적으로 독립된 다중 회로를 가진다. 주증기격리밸브는 원자로건물의 외부에 있는 직관에 설치된다.

마. 터빈우회밸브

갑자기 발전소 외부로 전기를 송전할 수 없는 경우 또는 터빈발전기가 정지된 후에 증기발생기에서 생산되는 증기를 우회시키기 위해서 총 8개의 터빈우회밸브가 설치된다. 증기발생기에서 생산되는 총 정격 주증기 유량의 55%를 우회시키는데 40%는 주복수기로 보내고, 15%는 대기로 방출시킨다. 터빈우회밸브는 원자로출력급감발계통과 연계되어 원자로냉각재계통(RCS) 및 주증기배관의 안전밸브의 열림이 없이 발전량을 발전소의 내부에서 사용되는 전력부하로 떨어뜨리는 기능을 수행한다.

3. 주증기계통 운전

증기발생기에서 증기가 발생되면 주증기계통을 통해 증기를 터빈발전기로 보내기 시작한다. 발전소가 대략 40% 이상의 부하에서 운전될 때 주급수펌프구동터빈으로 증기를 보낸다. 발전소가 저출력의 운전 시 주증기계통은 터빈축밀봉계통으로 밀봉증기를 공급한다. 이는 터빈축밀봉계통을 통해 복수기로 유입되는 공기를 차단하기 위해서이다. 터빈효율을 향상시키기 위해 습분분리재열기의 2단재열기에 주증기를 공급하고, 1단재열기에는 터빈의 추기증기가 보내진다. RCS에서 주증기계통으로의 방사성 물질의 누설은 복수기의 공기제거를 위한 배기관에 위치한 방사능감시기 및 증기발생기취출수의 방사능감시기에 의해 검출된다.

4. 증기발생기 급수 관리

증기발생기의 급수에 의해 증기발생기에서 주증기가 생산되기에 주증기의 질적인 향상을 위해서는 증기발생기에 공급되는 급수의 관리가 중요하다. 증기발생기 급수의 수질 향상을 위해서 다음과 같은 노력을 하고 있다.

- 발전소에 공급되는 원수를 사용하여 증기발생기에 공급되는 급수의 엄격한 처리
- 증기발생기의 2차측에 불순물이 농축되지 않도록 증기발생기 2차측에서 연속

으로 취출수를 유출함으로써 급수의 수질 향상

- 급수의 pH 유지를 위해 중성 아민 첨가
- 급수의 용존산소 함유량을 최소화하기 위해 하이드라진 첨가 등

터빈추기계통

1. 터빈추기계통 개요

원자력발전소 터빈사이클의 효율을 올리기 위해서 재생사이클이 사용된다. 재생사이클은 터빈을 통과하면서 팽창한 증기의 일부를 뽑아내어 증기발생기로 가는 급수를 가열하여 온도를 올리는 것이다. 한국형 표준원전 OPR-1000의 재생사이클은 1개의 개방형 급수가열기 및 6개의 밀폐형 급수가열기로 구성되어 있으며, 개방형 급수가열기는 급수 중에 포함된 산소를 제거하기 위한 탈기 기능도 함께 한다. 터빈추기계통은 터빈으로부터 증기를 추출하여 3계열로 된 1번, 2번, 3번 저압급수가열기 및 4번 급수가열기에 해당하는 탈기기 그리고 2계열로 된 5번, 6번, 7번 고압급수가열기를 통해 급수를 가열한다.

고압 및 저압터빈으로부터의 추기증기와 급수가열기의 연결은 다음과 같다. 고압터빈의 3단 추기는 7번 급수가열기와 연결, 고압터빈의 5단 추기는 6번 급수가열기와 연결, 고압터빈의 7단 추기는 5번 급수가열기와 연결, 저압터빈의 9단 추기는 4번 급수가열기인 탈기기와 연결, 저압터빈의 10단 추기는 3번 급수가열기와 연결, 저압터빈의 11단 추기는 2번 급수가열기와 연결, 저압터빈의 13단 추기는 1번 급수가열기와 연결된다. 모든 고압급수가열기, 탈기기 및 저압급수가열기 추기증기의 공급배관에는 전동기구동형 차단밸브가 장착되어 급수가열기로의 증기공급을 수동 또는 자동으로 차단할 수 있다. 추기증기의 제어는 급수가열기의 배수계통과 터빈트립과 연동되고, 추기증기의 배관에서 응축수가 모여 있지 않게 배관의 낮은 지점에는 배수밸브가 설치된다. 터빈추기증기의 개략도는 〈그림 8-2〉와 같다.

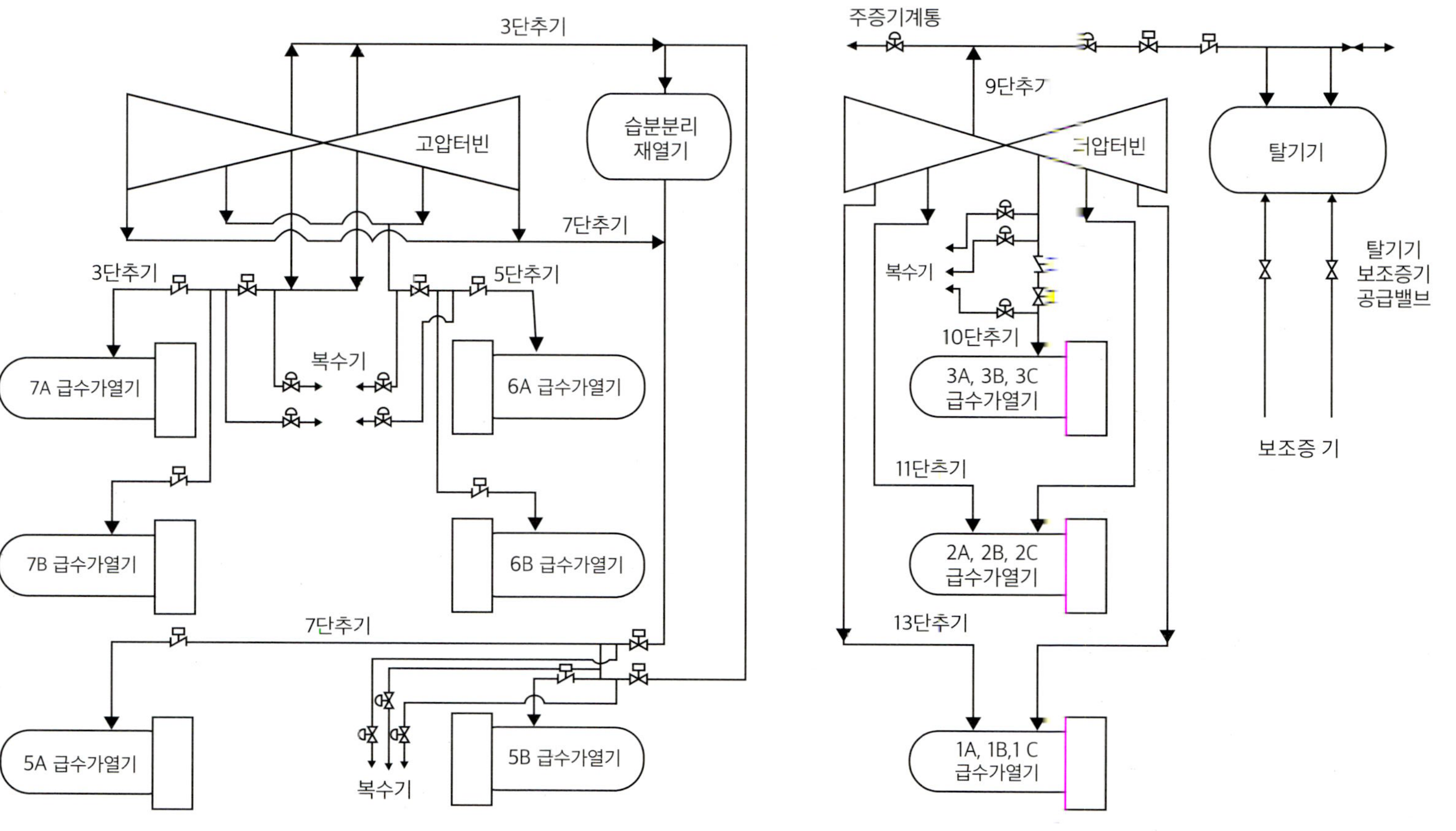

그림 8-2 • 터빈추기증기 개략도

2. 터빈추기계통 주요기기

가. 급수가열기(Feed Water Heater)

급수가열기는 3계열로 된 1번, 2번, 3번 저압급수가열기 및 4번 급수가열기에 해당하는 탈기기 그리고 2계열로 된 5번, 6번, 7번 고압급수가열기로 이루어진다.

나. 전동기구동차단밸브(Motor-driven Shut-off Valve)

전동기구동형 차단밸브는 고압급수가열기, 탈기기 및 3번 저압급수가열기로 가는 증기를 차단신호에 의해 차단한다.

다. 전원보조역지밸브(Power Assisted Check Valve)

전원보조형 역지밸브는 고압급수가열기, 탈기기 및 3번 저압급수가열기의 추기공급 배관에 설치되며 추기증기가 터빈으로의 역류를 방지한다. 스프링이 부착된 스윙역지밸브(Swing Check Valve)로 전원에 의한 공기력에 의해 열리며, 전원 및 공기력을 상실하면 닫힌다.

라. 추기배관배수밸브

추기배관의 배수밸브는 추기배관에서 응축된 증기를 복수기로 배수하는 것을 조절하는 밸브로 공기력에 의해 차단되며, 차단신호가 없어지거나 공기력이 상실되면 개방된다.

3. 터빈추기계통 운전

가. 정상운전

발전소가 정상운전 중에는 고압 및 저압터빈으로부터 추기된 증기는 고압 및 저압 급수가열기의 쉘측과 탈기기로 공급되며, 추기증기는 보조증기계통과 연결되어 액체방사성폐기물처리계통의 증발공정 등에 이용된다. 발전소의 부하가 50% 이하로 낮아지면 추기계통 대신 주증기계통에서 이 역할을 담당한다. 추기증기의 유량은 급수가열기를 통해 흐르는 급수유량과 발전소의 부하에 따라 조절되며 정상운전 중에는 차단밸브와 역지밸브는 개방되고 배수밸브는 닫히게 된다. 발전소의 저부하 운전 중 탈기기의 압력이 20psia 이하로 낮아지면 탈기기의 압력을 유지하기 위해 보조증기공급밸브가 자동으로 개방된다.

나. 기동 및 정지

발전소가 기동될 때나 15% 미만의 낮은 부하에서 운전될 때는 추기배관에 습분이 축적되는 것을 방지하고 터빈으로의 증기의 역류를 방지하기 위해 배수밸브는 개방된다. 발전소가 기동 중에는 추기증기배관의 전동기구동형 차단밸브는 저압급수가열기부터 순차적으로 수동으로 개방되어 추기증기가 흐르기 시작한다. 발전소가 정지 중에는 배수밸브는 개방되고, 전동기구동형 차단밸브는 고압급수가열기부터 순차적으로 수동으로 닫혀 추기증기가 차단되기 시작한다.

다. 비정상운전

발전소의 부하를 대용량으로 낮추거나 또는 터빈을 트립시키는 동안에는 급수가열기의 쉘측 및 탈기기에 축적된 증기가 터빈으로의 역류로 인하여 터빈의 가속을 방지하기 위해 전원보조형 역지밸브는 차단된다. 터빈을 트립시킬 때는 전동기구동형 차단밸브가 닫혀 고압급수가열기, 탈기기 및 3번 저압급수가열기로 가는 추기증기가 차단된다.

4. 터빈추기계통 계측제어

가. 전원보조역지밸브

전원보조형 역지밸브는 발전소가 정상적으로 운전될 때는 역지밸브로서의 기능을 수행하나, 터빈이 트립되거나 각 급수가열기 또는 탈기기의 수위가 고-고 수위가 되면 차단되도록 연동되어 있다.

나. 전동기구동차단밸브

추기증기 배관에 설치된 전동기구동형 차단밸브는 주제어실에 설치된 수동스위치에 의해 조작되며, 터빈이 트립되거나 각 급수가열기 또는 탈기기의 수위가 고-고 수위가 되면 차단되도록 연동되어 있다.

다. 추기배관배수밸브

추기배관의 배수밸브들은 주제어실에 설치된 수동스위치에 의해 조작되며, 수동스위치가 자동모드로 전환되어 다음과 같은 신호가 발생되면 열려 복수기로 배수된다.

- 터빈출력이 15% 이하

- 전동기구동형 차단밸브의 닫힌 상태
- 터빈의 트립 등

라. 탈기기보조증기공급밸브

탈기기의 보조증기공급밸브는 탈기기의 압력이 20psig 이하로 낮아지면 보조증기의 공급을 위해 자동으로 열린다.

제5장 배수 및 배기계통

1. 배수 및 배기계통 기능

배수 및 배기계통은 습분분리재열기의 1단 재열기 배수탱크, 2단 재열기 배수탱크 및 습분분리배수탱크 그리고 고압 및 저압급수가열기의 동체 측의 응축수를 그 아래에 있는 급수가열기 또는 복수기로 보내는 역할을 한다. 배수 및 배기계통의 개략도는 〈그림 8-3〉과 같다.

2. 배수 및 배기계통 운전

가. 정상운전

습분분리재열기의 1단 재열기 배수탱크 및 습분분리배수탱크의 응축수는 5번 급수가열기를 거쳐 탈기기로 배수, 습분분리재열기의 2단 재열기 배수탱크의 응축수는 7번 급수가열기로 배수, 7번 급수가열기의 응축수는 6번 및 5번 급수가열기를 거쳐 탈기기로 배수, 3번 급수가열기의 응축수는 2번 및 1번 급수가열기를 거쳐 복수기로 배수된다. 각 급수가열기 및 탱크의 배수관은 수위제어밸브에 의해 수위를 자동으로 유지하며, 각각 복수기로 가는 비상배수배관을 가지고 있다. 급수가열기의 배수는 추기증기, 복수, 급수 및 터빈트립의 제어와 상호 연동된다.

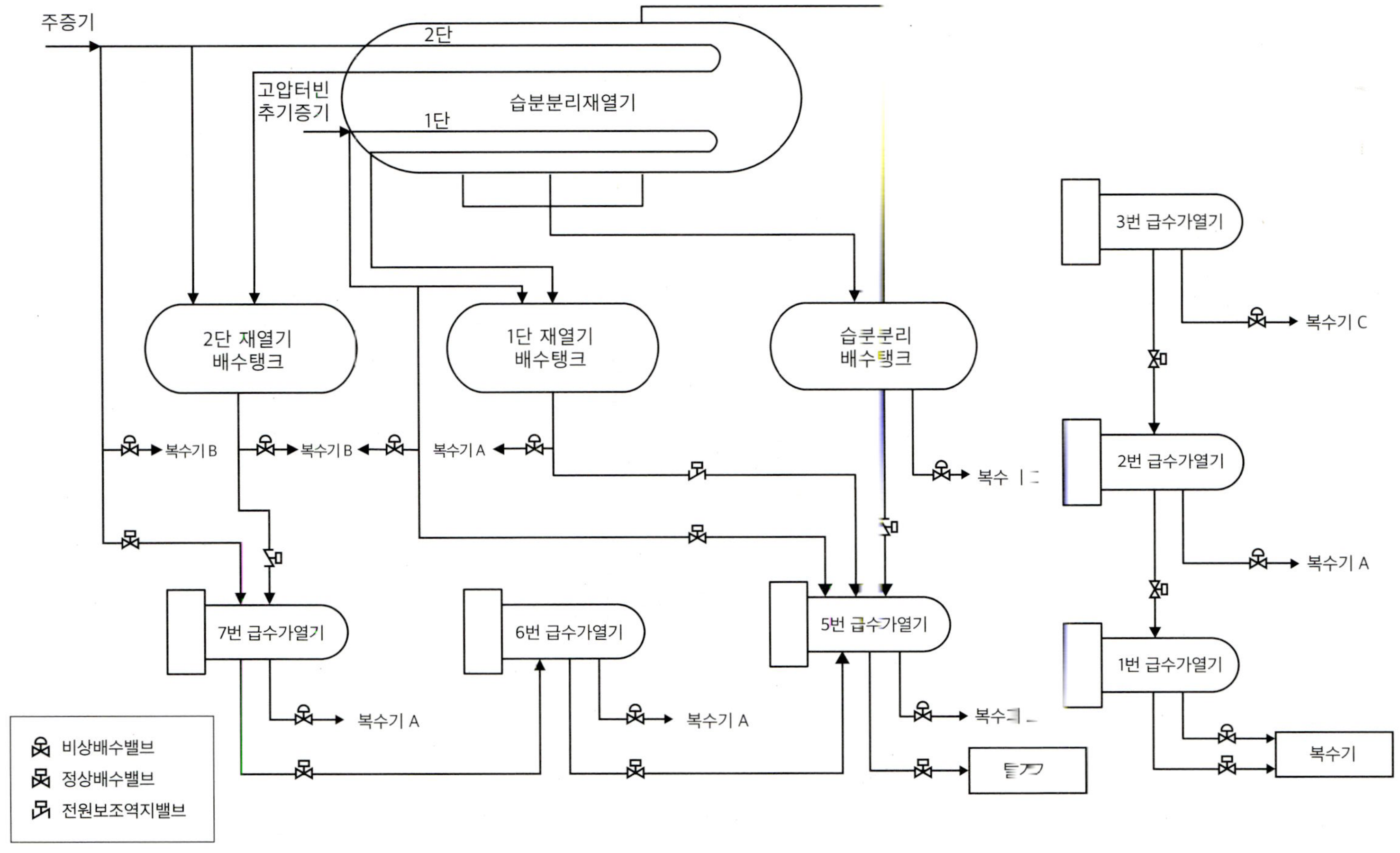

그림 8-3 • 배수 및 배기계통 개략도

나. 기동 및 정지

발전소의 기동, 정지 및 저부하 운전 중 급수가열기 사이의 압력 차이가 불충분하여 유체의 흐름이 형성되지 않을 때는 비상배수밸브가 개방되어 복수기로 유체를 보낸다. 습분분리재열기배수탱크의 비상배수밸브는 터빈부하 15% 미만에서 개방되어 응축수를 복수기로 보낸다.

다. 비정상운전

급수가열기 또는 배수탱크가 고수위를 유지하면 주제어실에 경보가 울린다. 급수가열기 또는 배수탱크가 비상제어가 필요한 수위에 도달되면 비상배수밸브가 열려 유체는 복수기로 배수된다. 급수가열기가 고-고 수위에 도달하면 추기배관 상의 전동기구동형 차단밸브와 전원보조형 역지밸브가 폐쇄되고 바로 위의 급수가열기 및 배수탱크로부터 정상배수밸브도 자동으로 차단된다. 습분분리재열기배수탱크의 배수배관에 설치된 전원보조형 역지밸브는 터빈이 트립되거나 과속이 되면 급속히 닫히며 후단 급수가열기의 고-고 수위에서도 자동으로 폐쇄된다.

3. 배수 및 배기계통 계측제어

각 급수가열기의 쉘 또는 배수탱크의 정상 및 비정상수위는 공기구동형 정상배수밸브에 의해 제어된다. 급수가열기 쉘측의 수위가 고-고 수위가 되면 이 신호가 추기증기계통으로 전송되어 추기증기배관의 차단밸브와 역지밸브를 닫아 터빈으로의 습분유입을 방지하며, 바로 위의 급수가열기 또는 배수탱크로부터 정상배수밸브도 자동으로 차단된다. 습분분리재열기가 고수위가 되면 터빈을 트립시키는 신호가 발생된다.

제6장 주급수계통

1. 주급수계통 기능

주급수계통은 탈기기에서부터 고압급수가열기를 거쳐 원자로냉각재계통(RCS)의 증기발생기로 급수를 공급하여 증기발생기의 수위를 일정하게 유지시키는 역할을 한다. 탈기기는 복수계통으로부터 저압급수가열기를 통해 복수를 공급받는다. 주급수계통의 개략도는 〈그림 8-4〉와 같다.

2. 주급수계통 설명

주급수계통은 탈기기의 저장탱크로부터 급수를 받아 2대의 증기발생기로 공급하는 기능을 가진다. 발전소가 정상적으로 출력운전을 할 때는 2대의 전동기구동형 급수승압펌프와 2대의 터빈구동형 주급수펌프가 정격 급수유량을 증기발생기에 보낸다. 나머지 1대의 전동기구동형 급수승압펌프와 1대의 전동기구동형 주급수펌프는 대기상태를 유지한다. 각 승압펌프와 주급수펌프는 최대 65%의 급수를 공급할 수 있다. 일반적인 급수유로는 탈기기의 저장탱크 → 승압펌프 → 주급수펌프 → 고압급수가열기 → 급수제어밸브 → 급수차단밸브 → 증기발생기로 배열된다. 발전소의 기동, 정지 및 고온대기 상태에서는 전동기구동형 급수펌프가 증기발생기에 급수를 공급한다. 증기발생기로 급수를 공급하기 전에 복수와 급수의 정화를 위해 복수기로 순환시킬 수 있는 3개의 세정용 재순환배관이 설치되어 있다. 하나는 복수 세정용으로 복수정화탈염기를 거친 복수를 승압펌프의 흡입배관에서 분기하여 복수기로 연결한다. 나머지 2개는 급수 세정용으로 복수정화탈염기를 거친 복수를 이코노마이저급수배관에서 분기하여 복수기로 연결한다.

증기발생기의 다운콤마(Down Comer) 수위는 급수량을 제어함으로써 가능하다. 주급수제어계통의 하나는 최대 2대의 급수펌프를 제어할 수 있다. 기동 및 정상운전 중 급수를 화학처리하기 위해 화학제가 복수계통에 주입된다. 발전소를 기동할 때 용존산소 및 pH를 제어하기 위해 다운콤마급수배관에 연결된 화학주입배관을 통해 화학제가 주입된다. 발전소를 운전할 때 연속적으로 급수의 화학분석을 위해 고압급수가열기의 후단에 시료를 채취한다. 터빈구동형 급수펌프는 터빈에 직접 연결되고 전동기구동형 급수펌프는 유체커플링에 의해 전동기와 연결된다. 터빈과 유체커플링은 주급수제어계통으로부터 펌프의 속도설정신호를 받는다. 발전소를 정지할 때는 증기발생기의 건식보관 및 배수에 따른 재충수를 위해 기동용 급수펌프가 운전된다. 만약 주급수계통을 이용하기가 어려우면 보조급수계통이 이를 대신한다.

주급수계통에는 고온고압의 유체가 흘러가며 펌프 및 밸브 등으로 제어한다. 유체의 유속 및 유량의 변화에 의한 급격한 압력상승을 수격(Water Hammer)이라 하며, 수격현상의 원인에는 밸브의 급격한 개폐, 펌프의 시동 및 트립, 저수조 수위의 변화 등 여러 가지가 있다. 유속의 급격한 변화로 인하여 상승된 압력은 배관계 파손의 원인이 될 수 있다. 따라서 이러한 수격현상을 해석하여 배관계의 설계에 반영하여야 한다.

배관계에는 배관의 파단이나 밸브의 개폐 및 펌프의 운전/정지 등과 같은 과도현상이 발생할 경우 복잡한 열수력현상이 생기며 이로 인해 동하중(Dynamic Load)이 발생하게 되는데 이를 분석하여 배관, 노즐 및 배관지지대 등의 설계입력 값으로 사용하여야 한다.

배관배치를 완료한 배관계를 각종 입력을 사용하여 하중에 따른 코드요건인 허용응력과 기기노즐허용하중 및 밸브허용가속도 등 기타 요구조건을 만족하도록 배관계를 검증하는 작업을 배관응력해석이라 하고, 이의 결과물로 배관계를 지지하는 배관지지대의 설계하중을 결정한다.

배관계에는 유체의 완류현상이나 난류유동, 유량조절밸브의 작동이나 오리피스의 설치로 인한 캐비테이션과 플래싱 등으로 진동이 발생된다. 이의 원인을 찾아내

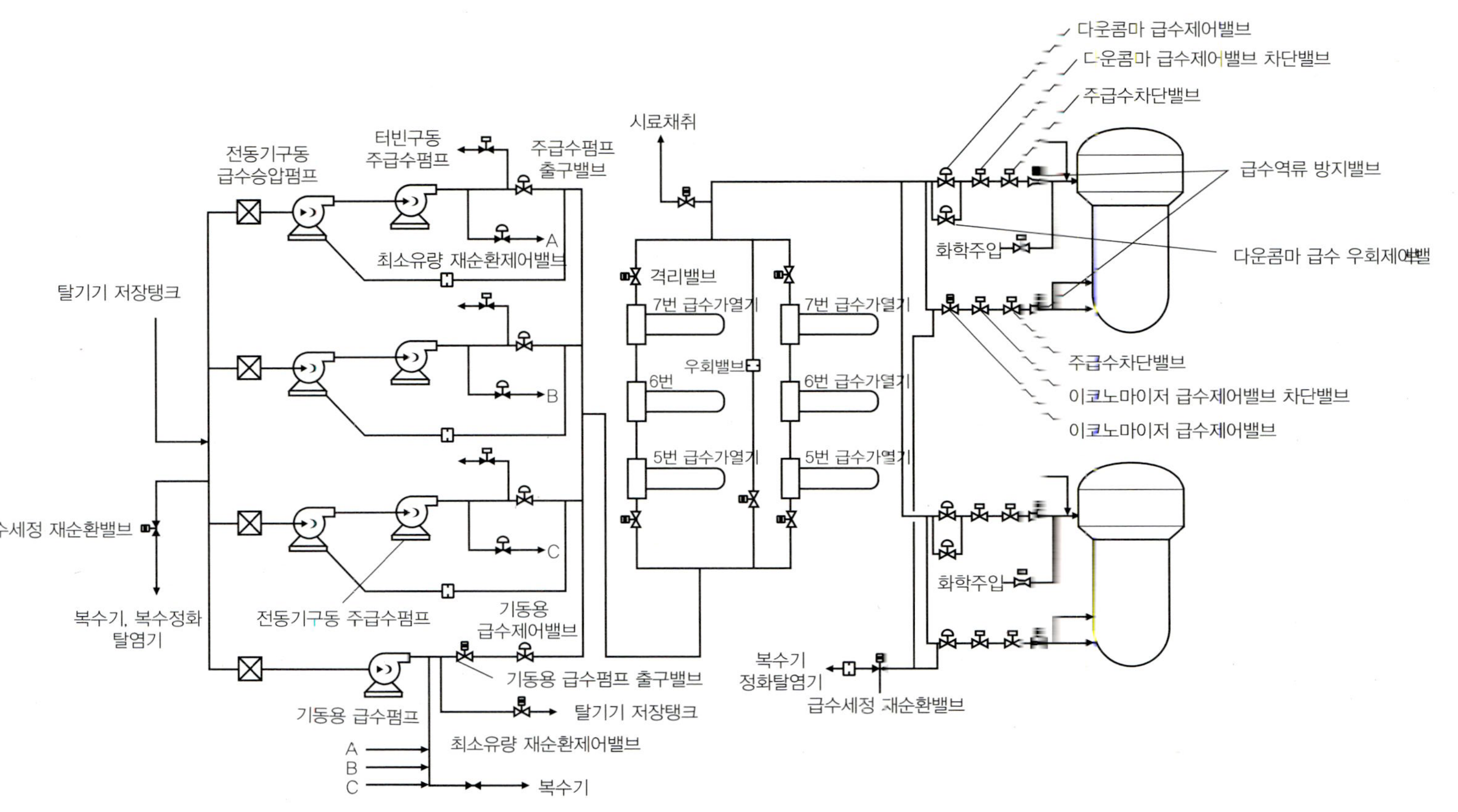

그림 8-4 • 주급수계통 개략도

기 위한 해석을 배관진동해석이라 하며 진동원인을 야기하는 설비의 교체 및 배관 지지대의 추가 설치 등으로 진동을 예방 및 방지하고 있다.

3. 주급수계통 주요기기

가. 주급수펌프

주급수펌프는 수평식 다단원심펌프로 설계유량 및 수두는 3,452m^3/hr 및 613m이다.

나. 급수승압펌프

급수승압펌프는 주급수펌프의 흡입 측에 압력을 상승시킨 유체를 공급하여, 주급수펌프의 흡입 측에 유효흡입수두를 확보해 주는 펌프이다. 수평식 단단원심펌프로서 설계유량 및 수두는 3,452m^3/hr 및 408m이다.

다. 기동용 급수펌프

기동용 급수펌프는 수평식 다단원심펌프로 설계유량 및 수두는 438m^3/hr 및 914m이다.

라. 고압급수가열기

고압급수가열기는 2계열로 된 5,6,7번 급수가열기로 구성된다. 고압급수가열기는 쉘튜브형으로 정격유량은 3,452m^3/hr이다.

4. 주급수계통 계측제어

가. 주급수제어계통(FWCS)

주급수제어계통은 급수유량을 제어하여 증기발생기의 수위를 유지한다. 20% 이상의 고출력 운전 시에는 증기발생기의 증기유량, 급수유량 및 수위신호를 이용하여 제어신호를 만들고 이 제어신호를 이용하여 다운콤마급수제어밸브의 제어, 이코노마이저급수제어밸브의 제어 및 주급수펌프의 속도를 제어한다. 주급수펌프의 속도제어신호는 정확한 증기발생기의 수위제어를 위해 유량요구신호 중 큰 값이 선택되어 이용 된다.

주급수제어계통1은 주급수펌프 A 및 C의 속도제어신호에 이용되고, 주급수제어계통2는 주급수펌프 B의 속도제어신호에 공급된다. 전동기구동형 급수펌프는 정상운전 중에는 대기상태로 있으며 2대의 터빈구동형 급수펌프가 모두 기동되지 않을 때 수동으로 기동이 가능하다. 20% 이하의 저출력 운전 시에는 증기발생기의 수위 하나로 제어가 이루어지며, 5% 이하의 출력에서는 다운콤마급수우회제어밸브가 수위를 제어한다. 주급수제어계통은 발전소경보계통(PAS) 및 발전소자료수집계통(PDAS)에 원자로의 트립 우회, 증기발생기의 고수위 우회, 증기발생기 고/저 수위 등과 같은 경보신호를 보낸다.

나. 주급수차단밸브(MFIV)

주급수차단밸브는 다운콤마급수의 배관과 이코노마이저급수의 배관에 설치되어 있다. 각 밸브들은 유압에 의해 개방되고, 스프링에 의해 닫힌다. 밸브에 공급되는 전원이 상실되면 닫힘 상태가 된다. 주증기를 차단시키는 신호(MSIS)가 발생하면 각 밸브들은 5초 이내에 닫히도록 되어 있다.

다. 급수제어밸브(FWCV)

급수제어밸브는 다운콤마급수의 배관과 이코노마이저급수의 배관에 설치되어 증기발생기에 들어가는 급수유량을 제어한다. 필요시 수동제어도 가능하다. 각 밸브는 공기구동식이며, 전기나 공기력이 상실되면 밸브의 현재 개도를 유지하도록 되어있다.

라. 급수승압펌프(BFP)

급수승압펌프는 주제어실에서 기동 및 정지운전이 가능하며 펌프의 유효흡입수두가 저-저 신호, 탈기기탱크(DST)의 저-저 수위신호, 주증기의 차단신호(MSIS) 발생 등이 있으면 자동으로 정지된다.

마. 터빈구동주급수펌프(T.FWP)

터빈구동형 주급수펌프는 주제어실에서 기동 및 정지 운전이 가능하며 상류에 있는 급수승압펌프의 유효흡입수두가 저-저 신호 또는 정지신호, 주증기의 차단신호 등이 있으면 자동으로 정지된다.

바. 전동기구동주급수펌프(M.FWP)

전동기구동형 주급수펌프는 주제어실에서 기동 및 정지 운전이 가능하며, 주급수제어계통에서 제어신호를 받아 유체커플링에 의해 속도가 조절된다. 상류에 있는 급수승압펌프의 유효흡입수두가 저-저 신호 또는 정지신호, 주증기의 차단신호 등일 때 자동으로 정지된다.

사. 기동용급수펌프

기동용의 급수펌프(Start-up Feed Water Pump)는 주제어실에서 기동 및 정지 운전이 가능하며, 상류에 있는 탈기기의 저-저 수위신호, 주증기의 차단신호, 윤활유의 저-저 압력신호 등 일 때 자동으로 정지된다.

아. 복수 및 급수세정용재순환밸브

발전소를 기동시키거나 정지를 할 때 복수 및 급수의 정화와 세정을 위해 재순환 배관이 필요하며, 재순환밸브는 전동기구동형 밸브로 주제어실에서 운전된다.

자. 급수승압펌프, 주급수펌프 및 기동용급수펌프의 최소유량재순환밸브

급수승압펌프, 주급수펌프 및 기동용급수펌프를 운전할 때 펌프출구의 유량이 적어지면 펌프에 과열과 공동현상이 발생하여 펌프의 손상을 유발시킬 수 있다. 이를 방지하기 위해 펌프의 출구 측에 탈기기로 보내는 최소유량을 확보하기 위한 공기구동식 제어밸브가 설치된다. 최소유량재순환을 위한 공기구동식 제어밸브는 펌프의 출구유량을 계속 감시하고 있다가 유량이 설정된 값 이하로 낮아지면 자동으로 개방된다.

차. 주급수펌프출구밸브

주급수펌프의 출구밸브는 역류방지형 전동기구동형 차단밸브이다. 주제어실에서 수동으로 조작이 가능하며 주급수펌프와 연동되어 펌프가 정지되면 밸브는 자동으로 닫힌다.

카. 기동용급수펌프출구밸브

기동용급수펌프의 출구밸브는 역류방지형 전동기구동형 차단밸브로서 주제어실에서 수동으로 조작이 가능하며 기동용급수펌프와 연동되어 펌프가 정지되면 밸브는 자동으로 닫힌다.

타. 다운콤마급수우회제어밸브

다운콤마급수우회제어밸브는 전동기구동형 차단밸브이며 발전소를 기동할 때나 5% 이하의 저출력으로 운전할 때 수동으로 급수유량을 제어하며 증기발생기의 수위를 유지시킨다.

파. 다운콤마급수제어밸브 차단밸브

다운콤마급수제어밸브의 차단밸브는 전동기구동형이며 캐비테이션 등으로부터 급수제어밸브를 보호하고 증기발생기의 충수 및 가압 등 증기발생기의 수위제어에 어려움이 발생될 때 격리하는 역할을 한다. 발전소를 출력 운전할 때는 수동으로 개방하여 놓으며, 증기발생기의 충수 및 가압 시에는 닫는다.

하. 이코노마이저급수제어밸브 차단밸브

이코노마이저급수제어밸브의 차단밸브는 전동기구동형이며 이코노마이저급수제어밸브를 통한 저온수의 누수로 인해 급수관에 열성층화 현상(Thermal Stratification)의 발생을 방지하는 역할을 한다. 이코노마이저급수제어밸브가 닫히면 이 밸브는 자동적으로 차단된다.

거. 기동용급수제어밸브

기동용급수제어밸브는 전동기구동형 밸브로 기동용급수펌프 토출 측의 압력을 제어하는 역할을 하며 주제어실에서 수동으로 조작한다. 출력운전을 하기 전에는 수동으로 개방한다.

너. 고압급수가열기격리밸브 및 고압급수가열기우회밸브

고압급수가열기의 전후단에는 전동기구동형 격리밸브가 있고, 전동기구동형 우회밸브도 설치된다. 급수가열기에 고수위 신호가 발생되면 급수가열기의 격리신호가 발생되고 급수가열기 전후단의 격리밸브가 닫힌다. 이때 전동기구동형 우회밸브는 열린다. 그리고 습분분리재열기 1단 및 2단의 추기증기격리밸브가 닫히고 복수기와 연결된 비상배기밸브가 열려 배기된다.

더. 급수역류방지밸브

급수역류방지밸브는 급수관이 파열되는 사고가 발생했을 때 증기발생기로부터 유체가 방출되는 것을 방지하기 위해 설치된다. 설치되는 위치는 주급수차단밸브와 증기발생기 사이의 다운콤마 및 이코노마이저 급수배관에 병렬로 설치된다. 밸브들이 닫힐 때 야기되는 수격현상과 충격압력을 최소화하기 위해 제어가 되면서 서서히 닫힌다.

러. 주급수펌프 선택스위치

발전소가 정상적으로 운전이 될 때는 주급수펌프는 3대 중 2대가 선택되어 운전된다. 항상 3대가 동시에 운전되는 것을 방지한다. 선택스위치를 통해 주급수펌프가 운전 중에 바뀌면 선택되지 않은 펌프는 자동으로 정지된다.

머. 급수유량채널 선택스위치

주급수제어계통의 입력신호로 제공되는 급수유량신호는 두 채널이 있는데 주제어실에서 하나만 선택된다.

버. 증기발생기수위채널 선택스위치

주급수제어계통의 입력신호로 제공되는 증기발생기의 수위신호는 두 채널이 있는데 주제어실에서 하나만 선택한다. 만일 두 채널 모두 선택이 되었다면 더 높은 수위가 선택되어 수위신호로 제공된다.

5. 주급수계통 운전

가. 정상운전

2대의 승압펌프와 주급수펌프가 탈기기로부터 유체를 흡입하여 2계열의 고압급수가열기를 통해 2대의 원자로냉각재계통(RCS)의 증기발생기로 급수를 공급한다. 급수유량은 다운콤마 급수배관과 이코노마이저급수배관을 통해 공급된다. 상호 독립적인 주급수제어계통은 각 증기발생기의 수위를 유지하기 위해 분리되어 있으며 다운콤마급수제어밸브, 이코노마이저급수제어밸브의 개도 조정 및 급수펌프의 속도를 조절함으로써 관련 증기발생기로의 급수유량을 제어한다. 주급수제어계통은 원자로출력제어계통에서 2개의 원자로출력신호와 1개의 원자로냉각재온도신호 이외에도 증기발생기의 수위, 증기유량 및 급수유량 신호를 받는다. 급수유량신호는 2개의 급수유량요구신호 중 보다 큰 신호가 이용된다.

발전소의 저출력상태(약 5%~20%)에서는 주급수제어계통은 증기발생기의 수위신호만을 받는다. 증기발생기의 수위, 증기유량 및 급수유량 3가지 신호가 필요한 고출력상태(20% 이상)로 전환하는데 2개의 원자로출력신호가 이용된다. 1개의 원자로 냉각재의 온도신호는 원자로트립 후 증기발생기 재충수요구신호 발생에 이용된다. 급수펌프의 터빈속도는 공급되는 증기량에 의해 제어된다.

발전소의 고출력 운전 중에는 재열증기를 이용하여 급수펌프의 터빈을 구동하고, 발전소의 저출력 운전 중에는 재열증기압력이 충분치 않아 재열증기와 주증기를 혼합하거나 주증기를 사용하여 급수펌프의 터빈을 구동한다. 발전소의 정상운전 중 나머지 1대의 승압펌프와 급수펌프는 운전 중인 1대 또는 2대의 급수펌프 상실사고에 따른 신속한 기동을 위해 고온대기상태를 유지한다. 각 펌프 예열을 위한 재순환 유량을 유지하여야 하는데, 이는 신속한 기동에 의한 펌프의 열충격을 최소화하기 위함이다. 주급수제어계통은 각 증기발생기로의 급수유량을 원자로 출력의 5%~100% 사이에서 수동제어가 가능하도록 설계된다.

나. 비정상운전

1) 급수펌프 또는 승압펌프 1대 상실 시

발전소의 정상운전 중에는 2대의 급수펌프와 승압펌프가 운전되는데 같은 계열의 둘 중 하나가 기능이 상실되면 다른 펌프도 역시 트립되고 또한 급수펌프 후단의 전동기구동형 역지밸브도 폐쇄토록 연동된다. 급수펌프의 트립은 원자로출력급감발계통이 작동되도록 연동된다. 운전 중인 2대의 급수펌프 중 1대가 트립되면 주급수제어계통은 운전 중인 1대의 급수펌프에 속도를 조절하여 원자로가 트립되지 않고 1,190psig 압력으로 최대 65% 급수를 공급할 수 있도록 한다. 대기 중인 전동기구동형 급수펌프의 기동조건이 되면 승압펌프가 기동되고 예열을 위해 열린 차단밸브를 폐쇄한 후 급수펌프 선택스위치를 운전 중인 급수펌프와 대기 중인 급수펌프로 설정한다.

2) 한 계열의 고압급수가열기 차단

한 계열의 고압급수가열기를 이용할 수 없는 경우, 고압급수가열기의 입, 출구 차단밸브는 차단되고, 급수우회배관의 차단밸브를 수동으로 개방한다. 이 때 이용할 수 있는 고압급수가열기는 총 급수유량의 75%, 우회배관에서 25%의 부하를 담당한다. 고압급수가열기의 차단신호는 관련 급수가열기로 공급되는 1단 및 2단 습분분리재열기 배기증기의 차단밸브를 폐쇄시킨다. 급수우회배관은 발전소가 기동할 때와 같이 고압급수가열기를 이용하기 시작할 때도 예열 및 가압을 위해 이용된다.

3) 원자로트립

원자로가 트립되면 증기발생기의 수위를 유지하기 위해 이코노마이저급수제어밸브를 폐쇄하며, 원자로에서 발생되는 붕괴열을 제거하고 증기발생기에 과충수를 예방하기 위해 원자로냉각재의 온도신호에 따라서 다운콤마급수제어밸브의 개도와 급수펌프의 속도가 제어된다.

4) 증기발생기 고수위

증기발생기가 고수위가 되면 터빈으로의 습분유입을 방지하기 위해 다운콤마 및 이코노마이저급수제어밸브는 폐쇄되고 급수펌프의 속도는 주급수제어계통으로부터 신호를 받아 조절된다.

5) 주증기차단신호에 의한 급수계통 차단

주증기차단신호가 발생하면 주급수의 차단밸브는 5초 이내에 폐쇄되고, 운전 중인 승압펌프, 급수펌프 및 기동펌프는 자동으로 트립된다.

급수펌프터빈계통

1. 급수펌프터빈계통 개요

발전소를 정상적으로 출력운전을 할 때는 두 대의 터빈구동형 급수펌프와 같은 계열의 급수승압펌프를 운전하여 탈기기의 저장탱크(DST)로부터 급수를 받아 증기발생기에 정격유량을 공급한다. 터빈발전기의 출력이 40% 이상 고출력으로 운전을 할 때는 급수펌프의 터빈계통에 습분분리재열기(MSR) 후단의 재열증기를 사용하고, 터빈발전기를 기동할 때나 터빈발전기출력이 40% 이하 저출력으로 운전할 때는 급

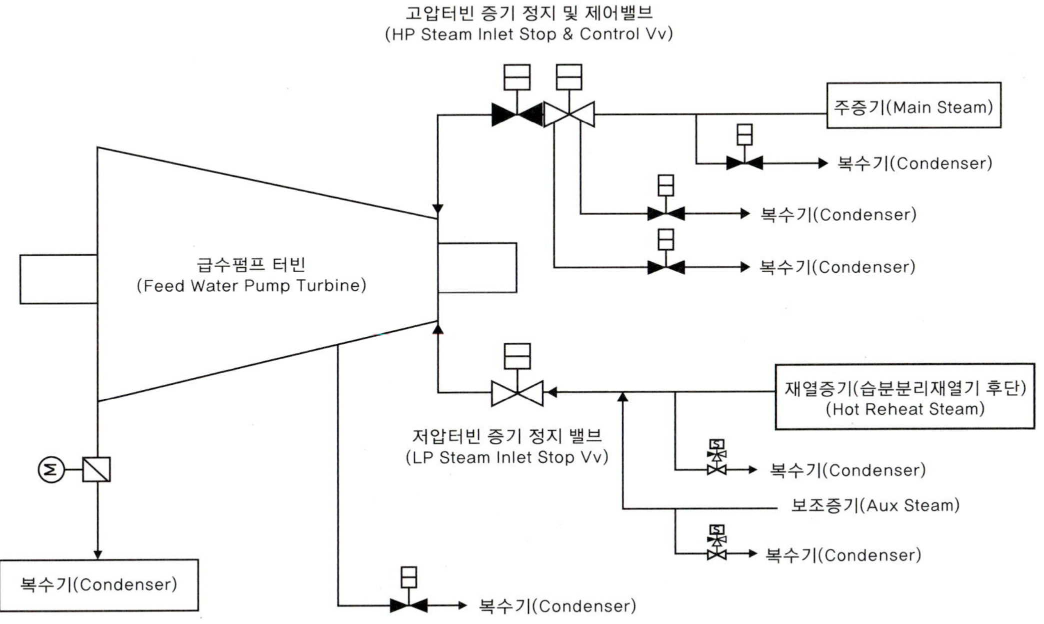

그림 8-5 • 급수펌프터빈계통 개략도

수펌프의 터빈계통에 주증기를 사용하거나 재열증기와 혼합하여 사용하며, 급수펌프의 터빈을 시험할 때는 보조증기를 사용한다. 급수펌프의 터빈 속도를 제어하는 밸브는 주급수제어계통(FWCS)으로부터 속도설정치신호를 받아 밸브의 열림을 자동적으로 제어한다. 급수펌프의 터빈에서 나오는 배기증기는 복수기로 보내져 응축된다. 급수펌프터빈계통의 개략도는 〈그림 8-5〉와 같다.

2. 급수펌프터빈계통 운전

가. 발전소 정상운전

발전소를 정상적으로 운전을 할 때는 두 대의 터빈구동형 급수펌프가 운전되어 두 계열의 고압급수가열기로 급수를 공급한다. 터빈구동형 급수펌프는 주급수제어계통으로부터 급수펌프의 속도설정 요구치에 따라 증기조절밸브를 제어하면 터빈에 공급되는 증기유량이 변화되어 속도가 제어되며 따라서 펌프 출구의 토출유량이 증가 또는 감소된다.

나. 발전소 기동시

발전소가 고온정지상태에 있을 때는 기동용 급수펌프를 운전하여 급수를 공급하며, 이때 급수제어는 다운콤마급수우회제어밸브를 이용하여 수동으로 제어한다. 발전소의 출력이 0~5% 사이에서는 1대의 급수펌프 터빈을 기동하기 위한 준비상태에 들어가며, 같은 계열의 급수승압펌프도 기동을 준비해야 한다. 기동준비상태란 터빈의 냉각수 공급 준비, 윤활유계통의 운전, 증기배관의 예열, 터빈 밸브 및 케이싱의 예열 등을 의미한다. 발전소의 출력이 약 5%에 도달하면 선택된 급수승압펌프를 수동으로 기동한다. 급수승압펌프가 정격속도에 도달하면 탈기기의 저장탱크로부터 유체를 흡입하여 다시 탈기기의 저장탱크로 보내는 재순환이 형성되면서 펌프는 예열되기 시작한다. 급수펌프의 터빈이 운전이 가능한 상태가 되면 주제어실에서 터빈을 기동하며 터빈속도를 수동으로 증가시킨다. 급수는 급수승압펌프 및 급수펌프를 거쳐 탈기기의 저장탱크로 재순환된다. 급수승압펌프 및 급수펌프가 어느 정도 예열이 되어 정상적으로 운전이 가능하면 재순환밸브를 닫는다. 발전소의 출력이 25~55% 사이에서 터빈구동 급수펌프 1대가 추가로 기동된다.

다. 발전소 정지운전

발전소의 정지운전 경우 발전소의 출력이 5%로 감소할 때까지는 주급수제어계통이 유량을 자동으로 제어한다. 발전소의 출력이 25~55% 사이에서는 터빈구동형 급수펌프 1대를 수동으로 정지하며, 같은 계열의 급수승압펌프도 자동으로 정지된다. 발전소의 출력이 약 5%에 도달하면 주급수제어계통은 자동에서 수동으로 전환된다. 다운콤마급수제어밸브를 수동으로 닫는 동안에 다운콤마급수우회제어밸브를 수동으로 열어 증기발생기의 수위를 수동으로 제어한다. 기동용 급수펌프를 수동으로 기동시키고 운전 중인 급수펌프는 수동으로 정지시킨다.

라. 발전소 비정상운전

1대의 급수펌프 또는 1대의 급수승압펌프가 기능을 상실하면 원자로를 정지시키지 않고 3초 이내에 증기발생기 정격유량의 최고 65%까지 공급할 수 있도록 주급수제어계통은 급수펌프의 속도를 증가시킨다. 급수펌프가 정지되면 남아있는 급수펌프에 의해 증기발생기 수위가 유지되도록 정지신호를 원자로출력급감발계통(RPCS)에 보내어 원자로의 출력을 빠르게 낮춘다. 만약 주증기를 격리시키는 신호(MSIS)가 발생되면 급수펌프의 터빈은 자동으로 정지된다.

3. 급수펌프터빈계통 계측제어

가. 급수펌프 속도제어

주급수제어계통은 급수펌프의 속도설정치의 요구신호, 이코노마이저급수제어밸브의 위치 요구신호 및 다운콤마급수제어밸브의 위치 요구신호 등을 제공한다. 급수펌프 속도설정치의 요구신호에 의해 급수펌프터빈의 속도는 제어된다.

나. 급수펌프와 터빈 운전

주제어실 및 현장제어반에서 급수펌프의 터빈을 제어할 수 있으며 펌프의 윤활유계통은 현장에 있는 제어반에서 운전된다. 급수펌프와 터빈은 급수승압펌프의 유효흡입수두가 저-저 수위, 주증기격리신호(MSIS) 발생 및 급수펌프 출구 측의 역류방지형 차단밸브의 격리 등에 의해 자동으로 정지된다.

복수계통

1. 복수계통 기능

복수계통은 발전소의 터빈으로부터 배출되는 증기를 응축하며, 응축된 복수는 복수기의 온수조에 수집된 후 복수계통에서 가열되어 급수계통으로 이송된다. 복수계통의 기능은 아래와 같다. 복수계통의 개략도는 〈그림 8-6〉과 같다.

- 저압급수가열기에서 복수의 가열
- 복수정화탈염기에서 복수의 정화
- 화학약품을 주입하여 복수의 수질 개선
- 복수에 포함된 산소와 비응축성 가스를 탈기기에서 제거
- 저압터빈의 배기후드 온도를 조절하기 위한 살수 기능
- 증기식 공기추출기의 냉각기 및 터빈패킹증기추출기의 냉각기에서 냉각매체로 사용 등

2. 복수계통 설명

가. 복수기

복수기는 단일 압력, 단일 유로 및 표면 냉각식으로 3개의 쉘로 구성된다. 3개의

쉘은 3개의 저압터빈 아래에 각각 위치하며 쉘 내부의 튜브 방향은 터빈발전기의 축방향과 상호 수직된다. 쉘 아래에는 분할판에 의해 분리된 2개의 온수조가 있다. 이 온수조는 복수펌프의 흡입조가 된다. 쉘은 터빈건물의 기초 위에 지지된다. 터빈의 배기증기 배출부와 쉘의 배기증기 유입부는 신축되는 이음관으로 연결된다. 복수기의 목 부분에는 2개의 저압급수가열기가 설치된다. 3개의 쉘의 증기부분은 압력을 같게 하기 위한 평형관으로 상호 연결된다. 복수기에는 온수조의 수위제어 및 복수의 시료채취를 위한 배관이 설치된다. 발전소의 정상운전 중에는 저압터빈의 배출증기는 터빈의 케이싱 하부에 있는 증기배출구를 통해 직접 아래 복수기 쉘로 내려와 냉각해수에 의해 응축된다. 또한, 복수기는 급수가열기의 배기 및 배수, 급수펌프 터빈의 배출증기, 터빈증기밀봉계통의 배수 등을 받아들인다.

발전소가 정지된 후 초기의 냉각기간에는 증기발생기에서 생산된 증기를 증기우회제어계통을 통해 복수기로 보내어 응축함으로써 원자로냉각재계통(RCS)에서 발생되는 원자로의 잔열을 제거한다. 증기우회제어계통을 통한 주증기유량은 정격유량의 약 40%까지이며, 우회증기는 분사모관을 통해 복수기의 튜브 위로 분배된다. 유입된 증기는 터빈의 배압이 경보설정치를 초과하거나 터빈 증기배출부의 온도가 허용치 이상으로 되는 일 없이 처리된다. 분사관에 의해 유입되는 증기는 튜브와 직접 충돌하지 않는다.

튜브의 누설로 인하여 복수기의 내부로 해수가 유입되더라도 급수의 수질이 허용치 이내에 있으면 복수기는 계속적으로 운전이 가능하다. 만약 해수의 누설 유입량이 복수정화탈염기의 처리 용량을 넘으면, 터빈출력을 적절히 감소시키고 해당 온수조 측에 공급되는 순환수의 입출구밸브와 온수조의 격리밸브를 닫아 온수조를 격리시킨다. 각각의 온수조를 떠나는 복수의 수질을 감시하여 해수의 누설이 감지되면 제어실에 경보가 울리고, 누설이 일어나는 관다발을 찾아낸다. RCS의 증기발생기 1차측에서 2차측으로의 전열관을 통한 원자로냉각재의 누설이 있는 경우에는 복수기로 소량의 수소기체 및 방사성물질이 유입될 수 있다.

온수조의 수위는 자동제어에 의해 보충수의 유입 및 복수의 유출이 이루어지면서 정상적인 수위가 유지된다. 온수조가 저수위가 되면 복수저장탱크로부터 복수가 유입되며, 고수위가 되면 복수저장탱크 쪽으로 복수를 보낸다. 만약 복수저장탱크로 가는 복수에 복수기의 튜브 손상으로 인해 오염이 심한 경우에는 복수저장탱크로 가는 복수를 정지시킬 수 있다. 터빈의 배기에 함유된 공기 및 비응축성 기체는

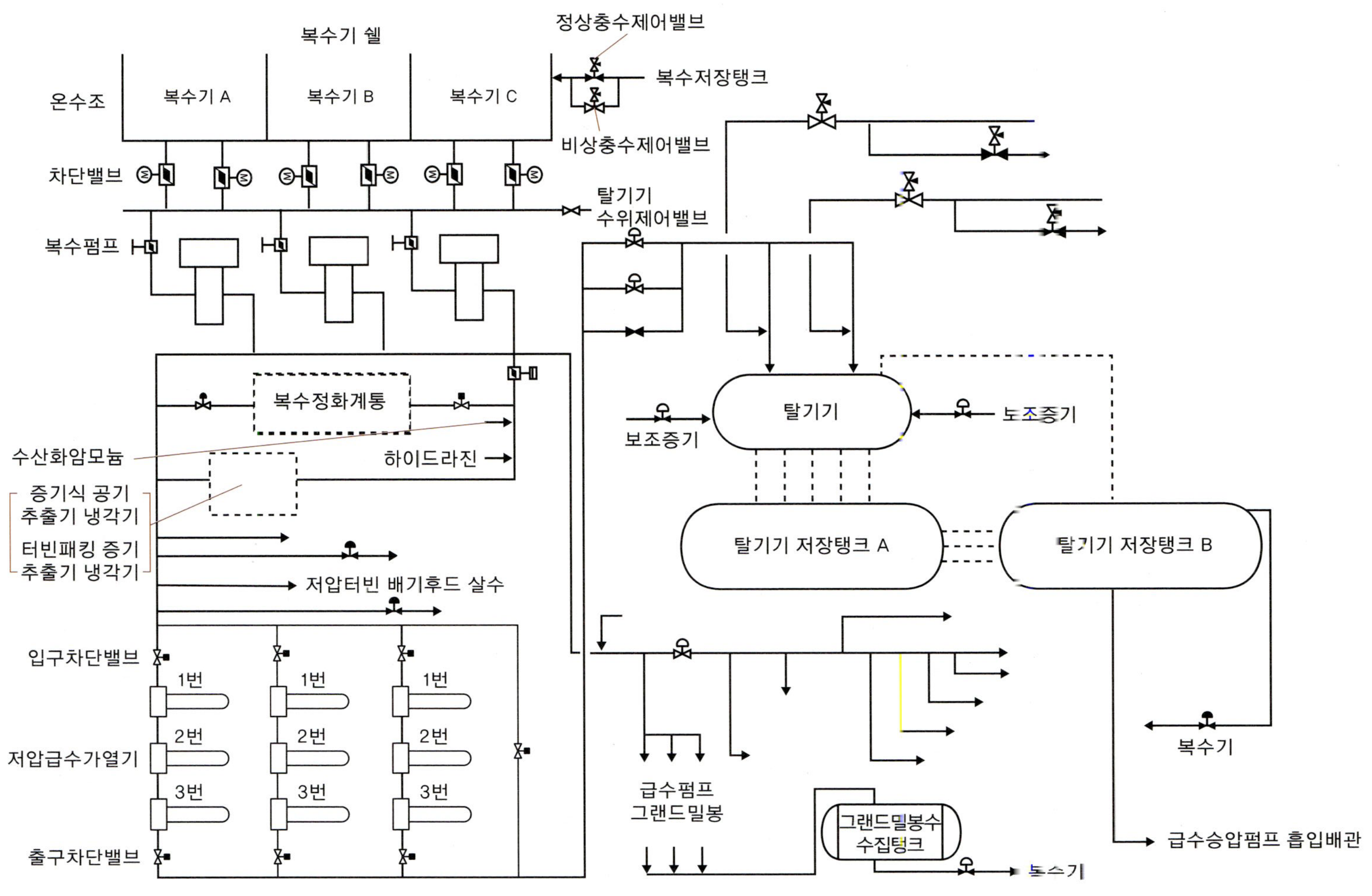

그림 8-6 • 복수계통 개략도

복수기의 내부에서 모여 복수기의 진공펌프에 의해 제거된다.

나. 복수 공급

복수펌프는 복수기의 온수조에서 복수를 흡입하여 탈기기로 공급한다. 복수펌프는 3대의 전동기구동형 50% 용량의 원심펌프이며, 발전소가 정상적으로 운전을 할 때는 2대가 운전되며 1대의 대기펌프는 다른 복수펌프가 운전 중 비상정지 시에 자동으로 기동된다. 복수펌프는 복수기의 온수조에서 복수를 흡입하여 복수정화계통, 증기식 공기추출기의 냉각기, 터빈패킹증기추출기의 냉각기 및 저압급수가열기를 통해 탈기기 및 탈기기저장탱크로 복수를 공급한다. 1번 및 2번 저압급수가열기는 복수기의 목에 설치되며, 3번 저압급수가열기는 가열기 구역에 수평으로 설치된다. 1번, 2번 및 3번 저압급수가열기는 폐쇄형 급수가열기이다. 4번 저압급수가열기는 탈기기가 그 역할을 한다. 탈기기는 직접 접촉식 탈기형 급수가열기이다. 1번, 2번 및 3번 저압급수가열기는 3개의 저압급수가열기 계열로 배열되며 각 계열에는 전동기구동형 차단밸브가 설치된다. 3번 저압급수가열기의 쉘 부분의 배수는 2번 및 1번 저압급수가열기의 쉘 부분을 통해 복수기로 보내어진다. 각 저압급수가열기는 복수기로 직접 배수를 할 수 있는 비상 배수관을 가지고 있다.

3. 복수계통 주요기기

가. 복수기

- 형식 : 단일 압력, 단일 유로, 표면냉각식 열교환기, 3개의 쉘
- 수량 : 각 쉘마다 2개의 온수조
- 순환수의 유량 : $179 \times 10^3 m^3/hr$
- 순환수의 유속 : 1,829m/sec

- 순환수의 온도 상승 : 9℃(순환수 입구온도 21.4℃ 경우)
- 열전달 표면적 : 102,193m^2
- 복수기의 압력 : 38mmHgA(1.5인치HgA)
- 재질 : 튜브(티타늄), 쉘(탄소강)

나. 복수펌프

- 형식 : 수직원심형, 4단 펌프
- 설계유량 : 2,165m^3/hr(9,530gpm)
- 설계수두 : 335m
- 최소 재순환유량 : 90.8m^3/hr(400gpm)
- 축의 정격 회전수 : 1,195rpm

다. 저압급수가열기

- 형식 : 수평식 U튜브형 열교환기
- 재질 : 튜브(스테인레스강), 쉘(탄소강)

라. 탈기기

- 형식 : 분사-트레이 결합형, 수평식 실린더형
- 분사밸브 : 266개
- 트레이 : 1,440개

마. 탈기기저장탱크(DST)

- 형식 : 수평식 실린더형
- 저장용량 : 567m^3

4. 복수계통 운전

가. 발전소 정상운전

복수저장탱크로부터 중력을 이용하거나 복수기의 진공을 이용하여 복수기에 물을 채운다. 복수의 유로는 복수펌프 → 복수탈염기 → 증기식 공기추출기의 냉각기 튜브 → 터빈패킹 증기추출기의 냉각기 튜브 → 1번, 2번 및 3번 저압급수가열기 → 탈기기의 수위제어밸브 → 탈기기 → 탈기기의 저장탱크이다. 저압터빈배기후드의 살수용 복수는 터빈패킹증기추출기의 냉각기의 후단에서 분기된다. 하이드라진과 수산화암모늄은 복수탈염기의 후단이며 증기식 공기추출기의 전단에 주입된다. 저압급수가열기의 전단에서 분기된 복수관은 증기발생기취출수의 재생열교환기 냉각수로 공급된다. 냉각재로 이용된 복수는 탈기기 또는 복수기로 회수된다.

나. 발전소 비정상운전

운전 중인 복수펌프 2대 중 1대의 기능이 상실되면 나머지 1대의 대기펌프가 기동되는데, 이 경우 탈기기의 수위가 저수위 설정치 이하로 낮아지면 발전소의 부하를 낮추어야 한다. 발전소의 출력이 정격출력으로부터 발전소 내부의 부하로 급격히 낮아지면 증기발생기의 증기를 대기로 덤프를 시켜야 하는 경우도 있다. 이 경우 복수기 온수조의 수위가 감소되면 비상충수를 위한 제어밸브가 열리어 복수저장탱크로부터 복수를 공급 받는다. 3계열의 저압급수가열기의 각 계열에는 입출구 차단밸브가 설치되며 가열기의 튜브가 고장이 나면 정비를 위해 해당되는 계열을 차단시킨다. 1번 및 2번 저압급수가열기가 고-고 수위가 되면 해당되는 급수가열기 계열의 차단밸브는 자동으로 폐쇄되고 나머지 2계열이 각각 50% 복수유량을 가열한다. 3계열 중 2계열의 저압급수가열기 차단신호가 발생하면 저압급수가열기의 우회밸브가 자동으로 개방되어 나머지 1계열의 저압급수가열기와 각각 50%씩의 복수유량을 담당한다. 복수기의 튜브 누설이 복수정화탈염기의 용량을 초과하는 경우에는 관련 복수기의 온수조의 토출관에 있는 전동기구동형 차단밸브와 관련 해수배관을 수동으로 차단하고 발전소를 정지시킨 후에 정비해야 한다.

5. 복수계통 계측제어

가. 복수기 제어

복수기 온수조의 수위는 복수저장탱크로부터 복수를 유입시키거나 복수저장탱크로 복수를 방출하여 설정된 수위가 유지되도록 자동적으로 제어하고 감시된다. 복수의 수위는 현장과 주제어실에 지시되고, 고수위와 저수위 경우에는 주제어실에 경보가 울린다. 복수기의 압력은 현장과 주제어실에 지시되고, 복수기의 압력이 높을 경우에는 주제어실에 경보가 울리며, 터빈은 정지된다. 복수기 튜브의 누설을 검출하고 누설위치를 파악하기 위해 각각의 온수조로부터 나오는 복수의 전도도, 나트륨 및 염소가 측정된다. 복수의 온도는 복수펌프의 흡입관에서 측정된다.

나. 복수펌프 제어

복수펌프는 주제어실에서 수동으로 기동 및 정지가 가능하다. 운전 중인 복수펌프는 토출관 또는 흡입관의 밸브가 완전히 개방되지 않았거나 4개 이상의 온수조가 저-저 수위 등의 경우에는 자동으로 정지된다.

다. 복수기 충수 및 과충수 제어

복수기 온수조의 수위를 측정하여 그 수위를 자동으로 제어한다. 복수기의 정상충수를 위한 제어밸브는 발전소가 정상적으로 운전 중에 동작한다. 비상충수를 위한 제어밸브는 정상충수제어밸브가 고장이 나거나 대기로의 주증기 덤프 등의 요인으로 온수조의 수위를 정상충수제어밸브로 제어가 어려운 경우에 작동한다. 복수기의 과충수를 위한 제어밸브는 6개의 온수조의 수위 지시계 중 어느 하나가 고수위의 신호를 발생시키면 복수기의 복수를 복수저장탱크로 보낸다.

라. 복수기 보호 및 진공펌프 제어

복수기에 높은 압력이 걸리는 것을 방지하기 위해 2개의 복수기 압력신호를 복수기의 증기우회제어계통으로 보낸다. 복수기의 압력이 높아지면 복수기로의 증기우회는 자동으로 격리되며, 4대의 복수기진공펌프가 자동으로 기동된다.

마. 복수정화탈염기 입출구밸브 및 우회밸브 제어

복수정화탈염기의 우회밸브가 완전 폐쇄되면 입출구밸브는 닫히지 않도록 연동된다. 우회밸브는 복수정화탈염기의 전후단 압력 차이를 설정치로 유지하기 위해 자동으로 동작된다.

바. 저압급수가열기 입출구밸브 제어

1번 및 2번 저압급수가열기의 수위가 고-고 수위에 도달하면 전동기구동형 입출구 차단밸브는 자동으로 닫힌다. 우회밸브는 저압급수가열기의 차단신호가 발생하면 자동으로 개방된다.

사. 저압급수가열기우회밸브 제어

저압급수가열기 3계열 중 어느 계열에 고수위로 인해 격리신호가 발생되면 주제어실에서 우회밸브를 수동으로 개방하여 100%의 출력의 복수유량을 공급할 수 있다.

아. 탈기기저장탱크 수위 제어

2개의 공기구동형 수위제어밸브를 이용하여 탈기기로의 복수유량을 제어함으로써 탈기기 저장탱크의 수위를 제어한다. 이들 밸브들은 저압급수가열기의 후단이며 탈기기에 근접하여 병렬로 설치된다. 발전소를 정상적으로 운전할 때는 탈기기의 수위는 탈기기저장탱크의 수위, 급수유량 및 탈기기로의 복수유량 등 3가지 요소를 이용하여 제어된다. 병렬로 설치된 2개의 수위제어밸브는 첫 번째 밸브가 완전히 개방되면 두 번째 밸브가 개방되기 시작한다.

제9장

복수저장 및 이송계통

1. 복수저장 및 이송계통 기능

복수저장 및 이송계통은 발전소의 기동, 정지, 고온대기 및 정상출력 등 운전 중 원자로냉각재계통(RCS)의 증기발생기에 적정량의 급수를 유지시키기 위한 보충수를 공급한다. 증기발생기에 급수를 공급하는 급수계통을 사용할 수 없는 경우에는 보조급수계통으로 발전소 2차측의 수질조건에 적합한 보충수를 공급한다. 본 계통은 발전소의 고온대기상태 동안 원자로의 붕괴열을 제거하여 정지냉각계통이 RCS에 연결되어 원자로에서 발생되는 열을 제거할 수 있는 온도까지 원자로를 냉각시키는데 필요한 보충수를 공급한다. 본 계통은 사용후연료의 저장조 및 기기냉각수계통의 완충탱크 등에도 보충수를 공급한다.

2. 복수저장 및 이송계통 설명

복수저장 및 이송계통은 2대의 복수저장탱크, 관련 배관, 밸브 및 계측제어설비 등으로 구성된다. 복수저장 및 이송계통에는 동결방지설비가 설치된다. 복수저장탱크는 스테인레스강으로 제작되며 보조급수펌프의 흡입 및 재순환을 위한 배관 등이 연결된다. 2대의 복수저장탱크는 잠금닫힘형 격리밸브(Locked-closed Isolation Valve)가 설치되는 2개의 스테인레스 배관으로 상호 연결된다. 이 연결관은 가상사고가 발생된 후에 필요에 따라 공급수를 분담할 수 있게 한다. 복수저장탱크는 대기중 산소가 복수로 흡입되는 것을 막기 위하여 탱크의 상층부에 질소가스를 충전시킨다. 복수저장탱크의 수위가 요구 수위 이하로 떨어지면 수위제어밸브가 자동으로 열려 탈염수의 저장탱크 등으로부터 보충수를 공급받는다. 복수저장탱크의 수위는 현장, 주제어실 및 원격정지패널에 표시된다. 그리고 수위가 고, 저-저 및 바닥 수위가 되면 주제어실에 경보가 울린다. 복수저장탱크에는 탈기된 탈염수가 저장되는데 이는 발전소를 운전할 때 주복수기 및 탈기기를 통해 이루어진다. 복수저장탱크에는 시료채취설비가 준비되어 있어, 필요할 때 저장수의 수질을 점검한다. 만약 증기발생기의 전열관이 누출로 인해 RCS의 1차 측에서 2차 측으로 냉각재의 누출이 발생되면 복수저장탱크의 복수는 방사성물질로 오염될 수 있다.

3. 복수저장 및 이송계통 주요기기

가. 복수저장탱크

복수저장탱크는 스테인레스강으로 제작되며 총용량 500,000갤런(1,890m^3)인데 이 중 원자로의 정지와 관련되는 안전성 관련 용량은 300,000갤런(1,136m^3)이다. 안전등급 3등급으로 제작된다.

4. 복수저장 및 이송계통 운전

가. 정상운전

발전소의 정상운전 중에는 복수저장탱크는 탈염수계통으로부터 보충수를 공급받는다. 액체방사성폐기물처리계통에서 나오는 재생복수는 방사능의 정도와 수질조건이 복수의 제한치를 만족하면 복수저장탱크의 보충수로 활용이 가능하다. 복수저장탱크 1대는 발전소가 정상적으로 운전될 때 복수를 공급하고, 1대는 대기상태를 유지한다. 본 계통은 복수기의 온수조, 복수기의 진공펌프 밀봉부위, 하이드라진 및 암모니아 일일탱크, 보조급수계통, 사용후연료의 저장조 냉각 및 정화계통 등에 복수를 공급한다. 복수저장탱크의 상부에는 질소가 충전되어 부식의 원인이 되는 산소의 유입을 차단하는데, 운전초기에는 0.32kg/cm^2, 정상운전 중에는 0.07kg/cm^2 정도 압력을 유지한다. 복수저장탱크의 압력이 올라가면 탱크의 상부에 설치된 압력방출밸브는 자동으로 작동된다.

나. 비정상운전

복수기가 저수위가 되면 복수기의 비상충수밸브가 열려 복수저장탱크로부터 복수를 공급받는다. 복수기가 고수위가 되면 복수펌프 토출구의 과충수제어밸브가 열려 복수는 복수저정탱크로 회수된다. 보조급수계통이 운전되는 경우에는 일차적으로 복수저장탱크로부터 복수를 공급받으나, 만약 복수저장탱크가 저수위가 되면 탈염수의 저장탱크 및 원수저장탱크로부터 직접 물을 공급받을 수 있다. 복수저장탱크의 복수의 수질이 나쁜 경우에는 복수기 온수조 및 복수탈염설비를 거쳐 복수저장탱크로 재순환함으로써 수질을 개선할 수 있으며, 만약 수질이 개선되지 않으면 배수시키고 탈염수계통으로부터 새로운 복수를 공급받는다. 〈그림 8-6 참조〉

5. 복수저장 및 이송계통 계측제어

가. 복수저장탱크충수밸브

복수저장탱크의 충수밸브는 복수저장탱크의 고수위에서 닫힌다. 그리고 저수위가 되면 충수밸브가 열려 탈염기계통으로부터 보충수를 공급받는다.

나. 경보

복수저장탱크의 수위 지시기가 현장, 주제어실 및 원격정지패널에 설치되며, 복수저장탱크의 수위가 고, 저-저, 바닥(Empty) 수위가 되면 주제어실에 경보가 울린다.

제9부

증기발생기 보조계통

제1장 순환수계통

1. 순환수계통 개요

원자로에서 발생된 열은 증기발생기를 통해 2차측의 증기로 변환되고, 이 증기가 터빈발전기를 통과하면서 회전력을 일으키고 발전을 한다. 터빈으로 들어간 증기는 복수기에서 해수를 이용하여 응축되는데 이 때 사용되는 해수계통을 순환수계통이라 한다. 순환수계통의 개략도는 〈그림 9-1〉과 같다.

2. 순환수계통 설명

순환수계통은 순환수펌프, 배관, 밸브 및 계측설비 등으로 구성되며 복수기수실공기제거계통, 복수기튜브세척계통 등의 보조계통들이 있다. 순환수펌프는 취수구조물에서 해수를 흡입하여 복수기로 보낸다. 해수는 복수기를 통과하면서 터빈의 배출증기를 응축시키고 배출도관을 통해 바다로 다시 나간다. 해수의 온도가 낮은 동절기에는 순환수펌프의 운전대수를 감소시켜 운전한다. 발전소 한 호기 당 16.7% 용량의 순환수펌프 6대가 설치된다.

순환수펌프는 전동기구동형 수직형 1단 원심펌프이다. 전동기구동형 나비형 밸브가 각 순환수펌프의 출구 및 복수기의 입출구에 설치되어 필요시 펌프 및 복수기 쉘을 격리시킨다. 순환수펌프의 토출관은 서로 연결되어 있다. 순환수배관은 배관 및 콘크리트 도관으로 되어있고, 배관과 철근콘크리트 도관의 연결부는 밀봉을 확실히 하기 위해 배관을 철근콘크리트 도관 안에 매설한다. 2인치 이하 배관의 재질은 니

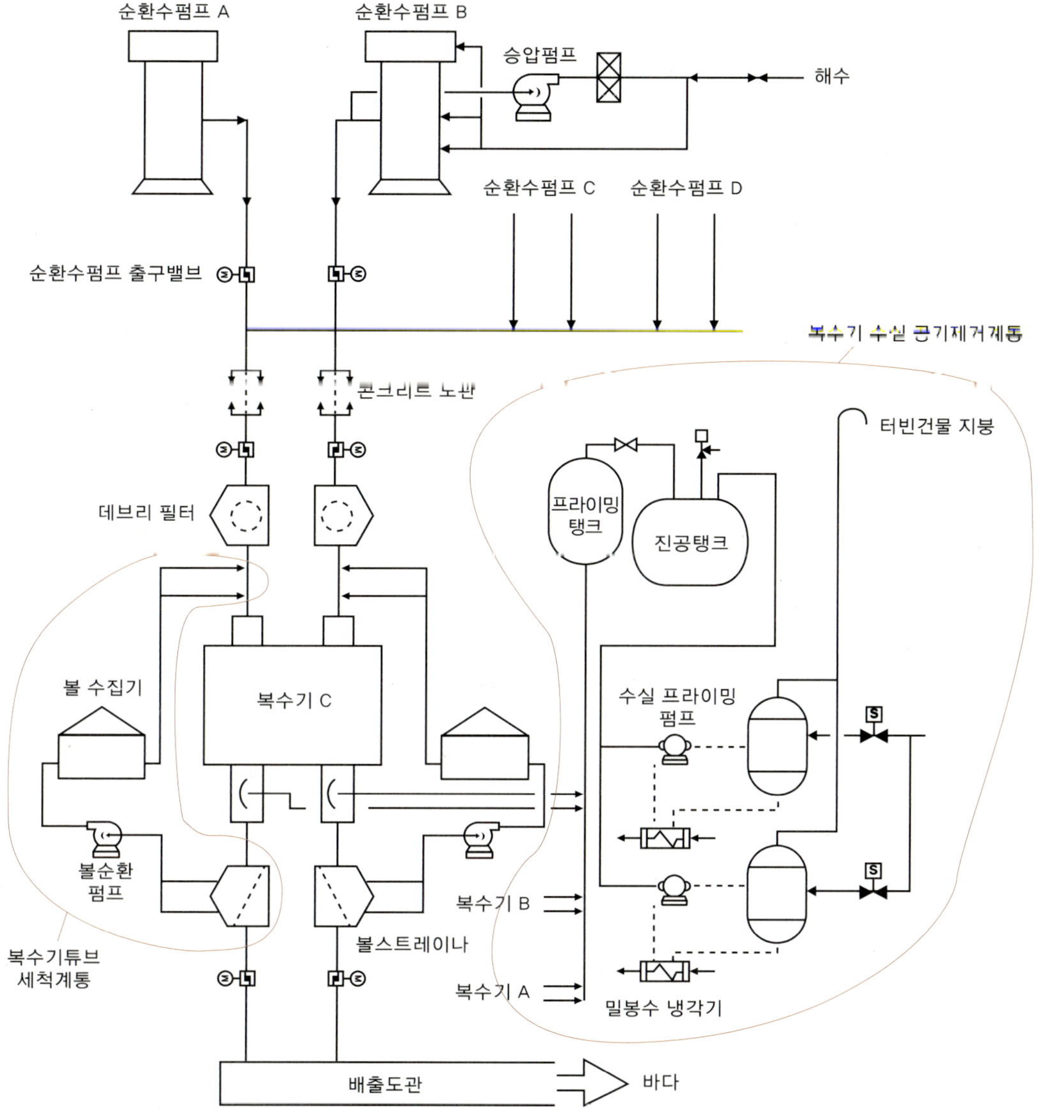

그림 9-1 • 순환수계통 개략도

켈 및 구리의 합금강인 모넬이며, $2\frac{1}{2}$인치 이상 24인치까지는 폴리에틸렌을 라이닝한 강관이고, 24인치 이상의 배관은 고무를 라이닝한 강관이다.

발전소는 터빈건물의 범람에 대처하도록 설계된다. 터빈건물의 복수기 배수조는 순환수배관의 파단을 고려한 것이며 범람하는 수위를 계측하는 장비가 설치되어 있다. 복수기의 배수조가 고-고 수위가 되면 운전원과 기기를 보호하기 위해 모든 순환수펌프는 수동으로 정지된다. 설계기준사고인 터빈건물의 범람사고는 순환수계통의 6개 펌프 모두가 최대유량을 내는 런아웃 상태로 펌프가 터빈건물의 내부로 해수를 방출하는 경우를 가정했다. 범람한 물은 발전소의 안전성 지역으로 유입되지 않도록 설계되어 있다. 터빈건물과 안전성 관련 건물 사이의 모든 출입구는 범람하는 최대수위보다 위에 설치된다. 그리고 범람 최대수위 아래에 설치된 출입구 및 관통구는 밀봉된다. 그래서 발전소는 터빈건물이 범람하여도 안전정지가 가능하도록 되어있다.

복수기수실공기제거계통은 100% 용량의 펌프 2대 및 진공제어탱크 등을 사용하여 계통 내의 사이폰을 유지하고, 수실에서 비응축성 기체를 제거한다. 프라이밍탱크가 고수위가 되면 자동적으로 밸브가 닫혀 수실프라이밍(Water Box Priming) 펌프로의 해수 유입을 차단한다. 정상운전 시 수증기 및 불용성 가스들은 방사능에 오염되지 않아 대기로 방출된다.

정상운전 시 해수에 염소를 주입하고 복수기튜브세척계통이 작동된다. 염소는 복수기의 튜브 내에 생물의 성장 및 취수구조물에 해양 유기체의 성장을 억제하는 기능을 한다. 복수기튜브세척계통은 부식을 야기시키는 침전물을 제거하여 복수기의 열전달 효율을 유지한다. 튜브의 내경보다 크게 제작된 스폰지형 고무 볼은 계속적으로 복수기를 순환하면서 전열관 내벽을 깨끗이 청소한다. 자체 정화필터가 복수기의 수실 유입배관에 설치된다.

순환수계통 전열관 내부의 압력이 터빈증기가 배출되는 쉘 압력보다 높아 전열관이 누설되더라도 방사성물질에 오염된 물질이 튜브 내부로 유입되는 것이 방지된다. 밸브나 밸브와 배관 연결부위 등에서 작은 양의 누설이 있으면 복수기 배수조의 수위경보가 발생하여 감지가 가능하다. 배관 및 신축이음의 파손으로 인한 과도한 누설시 복수기의 점진적인 진공 상실 및 복수기 배수조의 고수위로 인한 경보가 주제어실에 표시되며 복수기 배수조의 고-고 수위시 수동으로 순환수펌프는 정지된다.

3. 순환수계통 계측제어설비

주제어실에서 순환수펌프를 제어한다. 순환수펌프가 불시에 정지되면 주제어실에 경보가 발생된다. 순환수펌프의 출구밸브, 복수기의 수실 입구 및 출구 밸브의 열림상태가 주제어실에 표시되고 제어된다. 순환수펌프는 출구밸브 20% 열린 이후에 기동이 되도록 연동되어 있다. 해당 순환수펌프가 정지되면 해당 순화수펌프 출구밸브 역시 자동으로 닫힌다. 복수기의 입구 및 출구 순환수의 압력은 현장에서 볼 수 있으며, 복수기의 입구 및 출구 온도는 현장에서 지시되고 발전소의 컴퓨터에 입력된다. 취수구 해수의 수위는 주제어실에 지시되며 저수위 시에 주제어실에 경보가 발생된다.

취수구회전망 및 회전망세척계통

1. 취수구회전망 및 회전망세척계통 개요

취수구회전망 및 회전망세척계통은 취수구로 유입되는 해수 중에 포함된 해초류, 어류 및 오물을 제거하며 순환수계통, 2차측기기냉각수해수계통 및 기기냉각수해수계통에 해수를 공급한다. 순환수계통과 2차측기기냉각수해수계통을 위한 취수구회전망 및 회전망세척계통은 6개의 회전망과 2개의 회전망세척펌프로 구성된다. 기기냉각수해수계통을 위한 취수구회전망 및 회전망세척계통은 다중으로 구성되며 어느 능동 기기의 단일고장 시에도 본래의 기능을 수행할 수 있어야 한다.

2. 취수구회전망 및 회전망세척계통 구성기기

가. 순환수 및 2차측기기냉각해수회전망세척펌프

순환수 및 2차측기기냉각해수의 회전망세척펌프는 수직 침수형 원심펌프이며 설계유량 및 수두는 325gpm 및 215ft이다.

나. 기기냉각해수회전망세척펌프

기기냉각해수의 회전망세척펌프는 수직 침수형 원심펌프이며 설계유량 및 압력은 45gpm 및 200ft이다.

3. 기기냉각해수회전망세척펌프 운전

가. 정상운전

기기냉각해수의 회전망세척 주기는 자동으로 제어된다. 기기냉각해수의 회전망세척펌프는 안전주입작동신호(SIAS) 시 운전된다. 세척펌프의 자동운전 시 회전망의 세척운전은 운전원에 의해 설정된 시간계전기 또는 회전망 입출구의 압력치이기 높을 경우에는 시작되며, 세척운전이 완료되면 자동적으로 정지된다. 회전망의 세척운전은 수동으로 기동 또는 정지가 가능하다.

나. 비정상운전

기기냉각해수의 회전망세척펌프는 한 계열이 기동에 실패하면 다른 펌프가 자동적으로 기동된다. 안전주입작동신호(SIAS) 시 모든 기기냉각수해수계통을 위한 회전망과 세척펌프는 자동적으로 기동된다.

제3장

2차측기기냉각수계통

1. 2차측기기냉각수계통 개요

2차측기기냉각수계통은 냉각이 필요한 2차측의 기기에 냉각수를 공급한다. 2차측기기냉각수펌프는 흡입헤더에 연결된 완충탱크에 의해 유효흡입수두를 유지한다. 완충탱크에는 질소를 충전하여 산소유입을 차단시킨다. 완충탱크는 계통 내부의 온도변화로 인한 체적팽창 및 감소를 흡수할 수 있으며, 이 탱크를 통해 냉각수인 순수를 공급 및 보충한다. 계통의 내부에 적절한 부식방지제의 농도를 유지하기 위해 주기적으로 샘플을 채취하여 화학분석을 실시한다. 본 계통은 발전소의 기동, 정지, 정상 및 비정상 운전모드에서 필요시 항상 운전이 되어야 하지만 발전소의 정지 중에는 보수를 위해서는 정지가 가능하다. 2차측기기냉각수계통의 개략도는 〈그림 9-2〉와 같다.

2. 2차측기기냉각수계통 설명

2차측기기냉각수계통은 100% 용량의 2차측기기냉각수펌프 2대, 100% 용량의 2차측기기냉각수열교환기 2대, 완충탱크 및 화학약품첨가탱크 등으로 구성된다. 2차측기기냉각수계통이 발전소의 2차측에 냉각수를 공급하여야 하는 냉각기들은 발전기의 수소냉각기, 주터빈 윤활유의 냉각기, 발전기의 고정자냉각기, 상분리모선의 덕트냉각기, 발전기회로차단기의 냉각기, 공기압축기의 냉각기 등 다수이다.

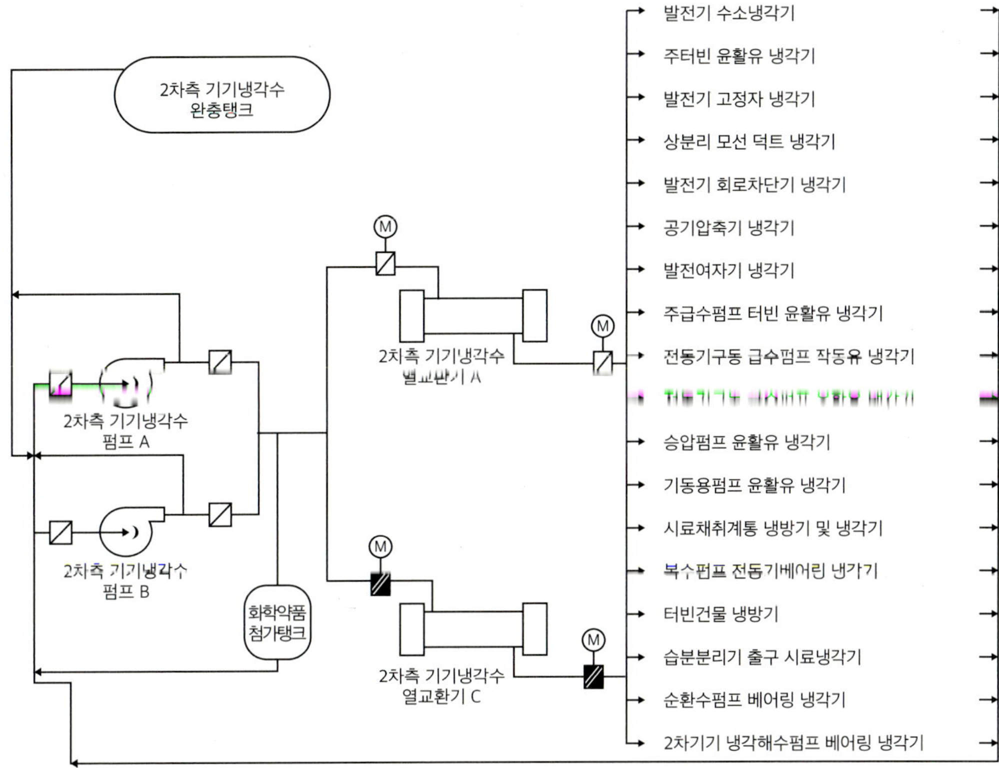

그림 9-2 • 2차측기기냉각수계통 개략도

3. 2차측기기냉각수계통 운전

가. 발전소 정상운전

2차측기기냉각수계통은 발전소의 정상운전 중 95°F의 냉각수를 2차측 기기의 각종 냉각기에 공급한다. 열을 흡수한 냉각수는 다시 헤더로 모여져 2차측기기냉각수 열교환기에서 해수에 열을 버린 후에 재순환된다. 2차측기기냉각수계통은 발전소의 모든 운전모드에서 1대의 펌프와 1대의 열교환기로 냉각수를 제공하며, 설비의 노후화 관점에서 주기적으로 다른 펌프 및 열교환기와 교체 운전한다. 대기 중인 펌프와 열교환기는 주제어실에서 전환되며 다른 기기들은 현장에서 조작하여 전환한다.

완충탱크에는 설정된 수위에 의해 자동으로 순수가 보충된다. 동절기에 2차측기기 냉각수의 온도가 55°F 이하로 내려가서는 아니 되며, 필요시 열교환기에 유입되는 해수를 차단시킨다.

나. 기동

2차측기기냉각수계통은 기동 초기에 순수로 계통을 채울 때 모든 기기의 차단밸브 및 배기밸브를 개방한다. 순수공급배관으로 순수를 공급하여 계통에 충수가 완료되어 완충탱크의 수위가 정상치에 도달하면 순수공급은 자동으로 차단되고 배기밸브도 닫는다. 펌프의 기동 전에 완충탱크는 질소로 가압되고 펌프는 주제어실에서 수동으로 기동하며, 대기 중인 펌프는 자동모드로 설정된다. 부식방지제를 화학약품첨가탱크를 통해 넣으며 주기적으로 시료를 채취하여 화학분석을 실시한다.

다. 정지

2차측기기냉각수계통은 주제어실에서 펌프를 정지시키고, 정지모드 중 독립적인 폐루프 냉각계통을 가진 공기압축기를 제외한 모든 냉각기와 기기에는 냉각수의 공급을 차단시킨다.

라. 비정상운전

발전소의 정상운전 시 대기 중인 펌프는 자동모드 상태이다. 2차측기기냉각수펌프는 펌프의 토출구 헤더의 저압력신호에 의해 자동으로 기동된다. 계통이 비정상운전 경우에도 공기압축기의 냉각기에는 냉각수를 공급한다. 완충탱크로 순수의 보충은 주기적으로 확인되어야 하며 순수의 보충이 증가하면 그 원인을 규명해야 한다. 펌프의 고진동 경보는 주제어반에 지시되며, 이 때는 대기 중인 펌프를 기동하고 운전 중인 펌프를 정지해야 한다.

4. 2차측기기냉각수계통 계측제어설비

가. 냉각수 유량제어

2차측기기냉각수계통의 전체 냉각수 유량은 냉각수 회수관에 위치한 교축밸브에 의해 자동 또는 수동으로 조절된다. 주터빈윤활유의 냉각기, 발전기의 수소냉각기, 수급수펌프의 터빈윤활유냉각기, 발전여자기의 냉각기로 유입되는 유량은 냉각수의 출구측에 위치한 자동제어밸브에 의해 조절된다. 이 밸브는 공기구동형 밸브이며 온도제어기로부터 신호를 받아 개도가 조절된다. 다른 냉각기로 유입되는 유량은 각각 냉각기의 출구에 위치한 개별적인 밸브에 의해 조절된다.

나. 2차측기기냉각수완충탱크 압력 및 수위 제어

2차측기기냉각수계통 유체의 체적팽창은 완충탱크의 수위와 압력을 상승시키고, 압력은 압력조절밸브에 의해 조절된다. 완충탱크의 압력이 강하하면 압력조절밸브에 의해 탱크 내부로 질소가 유입된다. 완충탱크의 수위는 주제어실에서 감지 및 제어된다.

다. 2차측기기냉각수펌프 수동 및 자동 제어

2차측기기냉각수펌프는 주제어실에서 수동으로 기동될 수 있으며, 자동모드에서는 대기 중인 펌프가 토출구의 저압력신호에 의해 자동으로 기동된다.

제4장

2차측기기냉각수해수계통

1. 2차측기기냉각수해수계통 개요

2차측기기냉각수해수계통은 2차측의 기기 냉각에 필요한 냉각수를 냉각하기 위한 해수를 펌프를 통해 열교환기에 공급하여 냉각수의 열을 받아 최종적으로 바다에 버린다. 2차측기기냉각수해수계통의 개략도는 〈그림 9-3〉과 같다.

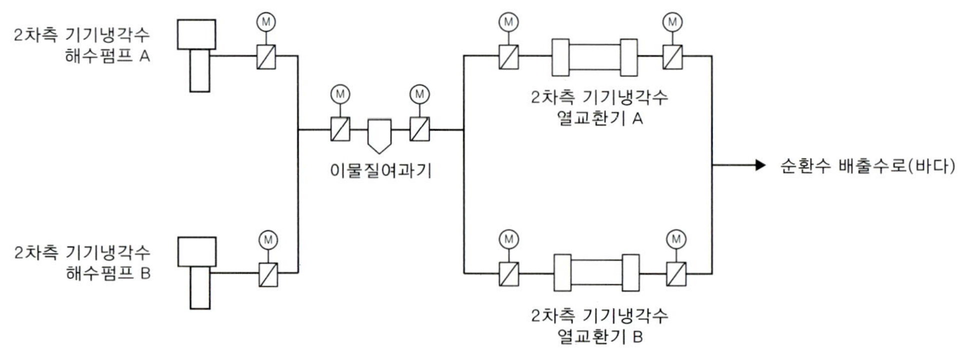

그림 9-3 • 2차측기기냉각수해수계통

2. 2차측기기냉각수해수계통 설명

가. 2차측기기냉각수해수펌프

발전소의 정상운전 중 100% 2대의 2차측기기냉각수해수펌프 중에서 1대의 펌프를 이용하여 2차측기기냉각수열교환기의 튜브 측에 해수를 공급한다. 2차측기기냉각수해수펌프의 배출배관은 순환수의 배출수로에 연결되어 있다.

나. 2차측기기냉각수열교환기 튜브측

발전소의 정상운전 중 2차측기기냉각수해수펌프 1대를 이용하여 100% 2대의 열교환기 중 1대의 열교환기에 해수를 공급하여 2차측 발전기의 수소냉각기, 주터빈윤활유의 냉각기, 발전기고정자의 냉각기, 상분리모선덕트의 냉각기, 발전기회로차단기의 냉각기, 공기압축기의 냉각기 등에서 발생되는 열을 최종적으로 바다로 버린다.

다. 염소설비

정상운전시 2차측기기냉각수열교환기의 튜브, 흡입 및 배출배관에 유기체의 성장을 억제하기 위해 해수에 염소를 주입한다.

3. 2차측기기냉각수해수계통 운전

가. 정상운전

2차측기기냉각수해수계통은 열교환기의 튜브 측에 최고 25.6℃의 해수를 공급한다. 동절기를 제외하고는 발전소의 모든 운전모드에서 2대 중 1대의 해수펌프는 운전되어야 한다. 2차측기기냉각수해수펌프의 토출구 압력이 설정치 이하로 떨어지면 대기 중인 펌프는 자동으로 기동된다. 해수가 공급되지 않는 열교환기의 튜브측은 격리된다. 대기펌프는 기기 마모 관리측면에서 주기적으로 교체되어 운전된다. 펌프의 출구에는 이물질여과기가 설치된다.

2차측기기냉각수열교환기의 전후단, 이물질여과기의 전후단 및 우회배관에는 전동기구동형 나비형 밸브(Butterfly Valve)가 있으며, 주제어실에서 구동된다. 이물질여과기는 전후단의 압력 차이에 의해 자동으로 사용 또는 격리된다. 대기펌프의 자동적인 기동조건은 펌프의 제어스위치를 '자동' 으로 놓고, 수동으로 펌프의 방출밸브를 90° 연다. 이런 조건에서 펌프의 토출구의 압력이 저압상태로 30초 이상 지속되면 대기펌프는 자동으로 기동된다.

나. 기동

2차측기기냉각수열교환기 튜브 측의 입구밸브 및 출구밸브를 열기위해 운전할 열교환기를 선택한다. 2차측기기냉각수해수펌프의 출구밸브를 연다. 2차측기기냉각수해수펌프를 기동시킨다. 이때 해수펌프의 출구밸브가 20° 위치에 있지 않으면 해수펌프는 기동되지 않는다. 이는 해수펌프를 기동할 때 과도한 유량으로 해수펌프를 구동하는 전동기에 과도한 부하가 걸리지 않게 하기 위함이다.

다. 정지

2차측기기냉각수해수펌프를 정지시킨다. 해수펌프의 출구밸브를 90° 열림상태로 유지하다가 완전히 닫는다.

라. 비정상운전

2차측기기냉각수해수펌프의 헤더압력이 설정치인 2.2kg/cm²g 이하로 떨어지면 대기상태의 펌프가 자동으로 기동된다. 동절기에 해수온도가 8.9℃(48°F) 이하로 떨어지면 2차측기기냉각수의 과냉각을 방지하기 위해 2차측기기냉각수열교환기에 공급되는 해수의 유량을 감소 또는 차단시킨다.

4. 2차측기기냉각수해수계통 계측제어설비

2차측기기냉각수해수펌프와 2차측기기냉각수열교환기의 튜브측에 온도, 압력 및 유량을 측정하는 설비가 설치된다. 해수펌프의 작동에 필요한 계측설비는 주제어실에 설치된다. 주제어실에는 해수펌프의 토출관 고/저 압력에 대한 경보설비가 있다.

압축공기계통

1. 압축공기계통 개요

발전소에는 여과되고 건조하며 오일 성분이 없는 압축공기가 필요하다. 이러한 압축공기는 공기구동형 밸브, 공기구동형 제어기기, 공기구동형 계측기 및 제어신호 등에 사용된다. 그리고 발전소에는 정상운전 및 정지 중에 서비스용 압축공기가 필요하다. 발전소에서 필요로 하는 이러한 용도의 압축공기를 만들기 위해 압축공기계통이 필요하다. 압축공기계통의 개략도는 〈그림 9-4〉와 같다.

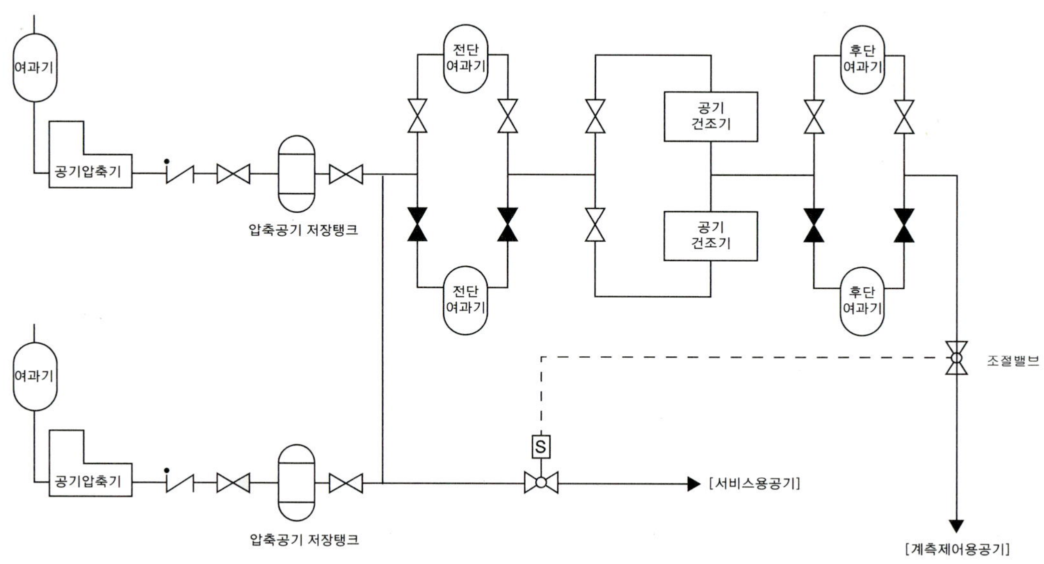

그림 9-4 • 압축공기계통

2. 압축공기계통 주요기기

가. 공기압축기

- 형식 : 2단형 원심형
- 용량 : 1,597scfm
- 흡입공기의 압력 및 온도 : 14.7psia 및 60°F
- 공급공기의 압력 및 온도 : 125psig 및 최대 104°F

나. 공기건조기

- 형식 : 비가열형 및 두 건조실
- 건조된 공기 : -40°F 이하의 노점 온도
- 건조제 : 활성 알루미나

다. 전단여과기

- 형식 : 카트리지형
- 여과정도 : 0.9마이크로미터 이상의 입자를 99.5% 이상 제거

라. 후단여과기

- 형식 : 카트리지형
- 여과정도 : 0.7마이크로미터 이상의 입자를 99% 이상 및 0.9마이크로미터 이상의 입자를 100% 제거

3. 압축공기계통 설명

발전소 내부의 서비스용 및 계측제어용 압축공기는 2대의 모터구동형 원심형 공기압축기 및 부속설비에 의해 공급된다. 각각의 압축기는 발전소의 전체에 필요로 하는 압축공기량의 100%를 공급할 수 있다. 공기압축기에서 압축된 공기는 압축공기저장탱크로 들어간다. 공기압축기의 압축된 공기 및 윤활유의 적정온도를 유지하기 위해 각 공기압축기에는 전단냉각기, 후단냉각기 및 윤활유냉각기가 설치되어 있으며, 2차측기기냉각수계통로부터 냉각수를 공급 받는다. 공기저장탱크는 2대의 공기압축기 후단에 각각 설치되며, 공기저장탱크의 후단 배관은 병렬로 공통 모관에 연결되어 있다. 공통 모관을 통해 계측제어용 공기 및 서비스용 공기로 나누어져 압축공기가 공급된다.

계측제어용 공기는 전단여과기, 공기건조기 및 후단여과기를 거친다. 공기저장탱크의 용량은 작동하고 있는 공기압축기가 기능을 상실할 경우 대기상태의 공기압축기가 정격압력에 이를 때까지의 시간 동안 계측제어용 및 서비스용 공기를 공급할 수 있어야 한다. 계측제어용 공기는 두 계열 즉, 두 대의 전단여과기, 2대의 공기건조기 및 2대의 후난여과기를 거친다. 각 계열은 계측제어용 공기수요량의 100%를 125psig(8.5kg/㎠g)에서 -40°F이하의 노점온도로 건조 및 여과할 수 있어야 한다.

발전소의 정상운전 기간 중에는 한 계열의 공기건조기 및 여과기만 운전되고, 여과기 정화 및 공기건조기의 내장품 교체 등을 위해 주기적으로 대기상태의 공기건조기 및 여과기를 사용한다. 공기건조기는 비가열형으로 타이머 및 제어장치를 가지고, 자동으로 두 건조실로 공급되는 압축공기를 전환하여 하나의 공기건조실이 운전되는 동안에는 다른 쪽 공기건조실 내에 들어있는 건조재를 재생시킬 수 있다. 건조 및 여과된 계측제어용 공기는 공기헤더 및 분배모관을 통해 계측제어용 공기배관에 공급된다.

4. 압축공기계통 운전

공기압축기가 기동되기 전에 공기압축기 전단 및 후단냉각기에 냉각수가 공급되어야 하고, 예비윤활유펌프가 가동되어 정상압력을 유지하여야 한다. 전단여과기에 위치한 수동밸브를 잠그고 공기압축기를 기동한다. 공기압축기의 정지버튼을 누르면 공기압축기는 정지하고 예비윤활유펌프가 자동으로 기동되어 설정된 시간 동안 운전된다. 발전소의 정상운전 시 서비스용 압축공기는 공기구동형 기기 및 보수용 서비스용 공기로 사용된다. 계측제어용 공기모관의 압력이 95psig 이하로 감압 시 계측제어용 공기를 원활하게 공급하기 위해 서비스용 공기공급 밸브는 닫힌다.

5. 압축공기계통 계측제어설비

압축공기계통에는 자동적으로 적절한 공기압력을 유지하고 공기압력이 설정치 이하로 떨어지면 주제어실에 경보가 발생되도록 계측제어설비가 설치된다. 주제어실에는 공기압축기의 운전상태를 알 수 있는 표시등이 위치한다. 공기압력스위치의 작동으로 공기압축기 및 공기건조기는 자동으로 운전된다.

6. 압축공기계통 제어

가. 모듈레이트제어(Modulate Control)

모듈레이트제어방식은 공기압축기의 흡입밸브를 교축범위 내에서 조절하여 공기압축기의 토출압력이 일정하게 유지되도록 한다. 만일 발전소에서 필요로 하는 압축공기의 유량이 공기압축기의 흡입밸브의 최소 교축용량보다 적으면 흡입밸브는 최소 교축용량까지만 교축시키고 그 다음에는 우회밸브를 열어 압축된 공기의 일부를 우회시킨다. 그러면 발전소에서 필요로 하는 공기량만큼을 공급하면서 일정한 토출압력을 유지하는 것이 가능하다. 모듈레이트제어는 압축공기의 사용요구량이 공기압축기 생산용량의 50% 이상이고 거의 일정할 때 사용된다.

나. 자동2중제어(Auto Dual Control)

사용되는 압축공기량의 수요가 공기압축기의 흡입밸브 교축범위 내에 있으면 공기압축기는 자동적으로 흡입밸브를 조절하여 일정한 압력을 유지하면서 효율적으로 운전된다. 압축공기량의 수요가 흡입밸브의 교축범위 이하로 떨어지면 공기압축기는 무부하가 되고, 압축공기저장탱크에 저장된 압축공기를 발전소에 공급한다. 발전소에서 사용되는 압축공기량의 변화에 맞추어 최대부하상태, 흡입밸브의 교축부하상태 또는 무부하상태로 공기압축기가 운전되는 것이다. 이 방식은 발전소 압축공기의 수요량을 예측할 수 없거나 상당히 변동하는 경우에 사용된다.

제10부

터빈 / 발전기 계통

제1장 터빈

1. 터빈 개요

가. 터빈이란?

터빈이란 원자로냉각재계통(RCS)의 증기발생기로부터 공급되는 고온 및 고압의 증기를 팽창시켜 기계적 에너지인 회전력으로 변환하는 장치이며 변환된 기계적 에너지로 발전기를 회전시켜 전기를 생산한다. 터빈으로 들어가는 높은 압력과 온도의 증기는 많은 양의 에너지를 가지고 있으며, 터빈을 통과하면서 회전자(Rotor)에 부착되어 있는 날개들로 에너지를 전달하여 기계적 에너지인 회전력을 얻게 한다. 터빈을 통과하면서 증기의 압력과 온도는 떨어지고 체적은 증가하게 된다.

나. 한울 원자력 3,4호기 터빈

한울 원자력 3,4호기 터빈은 복류형(Double Flow)으로 한 대의 고압터빈(HP Turbine)과 3대의 저압터빈(LP Turbine)이 직렬로 설치되는 탠덤컴파운드(Tandem Compound)형이며, 습분분리재열기(MSR)가 터빈과 병렬로 설치되어 있다. 고압터빈-저압터빈-발전기-여자기 순서로 연결되어 있다. 고압터빈은 반동도가 5% 정도이나 충동터빈으로 불리고, 저압터빈은 반동도가 높아 반동터빈으로 분류된다. 원자로냉각재계통의 증기발생기에서 생산된 고압의 증기는 4개씩의 고압증기밸브(MSV)와 고압제어벨브(CV)를 통과하여 고압터빈의 중앙부분(HP Section)으로 들어

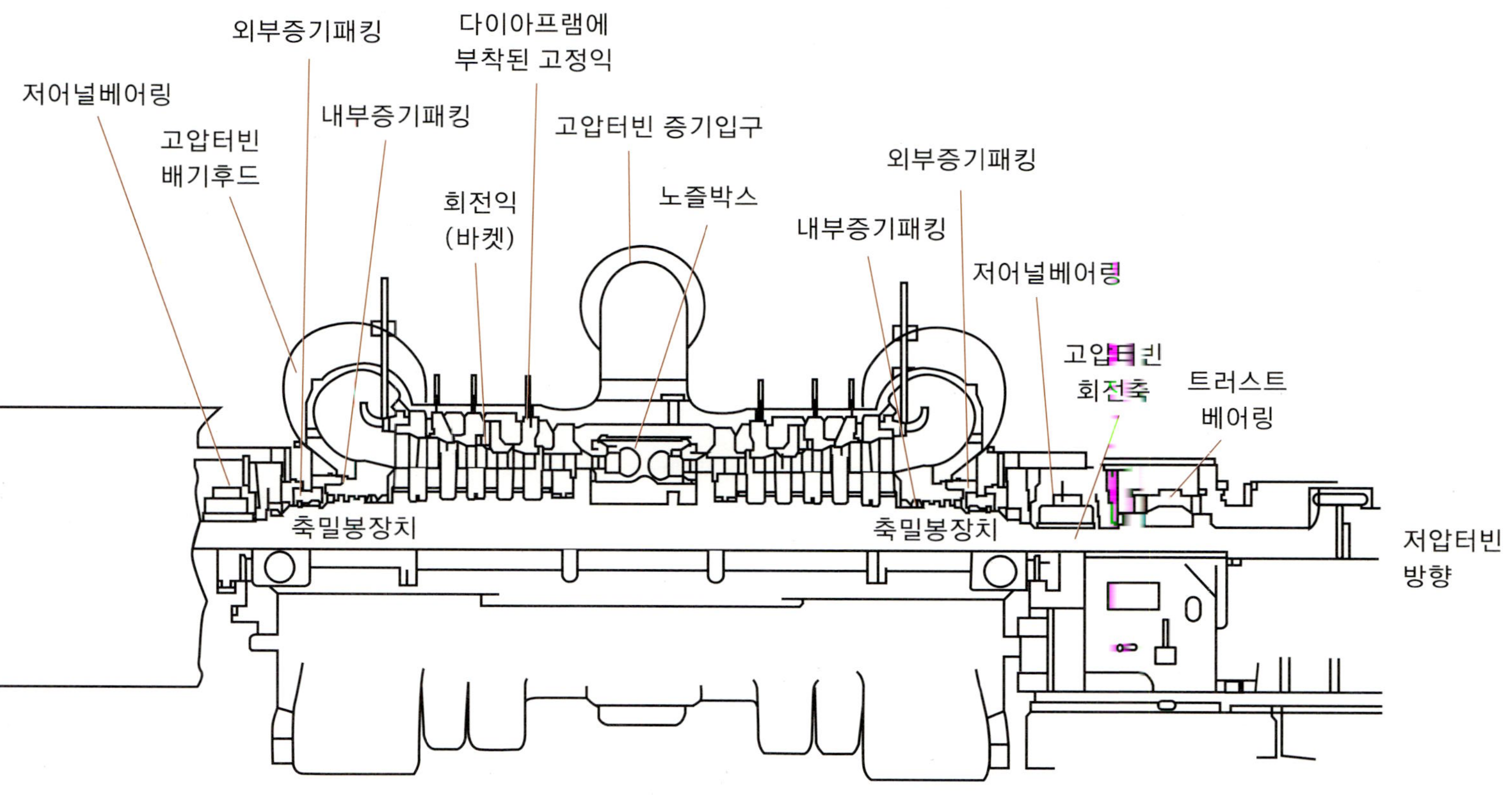

그림 10-1 • 고압터빈 단면도

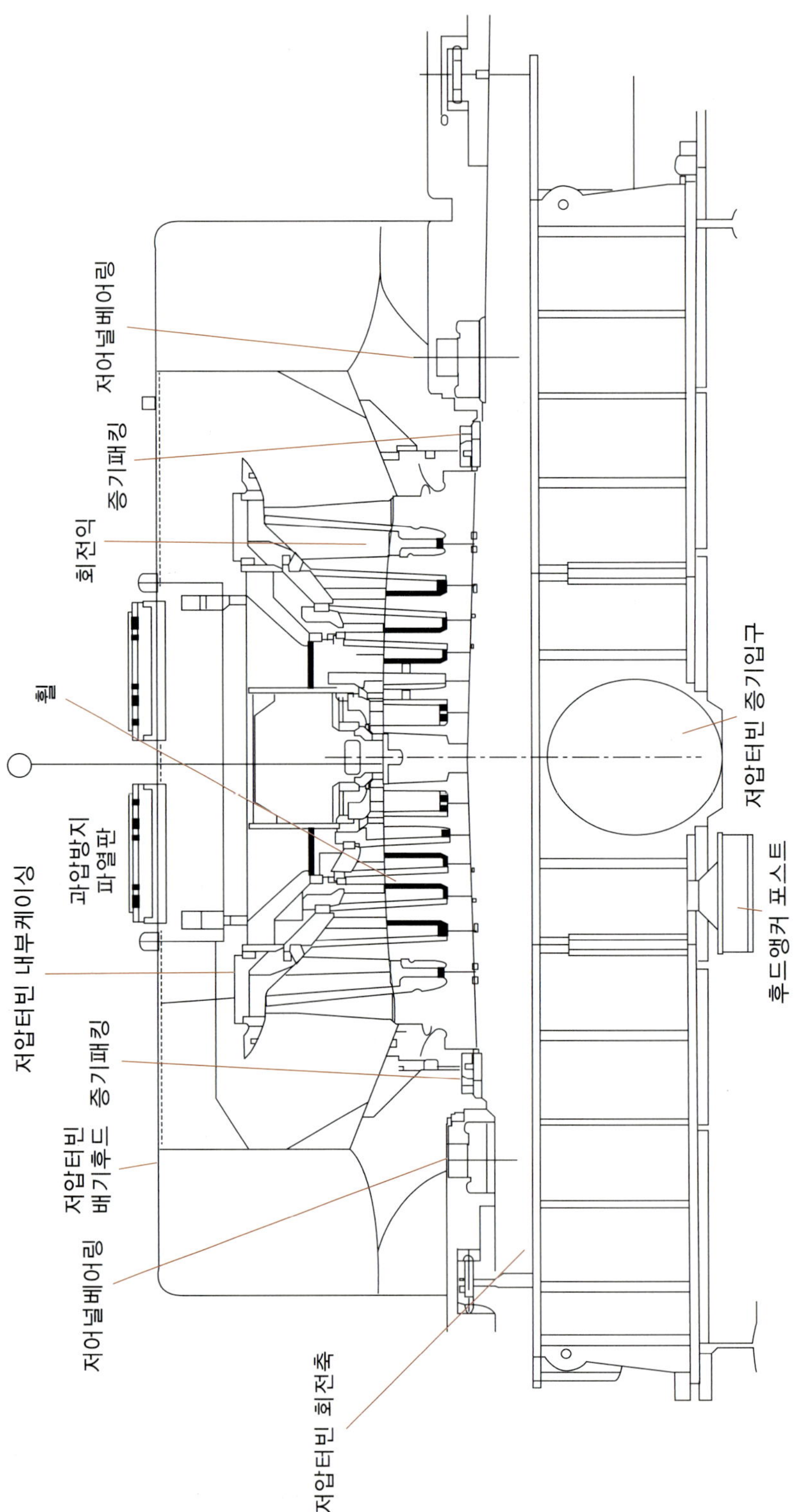

그림 10-2 • 저압터빈 단면도

간다. 고압터빈의 중앙부분으로 들어온 증기는 노즐박스(Nozzle Box)에 의해 서로 상반된 2개의 방향으로 갈라져서 각각 7단(Stage)의 회전익(Bucket)에 속도에 의한 운동에너지를 전달하며, 회전익은 이를 받아 회전자를 회전시킨다. 압력과 온도가 떨어진 고압터빈의 배출증기는 습분분리재열기로 보내져서 습분이 제거되고 주증기 및 고압터빈 3단에서 나온 추기증기에 의해 재열되어 약간의 과열도를 가진 증기가 된다.

약간 과열된 증기는 6개의 저압터빈정지 및 조절밸브(CIV : Combined Intermediate Valve)를 거쳐 3개의 저압터빈 중앙부분(LP Section)으로 유입된다. 저압터빈의 중앙부분으로 유입된 증기는 고정익(Nozzle)에 의해 양분되어 각각 7단의 회전익을 통과 팽창하면서 저압터빈의 회전자를 회전시킨 후 아래 복수기로 배출된다. 점검 및 정비를 위해 터빈의 외부를 싸고 있는 케이싱 및 후드(Hood)의 수평면 연결부는 볼트 체결로 되어 있으며 이 연결부는 증기가 누설되지 않도록 정밀 가공된 금속면 대 금속면 접촉(Metal to Metal Contact)으로 되어 있다. 그리고 고압터빈 외부의 케이싱, 습분분리재열기 및 증기관 등 고온부는 열손실을 막기 위해 보온재가 설치되어 있다. 〈그림 10-1〉은 고압터빈의 단면도를 나타내며 〈그림 10-2〉는 저압터빈의 단면도를 나타낸다.

다. 터빈의 증기유로

원자로냉각재계통의 증기발생기에서 생산된 증기는 주증기배관, 고압정지밸브, 고압제어밸브, 고압터빈, 습분분리재열기, 저압터빈정지 및 조절밸브, 저압터빈을 지나 최종적으로 복수기에서 바닷물에 의해 응축되며 복수펌프, 저압급수가열기, 탈기기, 급수펌프 및 고압급수예열기 등을 통해 다시 증기발생기 2차측의 급수로 들어가는 사이클을 이룬다.

2. 터빈의 설계조건

가. 터빈발전기 규격

- 터빈발전기 : 총(Gross) 출력 1,054,645kW / 순(Net) 출력 1,050,819kW
- 저압터빈의 배압(복수기 압력) : 38.1mmHga
- 고압 및 저압터빈 회전수 : 1,800rpm
- 터빈형식 : 복류형 고압터빈 1대, 복류형 저압터빈 3대(유로 6개), 저압터빈 최종단 회전익(Bucket) 길이 43인치, 탠덤컴파운드(Tandem Compound)
- 크기 : 총 축 길이: 60.42m(발전기 및 터빈)
  최대 폭: 10.362m(습분분리재열기 제외)

나. 터빈의 주요 부품 재질

- 축 : Ni-Cr-Mo-V 강
- 회전익 및 고정익 : 12% Cr강
- 고압터빈케이싱 : 탄소강 + 0.2% Cu
- 저압터빈케이싱 : 저합금강
- 저압터빈후드 : 저탄소강

다. 터빈의 증기조건(고압터빈의 고압정지밸브 기준)

- 100% 출력 : 증기의 온도 549°F(287.1℃), 증기의 압력 1,035psia(72.768 kg/cm^{2}a), 증기의 상대습도 0.45%, 증기의 엔탈피 660.4kcal/kg, 증기의 유량 5,506,985kg/hr

- 50% 출력 : 증기의 온도 552°F(288.9℃), 증기의 압력 1,067psia(75.018 kg/cm²a), 증기 의 엔탈피 659.7kcal/kg, 증기의 유량 2,746,825kg/hr

3. 터빈 보조계통 개요

가. 터빈제어유계통

EHC(Electro Hydraulic Control) 고압유압계통은 고압정지밸브(MSV), 고압제어밸브(CV), 저압터빈정지 및 조절밸브(CIV : Combined Intermediate Valve)를 정밀하게 제어하여 터빈의 속도와 출력을 조절하고 과속도로부터 터빈을 보호한다.

나. 터빈윤활유계통

터빈 및 발전기의 저어널베어링 및 트러스트베어링과 회전자와의 마찰을 최소화하기 위한 윤활작용과 마찰열에 의한 손상을 방지하기 위한 냉각작용을 위해 윤활유의 공급이 필요하다. 이러한 윤활작용과 냉각작용은 터닝기어가 작동하거나 터빈발전기가 운전되고 있는 동안 항상 필요하다. 이에 따라 베어링과 터닝기어에 윤활유를 공급하는 장치를 윤활유계통이라 하며, 베어링에 공급되는 윤활유의 압력은 약 25psig이다.

다. 터빈밀봉증기계통

터빈의 축과 케이싱이 접촉하는 부분에는 라비린스(Labyrinth) 타입의 밀봉장치를 사용하므로 약간의 틈새가 있다. 고압터빈의 경우 이 틈새로 터빈 내부의 증기가 외부로 누설되고, 저압터빈의 경우 증기의 압력에 따라 증기가 외부로 누설되기도 하고 공기가 내부로 유입되기도 한다. 이를 최소화하기 위해 밀봉을 위한 3~5psig의 증기를 공급하거나 남은 밀봉증기를 추출하는 설비가 필요하다. 이를 터빈밀봉증기계통이라 한다.

라. 습분분리재열기

원자로냉각재계통의 증기발생기에서 생산된 증기가 고압터빈을 통과하면 증기의 압력과 온도는 떨어지고 상대습도 약 15.1%의 습분을 함유하게 된다. 이 배출증기(Exhaust Steam)를 저압터빈에 공급하기 전에 습분분리재열기에서 습분을 제거하고 재가열하여 약간의 과열증기를 만들어 저압터빈으로 유입시켜야 저압터빈 회전익의 침식을 방지하고 저압터빈의 열효율을 올릴 수 있다.

마. 저압터빈후드살수계통

저압터빈에 부하가 걸리지 않거나 부하가 적게 걸리는 경우에는 저압터빈의 최종단 회전익을 통과하는 증기의 양이 불충분하기 때문에 일부 증기는 정체 현상을 일으키게 된다. 이 경우 저압터빈의 회전익은 증기에 의해 회전되지 못하고 오히려 증기를 때리게 되어 이로 인해 증기 및 회전익의 온도가 상승하게 되며 저압터빈의 회전익이 손상될 수 있다. 이러한 현상을 방지하기 위해 저압터빈후드 주위에 냉각수를 분사하는 장치가 필요한데 이를 저압터빈의 후드살수계통이라 한다.

4. 고압터빈

가. 고압터빈케이싱

1) 기능

고압터빈의 케이싱은 회전자의 회전 공간을 제공하고, 다이아프램(Diaphragm)과 노즐박스(Nozzle Box) 및 축밀봉장치(Packing Case) 등을 지지한다. 상반부 및 하반부의 케이싱은 수평방향으로 금속 대 금속 접합이며 볼트로 체결되어 내부의 기밀을 유지한다. 터빈의 운전조건에 따라 열팽창 및 수축을 할 수 있도록 되어 있다. 추기배관을 통해 습분 분리재열기 및 고압급수가열기에 가열을 위한 증기가 공급된다.

2) 추기연결점

고압터빈 3단에서 나오는 추기는 습분분리재열기 1단 재열기 및 7번 고압급수가열기에 증기를 공급하고, 고압터빈 5단에서 나오는 추기는 6번 고압급수가열기에 증기를 공급하며, 고압터빈 7단에서 나오는 추기는 5번 고압급수가열기에 증기를 공급한다.

3) 구조 및 특징

상반부케이싱(Upper Half Casing)과 하반부케이싱(Lower Half Casing) 두 조각으로 나뉘어져 주조(Casting)한 후 기계가공하는 방법으로 제작되며, 수평면은 정밀가공된 금속 대 금속 접촉(Metal to Metal Contact)으로 가열 볼트(Heating Bolts)로 체결하여 증기의 누설을 방지한다. 재질은 Copper Bearing Carbon Steel인데 이는 탄소강에 0.2% 정도의 구리를 첨가한 것이다. 중앙부분에는 노즐박스가 용접으로 부착되어 있어 고압정지밸브 및 고압제어밸브를 통해 유입된 증기를 양쪽으로 나누어 축 방향으로 유도한다. 노즐박스는 4조각으로 되어 있으며 4개의 고압제어밸브를 통해

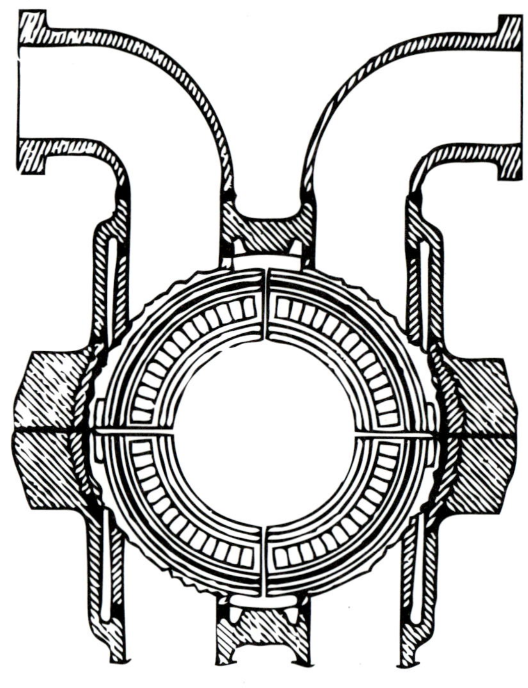

그림 10-3 • 노즐박스

각각 해당 구역으로만 유입될 수 있다. 노즐박스는 〈그림 10-3〉과 같다. 이 증기는 다시 양쪽으로 각각 7단씩 배열된 다이아프램에 부착된 고정익에 의해 유도되어 회전자(Rotor)에 부착된 회전익을 통과하면서 회전력을 얻는다.

고압케이싱의 양쪽 끝에는 축과 케이싱 사이의 틈새에 증기 누설을 방지하기 위해 축밀봉장치가 설치되어 있다. 이 축밀봉장치는 증기의 교축작용을 이용하여 밀봉하는 라비린스(Labyrinth) 타입이다. 교축작용이란 유체의 큰 압력 강하를 일으켜 유동을 제한하는 기구이다. 3, 5 및 7단에는 추기증기의 연결점이 있으며 여기서 나오는 추기증기를 이용하여 습분분리재열기의 재열증기 및 고압급수가열기의 급수를 가열한다. 이 방법으로 터빈의 열효율을 향상시키고 고압터빈의 크기를 작게 할 수 있다.

증기가 고압터빈을 통과하면서 습증기로 변하는데 습증기에서 나오는 응축수를 적절히 배수하기 위해 하부케이싱에는 배수공이 만들어져 있다. 다이아프램에 부착된 고정익은 터빈의 내부로 유입된 증기의 압력을 낮추면서 속도를 증가시키고 증

단 번호	1	2	3	4	5	6	7
회전익 수	82	110	110	110	96	90	76
고정익 수	268	142	126	128	162	142	156
회전익 뿌리 형태	DOVE TAIL						

표 10-1 • 고압터빈 회전익 및 고정익 수량

기의 흐름 방향을 회전익에 원활하게 들어갈 수 있도록 안내하고 회전익을 충동시켜 회전자가 적절히 회전할 수 있도록 한다. 고압터빈은 단별 압력강하의 약 95%가 다이아프램의 고정익에서 일어나고, 회전익에서의 압력강하는 나머지 5% 정도이다. 따라서 고압터빈은 충동터빈(Impulse Turbine)에 가까우므로, 일반적으로 충동터빈이라 부른다. 다이아프램은 외륜-파티션(Partition)-내륜으로 구성되며 외륜과 내륜 사이에 파티션인 고정익을 용접으로 부착한 후 제작된다. 고압터빈의 각 단별 회전익 및 고정익 수는 〈표 10-1〉과 같으며 회전익의 뿌리는 Dovetail의 형태이다.

나. 고압터빈회전자

1) 기능

고압터빈회전자는 회전익(Bucket 또는 Moving Blade)을 장착하고 있으며, 다이아프램에 부착된 고정익에 의해 유도된 증기가 회전익을 통과하면서 회전 운동을 한다.

2) 구성

고압터빈회전자는 회전축, 회전익, 추력방지 베어링칼라(Thrust Collar), 1번 및 2번 저어널베어링(Journal) 및 제어용회전자집합체(Control Rotor Assembly) 등으로 구성된다.

3) 구조 및 특징

회전자는 여러 가지 타입이 있는데 한울 3, 4호기 고압터빈의 회전자는 축과 휠(Wheel)이 일체형인 Mono Block형이며, 축의 중심에 직경 6인치의 구멍이 있는 중공(Bored) 회전자이다. 회전자는 단조 작업을 통해 제작되며 견고하고 수명이 길다는 장점이 있다. 회전자는 양단에 두 개의 저널베어링에 의해 지지되며 회전자의 축방향의 움직임을 방지하기 위해 추력방지를 위한 베어링칼라가 발전기 방향의 저널베어링 뒤에 있다. 회전익은 축과 일체형으로 제작된 휠(Wheel)의 Dovetail 홈에 의해 양쪽으로 각각 7단씩 조립되며 끝 부위는 Shroud Band로 묶어지고 Tennon 부위가 리벳팅 되어 있다.

고압터빈은 충동터빈에 가까우며 날개의 길이가 짧기 때문에 손상 가능성을 줄일 수 있다는 장점이 있다. 그리고 충동터빈은 단별 압력의 차이가 적어 휠에는 축방향으로 구멍(Steam Balancing Hole)을 뚫어 축방향 추력을 감소시키며, 회전자의 무게평형(Weight Balancing)을 맞추기 위한 Plugging Holes과 균형 홈(Groove)을 갖추고 있다. 〈그림 10-4〉는 고압터빈의 회전익을 나타내고, 고압터빈 회전자의 단면도는 〈그림 10-5〉와 같다.

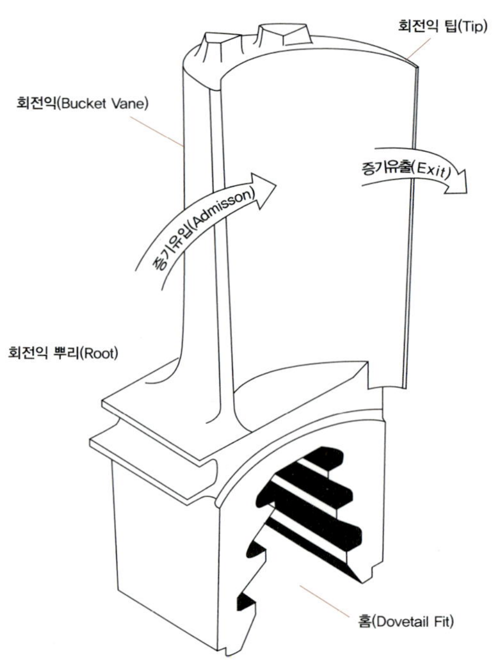

그림 10-4 • 고압터빈 회전익

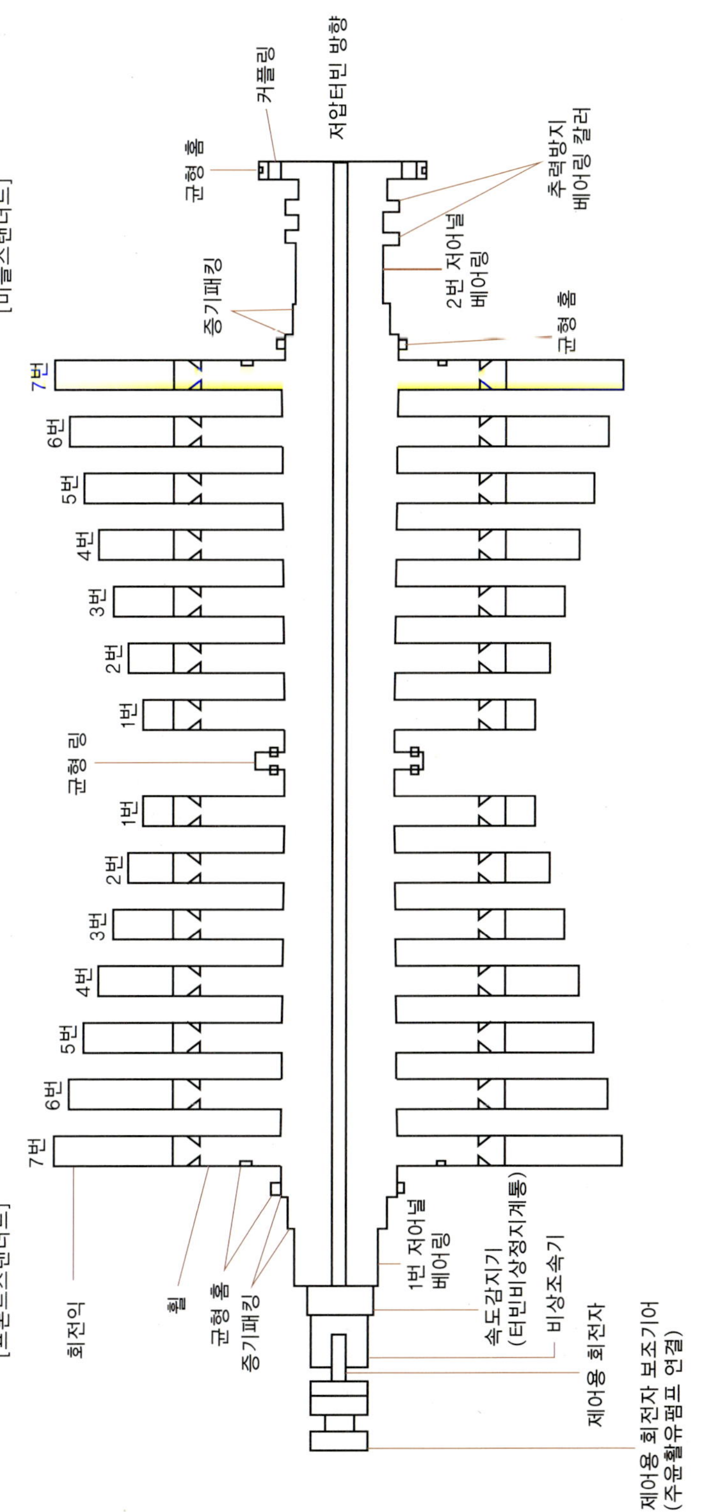

그림 10-5 • 고압터빈 회전자

다. 프론트스탠더드

1) 기능

프론트스탠더드(Front Standard)는 고압터빈 회전축의 저압터빈 연결방향과 반대인 끝 부분에 설치되어 있다. 프론트스탠더드에는 고압터빈의 회전자를 지지하기 위한 1번 저어널베어링이 내장되어 있다. 축방향으로 2인치 정도 움직일 수 있어 운전 조건에 따라 열팽창을 흡수한다. 전자식 유압제어(EHC : Electro Hydraulic Control) 장치 및 기계식 유압제어(MHC : Mechanical Hydraulic Control) 장치가 장착되어 터빈의 속도를 제어하고 필요시 터빈기기를 보호한다.

2) 구성 및 특징

터빈 쪽에서부터 1번 저어널베어링이 있고, 그 왼쪽에는 티빈비상정지계통(EHC 및 MHC)이 있다. 그 왼쪽에는 제어용회전자(Control Rotor)가 고압터빈의 회전축에 볼트로 체결되어 있으며, 그 왼쪽에는 주윤활유펌프(Main Oil Pump)가 있으며 제어용회전자보조기어(Aux. Control Rotor Gear)를 통해 구동력을 공급받는다.

가) 제어용회전자

제어용회전자에는 기어가 설치되어 있어 이를 이용하여 8개의 감지기가 터빈의 회전수를 측정한다. 이 중 6개는 터빈제어 및 보호용이고 2개는 예비용이다. 제어용회전자에는 비상조속기(Emergency Governor)가 설치되어 있으며, 이곳에 원심력에 의하여 작동되는 편심링(Eccentricity Ring)이 있어 터빈의 과속(1,980rpm) 시 터빈을 정지시킨다.

나) 비상정지계통(ETS : Emergency Trip System)

비상정지계통은 제어용회전자의 오른쪽에 설치되어 있다. 이 계통은 터빈에 이상상태가 발생하면 터빈증기를 공급하는 밸브에 공급되는 작동유를 차단하고 배유시킴으로써 터빈발전기를 안전하게 정지시킨다. 이 계통은 기계적인 동작뿐 만 아니라 터빈조속기(Mark V)로부터의 전기적인 신호를 받아서도 동작한다. 비상정지계통은 기계적 트립밸브(MTV) 및 전기적 트립밸브(ETV) 등으로 구성되어 있다.

라. 미들스탠더드

1) 구성 및 기능

미들스탠더드(Middle Standard)는 고압터빈의 저압터빈과 연결되는 방향에 설치되어 있다. 2번 저널베어링을 내장하여 하중을 지지하고 트러스트베어링을 내장하여 터빈의 축방향 움직임을 방지한다. 그리고 트러스트베어링의 마모를 검출하는 장치가 있다.

2) 트러스트베어링 마모검출장치

3개의 비접촉식 마모검출장치가 베어링의 마모를 측정한다. 측정된 마모신호는 0~10V의 전기신호로 변환되어 터빈조속기(Mark V)로 보내진다. 경보 및 트립회로는 터빈조속기(Mark V)에서 이루어지며, 3개 중 2개 이상의 신호가 설정치에 도달하면 터빈이 트립된다.

5. 저압터빈

가. 저압터빈케이싱

1) 기능

저압터빈케이싱은 저압터빈의 다이아프램을 지지하고, 저압터빈회전자의 회전

공간을 제공하며, 증기추기배관의 연결점이 있으며 이 추기증기를 이용하여 급수를 예열함으로써 열효율을 향상시킬 수 있다.

2) 추기연결점

저압터빈 2단(또는 9단)에서 나오는 추기는 탈기기에 증기를 공급하고, 저압터빈 3단(또는 10단)에서 나오는 추기는 3번 저압급수가열기에 증기를 공급한다. 저압터빈 4단(또는 11단)에서 나오는 추기는 2번 저압급수가열기에 증기를 공급하고, 저압터빈 6단(또는 13단)에서 나오는 추기는 1번 저압급수가열기에 증기를 공급한다.

3) 구조 및 특징

저압터빈케이싱의 구조는 고압터빈케이싱과 유사하며 재질은 저합금강(Low Alloy Steel)이다. 구조면에서 고압터빈케이싱은 프론트스탠더드 및 미들스탠더드에 의해 지지되는데 저압터빈케이싱은 저압터빈의 후드에 설치된다. 저압터빈케이싱의 양쪽 끝 부분은 후드살수링이 원주방향으로 설치되어 있으며 복수기와 바로 연결되어 있다.

단 번호	1	2	3	4	5	6	7
회전익 수	148	293	256	165	120	132	130
고정익 수	300	214	172	120	100	112	72
회전익 뿌리 형태	DOVE TAIL					FINGER	FINGER

표 10-2 • 저압터빈 회전익 및 고정익 수량

4) 저압터빈다이아프램

저압터빈의 다이아프램의 기능이나 구조는 고압터빈의 다이아프램과 비슷하며 각 단별 회전익 및 고정익의 수량은 〈표 10-2〉와 같다.

나. 저압터빈회전자

1) 기능

고압터빈을 나온 증기는 습분분리재열기(MSR)에서 습분이 제거되고 재열되어 약간의 과열도를 가진 증기가 된다. 이 증기는 다이아프램의 고정익에 의해 유도되어 회전자에 장착된 회전익을 통과하고 팽창하면서 증기의 열에너지는 기계적 에너지로 변환된다.

2) 구성

저압터빈의 회전자는 실축인 회전축(Unbored Type), 휠(wheel), 회전익(Moving Blade) 및 2개의 저어널베어링(Journal) 등으로 구성된다.

3) 구조 및 특징

저압터빈 회전자의 회전축은 축방향으로 구멍이 없는 실축이며 2개의 저어널베어링에 의해 양단이 지지된다. 회전익은 열박음으로 축에 고정된 휠(Wheel)에 Dovetail 홈을 가공하여 원주 방향으로 양쪽에 각각 7단씩 조립되며 회전익의 끝부분은 Shroud Band로 묶어지고 Tennon 부위가 리벳팅 되어 있다. 그리고 저압터빈의 최종단(Last Stage) 회전익은 날개의 중간에 구멍을 뚫어 이 구멍을 통하여 연결와이어(Tie Wire)를 설치하여 회전익의 진동을 막는다. 또한 6단 및 7단 회전익은 뿌리 부분이 Finger 형태이며 핀으로 휠에 고정하여 원심력에 의한 회전익의 이탈을 방지한다.

다. 저압터빈배기후드

1) 기능

저압터빈의 배기후드는 저압터빈케이싱을 내장하고 지지한다. 정상운전 중에 진공을 유지한다. 과압방지파열판(Atmospheric Relief Diaphragm)을 장착하여 내부압력의 증가로 인한 저압터빈 및 복수기의 파손을 방지한다. 후드살수링을 장착하여 증기와 충돌로 인한 열에 의해 저압터빈회전익의 손상을 방지한다. 저압터빈의 베어링 및 저압터빈의 축밀봉박스를 지지한다.

2) 구성

상반부의 배기후드에는 과압방지파열판이 저압터빈 1대당 4개씩 모두 12개가 설치된다. 하반부의 배기후드는 증기공급 및 추기배관의 통로로 사용된다.

3) 구조 및 특징

저압터빈이 3대이므로 상하부는 각각 3조각씩 총 6조각으로 되어 있으며 볼트로 체결하여 조립된다. 하반부는 케이싱을 설치할 수 있도록 되어 있으며, 하반부의 스커트(Skirt) 부분은 복수기의 목(Neck) 부분과 연결되어 복수기와 같이 진공이 유지된다. 습분분리재열기로부터 오는 증기배관은 하반부 배기후드 중앙을 통과하며 케이싱에 연결된다. 그리고 하반부 중앙부분 양 측면에는 앵커포스트(Anchor Post)라 부르는 지지 장치가 1개씩 설치되어 축방향의 움직임을 방지하며, 가이드브래킷(Guide Bracket)이라 부르는 지지장치는 저압터빈 양 끝에 1개씩 설치되어 배기후드가 양옆으로 움직이는 것을 방지한다. 이들 장치는 배기후드의 열팽창 고정점 역할도 한다. 터빈의 운전 중 해수인 순환수가 상실되면 저압터빈 내부의 압력이 상승하여 저압터빈의 후드, 케이싱 및 최종단 등이 파손될 수 있다. 이를 방지하기 위해 과압방지파열판이 후드의 상반부에 설치된다.

라. 저압터빈배기후드살수계통

1) 개요

저압터빈에 부하가 걸리지 않거나 부하가 적게 걸리는 경우에 저압터빈의 회전익은 증기에 의해 회전되지 못하고 오히려 증기를 때리게 되므로 인해 증기 및 회전익의 온도가 상승하게 된다. 이러한 현상을 방지하기 위해 저압터빈의 후드 주위에 냉각수를 분사하는 장치가 필요한데, 이를 저압터빈의 후드살수계통이라 한다.

2) 구성 및 특징

저압터빈의 배기후드살수계통은 복수펌프로부터 약 13kg/㎠의 복수를 약 138gpm 공급받는다. 제어용 온도감지기 3개가 있어 배기후드의 온도를 제어한다. 경보 및 보호용 온도감지기가 9개 있어 93.3℃(200°F)에서는 '배기후드 고온도' 경보를 발생시키고, 107.2℃(225°F)에서는 '배기후드 고-고온도'에 의한 터빈정지신호를 발생시킨다. 공기구동형 살수조절밸브는 배기후드의 온도에 따라 살수량을 조절하며, 자동운전이 불가능한 경우에는 수동으로 개방하여 살수를 할 수 있다. 살수링은 저압터빈 당 2개씩 6개가 있으며, 각각의 살수링에는 4개의 살수노즐이 설치되어 있다.

3) 계통 운전

저압터빈의 배기후드살수계통의 장기간 운전은 저압터빈회전익의 침식을 유발할 수 있으므로 터빈의 무부하 또는 경부하 운전은 가능한 짧게 해야 한다. 비록 저압터빈의 배기후드살수계통이 자동으로 운전되고 후드의 온도가 제한치 이내에 있더라도 터빈출력을 증가시키거나 복수기의 진공을 높여 운전제한 시간을 벗어나야 한다. 만일 후드의 온도가 57.2℃ 이상을 유지하면 빨리 출력을 증가시켜야 한다. 복수기의 진공 상실, 저압터빈의 배기후드살수계통 기능 상실, 과도한 공운전 등이 원인이 될 수 있다. 이 경우 출력 또는 터빈속도를 감소하지 않고 원인을 제거하는 것이 좋다.

6. 베어링

가. 저어널베어링(Journal Bearing)

1) 기능 및 특징

저어널베어링은 터빈케이싱에 설치되어 회전자를 지지하며, 회전자가 잘 회전하도록 도와주고, 회전자의 진동을 흡수한다. 1대의 고압터빈, 3대의 저압터빈 및 1대의 발전기에 각각 2개씩 총 10개가 설치된다. 높은 하중에 견디고 대형인 Liner Type Elliptical Bearing을 사용한다. 상반부와 하반부가 2조각으로 되어 있으며 베어링의 보어(Bore)는 타원과 비슷한 모양으로 수평직경이 수직직경의 약 2배이다. 이 베어링의 장점은 윤활유의 유동이 많으므로 냉각이 잘되며, 베어링의 간극 변화에 민감하지 않아 높은 부하에 잘 견딘다. 상반부에는 오버셧(Overshot) 이라는 홈이 있어 윤활유의 유동을 많게 한다. 베어링의 내면에는 주석계의 화이트메탈(White Metal)이라 부르는 배빗메탈(Babbit Metal)이 부착되어 있다. 베어링의 배치는 직선으로 하지 않고 약간 곡선을 유지하며 배열하는데 이는 회전자의 굽힘 응력 해소와 유연한 운전을 하기 위함이다.

2) 운전 상태

윤활유계통으로부터 압력과 온도가 1.8kg/㎠(25psig) 및 43~49℃인 윤활유가 공급되어 회전자와 베어링표면 사이의 마찰이 유체마찰이 되도록 한다. 발전소의 정상운전시 베어링의 금속 온도는 77~88℃ 정도로 베어링의 금속 온도가 107℃에서 경보가 울리고, 121℃ 이상에서는 운전할 수 없다.

나. 추력베어링(Thrust Bearing)

1) 기능 및 특징

추력베어링은 회전자 축의 가로방향의 추력을 흡수하여 회전자가 축 방향으로 움직이는 것을 방지한다. 추력베어링은 Tapered Land Type이며 추력을 받는 판이 평면이 아닌 테이퍼로 가공된 것이라 신뢰성이 있으며, 2번 및 3번 저어널베어링의 사이인 미들스탠더드(Middle Standard)에 의해 지지된다. 추력베어링의 추력을 받는 판은 얇은 동판에 배빗메탈(Babbit Metal)을 주조하여 제작되며 표면에 원주방향으로 윤활유 공급을 위한 홈(Groove)이 파져 있다.

2) 운전 상태

윤활유계통으로부터 압력과 온도가 1.8kg/cm²g(25psig) 및 43~49℃인 윤활유가 공급되며, 추력을 받는 판이 마모되어 터빈의 축 방향으로 움직임이 ±0.635mm 이상이 되면 경보가 울리고, ±0.762mm 이상이 되면 터빈이 트립된다. 추력을 받는 판에는 열전대가 양면에 각각 2개씩 4개가 설치되어 107℃ 이상이 되면 경보가 발생된다.

7. 터닝기어

가. 개요

터빈의 기동 및 정지 전후에 아래의 목적으로 터빈의 회전자를 4~7rpm의 속도로 회전시킨다. 터빈에 공급되는 증기, 복수기의 운전 및 밀봉증기 등의 영향으로 회전자의 상하부에 온도차이가 생기고 이로 인해 회전자에 열응력이 생기는데 터닝기어가 이를 줄인다. 그리고 회전자를 정지상태에 두면 회전자의 자중에 의해 처지게 되어 회전자가 편심이 된다. 이러한 처짐은 기동 시 적정 편심을 얻기 위해 많은 시간을 필요로 한다. 따라서 기동 시간을 단축하기 위해 터닝기어가 필요하다. 또한 터빈이 정지상태에 있다가 기동 시에는 초기 회전력을 주기위해 많은 증기를 급히 터빈에 공급하여야 한다. 이럴 경우 회전익에 충격을 주고 케이싱 등에 심한 열응력이 발생한다. 이러한 문제점을 해결하기 위해 터닝기어에 의한 저속 회전이 필요하다. 또한 터빈의 설치 및 검사 시 회전자의 위치를 조정할 목적으로도 사용이 가능하다.

나. 운전 상태

터빈의 기동 시에는 최소 4시간 이상 터닝기어를 운전해야 한다. 터빈의 정지 시 회전자가 정지하면 바로 자동으로 기동된다. 터빈이 단기간 정지할 경우에는 터빈이 정상적으로 기동될 때까지 계속 운전한다. 장기간 터빈을 정지시킬 경우에는 터빈의 정지 후 약 3일 정도인 회전자의 온도가 93℃가 될 때까지 터닝기어를 돌리다가 정지여부를 결정하며, 그 이후는 터빈기어가 꼭 필요한 경우에만 일주일에 4~6시간 정도 운전한다. 터닝기어를 운전 중에는 베어링의 금속온도가 120℃를 넘지 않도록 베어링의 윤활유를 계속 공급하여야 한다.

8. 증기밸브

가. 고압터빈 정지밸브(Main Stop Valve)

고압터빈의 정지밸브는 각 증기관에 1개씩 총 4개가 설치되며, 비상 시에 급속히 닫혀 터빈으로 증기가 유입되는 것을 차단하는 온-오프(On-Off) 밸브이다. 2번 정지밸브에는 밸브 전후를 연결하는 소형우회밸브(Pilot Valve 또는 Bypass Valve)가 있으며 기동 전에 우회밸브를 열어 밸브 전후의 압력 차이를 줄이고 밸브를 예열하기 위함이다. 밸브의 동작은 터빈제어유계통(EHC)에 의해 유압으로 이루어진다. 고압터빈의 정지밸브와 제어밸브는 일체를 이루며 두 밸브 사이에는 압력을 같게 하기 위한 균압관이 연결되어 있다.

나. 고압터빈 제어밸브(Control Valve 또는 Governor Valve)

고압터빈의 제어밸브는 터빈 출력의 변화에 따라 터빈으로 유입되는 증기량을 가감하며 터빈의 회전속도를 일정하게 유지하는 기능을 한다. 4개의 밸브를 사용하여 무부하에서 100%부하까지 광범위하게 증기량을 조절한다. 제어밸브의 입구는 정지밸브와 연결되고, 출구는 고압터빈의 노즐과 연결되어, 각각의 제어밸브를 거친 증기는 해당 구획의 노즐만으로 증기가 공급된다. 터빈의 기동 시에는 4개의 제어밸브를 모두 교축(Throttle)하여 터빈속도를 제어한다. 이를 전 원호(FA : Full Arc) 운전이라 한다. 이는 증기량이 적을 때 일부 밸브만을 개방하면 온도 차이에 의해 열응력이 발생하기 때문이다. 발전소가 전력계통에 병입되고 난 후에는 증기량이 많아지므로 증기교축에 따른 압력손실을 줄이기 위해 출력에 따라 4개의 제어밸브를 정해진 순서에 맞게 교축하는 부분 원호(PA : Partial Arc) 운전이 가능하다.

교축을 이용한 제어밸브는 작은 장치이기 때문에 열전달이 크지 않아 단열과정이라고 가정할 수 있다. 그리고 외부에 하는 일이 없고 위치에너지의 변화도 매우 적거나 없다. 밸브의 출구의 속도가 입구의 속도보다 상당히 클 수 있지만, 대부분의 경우 운동에너지의 증가는 중요하지가 않다. 따라서 입출구가 하나씩인 이러한 정상유동 장치에 대한 에너지 보존식에서 등엔탈피(Isenthalpic) 과정으로 간주된다. 즉 밸브의 입구 및 출구의 엔탈피는 같다. 그러나 엔탈피와 달리 엔트로피는 많이 증가하므로 유체계통의 설계 측면에서는 꼭 필요한 부분 이외에는 교축밸브를 가급적 사용하지 않아야 할 것이다.

다. 저압터빈정지 및 조절밸브

저압터빈정지 및 조절밸브(CIV : Combined Intermediate Valve)는 ISV(Intermediate

Stop Valve 또는 Reheat Stop Valve)와 IV(Intercept Valve)가 한 몸체를 이루고 있으며, 습분분리재열기에서 저압터빈으로 연결되는 6개의 증기관(Cross Around Pipe)에 각각 1개씩 모두 6개가 설치된다. ISV는 온-오프(On-Off) 밸브로 터빈이 트립되면 닫혀 증기가 저압터빈으로 유입되는 것을 차단하고, 정상운전 중에는 열린다. IV는 저압터빈으로 들어오는 증기유량을 제어한다. 6개 중 3개는 조절기능이 있고 3개는 조절기능이 없는 밸브이다. 정상운전 중에는 항상 열려있고, 터빈이 트립되면 고압터빈의 조절밸브와 함께 닫힌다.

9. 터빈비상정지계통

가. 개요

터빈의 비상정지계통(ETS : Emergency Trip System)은 프론트스탠더드(Front Standard)에 설치되어 터빈에 이상 상태가 발생하면 터빈에 증기를 공급하는 밸브의 작동유를 차단시키고 배유시킴으로써 터빈발전기를 안전하게 정지시킨다. ETS는 기계적 동작뿐만 아니라 터빈조속기(Mark-V)로부터 전기적인 신호를 받아서 동작되기도 한다. 터빈의 트립은 물리적인 힘의 작용에 의한 기계적 트립밸브(MTV)를 동작시키는 '기계적인 트립'과 터빈조속기로부터의 신호를 받아 전기적 트립밸브(ETV)를 동작시키는 '전기적인 트립'으로 나눌 수 있다. ETS는 직렬로 설치된 MTV와 ETV로 구성되는데 두 개 중 어느 한 밸브만 동작하여도 터빈의 트립이 발생된다.

나. 기계적 트립 장치

터빈/발전기가 과속도로 회전하면 터빈을 비상 정지시키기 위해 편심 모양의 링이 터빈축에 설치된다. 터빈의 속도가 정격속도의 110%(1,980rpm)에 도달하면 편심 모양의 링에 작용하는 원심력이 링을 잡고 있던 스프링의 힘을 극복하고 링이 밖으로 튀어나와 Trip Finger를 동작시켜 터빈발전기를 비상정지시킨다. 그리고 25psig인 베어링 윤활유의 압력이 저하하면 터빈이 비상 정지되고 프론트스탠더드 부근에 설치된 트립핸들(Trip Handle)을 당겨도 MTV가 닫혀 터빈은 수동으로 정지된다.

다. 전기적 트립 신호

아래의 경우 전기적 트립신호를 터빈조속기로부터 받아 트립신호를 발생시킨다.

- 터빈의 회전속도 : 1,850rpm
- 발전기의 회전속도 : 1,998rpm(111%)
- 추력베어링의 '고' 마모 : ±0.762mm
- 배기후드의 '고' 온도 : 107.2℃
- 복수기의 '저' 진공 : 566mmHg
- '고' 진동 : 저속(800rpm 이하)에서 4mils/ 중속 및 고속(800~2000rpm)에서 9mils
- 주윤활유펌프 출구의 '저' 압력 : 100psig
- 베어링 윤활유의 '저' 압력 : 12psig
- 제어유의 '저' 압력 : 1,100psig
- 발전기 고정자의 냉각수 상실
- 탈기기의 '고' 수위
- 습분분리재열기 배수탱크의 '고' 수위 등

라. 터빈 비상정지계통 정기시험

기계적 트립밸브(MTV)와 전기적 트립밸브(ETV)의 동작여부에 대한 정기시험은 터빈발전기의 부하운전 중에 터빈의 정지 없이 터빈조속기(Mark-V)를 통해 수행이 가능하다.

발전기

1. 발전기 개요

발전기는 기계적 에너지를 전기적 에너지로 변환시키는 기계로 교류발전기와 직류발전기로 분류할 수 있으며 발전소의 주발전기는 거의 모두 교류발전기를 사용한다. 발전기는 플래밍의 오른손 법칙이라는 물리적 현상을 이용한 것으로 플래밍의 왼손법칙은 전동기에 이용되는 원리이다.

발전기는 회전자(Rotor)와 고정자(Stator)로 대별되며 고정자는 발전기의 각 구성품을 지지하는 하우징(Housing) 또는 프레임(Frame) 구조로 발전 중 발생된 열을 제거하는 냉각장치, 3상의 단락 및 급작스러운 부하변동 등에 대비한 각 보조계통이 포함된다. 발전기의 구조는 〈그림 10-6〉과 같다.

2. 고정자 프레임(Frame)

발전기의 고정자 프레임은 철심(Iron Core), 권선(Armature Winding), 팬(Fan) 및 수소냉각기(Cooler), 고전압 부싱(Bushing) 등 구성품을 수용하는 케이싱과 가스의 누설방지를 위한 엔드실드(End Shield) 등 두꺼운 철판으로 제작된 용접구조물이다. 코어의 진동은 스프링 바(Spring Bar)의 탄성에 의해 효과적으로 억제되는데, 3,600rpm의 발전기에는 스프링 마운팅(Spring Mounting)을 사용한다. 원자력발전소의 발전기에 많이 사용되는 1,800rpm 발전기에는 스프링 바가 볼팅이 아닌 용접 구조가 사용된다. 고정자의 권선은 운전 중에 열을 발생시키는데 열을 제거하기 위

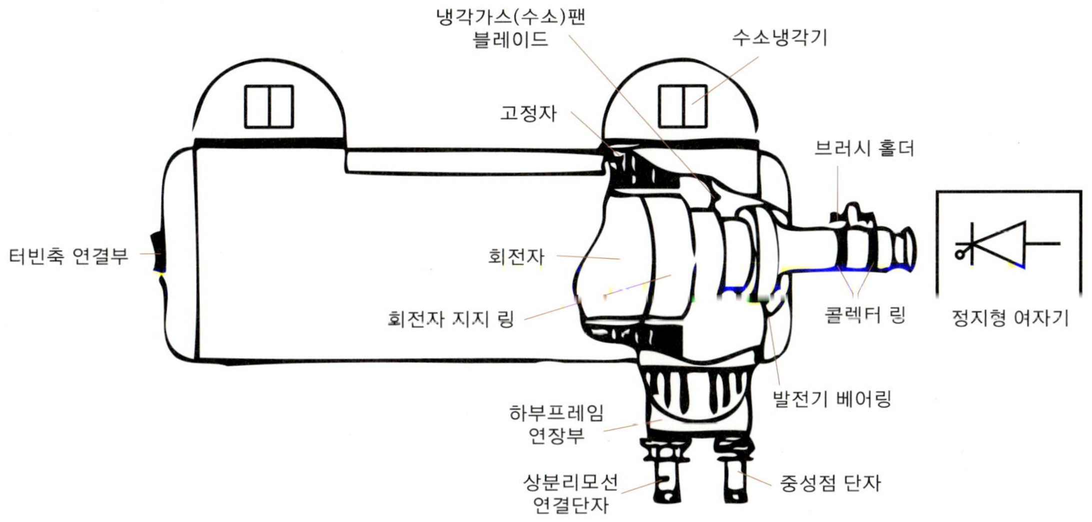

그림 10-6 • 발전기 구조(1)

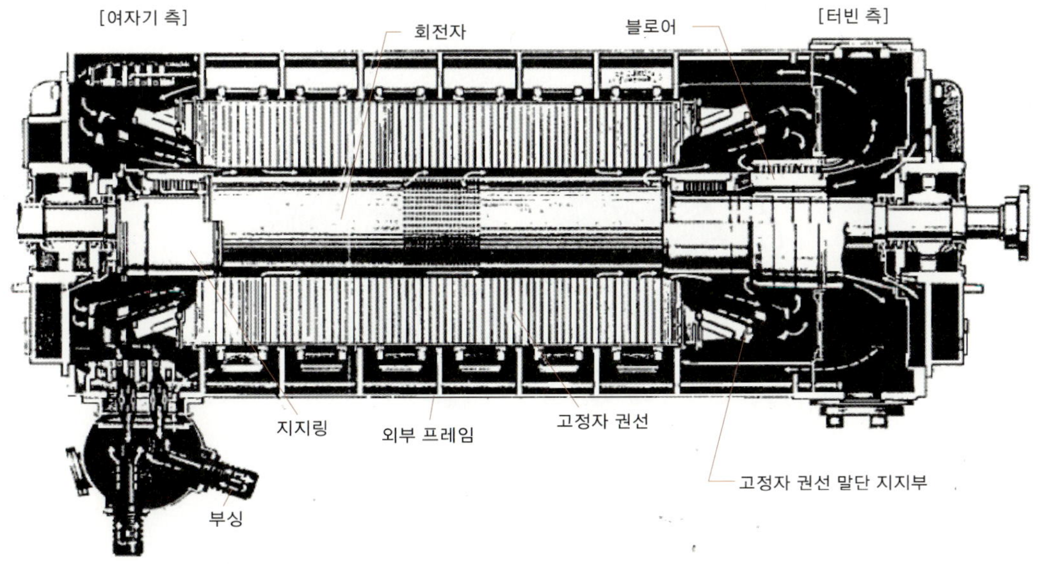

그림 10-6 • 발전기 구조(2)

해 공기보다 냉각효과가 좋은 수소를 사용하도록 가스 튜브를 일정하게 배열하였다. 가스는 팬 날개(Fan Blade)에 의해 순환하면서 고정자를 냉각시키는 기능을 한다. 내부 섹션 플레이트(Section Plate)는 대구경의 보어링(Bore Ring)에 고정되어 철심(Core)을 지지하고 공진하는 현상을 억제할 수 있도록 충분한 강도를 가진다. 여기에 가스가 순환하도록 섹션 플레이트 사이에 튜브를 고정시킨다.

3. 고정자 철심(Core)

고정자의 철심은 실리콘 강판을 수십 만 장 쌓아 놓은 것으로 발전기가 비정상 상태에서 발생된 열에도 절연값을 유지할 수 있는 재질을 열처리 한 것이다. 이 철심은 환모양의 코어링에 축방향으로 배열된 키바(Key Bar)에 부착된 키(Key)에 양측으로 일정한 간격으로 조립되며 기체냉각을 위한 통로가 있다. 발전기 고정자의 철심은 〈그림 10-7〉과 같다.

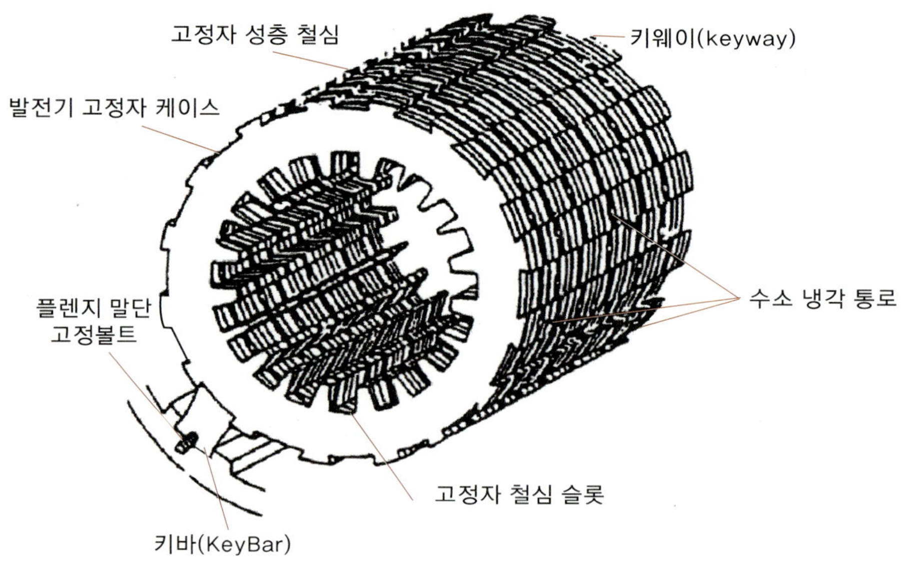

그림 10-7 • 발전기 고정자 철심

4. 고정자 바(Bar)

철심이 조립되면 절연된 바(Bar)를 철심 스롯(Slot) 속으로 삽입하고 이 바의 끝부분을 도체와 연결하여 코일을 형성시킨다. 각 바는 4각형 구리재질로 동판의 표면을 절연시킨 도체(Strand)인데 전류분포를 균일하게 흐르도록 하여 자기유도 현상에 의한 바 자체의 전류손실을 최소화한다. 각 바는 내부에서 발생되는 열을 제거하기 위해 냉각수가 흐르도록 길이 방향으로 뚫어서 냉각 튜브(Cooling Tube) 구조로 만든다.

5. 고정자 냉각 및 환기계통

고정자의 냉각 및 환기계통은 가스냉각기, 회전자 팬 및 가스도관으로 구성된다. 회전자 끝에 장착된 팬에 의해 냉각기에서 냉각된 수소가스가 내부 가스도관을 통해 고정자 권선의 내부를 통과하면서 고정자를 냉각시킨다. 발전기 고정자의 냉각 및 환기계통은 〈그림 10-8〉과 같다.

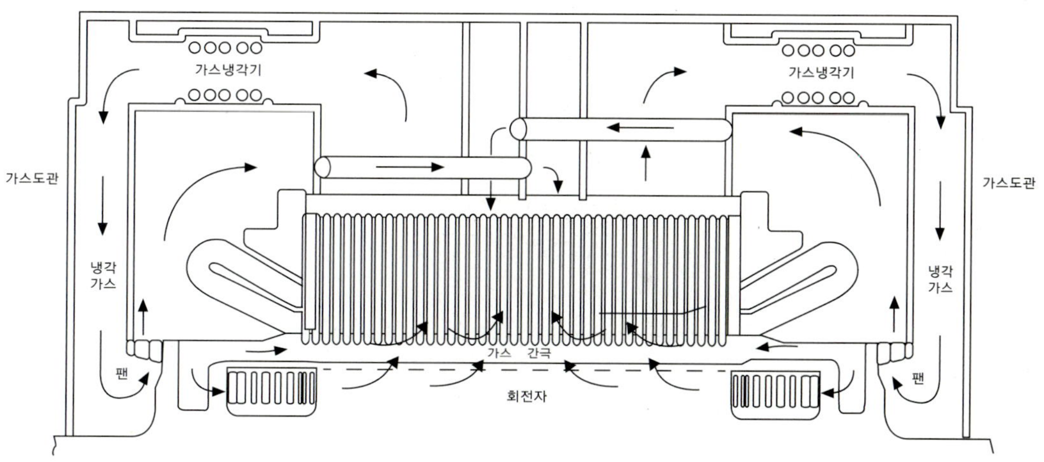

그림 10-8 • 발전기 고정자 냉각 및 환기계통

가. 수소냉각기

수소냉각기는 핀튜브형(Finned Tube Type)의 수냉식 수평형 열교환기로 튜브 내에 냉각수를 통과시키면서 수소를 냉각시킨다. 튜브 사이를 통과한 수소가스는 노점 이상의 온도를 유지하여 응축을 방지해야 하므로 냉각 수량을 조절하는 것이 매우 중요하며, 냉각수 출구 라인의 온도제어를 위한 밸브로 냉각수량을 조절한다. 발전기의 압력이 높을 때 내부에서 수소가 누설되거나 냉각수의 튜브가 파손되면 냉각수가 누수되는데 소량의 수소가스 누설은 문제가 되지 않으나 냉각수가 누수하는 경우에는 발전기의 케이싱 내부에 물이 고여서 일정 수위 이상이 되면 화학적 전기적 특성에 따라 위험이 따르므로 신속한 조치가 필요하다.

나. 가스도관

고정자의 프레임 내부에는 양측 냉각기에서 냉각된 수소가스가 반경방향으로 흘러서 철심 뒷면을 통하여 하우징으로 되돌아온다. 발전기가 길어지면 중앙 부분의 철심 통로에는 냉각가스의 일부만 통과할 수 있어 이에 따른 국부 가열이 발생할 수도 있다. 이를 방지하기 위해 팬과 격막을 함께 사용한다.

6. 엔드실드와 베어링

발전기의 끝부분은 상부와 하부 엔드실드(End Shield)로 조립되는데 회전자 자체의 중량을 지지하고 수소가스의 높은 압력에도 모양이 변형되지 않도록 한다. 외부 엔드실드(Outer End Shield)에 밀착된 축 밀봉(Shaft Seal)은 발전기의 회전자 축을 통해서 누출되는 수소를 방지하기 위해 베어링에 밀착되어 위치를 조정할 수 있게 되어 있다. 콜렉터 방향의 끝에 부착된 축의 실하우징(Seal Housing)과 베어링은 전류가 흐르지 못하도록 발전기의 프레임으로부터 절연되어 있다.

7. 하부프레임 연장부 및 고전압 부싱

고정자 권선에서 발생되는 전력은 하부프레임 연장부(Low Frame Extension)를 지나서 6개의 고전압 부싱(Bushing)을 통해 발전기의 외부로 나간다. 각 상(相)당 2개의 리드(Lead)가 있는데 하나는 고전압 리드, 다른 하나는 중성 리드(Neutral Lead)이다.

8. 발전기 회전자

발전기의 회전자는 대형 전자석(Electro-magnet)의 기능을 갖는다. 회전자가 고정자 안에서 회전할 때 고정자의 스롯의 권선에 전압 및 전류가 유도된다. 회전자는 축방향으로 가공된 긴 실린더 모양의 스롯에는 구리 권선이 고정된다. 각 스롯은 권선과도 절연되고, 권선은 서로 절연되어서 리테인 링(Retaining Ring)에 의해 회전자의 양 끝에 고정된다. 원자력발전소 대부분의 발전기는 4극 권선으로 1,800rpm으로 운전된다.

9. 회전자 권선

여자계통에서 공급되는 직류(DC)는 주발전기의 베어링에 인접한 콜렉터 링(Collector Ring)을 통해서 축(Shaft)에 공급되는 비교적 낮은 전압의 회로이다. 이는 계자(Field)를 회전시키고, 회전 전기자(Rotating Armature)를 고정시키는 원리로 전력을 생산한다. 울진 3, 4호기 발전기에는 500V DC 여자계통이 사용된다. 회전자의 권선에서 발생된 열은 'Diagonal-Flow'라는 냉각 구조에 의해 냉각된다.

10. 콜렉터

여자계통에서는 회전자 끝에 붙어 있는 콜렉터(Collector)와 브러시(Brush)를 통해 DC 전력을 회전자에 공급한다. 회전자 권선에 연결된 축(Shaft) 끝부분에 Smooth Type의 콜렉터 링(Collector Ring)이 있다. 콜렉터의 각 링의 바깥쪽 표면은 나사 모양의 가공된 홈이 있고, 브러시와 브러시 리드(Brush Lead)로부터 흐르는 전류는 이 표면의 치차를 통해 균일하게 축에 공급된다.

11. 브러시

교류발전기는 회전부에 전기 공급을 위해 마찰계수가 적은 흑연(Graphite) 재질의 브러시가 사용되는데 브러시의 중심에 압력이 걸리도록 브러시 홀더(Brush Holder)에 스프링이 장착된다. 브러시 홀더는 Silver-Plate Magazine에 장착된다.

12. 리테인 링

리테인 링(Retaining Ring)은 회전자 권선의 바깥 부분에 설치되는 고강도의 비자성 철을 원통 모양으로 가공한 것으로 회전자 권선의 원심력을 지지한다.

터빈 / 발전기보조계통

1. 터빈제어유계통

가. EHC 고압유압계통

1) 기능

EHC(Electro Hydraulic Control) 고압유압계통은 고압정지밸브(MSV), 고압제어밸브(CV) 및 저압터빈정지 조절밸브(CIV : Combined Intermediate Valve)를 정밀하게 제어하여 터빈의 속도와 출력을 조절하고 과속도로부터 터빈을 보호한다.

2) 특성

EHC 고압유압계통은 터빈의 윤활유계통에서 분리하여 별도로 구성되며, 계통의 압력은 서보밸브(Servo Valve)를 쉽게 제어하고 작동기의 유압실린더를 작게 할 수 있도록 1,600psig의 고압을 사용한다. 계통의 유체는 내화성이 우수하고 윤활특성이 좋으며 안정성이 있는 합성 인산에스테르를 사용한다.

3) 구성

EHC 고압유압계통은 제어유저장조 및 부속설비, 제어유공급설비, 제어유의 이송 및 여과설비 등으로 구성되는 HPU(Hydraulic Power Unit), 증기밸브 Control PAC,

터빈발전기 보호를 위한 기계적 정지계통 등으로 구성된다.

나. HPU

HPU(Hydraulic Power Unit)는 터빈을 제어하는 EHC 고압유압계통의 일부로 증기밸브를 열거나 닫기 위해 증기밸브에 부착되어 있는 Control PAC과 터빈발전기의 비상정지계통(ETS)에 유압유를 공급한다. HPU는 터빈발전기가 과도적인 운전 상태에 있더라도 모든 제어장치에 항상 안정된 유압, 적절한 온도 및 정화된 유압유를 공급한다. 터빈발전기가 장시간 운전을 하더라도 유압유의 특성을 항상 유지할 수 있도록 화학활성여과기(Chemically Active Filter)가 설치되어 있다. HPU는 별도의 두 펌핑유니트가 설치되어 한 유니트가 기능을 상실하면 터빈을 정지시키거나 다른 대기 중인 펌프유니트가 자동으로 기동될 수 있도록 압력스위치(Pressure Switch) 등 각종 계기를 가지고 있다. 〈그림 10-9〉는 Hydraulic Power Unit를 나타낸다.

〈한국원자력산업회의, 원자력발전소시스템(계통과 설계), p109〉

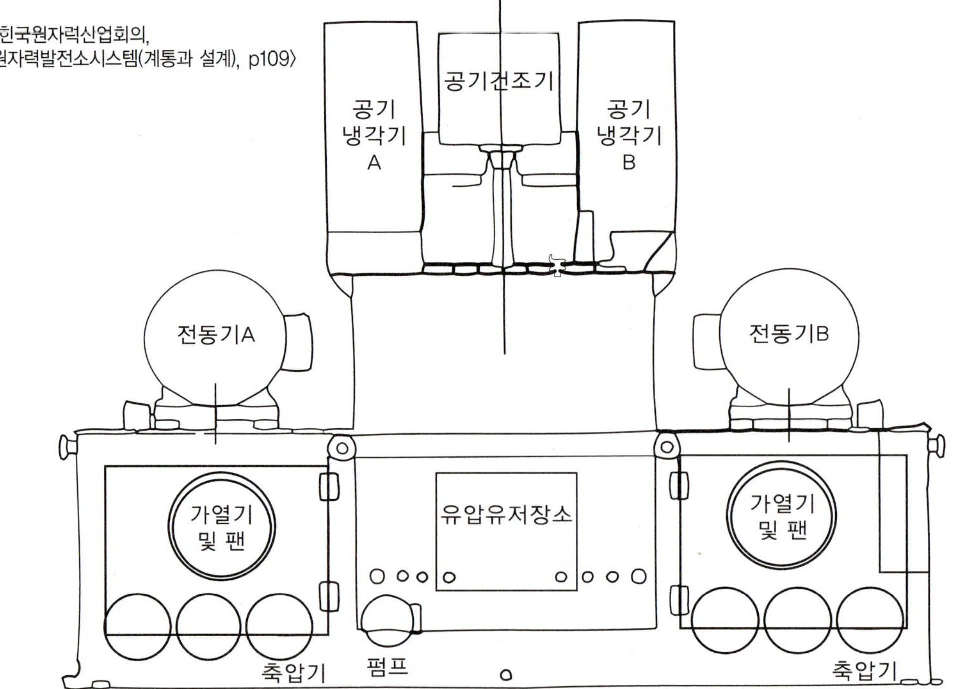

그림 10-9 • Hydraulic Power Unit

다. 유압계통 배관

유압계통에 사용되는 1,600psig 고압유압계통의 배관(Hydraulic System Piping)은 304 스테인레스강 배관으로 버트용접(Butt Weld) 형식이나 소켓용접(Socket Weld) 형식으로 연결된다. 이과 같이 고압부 배관의 연결에 나사식보다 용접식 연결을 하는 이유는 연결 부분에서 유압유가 누설되지 않도록 하기 위함이다. 유압계통의 저압이 걸리는 배관에는 304 스테인레스강의 튜브로 되어 있다.

라. 증기밸브 및 Control PAC

고압정지밸브(MSV : Main Stop Valve)는 각 증기관에 1개씩 총 4개가 설치되며, 비상 시에 급속히 닫혀 터빈으로 증기가 유입되는 것을 차단하는 온-오프(On-Off) 밸브이다. 고압터빈의 조절밸브(Control Valve 또는 Governor Valve)는 터빈 출력의 변화에 따라 터빈으로 유입되는 증기량을 조절하여 터빈의 회전속도를 일정하게 유지하는 기능을 한다. 4개의 밸브를 사용하여 무부하에서 100%부하까지 광범위하게 증기량을 조절한다. 고압터빈의 정지밸브와 조절밸브는 일체를 이루며 두 밸브 사이에는 균압관이 있다.

저압터빈의 정지 및 조절밸브(CIV : Combined Intermediate Valve)는 ISV (Intermediate Stop Valve 또는 Reheat Stop Valve)와 IV(Intercept Valve)가 한 몸체를 이루고 있으며, 습분분리재열기에서 저압터빈으로 연결되는 6개의 증기관(Cross Around Pipe)에 각각 1개씩 모두 6개가 설치된다. ISV는 온-오프 밸브로 터빈이 트립되면 닫혀 증기가 저압터빈으로 유입되는 것을 차단하고, 정상운전 중에는 열린다. IV는 저압터빈으로 들어오는 증기유량을 제어한다. 6개 중 3개는 조절기능이 있고 3개는 조절기능이 없는 밸브이다. 정상운전 중에는 항상 열려있고, 터빈이 트립되면 고압터빈의 조절밸브와 함께 닫힌다. Control PAC은 4-Way 또는 3-Way 서보밸브(Servo Valve)를 사용하여 서보밸브로 입력되는 전기적 신호에 비례하여 유압의 흐름의 양을 조절하여 증기밸브의 작동기에 유압유를 공급 또는 배출시키면서 증기밸브의 열리고 닫힘을 제어한다.

2. 터빈윤활유계통

가. 개요

터빈 및 발전기의 저어널베어링 및 트러스트베어링과 회전자와의 마찰을 최소화하기 위한 윤활작용과 마찰열에 의한 손상을 방지하기 위한 냉각작용을 위해 윤활유의 공급이 필요하다. 이러한 윤활작용과 냉각작용은 터닝기어가 작동하거나 터빈발전기가 운전되고 있는 동안 항상 필요하다. 이에 따라 베어링과 터닝기어에 윤활유를 공급하는 장치를 윤활유계통이라 한다. 터빈의 윤활유계통은 5대의 원심펌프로 구성되어 있으며, 1대는 터빈의 축에 연결되어 있고, 나머지는 윤활유탱크 안에 설치되어 있다.

나. 구성

1) 윤활유탱크

윤활유탱크(Lubrication Oil Tank)는 윤활유계통의 윤활유를 저장하며 주윤활유입구펌프(MSP), 터닝기어윤활유펌프(TGOP), 비상베어링윤활유펌프(EBOP), 윤활유승압펌프(Booster Pump), 윤활유냉각기, 제어밸브 및 제어기 등이 설치되어 있다. 터빈의 베어링에서 회수된 윤활유는 탱크 내부의 윤활유냉각기를 거친 후 윤활유펌프의 입구측으로 유입된다.

2) 주윤활유펌프

주윤활유펌프(MSOP)는 터빈축의 프론트스탠더드(Front Standard)에 설치되어 터빈축에 의해 구동되며, 터빈이 정상 운전 중일 때는 윤활유터빈(Oil Turbine)을 구동시키고 베어링에 윤활유를 공급한다. 터빈이 정상 운전 중일 때는 윤활유터빈에 의해 구동되는 승압펌프(Booster Pump)가 윤활유탱크에서 윤활유를 흡입하여 주윤활유펌프의 흡입 측에 제공한다. 주윤활유펌프의 윤활유 흡입압력은 18psig이고 윤활유의 출구압력은 220psig이며 출구압력으로 윤활유터빈에 구동력을 제공하고 55psig로 감압된 윤활유는 윤활유냉각기를 통해 냉각된 후 터빈발전기의 베어링에 공급된다.

3) 주윤활유입구펌프

주윤활유입구펌프(MSP)는 교류전동기에 의해 구동되며, 터빈의 정격속도가 90% 도달 시까지 주윤활유펌프의 흡입 측에 윤활유를 공급한다.

4) 터닝기어윤활유펌프

터닝기어의 윤활유펌프(TGOP)는 교류전동기에 의해 구동되며, 윤활유탱크로부터 윤활유를 흡입하여 터닝기어의 운전 및 터빈 기동 시에 베어링에 윤활유를 공급한다.

5) 비상베어링윤활유펌프

비상베어링윤활유펌프(EBOP)는 교류전원(AC) 상실에 의해 터닝기어의 윤활유펌프(TGOP)가 운전이 불가능할 시에 터빈의 베어링에 윤활유를 공급하기 위해 비상배터리에 의해 구동된다. 터빈정지 후 속도의 감소(90% 이하)에 따라 주윤활유펌프가 제 기능을 발휘하지 못하므로 터닝기어의 윤활유펌프가 기동되어, 윤활작용을 해야 하나 어떤 원인으로 인해 터닝기어의 윤활유펌프 기동 실패 시 비상베어링윤활유펌프가 기동되어 윤활작용을 한다. 윤활유탱크로부터 윤활유를 흡입하고 터빈기어의 윤활유펌프와 비상베어링윤활유펌프는 상호 공통 라인을 가지고 있으며, 역지밸브에 의해 상호 분리되어 있다.

6) 윤활유승압펌프

주윤활유펌프(MSOP)는 윤활유탱크보다 20ft 높은 위치에 설치되어 있기 때문에 직접 윤활유를 흡입할 수 없어서, 윤활유승압펌프(Booster Pump)가 윤활유탱크 내부에 설치되며 윤활유 터빈에 의해 구동되어 주윤활유펌프의 흡입측에 윤활유를 공급한다. 터빈의 정격속도가 90% 이상일 때는 윤활유터빈에 의해 구동되는 윤활유승압펌프가 주윤활유펌프의 흡입 측에 윤활유를 공급하고, 90% 이하일 때는 주윤활유입구펌프가 교류전동기에 의해 구동되어 주윤활유펌프의 흡입측에 윤활유를 공급한다.

7) 베어링올림유펌프

터닝기어 전동기의 회전력과 기어의 응력을 줄이기 위해 베어링올림유펌프(Lift Oil Pump)를 통해 고압의 윤활유를 베어링의 하부 표면으로 공급하며 충분한 유압이 형성되면 축은 약 2~5mils(0.0005~0.0127mm) 정도 들리게 된다. 펌프의 흡입 측에는 2개의 여과기가 직렬로 설치되어 있다. 베어링올림유펌프는 10개의 베어링 중 1번 및 2번 베어링을 제외하고 8개의 베어링에 윤활유를 공급한다.

8) 윤활유탱크 증기추출기

윤활유탱크의 증기추출기(Vapor Extractor)는 윤활유탱크의 상부에 위치하며 교류전동기에 의해 구동되어 윤활유탱크 내부의 가스나 증기를 제거하여 부압의 압력이 형성되도록 한다. 윤활유탱크의 내부압력은 증기추출기의 후단에 설치된 나비형 밸브에 의해 조절된다. 윤활유계통이 운전되고 있을 때는 윤활유탱크의 증기추출기는 항상 운전되고 있어야 한다.

9) 윤활유터빈

윤활유터빈(Oil Turbine)은 윤활유탱크의 내부에 설치되며 승압펌프를 구동한다. 윤활유터빈의 속도는 주윤활유펌프의 흡입압력에 의해 직접 영향을 미치기 때문에 제어밸브에 의해 조절된다.

10) 윤활유냉각기

윤활유탱크의 내부에 2개의 윤활유냉각기가 병렬로 설치되어 있으며 튜브측으로 냉각수가 흐른다. 각 냉각기는 100% 용량을 가지며 터닝기어가 운전 중일 때는 윤활유의 온도를 26.7~32.2℃로 유지하고, 터빈이 정격속도를 유지할 때는 윤활유의 온도를 43.3~48.9℃로 유지한다. 정상운전 중에는 한 대의 냉각기만 운전되고, 한 대는 대기상태를 유지하며 냉각기의 사이에는 차단밸브가 설치되어 있다.

11) 윤활유탱크 여과계통

회수되는 윤활유가 윤활유탱크로 유입되기 전에 부유물질을 제거하기 위하여 30메시(mesh)의 여과기가 2개 직렬로 설치되어 있으며, 보통 1개가 기능을 하며 다른 1개는 운전 중 필요시 청소를 할 수 있도록 되어 있다.

다. 경보

1) 베어링 공급 윤활유모관의 압력

베어링에 공급되는 윤활유모관의 압력이 1.06kg/cm^{2}에서는 '저 압력' 경보가 울리고, 압력이 0.84kg/cm^{2}에서는 터빈이 트립된다.

2) 베어링 윤활유 배유 온도

베어링에서 나오는 윤활유의 온도가 71~77℃에서는 경보가 울리고 운전원이 판단에 따라 터빈을 수동으로 정지해야 한다.

3) 베어링 금속 온도

저어널베어링의 온도 107℃, 추력베어링의 온도 82.2℃ 경우에는 1차경보가 울리고, 저어널베어링의 온도 121℃ 추력베어링의 온도 87.2℃ 경우에는 2차경보가 울린다. 2차경보가 울리면 운전원은 판단에 의해 터빈을 수동으로 정지시킬 수 있다. 그리고 터빈이 운전될 때 베어링에서 나오는 윤활유의 온도가 갑자기 3℃ 이상 상승할 경우에도 운전원은 판단에 의해 터빈을 정지시킬 수 있다.

3. 터빈증기밀봉계통

터빈의 증기밀봉계통은 고압부분(HP Section)과 저압부분(LP Section)으로 나누어지며, 터빈의 축을 따라 생길 수 있는 누설을 방지한다. 밀봉계통의 고압부분은 터빈 내부의 고압증기가 대기로 누설되는 것을 막고, 밀봉계통의 저압부분은 대기로부터 공기가 터빈으로 유입되는 것을 방지한다. 터빈의 증기밀봉계통은 위의 기능 이외에도 고압정지밸브(MSV), 고압제어밸브(CV) 및 저압터빈정지 및 조절밸브(CIV : Combined Intermediate Valve)의 스템 부분으로부터 증기의 누설을 방지하고, 주급수펌프의 구동터빈의 축으로부터 누설되는 증기를 차단한다.

터빈의 축과 케이싱이 접촉하는 부분에는 라비린스(Labyrinth) 타입의 밀봉장치가 있으며, 여러 개의 스프링 눌림 장치를 가진 톱니가 가공되어 있어 터빈의 회전자와 최소한의 원주방향으로 간격을 유지하도록 하고 있다. 밀봉증기가 간격을 지나면서 높은 저항을 받아 누설을 줄인다. 그리고 회전자에 비틀림 현상이 발생하는 경우에는 스프링이 회전자와 패킹 사이에 추가적인 간격을 제공하여 비틀림 현상에 의한 문제를 흡수한다. 고압터빈의 패킹은 증기밀봉 모관의 증기압력을 3~5psig로 조절하면서 여분의 증기를 배기시키며, 증기밀봉 모관 유출(Leak-off) 출구는 Steam Packing Exhauster(SPE)에 의해 3~5인치 H_2O의 저진공 상태로 유지되며 SPE는 증기를 응축시키기 위한 쉘튜브형의 열교환기이다.

4. 습분분리재열기계통

가. 기능

원자로냉각재계통(RCS)의 증기발생기에서 생산된 증기가 고압터빈을 통과하면 증기의 온도와 압력은 떨어지고 상대습도 약 15.1%의 습분을 함유하게 된다. 이 배출증기(Exhaust Steam)를 저압터빈에 공급하기 전에 습분분리재열기계통(MSR)에서 습분을 제거하고 재가열하여 약간의 과열증기를 만들어 저압터빈으로 유입시켜야 저압터빈 날개(Bucket)의 침식을 방지하고 저압터빈의 열효율을 올릴 수 있으며 터빈의 수명을 연장시킬 수 있다.

나. 구성

습분을 포함하는 고압터빈의 배기증기는 습분분리재열기의 습분분리 부분에 있는 습분분리장치(Chevron Vane)를 거치면서 습분은 복수 및 급수계통으로 배수되고 건조된 증기는 재열되기 위해 상부에 있는 재열부분으로 간다. 재열부분은 증기를 가열하는 부분으로 가열을 위한 증기가 공급되는 두 개의 열교환기로 구성되어 있다. 가열되어 약간의 과열증기가 된 증기는 출구노즐 및 배관을 통해 저압터빈으로 들어간다. 습분분리재열기는 2단으로 구성되며 1단 재열기로 공급되는 증기의 압력과 온도는 터빈부하에 따라 변하며, 1단 재열기의 가열증기 공급배관은 자동운전이 요구되지 않는다. 그러나 2단 재열기는 2개의 밸브로 구성되어 습분분리재열기계통(MSR)과 저압터빈의 운전 제한 값이 일치하도록 증기압력과 포화온도를 부하에 따라 변화도록 조절한다. 1단 재열기의 재열을 위한 증기는 응축되어 5번 급수가열기로 배수되고, 2단 재열기의 재열을 위한 증기는 응축되어 7번 급수가열기로 배수된다.

5. 발전기고정자 냉각계통

가. 개요

발전기고정자의 냉각계통은 발전기고정자의 권선에서 발생하는 열을 제거하기 위해 순수를 사용하며, 순수의 유량과 온도를 자동으로 조절하여 순환시키는 폐쇄형 냉각계통이다. 이 계통은 순수저장탱크, 펌프, 열교환기 및 여과기 등으로 구성되어 있고, 보조 우회유로에는 이온교환수지를 사용하여 순수를 탈염시키는 설비가 있다.

나. 주요 기기

1) 순수저장조

순수저장조는 펌프가 충분한 흡입수두를 확보할 수 있게 하고, 냉각수에 포함될 수 있는 불응축성 가스를 제거할 수 있게 하며, 냉각수가 온도변화로 인해 체적의 변화가 일어나면 이를 수용할 수 있는 공간을 제공한다.

2) 더버블러(Debubbler)

저장조의 정상수위 아래에 설치되는 단순 구조의 배플 플레이트(Baffle Plate)로 구멍이 있으며, 냉각수가 이 구멍을 통해 확산되면서 버블을 형성하여 공기나 수소 등 불응축성 가스의 제거를 용이하게 한다.

3) 고정자 냉각수펌프

고정자의 냉각수펌프는 교류전동기로 구동되는 원심펌프로 100% 2대가 설치되어 있으며, 1대는 정상운전 중 가동하며, 나머지 1대는 대기상태를 유지한다. 펌프의 운전시간을 균일하게 하기 위해 주기적으로 교번 운전하는 것이 좋다. 펌프의 출구압력이 일정치 이상 감소하면 압력스위치에 의해 자동으로 대기 중인 펌프가 기동된다.

4) 열교환기

발전기고정자의 냉각계통에는 100% 용량의 열교환기 2대가 병렬로 펌프의 출구에 설치되어 있으며, 정상 운전 시에는 1대는 운전되고, 1대는 대기상태를 유지한다. 열교환기의 쉘측에는 고정자의 냉각수가 흐르고, 튜브측에는 2차측의 기기냉각수가 공급된다.

다. 고정자 냉각수 온도 및 유량 제어

발전기고정자의 권선에서 발생되는 열 제거는 고정자의 권선 및 냉각수의 온도 차이와 냉각수의 유량에 좌우되므로 냉각수의 온도와 유량 제어는 필수적이다. 냉각수의 온도제어는 냉각수의 일부가 열교환기를 우회하도록 하여, 열교환기를 우회한 냉각수와 열교환기를 통과한 냉각수를 혼합시켜 발전기고정자의 냉각계통에서 요구하는 온도를 유지하도록 한다. 그리고 발전기 입구 측의 압력을 검출하여 제어밸브에 의해 냉각수의 유량을 제어한다.

라. 고정자 냉각수 전도도 제어

발전기고정자의 냉각계통에서 냉각 매체로 물을 사용하므로 고정자의 권선을 통해 흐르는 냉각수는 아주 낮은 전도도를 유지해야 한다. 이를 위해 탈염기를 통하는 우회회로를 만들어 용해성 무기염을 연속적으로 제거하고 있다.

6. 발전기 수소밀봉유계통

발전기의 내부에는 고정자와 회전자 권선에서 발생되는 열을 제거하기 위해 수소가 순환한다. 회전자의 끝에 장착된 팬에 의해 냉각기에서 냉각된 수소가스가 내부 가스도관을 통해 고정자 권선의 내부를 통과하면서 고정자를 냉각시킨다. 발전기 내부에 있는 수소가 발전기 케이싱으로부터 누설될 수 있으므로 이를 방지하기 위해 발전기 수소밀봉유계통이 필요하다. 밀봉장치는 발전기의 양 쪽 끝부분 엔드실드(End Shield)에 용접되며, 밀봉유공급계통으로부터 공급 받은 진공 밀봉유는 밀봉장치 내의 밀봉유 공급홈을 지나 스프링을 통해 각 밀봉장치의 밀봉링 사이에 주입되어 밀봉링과 회전자 사이의 유막을 형성하여 양쪽 엔드실드로 수소가 누설되는 것을 방지한다.

7. 발전기 가스제어계통

수소는 공기에 비해 분자운동이 빠르기 때문에 열전달이 좋고 냉각 중에 마찰손실이 적어 열 제거에 효과적이다. 또한 산소와 달리 건조 상태를 유지할 수 있고 오염이 잘되지 않아 수명연장 및 양호한 절연상태를 유지할 수 있다. 그러나 수소는 순도가 4.1~74.2 %에서는 산소와 혼합되면 폭발할 위험이 있으므로 취급에 주의를 요하므로 보통 97% 이상 순도를 유지해야 한다. 또 수소가스의 압력은 최대 75psig까지 가압되므로 밀봉을 유지해야 한다. 발전기에 수소가스를 초기에 충전하려면 탄산가스로 발전기 내부를 퍼지하여 공기를 제거해야 하고, 탄산가스의 순도가 높아지면 발전기의 내부에 수소가스를 공급한다. 발전기 정지 시에는 수소를 퍼지하기 위해 탄산가스를 공급하며 수소 퍼지 완료 후에 발전기 보수 작업 시에는 공기로 탄산가스를 퍼지하고 발전기의 내부가 완전히 감압된 후 발전기의 케이싱을 열어야 한다.

8. 발전기 가스감시계통

발전기가 가열되거나 고온 부위가 확산되면 절연물질은 타기 시작하여 미립자를 발전기의 내부에 있는 수소가스로 방출하게 된다. 발전기에 들어가고 나오는 수소 흐름에 따라 흐르는 이온 전류를 발생시키는데, 절연물질이나 코팅물질이 열적 분해에 의해 생성되는 작은 미립자가 가스의 흐름 속에 존재하면, 미립자의 집중도에 비례하여 전류의 흐름이 감소하며, 이에 의해 경보가 발생된다. 이러한 역할을 코어감시기(Core Monitor)가 한다. 코어감시기가 발전기의 과열에 의해 경보를 발생시키면 신호유효제어장치(Signal Validation Control)는 코어감시기가 제 기능을 하는지 실제로 과열상태가 존재하는지 등을 확인하고, 판정 후 발전기의 부하감발이나 발전기의 트립신호를 자동으로 발생시킨다.

제4장

터빈제어계통

터빈제어계통(Mark-V)은 증기 터빈을 제어하기 위한 높은 신뢰도를 가진 전자유압제어설비(EHC)로 미국 GE사에서 개발한 모델이다. Mark-V는 마이크로프로세서로 구성된 3중 구조의 터빈제어설비(Triple Redundant Microprocessor Based Turbine Control)이며 증기터빈의 제어, 터빈 및 발전기의 감시, 발전기의 여자제어 등의 기능을 가지고 있다. Mark-V의 첫 번째 기능은 '증기터빈 제어' 로 터빈의 기동시 속도 및 가속도 제어, 발전기 여자설비의 초기화, 전력계통의 병입 및 출력 송전, 주증기 및 추기증기의 압력제어, 터빈의 부하감발 및 보호, 부하감발 및 비상시 터빈의 과속도 보호, 윤활유의 상실 등과 같은 심각한 상태에서의 터빈보호 기능과 증기조절밸브 등에 대한 시험이다. Mark-V의 두 번째 기능은 '터빈 및 발전기 감시' 로 운전원에게 경보 및 정보를 제공하기 위한 압력 및 온도 등의 신호 감시, 윤활유계통 및 유압공급계통 등과 같은 보조계통의 기동 및 감시, 터빈 및 발전기의 문제 진단, 각종 전자설비의 건전성 확인 및 자기진단, 위의 기능과 관련된 정보의 표시 및 경보 제공 등이다.

제5장

발전기여자계통

발전기여자계통(Exciter System)은 계자(회전자)에 직류전력를 공급하는 역할을 하는 장치로 직류전류 및 전압을 조절하여 발전기의 출력전압을 제어한다. 여자기계통은 발전기의 축에 직결되는 회전기형의 직류발전기로부터 현재의 정지형으로 발전하였다.

울진 3,4호기 주발전기의 여자계통은 미국 GE사의 모델 EX-2000 디지털여자기로 구성된 '정지형 모선공급' 형식의 여자기이다. EX-2000 여자기는 마이크로프로세서에 기초한 전력변환기로 발전기의 여자전류를 제어하며, 발전기의 단자전압 및 무효전력을 제어한다. 기능은 아래와 같다.

- 여자전류 공급
  발전기의 출력단에 연결된 여자용 변압기(PPT : Power Potential Transformer)에서 공급된 여자기용 전력을 싸이리스터(SCR)에 의해 정류한 후 발전기의 계자 권선에 공급한다.

- 발전기 단자전압 조정기능
  부하조건이 변하여도 발전기의 단자전압을 자동전압조정기(AC Regulator)에 의해 일정하게 유지시킨다.

- 발전기 계자전압 조정기능
  발전기 출력단의 운전조건에 무관하게 발전기의 계자전압을 수동전압조정기(DC Regulator)에 의해 일정하게 유지시킨다.

제11부
방사성폐기물
처리계통

제1장

액체방사성폐기물처리계통

1. 액체방사성폐기물처리계통 개요

액체방사성폐기물처리계통(LRMS)은 발전소에서 발생되는 액체방사성폐기물을 수집하고 발전소에서 다시 사용할 수 있도록 처리한다. 그리고 고체방사성폐기물처리계통에서 처리해야 할 폐기물량을 최소화하기 위해 고체방사성폐기물처리계통으로 보내는 액체방사성폐기물의 양을 최대한으로 줄이며, 처리한 후 환경으로 방출하는 액체의 방사성 오염치를 최소한으로 줄인다.

액체방사성폐기물처리계통은 액체방사성폐기물의 발생, 수집 및 처리 측면에서 5개의 보조계통으로 구성된다. 이중 액체방사성폐기눌을 처리하는 계통인 '액체방사성폐기물계통'은 원전 두 호기에 공용으로 사용되며 독립된 방사성폐기물건물에 설치되어 있고, 나머지 4개의 보조계통은 각 호기에 독립적으로 설치되어 있다. 붕산수의 회수와 관련되는 계통은 액체방사성폐기물처리계통에 포함되지 않고 화학 및 체적제어보조계통에 속한다.

2. 액체방사성폐기물처리계통 구성

가. 사용후연료저장조 냉각 및 정화계통 누설

사용후연료저장조 냉각 및 정화계통으로부터 액체의 누설은 예상되지 않는다. 그러나 만약 사용후연료저장조의 용접부위나 탈염기 등으로부터 누설이 있는 경우, 누설되는 액체를 수집하여 처리를 하기 위해 '액체방사성폐기물계통'으로 이송시킨다.

나. 방사성폐기물배수계통

발전소 1차 및 2차측의 여러 기기로부터 액체가 누설이 되거나, 발전소의 기동 및 정지, 기기정비를 위해 배수를 할 경우에는 방사성을 띤 액체폐기물을 배수계통을 통해 수집하여 처리를 하기 위해 '액체방사성폐기물계통'으로 이송시킨다. 터빈건물에서의 액체폐기물은 주로 방출수로를 통해 외부로 방출되며, 방출 시에는 방사능 오염 여부를 감시한다. 만약 방사성 물질이 검출된다면 그 폐수는 처리를 하기 위해 '액체방사성폐기물계통'으로 이송시킨다.

다. 방사성폐기물세탁계통

발전소 각 호기의 출입통제건물에서 수집되는 폐액에는 방사성 물질로 오염된 세탁수, 세면수, 출입통제건물의 바닥 배수 및 저준위방사성 물질 실험실의 바닥배수 등이다. 이 수집된 폐액은 여과되어 '액체방사성폐기물계통'으로 이송되는데, 시료를 분석한 결과 방사능 준위가 높은 경우에는 '액체방사성폐기물계통'의 화학폐액탱크로 유입된다.

라. 2차측복수정화계통 복수탈염기

발전소 2차측의 복수기는 저압터빈에서 배출되는 증기를 응축하여 복수를 생산한다. 복수기의 전열 튜브가 누설되는 경우에는 복수기에 냉각수인 바닷물이 유입되어 오염될 수 있다. 그리고 핵연료의 손상과 동시에 증기발생기의 전열관 누설과 같은 사고 시에는 터빈으로 들어가는 증기가 오염되고 증기가 응축될 때 복수 역시 방사성물질로 오염될 수 있다. 이와 같은 이유로 발전소가 정상운전 시에는 복수탈염기의 재생으로 고전도성 물질을 함유한 재생수가 발생되며, 이러한 폐수는 일반화학폐수의 처리계통에서 처리된다. 만약 폐수가 방사성 물질을 함유하는 경우에는 '액체방사성폐기물계통' 에서 처리된다.

마. 액체방사성폐기물계통

액체방사성폐기물계통은 두 호기의 공용으로 사용되며 독립된 방사성폐기물건물에 설치되며 주요 기능은 아래와 같다.

- 방사성물질로 오염되었거나 오염의 가능성이 있는 액체폐기물을 수집
- 액체방사성폐기물을 발전소에서 다시 사용할 있는 순도로 처리
- 고체방사성폐기물처리계통에서 처리하는 폐기물의 물량을 최소화하기 위해 고체방사성폐기물처리계통으로 이송하는 액체방사성폐기물의 수량을 최소화
- 발전소의 여러 계통에서 사용되는 용수의 평형조건을 유지시키거나, 용수 중 함유한 삼중수소의 요건을 만족시키기 위해 삼중수소를 함유한 용수를 발전소의 외부로 방출해야 할 경우에는 삼중수소가 방출 허용농도 제한치 이내로 유지되도록 방사성 폐액을 처리

액체방사성폐기물계통의 개략도는 〈그림 11-1〉과 같다. 크게 화학폐액의 처리, 고용존고형물폐액의 처리 및 저용존고형물폐액의 처리 등 3가지 형태로 처리된다.

화학폐액의 처리는 1차 여과처리한 후, 증발처리 또는 탈염처리 등을 한다. 이런 경우에 화학폐액의 유동 경로는 고용존고형물폐액의 처리 및 저용존고형물폐액의 처리 경로와 유사하다.

고용존고형물폐액의 처리는 여과 처리 및 오일제거 처리를 한 후, 증발기주입탱크로 이송된다. 증발기주입탱크에 수집된 폐액은 증발기를 이용하여 농축처리하며,

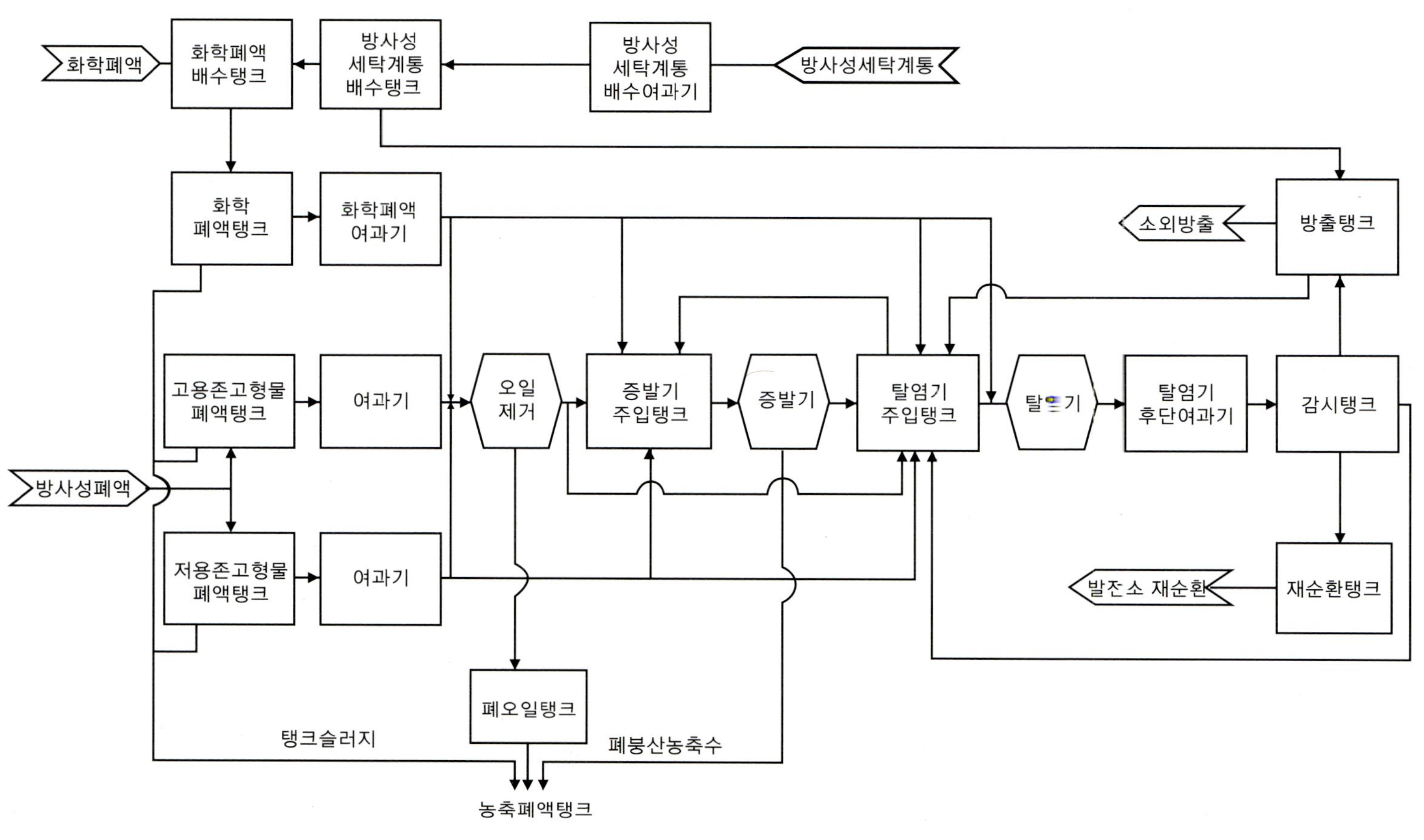

그림 11-1 • 액체방사성폐기물계통

처리된 농축폐액은 고체방사물폐기물처리계통 내부의 농축폐액탱크로 이송된다. 증발처리할 때 발생되는 응축폐액은 탈염기주입탱크로 수집되며, 탈염기계통에서 처리한 후 후단여과기를 거쳐 감시탱크로 이송된다. 탈염기계통에서는 활성탄, 양이온수지, 음이온수지 또는 혼상수지로 특정 오염물을 제거 처리한다. 감시탱크로 이송된 응축폐액은 다시 사용이 필요한 경우에는 재순환탱크로 보내지며, 방출이 가능한 폐액은 적절하게 희석하여 시료를 채취한 후 방사능 준위를 측정 감시한 후 외부로 방출된다. 재순환탱크로 보내어져 다시 사용할 액체는 시료를 채취한 후 방사능 준위를 조사한 후 적절하면 복수저장탱크 또는 원자로보충수탱크로 이송되어 재활용된다.

저용존고형물폐액의 처리는 여과기를 거쳐 탈염기주입탱크로 이송된다. 탈염기주입탱크에 수집된 폐액은 탈염기계통에서 처리한 후 후단여과기를 거쳐 감시탱크로 이송된다. 감시탱크로 이송된 폐액의 처리경로는 고용존고형물폐액의 처리경로와 동일하다.

액체방사성폐기물계통은 운전원의 선택에 따라 자동 및 수동 뱃치(Batch) 방식으로 운전된다. 일반적으로 방사성폐기물의 수집은 자동으로 이루어지며, 처리경로는 운전원에 의해 선택된다.

여과기는 양단의 압력차이가 기준치에 도달하면 처리를 중단하거나 대기 중인 여과기를 이용한다. 탈염기는 처리된 폐액의 제염계수 및 전도도를 기준으로 수지의 이온교환능력 여부를 판단하여 수지의 교체 여부를 결정한다. 증발기는 처리해야 할 폐액의 양에 따라 뱃치 또는 반연속적으로 운전된다. 증발기가 기능을 상실하는 경우에는 폐액이 집수탱크에 저장되거나 대기 중인 증발기에 의해 처리된다.

3. 처리된 액체 방출

액체방사성폐기물계통에서 처리된 액체는 2차측의 복수 또는 원자로보충수로 재활용될 수 있다. 만일 2차측의 복수계통 및 원자로보충수계통이 수용할 수 없는 상태이거나, 원자로냉각재계통의 삼중수소의 농도를 조절하기 위해 필요할 때는 순환수의 배수로를 통해 방류된다. 처리된 액체의 방출여부는 방사성 물질의 감시탱크에서 결정된다. 방출 전에 화학오염 및 방사능에 대한 시료채취 및 분석을 거치게 되어 측정치가 기준치 이하가 되면 방출이 허용된다. 처리된 액체가 방출을 하기 전에 기기냉각수해수 및 순환수에 의해 약 11,000 : 1의 비율로 희석되어 최종 바다로 방출된다. 방출지점은 순환수의 배수로이다.

제2장

기체방사성폐기물처리계통

1. 기체방사성폐기물처리계통 개요

기체방사성폐기물처리계통은 발전소의 두 호기가 공유하는 기체방사성폐기물처리계통(GRMS)과 호기별로 각각의 저준위 방사성기체계통이 있다. GRMS는 운전 중인 기기로부터 배기되는 고방사능기체를 수집하고 충분히 지연시킨 후에 방출시킨다. 처리된 기체를 방출하기 전에는 공기조화계통(HVAC)에서 기준치 이하의 방사선량임을 확인한 후에 대기로 배기된다. 저준위 방사성기체계통에는 건물의 환기배출계통, 주복수기의 진공계통 및 터빈의 그랜드(Gland) 밀봉계통에 있다.

GRMS는 방사능을 띄고 있거나, 혹은 방사능 오염 가능성이 있는 기체를 수집하고 처리한다. GRMS로 유입되는 방사성 기체는 주로 화학 및 체적제어계통(CVCS)의 체적제어탱크 및 원자로배수탱크(RDT) 등으로부터 나온다. 방사성 기체는 주로 수소 및 질소가 함유되어 있으며 저압 및 상온에서 운전되는 활성탄지연대를 통해 Xe에 대해서는 45일 이상, Kr에 대해서는 2.6일 이상 지연되도록 한다.

활성탄지연대에서 처리된 방사성 기체는 고효율입자여과기 및 방사능감시기를 거쳐 건물의 배기구로 방출된다. 처리된 기체가 대기로 방출되기 전에는 건물의 배출공기정화기 후단의 덕트에서 희석된다. GRMS는 외부 공기의 계통 내부로 유입을 방지하기 위해 일정한 압력 조건하에서 운전된다. GRMS 내부에서 수소폭발의 가능성을 없애기 위해 수소 및 산소의 농도를 감시하며, 필요시 수소 및 산소의 농도를 감소시키기 위한 질소의 희석설비를 갖추고 있다. 저준위 방사성기체는 필요시 고효율 입자여과기를 거쳐 해당 건물의 배기구로 방출된다.

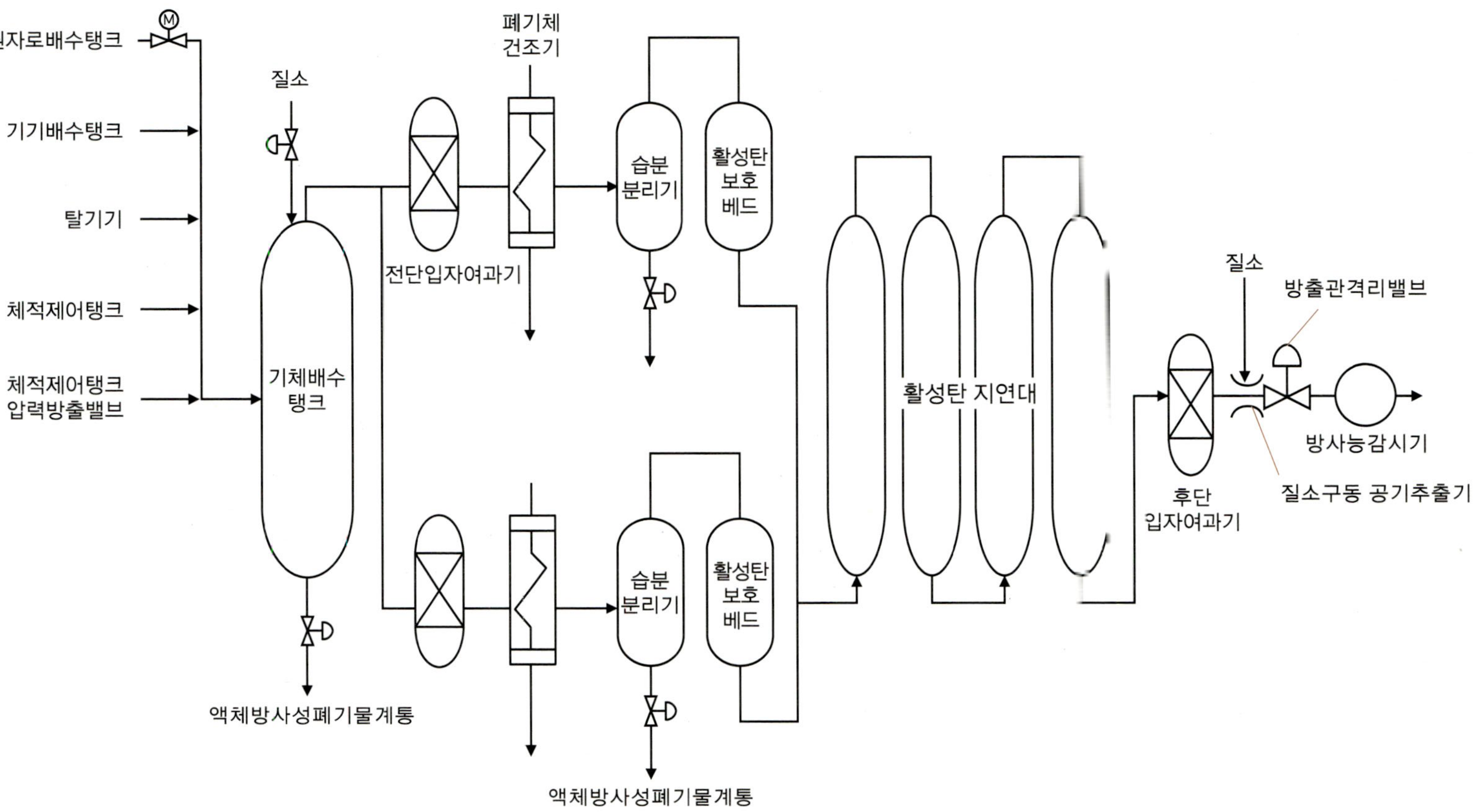

그림 11-2 • 기체방사성폐기물 처리계통

2. 기체방사성폐기물처리계통 구성

기체방사성폐기물처리계통(GRMS)의 개략도는 〈그림 11-2〉와 같다. GRMS는 각 호기별 1개의 기체수집모관, 두 호기 공용의 모관, 기체배수탱크, 전단입자여과기, 폐기체건조기, 습분분리기, 활성탄보호베드, 활성탄지연대, 후단입자여과기 및 질소구동형 공기추출기 등으로 구성된다. 활성탄지연대는 방사성 Xe 및 Kr 원자들을 흡착하여 이들 핵종이 자연붕괴에 의해 방사능이 저하되도록 일정기간 보유하는 역할을 한다. 방출되는 유량이 적거나 없을 때는 공기의 유입을 차단하기 위해 질소를 주입시킨다. GRMS에서 처리된 기체의 방출관 및 방사성폐기물건물의 배기관에는 방사능을 측정하기 위한 감시기가 설치되어 있으며, 만약 측정된 값이 기준치를 넘을 경우에는 활성탄지연대의 방출관 격리밸브가 자동적으로 폐쇄된다.

기체를 수집하는 모관(Header)은 차폐된 방사성 배관구역에 설치되며 방사능준위가 높은 배관에는 납 차폐체를 사용한다. 또 이송배관은 모관 기체배수탱크 방향으로 경사지도록 하여 물이 배관의 내부에 정체되는 것을 방지하고, 응축수가 모관 기체배수탱크에 모이도록 한다. 입자여과기는 폐기체 내부에 포함된 활성탄을 포함한 입자를 제거하는 기능을 한다. 폐기체건조기는 기체의 이슬점 온도를 5.6~11.1℃로 낮추어 활성탄의 기능을 보호한다. 활성탄보호베드는 반감기가 짧은 핵종 및 옥소를 제거하고 활성탄지연대로 습분이 유입되는 것을 보호하는 역할도 한다. 질소구동형 공기추출기는 방출되는 기체를 질소로 희석시켜 수소농도를 발화점보다 낮게 유지시킨다.

3. 처리된 기체 방출

방사성기체폐기물은 원자로의 붕산희석 운전 동안 원자로냉각재로부터 탈기되는 수소, 원자로의 정상운전시 화학 및 체적제어계통(CVCS)의 체적제어탱크 상부에서 탈기되는 수소 및 체적제어탱크의 상부 충전가스인 질소 등이다. 이 기체폐기물은 기체방사성폐기물처리계통(GRMS)에서 처리된 후 희석시켜 방사능의 준위가 기준치 이내에 들면 방사성폐기물건물의 배기구를 통해 환경으로 배출된다. 그리고 발전소에서 나오는 저준위 방사성기체 역시 측정하여 기준치 이내에 들면 관련 설비가 설치되어 있는 해당 건물의 배기구를 통해 배출이 이루어진다.

고체방사성폐기물처리계통

1. 고체방사성폐기물처리계통 개요

고체방사성폐기물처리계통(SRMS)은 발전소의 두 호기 공용으로 사용되며, 방사성폐기물건물에 설치되어 발전소의 운전시 발생되는 고체방사성폐기물을 저장, 고화처리, 포장 및 취급하고 포장된 폐기물을 발전소 내부의 임시저장고 또는 영구처분장으로 이송할 때까지 일정기간 저장하는 기능을 한다. 방사성폐기물건물은 운전기준지진(OBE)에 견딜 수 있어야 한다.

고체방사성폐기물처리계통은 화학 및 체적제어계통(CVCS)의 붕산농축기로부터 발생된 농축폐액, 방사성 이온교환기로부터 발생된 폐수지, 액체방사성폐기물처리계통의 증발기에서 나온 농축폐액, 슬러지 및 발전소 각 계통의 여과기에서 사용되고 나오는 폐여과기 등을 저장 및 처분할 수 있어야 한다. 고체방사성폐기물처리계통은 오염된 종이, 의류, 장갑 등과 같은 방사성 건조폐기물을 압축 및 포장하며, 소형 공구 및 기기부품과 같은 비압축성 고체폐기물을 포장할 수 있어야 한다.

2. 고체방사성폐기물처리계통 구성

고체방사성폐기물처리계통은 〈그림 11-3〉과 같이 부계통으로 구성된다.

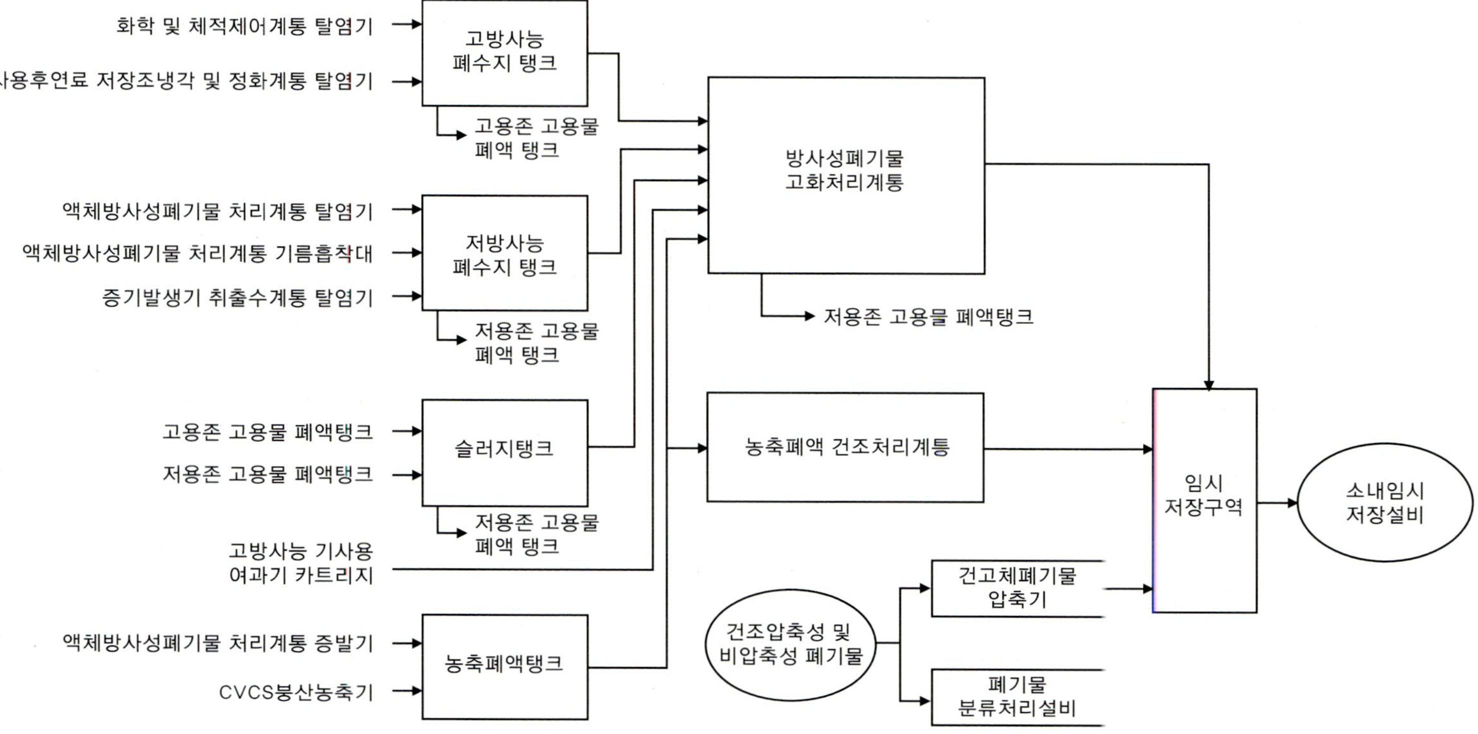

그림 11-3 • 고체방사성폐기물 처리계통

가. 방사성폐기물 고화처리계통

방사성폐기물의 고화처리계통은 폐수지, 슬러지, 사용후여과기 및 농축폐액 등 모든 액체 및 습식 폐기물을 발전소의 외부로 이송하기 전에 뱃치 방식으로 고화 처리한다. 슬러지 및 농축폐액 등을 고화 처리할 때 시멘트 등을 고화제로 사용한다.

나. 건조방사성폐기물 분류처리계통

발전소의 여러 위치에서 건조 방사성폐기물을 수집한다. 이를 청정폐기물 및 방사성폐기물로 분류한다. 청정폐기물은 제한 없이 처리하기 위해 분쇄된다. 방사성폐기물은 부피를 줄이기 위해 압축 처리하여 폐기물드럼에 넣어 밀봉하고 방사성폐기물건물 내부의 폐기물드럼 저장고에 운반 및 저장한다. 압축하는 동안 주위의 공기는 배기용 송풍기에 의해 고효율 입자여과기를 거쳐 각 보조건물 또는 방사성폐기물건물의 배기계통으로 방출된다. 발전소의 운전 중에 발생된 오염정도가 심하거나 압축 또는 제염이 곤란한 대형 기기 및 장비는 적당한 크기의 운반용기에 넣어 포장된다.

다. 수지이송계통

수지이송계통은 화학 및 체적제어계통, 사용후연료저장조냉각 및 정화계통, 액체방사성폐기물처리계통, 증기발생기취출수계통 등에 설치되어 사용되는 탈염기에서 폐수지를 수집하여 저장하고 이들 탈염기에 새로운 수지를 주입하는 역할을 한다. 보조건물의 내부에 설치되어 있는 탈염기로부터 고방사성폐수지를 제거할 때 원자로보충수탱크로부터 원자로보충수가 탈염기에 공급되며 탈염기 내부의 폐수지는 고방사능폐수지탱크로 이송된다. 방사성폐기물건물 내부의 탈염기로부터 저방사능폐수지를 제거할 때 수지이송펌프에 의해 탈염수가 탈염기에 공급되어 탈염기 내부의 폐수지는 저방사능폐수지탱크로 이송된다. 이들 폐수지탱크에 저장된 폐수지는 폐수지이송펌프에 의해 방사성폐기물고화처리계통으로 이송되어 고화 처리된다.

라. 슬러지취급계통

슬러지취급계통은 액체방사성폐기물처리계통의 액체폐기물탱크로부터 발생된 탱크바닥의 찌꺼기인 슬러지를 수집 및 저장하는 계통으로 슬러지를 저장 및 붕괴시키는 슬러지탱크, 슬러지를 고화 처리하기 위해 방사성폐기물고화처리계통으로 이송하기 위한 슬러지펌프, 스크린을 통해 물을 제거하여 액체방사성폐기물처리계통으로 이송하기 위한 슬러지탈수펌프 등으로 되어 있다.

마. 여과기취급계통

여과기취급계통은 사용후여과기를 그 본체로부터 인출하여 방사성폐기물건물 내부의 사용후여과기 처리지역으로 운반한다. 사용후여과기의 카트리지가 제거되면 차폐된 운반용기에 넣어 방사성폐기물건물 내부의 사용후여과기 고화처리지역으로 운반한다. 사용후여과기는 콘크리트로 라이닝이 된 드럼에 시멘트로 고화처리한 후 드럼 뚜껑을 씌우고 필요시 제염을 한 후 방사성폐기물건물 내부의 폐기물드럼 저장지역으로 운반하여 저장한다.

바. 농축폐액취급계통

농축폐액취급계통은 액체방사성폐기물의 증발기와 화학 및 체적제어보조계통의 붕산농축기로부터 발생된 농축폐액을 수집 및 저장하는 계통으로 농축폐액을 저장 및붕괴시키는 농축폐액탱크와 농축폐액탱크펌프로 되어 있는데, 농축폐액탱크펌프를이용하여 저장된 농축폐액을 건조처리하기 위해 농축폐액건조처리계통의 건조/혼합기로 이송하거나, 고화처리를 위해 방사성폐기물고화처리계통으로 이송한다.

사. 농축폐액건조처리계통

농축폐액의 건조처리계통은 농축폐액을 건조된 물체 형태로 처리하여 폐기물의 부피를 최소화하기 위한 것이다. 농축폐액은 농축폐액취급계통의 농축폐액탱크와 농축폐액탱크펌프에 의해 농축폐액건조처리계통의 건조/혼합기로 이송된다. 건조기로 이송된 농축폐액은 보조증기에 의해 가열되며 건조기에서 발생되는 증기는 본 계통의 열교환기에 의해 냉각 및 응축되는데 이 응축수는 방사성폐기물배수계통으로 배수된다. 농축폐액의 건조상태가 확인되면 이를 안정화시킬 물질인 파라핀 등을 넣어 혼합시킨다. 혼합이 충분히 되면 이들 폐기물을 55갤런의 드럼에 넣어 포장한 후 방사성폐기물건물 내부의 폐기물드럼의 저장지역으로 이송시킨다.

3. 고체방사성폐기물 포장, 저장 및 운반

모든 고체방사성폐기물은 저장 및 운반하기 전에 55갤런의 용기에 담아 밀봉시킨다. 포장된 고체방사성폐기물은 방사성폐기물건물 내부의 차폐된 임시저장구역에 저장된다. 임시저장구역은 고준위 및 저준위 드럼저장지역으로 구분된다. 방사성폐기물건물 내부의 폐기물드럼 저장구역은 약 30일 동안 발생되는 고준위 및 저준위 고체방사성폐기물 드럼을 저장할 수 있다. 폐기물드럼은 적절한 차폐가 가능하다면 폐기물드럼에 넣은 후 2~5일 내에 수송할 수 있으며, 이 기간은 고화제인 시멘트 등이 적절하게 양생되는 기간이다.

제12부 발전소냉수계통

제1장

필수냉수계통

필수냉수계통은 발전소의 기동, 운전 및 정지 등 모든 운전 조건 동안에 안전성 관련 주제어실의 공기조화기, 공학적안전설비 기기실의 공기조화기 및 고압배전반실, 사용후연료저장조의 냉각펌프실 등 안전성 관련 지역에 설치되어 있는 지역냉방기의 냉각코일에 약 42°F(6℃)의 냉수를 공급한다.

필수냉수계통은 발전소의 호기 당 100% 용량 2개의 다중 계열로 구성되어 있으며, 각 계열은 100% 2대의 냉동기 및 냉수펌프, 각 1대씩의 공기분리기, 압축탱크, 화학약품주입계통, 배관 및 계측설비 등으로 구성되어 있다. 냉동기는 터보냉동기로서 열역학의 냉동사이클로 작동하며 냉매로는 프레온-123(R-123)을 사용한다. 터보압축기에서 압축된 냉매는 응축기 내부의 동관을 흐르면서 기기냉각수에 의해 냉각되어 액화된다. 이코노마이저를 거쳐 증발기에 도달한 냉매는 증발하면서 필수냉수계통에서 사용되는 냉수를 만든다. 냉수펌프는 냉수를 순환시키는 원심펌프이다. 공기분리기는 소량의 냉수 누설로 인해 유입된 공기를 분리하는 역할을 하고, 압축탱크는 냉수순환계통의 유체의 온도변화에 의한 부피변화를 흡수한다. 화학약품주입계통은 냉수순환계통의 부식을 억제하기 위하여 사용된다. 화학약품의 주입은 필요시 수동으로 이루어진다.

필수냉수계통은 안전성 관련 계통이며 내진등급 1등급에 속하는 계통이다. 계통에 속하는 기기는 안전급 전기모선으로부터 전원을 공급받는다. 이 계통은 비산물, 배관파열 및 발전소 내부 홍수로부터 보호되어야 한다.

필수냉수계통은 주제어실에서 수동으로 기동되며, 대기 중인 한 계열의 펌프와 냉동기는 운전 중인 펌프와 냉동기가 운전정지 시 언제라도 기동될 수 있어야 한다. 냉동기에는 용량제어기가 설치되어 공급하는 냉수의 온도를 일정하게 유지시키며, 유량스위치가 있어 냉동기의 응축기를 통과하는 기기냉각수의 흐름이 없거나, 증발기를 통과하는 냉수의 흐름이 없는 경우에는 냉동기를 정지시킨다. 펌프와 냉동기가 불시에 정지를 할 때는 주제어실에 경보가 발생하여 운전원이 대기 중인 펌프와 냉동기가 자동으로 작동되는지 여부를 감시하도록 한다. 냉수계통의 보충수는 압력조절밸브에 의해 자동으로 제어되고 압축탱크의 수위는 현장제어반에 지시되며 고/저 수위 시 경보가 발생된다.

제2장

원자로건물냉수계통

원자로건물의 냉수계통은 발전소가 정상운전시 원자로건물, 보조건물, 핵연료건물 및 출입통제건물에 설치되어 있는 공기조화기 및 지역냉방기의 냉각코일에 적절한 양의 냉수를 약 42°F(6℃)로 공급한다.

원자로건물의 냉수계통은 3대의 50% 용량의 냉동기 및 이에 상응하는 3대의 50% 냉수펌프, 각 1대씩의 공기분리기, 압축탱크, 화학약품주입계통, 배관 및 계측설비 등으로 구성되어 있다. 정상운전 중에는 3대의 냉동기 중 2대가 운전되며 1대는 대기상태로 있다. 냉수펌프 역시 2대는 운전되며 1대는 대기상태이다. 냉동기를 비롯하여 각 기기들의 기능과 역할은 필수냉수계통과 유사하다. 냉동기 응축기의 냉각수는 기기냉각수계통에서 공급된다.

원자로건물의 냉수계통은 비안전등급으로 원자로냉각재상실사고 후 원자로건물의 격리기능 수행을 제외하고는 안전설계기준이 적용되지 않는다. 원자로건물의 격리기능을 위해 원자로건물을 관통하는 냉수의 공급 및 회수 배관에는 동력구동형 격리밸브가 설치되어야 하고, 동력구동형 격리밸브의 설계는 안전설계기준이 적용된다. 원자로건물의 냉동기와 냉수펌프에는 비안전급 전원이 공급된다.

원자로건물의 냉수계통의 냉동기 및 냉수펌프는 주제어실에서 수동으로 기동된다. 냉동기에는 용량제어기가 설치되어 공급하는 냉수의 온도를 일정하게 유지시키며, 유량스위치가 있어 냉동기의 응축기를 통과하는 기기냉각수의 흐름이 없거나, 증발기를 통과하는 냉수의 흐름이 없는 경우 냉동기를 정지시킨다. 펌프와 냉동기가 불시에 정지를 할 때는 주제어실에 경보가 발생하며 운전원이 대기 중인 펌프와 냉동기를 수동으로 기동시킨다. 냉수계통의 보충수는 압력조절밸브에 의해 자동으로 제어되고 압축탱크의 수위는 현장제어반에 지시되며 저 수위 시 경보가 발생된다.

제3장

터빈건물냉수계통

터빈건물의 냉수계통은 터빈건물에 설치되어 있는 지역냉방기 및 고압배전반실의 공기조화기 냉각코일과 터빈건물에 설치된 각종 열교환기에 적절한 양의 냉수를 약 42°F(6℃)로 공급한다. 터빈건물의 냉수계통은 2대의 100% 용량의 냉동기와 이에 상응하는 2대의 100% 냉수펌프, 각 1대씩의 공기분리기, 압축탱크, 화학약품주입계통, 배관 및 계측설비 등으로 구성되어 있다. 정상운전 시에는 2대의 냉동기 중 한 대는 대기상태이다. 냉수펌프 역시 1대는 운전되며 1개는 대기상태이다. 냉동기를 비롯하여 각 기기들의 기능과 역할은 원자로건물의 냉수계통과 유사하다. 냉동기 응축기의 냉각수는 2차측기기냉각수계통에서 공급된다. 터빈건물의 냉수계통은 비안전성 관련 계통이다.

제4장

방사성폐기물건물냉수계통

방사성폐기물건물의 냉수계통은 방사성폐기물건물의 내부에 설치되는 공기조화기 및 지역냉방기의 냉각코일에 사용하기 위한 냉수 및 방사성폐기물 농축폐액 건조처리계통의 건조기에서 발생되는 증기를 냉각 및 응축시키기 위해 적절한 양의 냉수를 약 42°F(6℃)로 공급한다. 방사성폐기물건물의 냉수계통은 2대의 100% 용량의 냉동기와 이에 상응하는 2대의 100% 냉수펌프, 각 1대씩의 공기분리기, 압축탱크, 화학약품주입계통, 배관 및 계측설비 등으로 구성되어 있다. 정상운전 시에는 2대의 냉동기 중 1대는 대기상태이다. 냉수펌프 역시 1대는 운전되며 1대는 대기상태이다. 냉동기를 비롯하여 각 기기들의 기능과 역할은 원자로건물의 냉수계통과 유사하다. 냉동기 응축기의 냉각수는 기기냉각수계통에서 공급된다. 방사성폐기물건물의 냉수계통은 비안전성 관련 계통이다.

제13부
발전소전력계통

제1장 소내전력계통

원자력발전소의 전력계통은 소내전력계통과 소외전력계통으로 크게 구분할 수 있으며, 기능에 따라 안전(1E)급 계통과 비안전(Non-1E)급 계통으로 구분할 수 있다. 한국형 표준원전의 소내전력계통의 단선도는 〈그림 13-1〉과 같다. 소내전력계통은 교류전력계통, 직류전력계통 및 무정전전원계통으로 분류할 수 있다.

1. 교류전력계통

가. 한국형 표준원전의 소내 교류전력계통의 구성

한국형 표준원전의 소내 교류전력계통은 주발전기, 발전기차단기, 주변압기, 소내보조변압기(Unit Auxiliary Transformer), 대기보조변압기(Stand-by Auxiliary Transformer), 고압폐쇄배전반, 저압차단기반, 전동기제어반, 비상발전기 등으로 구성되어 있다.

1) 안전급 기기

한국형 표준원전의 소내 교류전력계통의 안전 관련 주요 기기는 4.16kV 고압폐쇄배전반, 480V 저압차단기반, 480V 전동기제어반 및 안전급 비상디젤발전기 등으로 내진범주1급으로 분류되며 내진범주1급 건물의 격리된 방화구역에 위치한다.

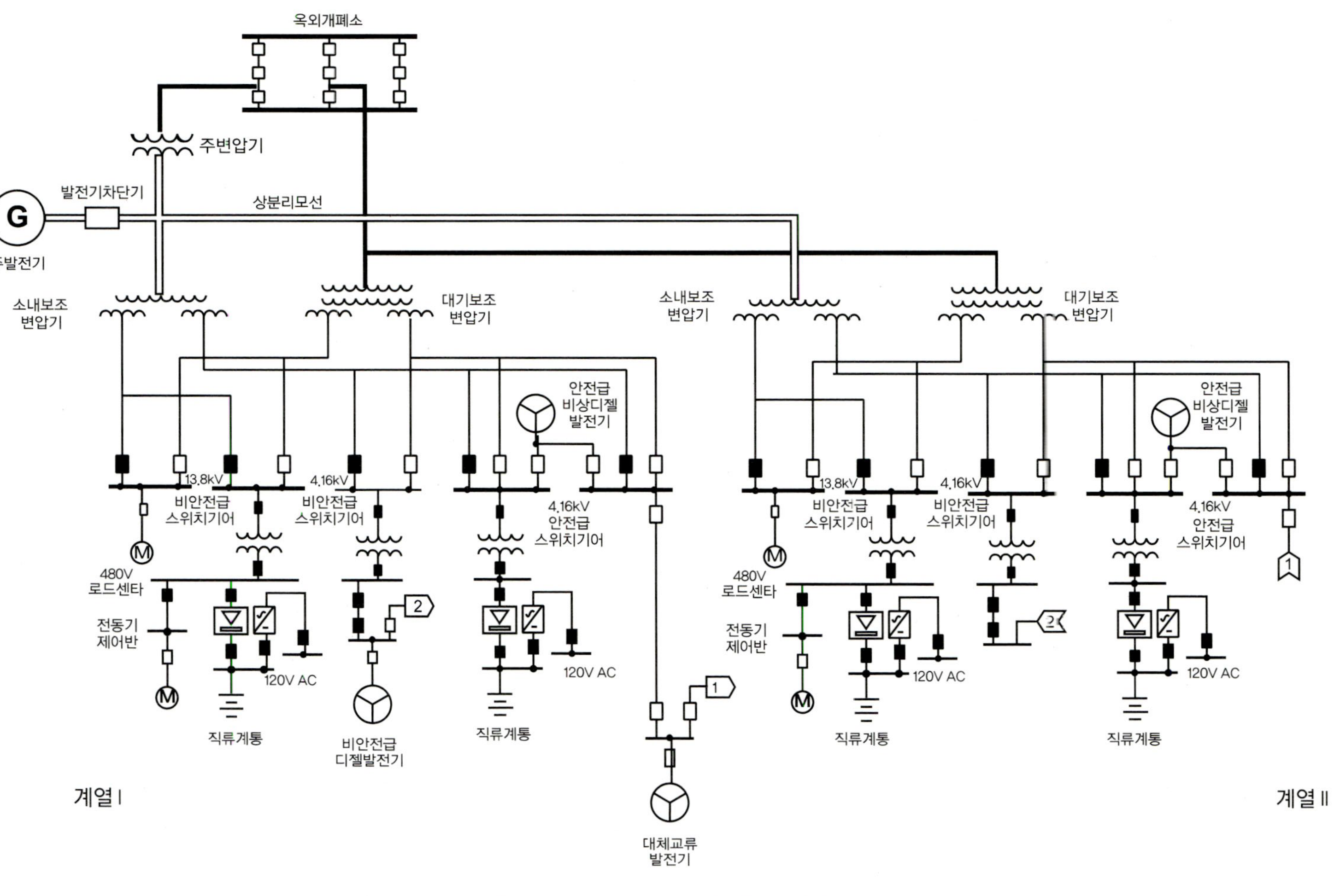

그림 13-1 • 소내전력계통 단선도

2) 비안전급 기기

한국형 표준원전의 소내 교류전력계통의 비안전 관련 주요 기기는 발전기차단기, 주변압기, 소내보조변압기, 소내대기변압기, 13.8kV 고압폐쇄배전반, 4.16kV 고압폐쇄배전반, 480V 저압차단기반, 480V 전동기제어반, 대체교류발전기, 비안전급 비상디젤발전기 등으로 구성되어 있다.

나. 한국형 표준원전 소내 교류전력계통 개요

발전소가 정상운전 상태일 때 부하들은 보조변압기를 통해 주발전기로부터 전력을 공급받도록 되어 있다. 그러나 주발전기가 정상운전을 할 수 없어 소내의 계통에 전력을 공급할 수 없을 경우에는 발전기차단기를 개방한 상태에서 주변압기와 보조변압기를 통해 전력을 소내에 공급하게 된다. 비안전급 설비들은 발전소의 정상운전 상태에서 가동이 되는 설비들이며, 발전소가 정상운전 시에는 소내보조변압기를 통해 발전기로부터 전력을 공급받게 되고, 발전소가 기동 또는 가동이 정지된 상태에서는 발전기차단기가 개방된 상태에서 소외의 송전계통으로부터 수변압기와 소내보조변압기를 통해 전력을 공급받는다. 만약 소내보조변압기를 통한 전력공급이 중단되었을 경우에는 대기보조변압기를 통해 전력을 공급받는다.

발전기차단기는 주발전기와 주변압기 사이에 설치되어 필요시 주발전기를 계통으로부터 신속하게 분리시키는데 사용된다. 안전급 설비들은 안전급 비상디젤발전기가 전력을 공급할 수 있는 안전급 모선에 연결되며, 안전급 모선에 정상적인 전력공급이 중단될 경우에는 즉시 안전급 비상디젤발전기가 자동으로 기동되어 전력을 공급하게 된다.

발전소 내부의 교류배전계통은 2개의 계열로 나누어지는데 각 계열은 해당 계열의 소내보조변압기와 대기보조변압기로부터 전력을 공급 받을 수 있다. 비안전급 13.8kV 모선은 4개가 있는데 각 13.8kV 모선은 해당 계열의 소내보조변압기로부터 전력이 공급되며 또한 대기보조변압기로부터 전력을 공급받을 수 있게 되어 있다. 비안전급 4.16kV 모선은 2개가 있는데 이것 역시 해당 계열의 보조변압기 또는 대기변압기로부터 전력을 공급받는다. 그리고 안전급 4.16kV 모신은 2개가 있는데 각각은 소내보조변압기 또는 대기보조변압기로부터 전력을 공급받을 수도 있고 각각 안전급 비상디젤발전기 및 1개의 대체교류전원과도 연결되어 있다.

각 소내보조변압기 또는 대기보조변압기는 소내의 부하 중 절반 가량의 안전급 부하와 절반 가량의 비안전급 부하에 전력을 공급할 수 있다. 따라서 발전소내의 교류전력계통은 1대의 소내보조변압기 또는 1대의 대기보조변압기의 어느 한쪽 전원만 살아있어도 발전소를 안전하게 정지시킬 수 있다.

소내의 부하들 가운데 3,000마력 이상의 부하들은 13.8kV 모선에 연결되고 250마력에서 3,000마력 사이의 부하들은 4.16kV 모선에 연결된다. 그리고 그 이하의 비교적 작은 용량의 부하들은 480V 모선으로부터 전력을 공급받는다. 480V 모선은 13.8kV 또는 4.16kV 모선에 연결된 저압차단기반의 변압기로부터 전력을 공급받는다. 조명용 설비는 220V 전원에 연결되어 있고, 비필수 계측 장비와 1마력 미만의 전동기 부하는 120V 전원으로부터 전력을 공급받는다.

안전급 부하에는 동일 계열의 안전급 모선으로부터 전력이 공급되며, 비안전급 부하들에는 동일 계열의 비안전급 모선으로부터 전력이 공급된다. 다중 설비들은 어느 한쪽 계열의 전원이 상실되더라도 정상적인 운전이 가능하도록 양쪽 모두의 계열로부터 전력을 공급받는다. 비안전급 모선 가운데 4.16kV 안전급 모선으로부터 전력을 공급받는 모선이 각 계열별로 하나씩 있다. 이 비안전급 모선은 안전급 차단기를 통해 안전급 모선에 접속되는데 이 안전급 차단기가 비안전급 모선과 안전급 모선의 격리장치 역할을 한다. 이는 사고시 비안전급 부하들 중에 특별히 필요한 설비에 안전급 전원을 공급하기 위함이다. 이러한 설비에는 원자로냉각재계통(RCS) 가압기의 전열기 하나가 포함되어 있다.

발전소 외부의 전력계통이 정상인 상태에서 소내보조변압기에 고장이 발생하였을 경우에는 모든 고압모선들은 대기보조변압기 측으로부터 전력을 공급받을 수 있도록 자동으로 절체된다. 고압 모선에 전원이 상실되는 사고에는 각 고압 모선에 연결되어 있는 저전압 계전기가 동작하여 소내보조변압기로부터 대기보조변압기로 자동 전환되도록 한다.

1) 안전급 비상디젤발전기

두 대의 안전급 비상디젤발전기가 발전소 보조건물 내부의 별도 구역에 설치되며 두 대는 각각 물리적으로 이격되고 전기적으로 완전히 독립되어 있다. 안전급 비상디젤발전기는 기동신호를 받은 후 일정시간 이내에 정상상태에 도달하여 안전급 설비에 전력을 공급할 수 있다. 안전급 비상디젤발전기의 기동신호는 안전주입작동신호, 원자로건물살수작동신호, 보조급수작동신호 및 해당 안전급 모선의 전원상실신호 등이다. 소외전원이 상실되지 않은 경우에 안전급 비상디젤발전기의 기동신호가 발생된 경우에는 안전급 비상디젤발전기는 기동하여 정상운전 상태에 도달하지만 안전급 모선과는 연결되지 않고 단지 대기상태만을 유지한다. 이때 안전급 부하들에는 소외전력이 공급되고, 이러한 대기상태에서 소외전력계통의 공급에 이상이 발생되지 않는다면 1시간 이후에 비상디젤발전기는 정시시킬 수 있다.

발전소가 정상운전 중인 경우라도 안전급 비상디젤발전기의 시험을 위하여 소외계통전원과 병렬로 동시에 운전을 할 수 있으며, 안전급 비상디젤발전기의 신뢰성 확인을 위해 정기적으로 시험을 한다. 안전급 비상디젤발전기는 외부의 첨두부하용 또는 이와 유사한 목적으로 사용되지 않으며, 일정 주기마다 검사, 유지보수 및 시험이 이루어진다.

비상디젤발전기는 저온냉각수계통, 고온냉각수계통, 윤활유계통, 기동용 공기계통, 연료유계통 및 연소용 공기 및 배기계통 등 보조설비를 가지고 있다. 기동용 공기계통은 디젤엔진을 기동하기 위한 압축공기를 공급 및 제어하여 디젤엔진의 실린더 내부에 공급한다.

2) 대체교류발전기

발전소 내부의 정전사고 방지를 위해 대체교류전원용 비상디젤발전기가 별도로 설치되어 있다. 소내에 정전사고가 발생하면 10분 이내에 주제어실의 운전원이 수동으로 대체교류전원용 비상디젤발전기를 기동시킬 수 있다. 대체교류전원용 비상디젤발전기는 원자력발전소 두 호기 중 어느 한 호기의 한 계열에 연결되어 있는 안전급 4.16kV 모선에 전력을 공급할 수 있다. 이 대체교류전원용 비상디젤발전기 역시 일정 주기마다 검사, 유지보수 및 시험이 이루어진다.

3) 비안전급 디젤발전기

480V의 비안전급 디젤발전기가 원전 각 호기에 설치된다. 비안전급 디젤발전기는 터빈/발전기의 터닝기어, 베어링올림유펌프, 터닝기어의 윤활펌프, 발전소의 보안계통, 통신계통, 주제어실의 경보계통, 인버터의 전압조정변압기, 컴퓨터실, 기술지원센터의 공기조화계통 등 비안전급 필수부하에 비상전원을 공급한다.

2. 직류전력계통

직류전력계통은 축전지(Battery), 충전기(Charger) 및 직류배전반으로 구성된다. 표준원전에서는 125V 및 250V의 직류전압이 적용된다. 축전지는 납축전지, 알칼리 축전지 또는 리튬-이온축전지 등의 사용이 고려될 수 있으나, 현재 국내에서는 납축전지의 사용이 일반적이며 리튬-이온축전지의 사용을 위해 연구가 진행 중이다.

가. 안전급 직류전력계통

표준원전 각 호기 당 4개 채널의 안전급 직류전력계통이 있으며, 각 채널의 직류전력계통은 해당 채널의 부하에 제어전원을 공급하고, 해당 채널의 인버터에 각각 직류전력을 공급한다. 각 안전급 충전기에는 동일 계열의 480V 교류전원이 공급된다.

1) 안전급 직류부하

안전급 직류전원이 공급되는 부하로는 핵증기공급계통(NSSS) 및 BOP(Balance of Plant)의 안전급 계통 제어 및 계측전원으로 직류전동기구동밸브(MOV : DC Motor Operated Valve), 솔레노이드밸브(Solenoid Valve) 등에 전력을 공급하며, 안전급 비상디젤발전기의 제어전원 및 스위치기어의 제어회로 등에 전력을 공급한다.

2) 안전급 축전지 및 충전기

안전급 축전지는 납축전지로서 공칭전압은 125V이고, 안전급 충전기는 교류입력이 단상 480V이고 직류출력은 125V이며, '균등충전' 에서 '부동충전' 으로 자동변환이 가능한 기능을 가지며 타이머에 의해서 조정된다.

나. 비안전급 직류전력계통

원전 각 호기 당 비안전급 직류전력계통은 250V 직류전력계통과 125V 직류전력계통으로 구성된다. 250V 비안전급 직류전력계통은 주발전기의 보조계통에 구동 및 제어전력을 공급하고, 125V 직류전력계통은 스위치기어 및 저압차단기반 등에 제어전력을 공급한다.

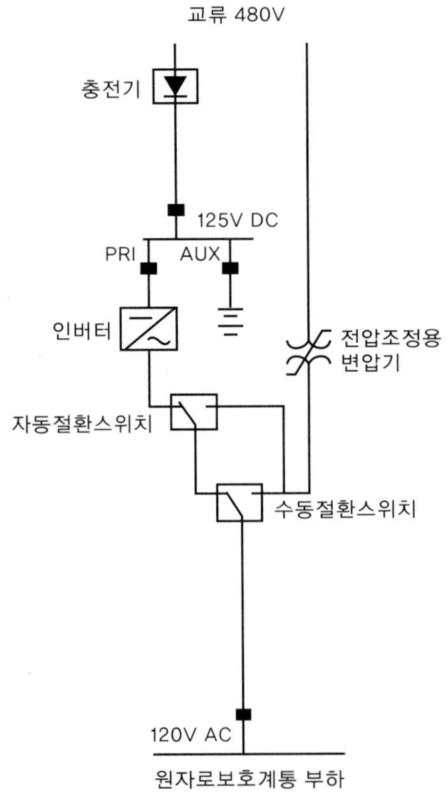

그림 13-2 • 무정전 전원설비

3. 무정전전원계통

무정전전원설비는 무정전상태의 교류 전원을 계측 및 제어설비에 공급하는 계측제어전원계통(IP : Instrument & Control Power)으로 무정전교류전원이 공급되는 계통은 원자로보호계통(RPS), 공학적안전설비작동신호(ESFAS), 발전소감시계통(PMS), 발전소제어계통(PCS), 기타 공정 계측 및 제어설비 등이다. 안전관련 계측제어전원계통은 4개의 필수전원공급계통(VBPSS : Vital Bus Power Supply System)으로 구성되어 있으며, 비안전관련 계측제어전원계통은 3개의 VBPSS 및 다수의 UPS(Uninterrupted Power Supply)로 되어 있다. 예로써 원자로보호계통에 공급되는 무정전전원설비는 〈그림 13-2〉와 같다.

제2장

소외전력계통

1. 옥외개폐소

옥외개폐소는 송전선로가 발전소와 연결된 곳으로 주발전기에서 생산된 전력을 송전망으로 송전하며, 주발전기의 정지 시에는 송전망으로부터 전력을 수전하여 소내보조변압기 또는 대기보조변압기에 공급하는 역할을 한다.

한국형 표준원전인 울진 3, 4호기의 옥외개폐소 회로는 〈그림 13-3〉과 같다. 2개 호기가 공유하며 울진 1, 2호기 옥외개폐소와는 2회선의 345kV로 연결된다. 옥외개폐소는 SF6 가스절연형으로 2개의 주모선(Main Bus)과 주모선에 연결된 6개의 베이(Bay)로 구성되어 있으며, 각 베이는 3조의 차단기(PCB : Phase Circuit Breaker)로 2개의 회로를 차단하는 1.5차단방식으로 되어 있다. 이러한 배열은 고장이 난 한 개의 회로 또는 한 개의 차단기를 분리하더라도 운전 중인 다른 회로 또는 차단기에 지장이 없으므로 운전이 편리하고 신뢰성이 높다. 옥외개폐소의 모든 차단기는 정상 운전 시 닫힘상태로 운전되고 여러 개의 서로 다른 중첩된 보호구역으로 나누어서 사고구역을 계통에서 분리시킬 때 운전계통에 대한 파급효과를 최소화시키도록 되어 있다. 각 보호구역은 2가지 이상의 고장검출기를 구비하고 있으며 각각 독립된 트립회로에 의해 해당 차단기를 트립시키도록 되어 있다.

옥외개폐소는 차단기(PCB), 단로기(DS : Disconnection Switch), 접지단로기(Earth Switch) 및 계기용 변성기 등으로 구성된다.

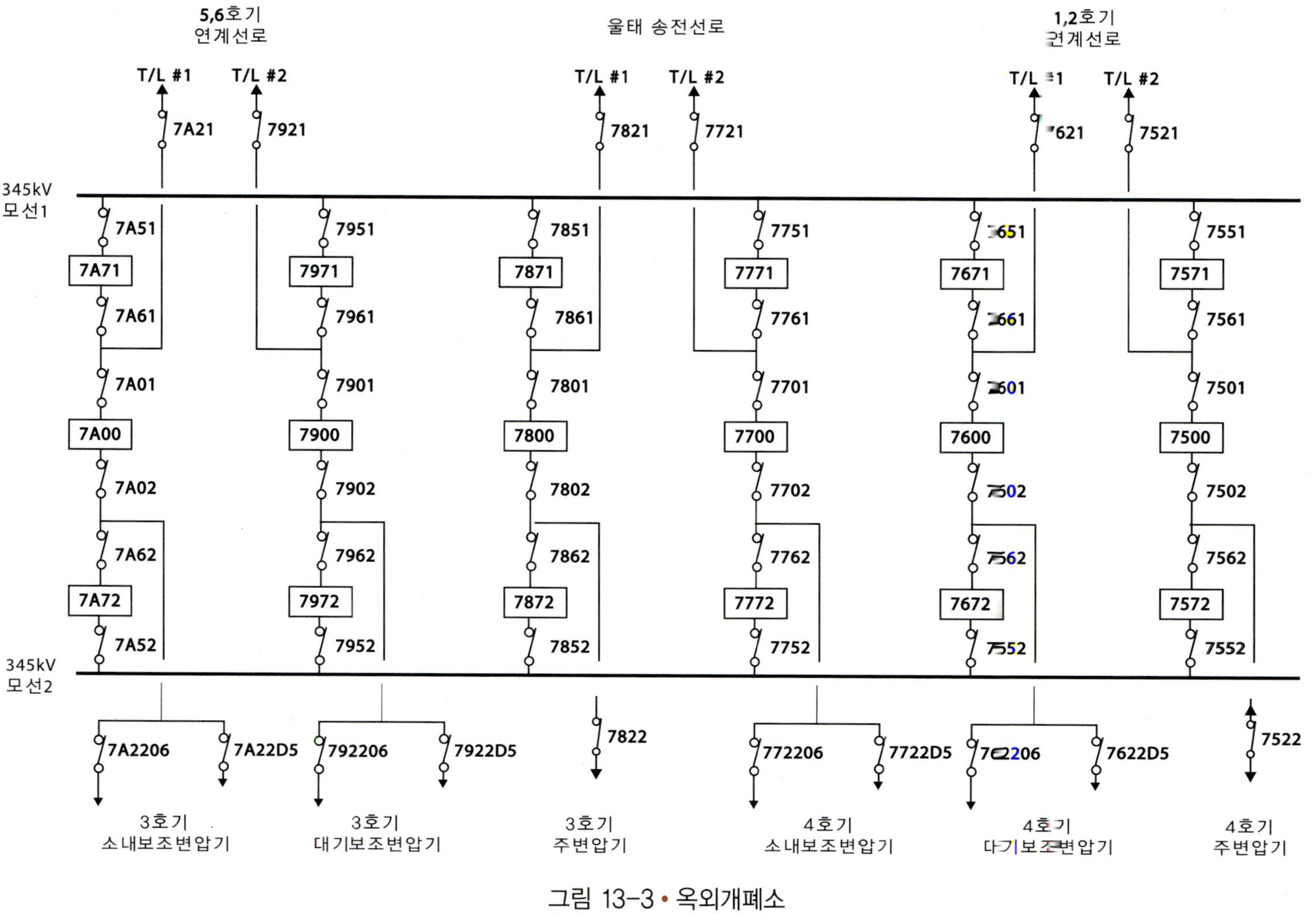
5,6호기 연계선로
울태 송전선로
1,2호기
T/L #1
T/L #2
7A21
7921
7821
7721
7521
345kV 모선1
345kV 모선2
7A51
7A71
7A61
7A01
7A00
7A02
7A62
7A72
7A52
7951
7971
7961
7901
7900
7902
7962
7972
7952
7851
7871
7861
7801
7800
7802
7862
7872
7852
7751
7771
7761
7701
7700
7702
7762
7772
7752
7671
7600
7672
7551
7571
7561
7501
7500
7502
7562
7572
7552
7A2206
7A22D5
792206
7922D5
7822
772206
7722D5
7622D5
7522
3호기 소내보조변압기
3호기 대기보조변압기
3호기 주변압기
4호기 소내보조변압기
4호기
4호기 주변압기

그림 13-3 • 옥외개폐소

2. 송전계통

한국형 표준원전인 울진 3, 4호기의 송전계통은 한국전력공사의 345kV 계통망(Grid)에 연결되는 상호 독립적인 2루트 이상의 송전선로로 구성되며 이 송전선로는 울진 3, 4호기 345kV 옥외개폐소와 연결된다. 소내의 안전급 기기를 포함한 모든 기기들은 송전계통과 연결된 주변압기 및 보조변압기 또는 대기변압기를 통해 소외전원을 공급받을 수 있다. 울진 3, 4호기 송전계통 경우, 루트 A는 영주변전소에서 오는 2회선 345kV 송전선로이며, 루트 B는 태백변전소에서 오는 2회선 345kV 송전선로이다.

2루트 송전선로 각각은 2회선용 철탑에 설치되고 다른 송전선로와 교차하지 않고 옥외개폐소에 연결된다. 각 루트 송전선로 사이의 물리적인 이격 거리는 철탑붕괴나 단선사고와 같은 단일사고 시에 모든 345kV 회로가 동시에 사고의 영향을 받아 전원이 죽지 않아야 한다. 각 송전선로는 바람, 온도, 염해, 낙뢰, 홍수와 같은 환경조건에 견딜 수 있어야 한다. 송전선로의 직격뢰 방지를 위해 송전선로 상부에 가공지선을 설치한다. 송전계통은 소내전력계통과 별도로 보호계전기, 차단기의 제어회로 및 전원공급장치 등을 구비하여 송전계통의 1회선이 상실하더라도 다른 회선에 영향을 주어 기능을 상실하지 않도록 해야 한다.

참고문헌

1. 열역학, Michael A. Boles 등, 한국맥그로힐(주), 2011

2. 기본열전달, Yunus A. Ç,engel, 한국맥그로힐(주), 2004

3. 유체역학, Munson 등, (주)교보문고, 2010

4. 공업열열학, Van Wylen 등, 희중각, 1996

5. 열전달, Incrorera 등, 희중각, 1993

6. 열동력, 전철호 등, 보성각, 2003

7. 표준경수로 계통설비, 원자력아카데미

8. 원자력발전시스템, 한국원자력산업회의, 2011

9. 알기 쉬운 원자력공학, 한국원전수출산업협회, 2012

10. 원전이론 및 계통설명서, 피닉스테크닉스, 김을기

11. 원자력계통 기초, 한국수력원자력(주)

12. 발전소계통설명서, 한국전력공사

13. 한국형표준원전 계통실무, 한국원자력연구소

14. 가압경수로의 원전계통 전문과정, 한국원자력안전기술원 등

찾아보기

ㄱ

ㄴ

ㄷ

ㅅ

ㅈ

ㅊ

ㅋ

ㅌ

지은이 소개

김재근(金在根) superjk@yu.ac.kr / 010-3722-0166

서울대학교 기계공학과(학사)
연세대학교 산업대학원 기계공학전공(석사)
한양대학교 대학원 기계공학과(박사)

기계기술사(1983년)

저서
원자력발전소 계통, 영남대출판부, 초판 1쇄(2013년), 2쇄(2016년), 3쇄(2020년)
원자력재료 및 KEPIC 코드, 영남대출판부, 2014년
기초 원자력계통, 영남대출판부, 초판 1쇄(2015년), 2쇄(2018년)
System Engineering of Nuclear Power Plant(영문), 한국원전수출산업협회(번역 및 출판), 2015년

(전) 중앙대학교 에너지인력양성사업단(에너지시스템공학부) 연구교수(2015년 - 2019년)
(전) 영남대학교 기계공학부(원자력 전공) 강의(2015년 - 2019년)
(전) 경북대학교 에너지공학부 강의(2015년 - 2018년)

(전) 영남대학교 원자력인력양성센터 연구교수(2011년-2015년)
- 원자력인력양성사업 주도
- 원자력발전소 계통 강의
- 원자력재료 강의 등
* 경상북도지사 표창(경북 원자력클러스터 정책추진 유공)(2012년)
* 한국플랜트학회 자문위원

(전) 한양대학교 공학대학원 겸임교수(2002년-2011년)
- 발전플랜트 강의
- 플랜트 배관공학 강의
- 플랜트 품질경영 강의 등

(전) 한국전력기술(주) 근무(1978년-2010년)
- 원자력발전소 설계 및 엔지니어링 연수(벨기에, 벨가톰사)
- 한울 1,2호기 핵증기공급계통 설계 및 엔지니어링(프랑스, 프라마톰사)
- 원자력발전소 표준화사업(처장 / 기술책임자)
- 원자력발전소 설계 및 엔지니어링 연구(상무 / 연구부서장)
- 원자력발전소 품질보증 및 감사 업무(상무 / 품질보증 및 감사 부서장)
- 한국전력기술(주) 사내 대학원 교수 등
* 대통령 표창(원전 설계기술 및 품질보증 자립 유공)(2001년)